라돈, 불편한 진실

조승연 지음

도서출판 동화기술

서 문

우리 인간은 태초부터 방사선과 함께 살아왔습니다. 방사선은 20세기에 들어서면서 그 존재를 알게 되었고, 원자력 발전 등의 에너지 분야, 질병의 진단과 암 치료 등 의료 분야, 환경 진단과 정수, 폐기물 처리 등 환경 분야, 비파괴검사와 고분자 제조 등 공업 분야, 신품종 개발과 신약 개발, 식품 조사 등 농업을 포함한 바이오 분야 등 매우 유용하고 폭넓게 활용되고 있는 분야가 있는가 하면, 핵무기 등과 같은 공포의 대상이 되기도 하는 동전의 양면과 같은 속성을 가지고 있습니다. 과거 핵무기는 물론 체르노빌, 후쿠시마 원자력 발전소 사고 등 인류에게 미친 피해와 공포감이 워낙 컸기 때문에, 우리는 방사선의 이로운 면 보다는 어두운 면을 늘 생각하게 되고 막연한 두려움을 가지게 되는 것은 당연할는지 모르겠습니다.

우리가 생활하고 있는 공간에는 여러 종류의 방사선이 있지만, 그것의 기원을 가지고 분류를 하면, 크게 천연(자연)방사선(natural radiation)과 인공방사선(artificial radiation)으로 구분할 수 있습니다. 전자는 말 그대로 우주가 생성된 태고부터 존재하거나 우주선과의 반응을 통해 우리 주변에 존재하는 것이고, 후자는 우리 인간에 의해서 만들어진 것을 말합니다.

학생들이 공부하는 교사(校舍)는 물론 우리가 생활하는 주택의 실내 공기 중에서 자연에서 발생하는 방사성 기체인 라돈(Rn)이 우리나라와 미국의 가이드라인, 148 Bq/m^{3}을 초과한 곳이 자주 발견되고 있어 라돈으로 인한 생활방사선 안전이 위협받고 있는 것이 사실입니다. 그 외에도 지하수에서 라돈(Rn) 기체가 검출되는 등 라돈 기체에 대한 국민의 우려가 부쩍 높아지고 있습니다. 또한 국내에서 오랫동안 지하 공간에서 노동해온 도시철도 설비 직원과 역무원이 폐암으로 사망한 일이 있었으며, 유가족들이 산재를 신청해 근로복지공단 폐질환연구소가 역학 조사를 한 결과, 2015년 1급 발암물질인 라돈(Rn)을 발병 원인으로 확정하면서 밝혀졌습니다. 지하철 작업장 라돈 농도는 국내 다중이용시설의 권고기준치 148베크렐(Bq/m^3)의 최고 10배를 넘어선 것으로 조사되었습니다.

또한 환경부가 2010～2013년 전국 실내 라돈 농도 조사 결과, 주택은 전체 조사대상 7,885개 가운데 41퍼센트인 3224개에서 100베크렐 넘는 라돈이 검출됐고, 학교는 조사대상 661개교 가운데 27퍼센트인 177개교가 100베크렐을 넘은 것으로 나타났습니다. 아울러 2012년 지하수 자연방사성 물질 함유실태 조사에서는 마을상수도 459개 가운데 우라늄(U)이 4.8퍼센트인 22개소에서 기준치를 넘었고, 라돈은 16.3퍼센트 75개소에서 초과했다고 밝혔습니다.

라돈은 '소리 없이, 조그만 틈이라도 보이면 여지없이!' 실내 공간으로 들어옵니다. 환경부 자료에 따르면 '건물 하부 갈라진 틈, 벽돌과 벽돌 사이, 벽돌 내 기공, 바닥과 벽 이음매, 건물에 직접 노출된 토양, 빗물 배관로, 모르타르 이음매, 접합이 느슨한 관 사이, 관의 갈라진 틈, 건축자재, 지하수'를 통해 라돈이 유입되는 것으로 알려져 있습니다.

세계보건기구(WHO)는 라돈을 가장 중요한 환경 방사선원이자 흡연 다음으로 심각한 폐암 원인이라고 밝혔습니다. 라돈은 여성 폐암은 물론 혈액암의 주요 원인이자 피부암, 뇌암의 원인이라고 보고되기도 합니다. 모든 폐암환자 가운데 약 3～14퍼센트가 라돈 때문인 것으로 보고 있기도 합니다. 또한 미국 환경보호청(EPA)은 미국인의 연간 폐암 사망자 가운데 10퍼센트 넘는 약 2만 명 정도가 라돈 자손 핵종의 누적 피폭 때문인 것으로 발표했으며, 이는 음주운전 사망자보다 훨씬 높은 숫자입니다.

특히 토양에 근접한 주택 가운데 3분의 1, 고층 아파트에서도 콘크리트. 석고보드 같은 건축자재 영향으로 4퍼센트 안팎에서 우리나라 가이드라인인 148베크렐(Bq/m^3) 또는 4피코큐리(pCi/liter)를 넘은 것으로 밝혀졌습니다. 특정 지하 공간만의 문제인 줄 알았던 라돈이 고층아파트에서 높게 검출되면서 라돈에 대한 불안감이 높아지고 있습니다. 라돈의 방출이 우려되는 것은 자갈, 모래 등의 콘크리트 원료와 인산 석고보드로서, 인산 석고보드는 원료는 인광석인데 보통 암석보다 2～5배 넘는 우라늄이 들어 있고, 많은 경우 함량이 10퍼센트까지 나타나고 있습니다. 인산 석고보드는 아파트나 사무실, 학교에 광범위한 건축 마감재로 쓰였고 지금은 라돈 방출 이슈로 탈황석고 보드를 많이 쓰고 있습니다.

국내에서 끊임없이 이슈화 되어 신문과 방송에도 자주 등장하는 라돈은, 그 동안 생활하는 공간의 이슈였으나, 2018년 5월 국내 한 방송사가 생활밀착형 제품인 침대에서 많은 양의 라돈과 토론이 방출되는 것을 보도한 이후, 국민들 스스로 마스크, 생리대, 속옷, 음이온 팔찌, 화분 흙, 대리석 등등 다양한 생활 제품에서 많은 양의 자연방사선이 존재하고 라돈과 토론이 방출되는 것을 확인하여, 생활 속의 자연방사능에 대한 국민적 관심이 증대되었습니다. 라돈의 주요 핵종은 ^{222}Rn와 ^{220}Rn가 있습니다. ^{222}Rn는 통상적으로 '라돈'을 지칭하며, ^{238}U(우라늄)이 붕괴되어 생성되는 것으로, 반감기는 3.8일입니다. ^{220}Rn는 '토론'이라 지칭하며, ^{232}Th(토륨)가 붕괴되어 생성되고 반감기는 55.6초로 매우 짧기 때문에 실내공기질에 끼치는 영향은 매우 적습니다. 즉 토론은 55.6초 동안만 실내에 부유하거나 이동한다는 의미이며, 실내공기질에 끼치는 영향은 매우 작습니다. 그렇기 때문에 전 세계적으로 반감기가 긴 ^{222}Rn를 기준으로 관리해오고 있습니다. 침대의 원료로서 음이온을 발생시킬 목적으로 침대 시트나 스펀지에 섞어 넣은 모나자이트가 다량의 라돈(대부분 토론)을 뿜어냈으며, 토론은 반감기가 짧아 실내공기질에 거의 영향을 주지 않는 방사성기체로 평소라면 문제될 것이 없었습니다. 하지만 침대는 인체와 장시간 맞닿아 있는 특성상 침대에서 발생하는 토론이 미처 없어지기도 전에 사람의 호흡기를 통해 인체 내부를 피폭하게 됩니다. 체내에 들어간 라돈과 토론은 방사성 분해를 하면서 폴로늄, 비스무트, 납 등의 원소로 변하고, 세포에 붙어 이상을 일으킵니다.

이렇듯 생성 과정과 그 거동이 단순하지 않은 라돈을 이해하고 진단하고 관리하는 방법을, 필자의 오랜 강의와 관련 연구개발 및 현장 경험에 기반하여 저술하고자 노력하였습니다. 에너지와 무기, 의료, 환경, 바이오, 건설, 제조 분야 등 다양한 산업체에서 활용되고 있는 핵 또는 방사능에 대한 지식을, 아쉽게도 국내에서는 초 · 중등과정은 물론이고 고등교육 과정에서도 배울 기회가 드뭅니다. 이에 핵과학에 대한 기초지식을 전달하기 위해 약간의 전문적인 내용을 책 말미에 정리해 보았습니다. 더불어 저술 과정에, 필자 또한 라돈이 생겨나는 원인이 되는 우라늄이 왜 이 우주에 존재하게 되었는지에 대한 의문을 풀어 보는 과정에 우주의 탄생과 지구의 역사를 간단히 정리하였으며, 우리 인간의 출현과 인류사와 과학 문명의 발전을 통해 이뤄진 핵과학의 시작과 발전 및 2차 세계대전 중에 긴박하게 개발되었던 원자폭탄 이야기 또한 살펴보았습니다.

아무쪼록 일부 궁금증에 대한 독자 분들의 상식도 늘어나면서, 라돈과 핵과학 관련해서는 일부 깊이 있는 지식 습득에 도움이 되어, 라돈이라는 불편한 진실을 받아들이고, 그 관리를 통해 모두의 건강하고 행복한 삶에 조금이라도 보탬이 되었으면 합니다.

2019년 봄, 연세대학교 매지캠퍼스에서

함께 했고, 현재 더불어 나아가는 국내외의 제자들과 동료들에게 깊이 감사하며~

추 천 사

이홍구
전) 국무총리 서울대 명예교수

「라돈 박사」로 국민들에게 널리 알려진 연세대 조승연교수가 국민건강을 위협하는 라돈에 대하여 위협만 느끼지 말고 그 정체를 상식의 차원에서 파악할 때가 왔다며 비교적 쉽고 재미있게 읽을 수 있는 해설서를 출간하였다. 우리가 살고 있는 생활공간에 조그만 틈만 있으면 유입되는 라돈의 위협에 대하여는 UN의 WHO 즉 세계보건기구와 우리정부가 근년에는 국민들의 경각심을 불러일으키고 있으며 조승연교수도 그러한 예방활동에 계속 앞장서왔다. 그 결과로 주택이나 공공건물을 건축할 때는 라돈검사의 필요가 상식화 되었고, 침대 등 생활용품의 라돈안전도에 대하여도 국민들이 신경을 쓰게 된 것은 다행한 진전이라 하겠다. 그러나 그렇듯 위험하다는 라돈의 정체는 과연 무엇인가에 대한 친절한, 즉 알기 쉬운 설명이 아쉬웠던 상황에서 조교수가 집필한 교육적이면서도 흥미 있는 「라돈의 진실」에 대한 저서의 출간을 충심으로 환영한다.

조교수는 라돈에 대한 이해는 결국 인류 또는 인간의 역사, 지구의 역사, 과학의 역사를 바탕으로 이해할 때 그 실체를 실감할 수 있다는 넓은 접근법의 유효성을 처음부터 강조하고 있다. 우주의 탄생과 지구의 시작이 원소를 탄생시켰으며 그 결과로 나타난 우라늄에서 모든 라돈은 나오는 것이다. 이 책의 제1장 「지구와 과학의 역사」에선 지구의 탄생과 출현, 인간의 역사, 과학의 역사, 핵과학의 역사 등 길고도 광범위한 역사를 재미있으면서도 간결하게 정리하고 있어 학생들은 물론이려니와 일반 독자들에게도 교양의 필수한 지식을 쉽게 터득할 기회를 제공하고 있다. 라돈을 주제로 한 제2장은 라돈을 공부하거나 이해하는 입문서의 역할을 비교적 평이한 문장으로 수행하고 있다. 넓은 의미에서 과학을 전공하는 학생들에게는 간편한 참고서의 역할을 할 수 있다. 특히 23페이지에 걸친 「만화로 보는 라돈이야기」는 과학의 생활화의 좋은 선례라고 하겠다.

인류는 태초부터 방사선과 함께 살아왔음을 대전제로 방사선의 역할을 여러 측면에서 소개한 제3장 「기초 핵 과학」은 방사선의 검출과 측정 등 기술적 문제를 간결하게 설명하고 있다. 21세기의 지구촌에선 핵 과학은 이미 경계할 대상이 아니라 국가경쟁력, 특히 경제발전의 성패를 좌우하는 분야로 이해되고 있다. 한반도의 현실, 남북한이 각기 이룩한 핵과학 분야에서의 진전은 세계적 관심의 대상이 되고 있다. 라돈의 위협에 대한 정확한 인식은 보다 넓은 핵과학의 발전과, 지구촌의 전쟁과 평화의 문제에 연계시킨 넓은 국민적 이해를 도울 수 있을 것이다. 조승연교수의 「라돈, 불편한 진실」 출간이 그러한 발전의 계기가 될 것을 기대하게 된다.

이 책은 방사성 기체이자 발암물질인 라돈(Rn)의 발생원과 위해성, 그 측정과 관리에 관한 우리나라에서 발간된 최초의 총서이자 교범입니다. 라돈을 이해하는데 기본이 되는 지구의 탄생과 과학 및 핵과학을 포괄적으로 기술하고 있는 것은 이 책의 가치를 더해주고 있습니다.
저자인 조승연 교수님은 라돈분야의 정부정책과 제도의 입안과 집행과정에 폭넓게 그리고 깊이 있게 활동해 오신 최고의 전문가 중의 한사람입니다.
라돈을 공부하는 식자(識者)들 뿐 아니라 일반 국민들도 흥미롭게 또 쉽게 읽을 수 있도록 다양한 그림과 사진과 사례들을 풍부하게 싣고 있는 것 또한 이 책의 특징입니다.
라돈을 올바르게 이해하고 자연 발생적인 라돈뿐 아니라 건축물에서 인공적으로 발생하는 라돈관리를 통하여 국민들이 안전한 일생생활을 누리도록 하는 데에 이 책이 큰 기여를 할 것으로 확신합니다.

곽결호
전) 환경부 장관
현) 한국과학기술단체총연합회(과총) 부회장

이인성
전) 원주부총장
현) 연세대학교 국제관계학과 교수

우리 인간은 자신이 살고 있는 이 땅과 하늘에 대해 얼마나 잘 알고 있을까. 신문지상에 자연세계에 관한 크고 작은 보도가 있을 때마다 종종 이런 질문을 해봅니다. 얼마 전에 화성 탐사 우주선을 보내고, 최근 들어 이론으로 남아 있던 블랙홀의 사진 촬영에 성공하는 모습은 우리 인류의 과학지식이 날로 성장하고 있음을 보여주지만, 지구에 감추어진 많은 비밀은 우리가 풀어야 할 과학 숙제가 여전히 많다는 생각을 하게 됩니다. 특히 일상생활 속에 살아가기 바쁜 개인들에게 지구와 과학은 거대한 퍼즐로 다가옵니다. 작년 5월 국내 방송사의 보도 이후 갑자기 국민적 관심 대상으로 떠오른 라돈도 그 한 예라 할 수 있습니다. 라돈에 대해 워낙 모르던 터라 그에 대한 공포감 속에 궁금증이 폭발하였고, 그 이후 라돈이 자연방사선이라는 것과 라돈이 흙뿐만 아니라 다양한 생활제품에서도 방출될 수 있다는 사실이 널리 알려지게 되었지만, 라돈에 관한 전문 지식을 쉽게 접하지 못하는 상황에서 그에 대해 들으면 들을수록 궁금증과 질문이 쌓여왔음을 보게 됩니다.
이 책은 바로 라돈에 대한 수수께끼를 시원하게 풀어줄 답안서라고 말할 수 있습니다. 저자인 조승연교수는 대한민국 최고의 라돈 전문가답게 라돈의 실체와 측정 및 관리 방안에 대해 기본 지식에서부터 응용 지식에 이르기까지 폭넓은 설명을 제공하고 있습니다. 라돈에 대한 설명 전후에 지구 및 과학의 역사와 기초 핵 과학의 지식을 덧붙임으로써 라돈 현상이 더욱 체계적으로 이해되도록 배려하고 있습니다.
저는 개인적으로 2012～14년 연세대 원주부총장 재임시절부터 조승연교수로부터 라돈에 대한 얘기를 들었고, 라돈 연구의 중요성을 인식하여 만날 때마다 연구의 진행상황을 묻곤 하였습니다. 임기 후반에 조승연교수와 힘을 합쳐 교내 숲속에 친환경 라돈프리 하우스(Radon Free House)를 건축한 것은 그 같은 관심과 개발 의지의 산물이었다고 말할 수 있습니다. 이제 라돈 이야기가 책으로 나오게 되어 전문가뿐만 아니라 관심 독자들에게 좋은 지침서가 될 것으로 기대됩니다. 이 책을 통하여 우리 인간이 태초부터 함께 살아온 방사선을 보다 정확하게 이해하고, 라돈에 대한 막연한 불안감 대신 균형 잡힌 접근 자세가 이어질 것으로 기대합니다.

국민의 보건과 건강을 지키는 우리시대의 원자력과학자 조승연교수는 항상 나라와 국민을 위한 원자력을 생각하고 있음을 곁에서 목격하여 왔습니다. 30년간 핵화학 또는 방사화학이라는 우리나라 원자력의 불모지를 묵묵히 지키면서 밤새 연구하는 모습에서 묵직한 믿음이 묻어나옵니다.

10년 전 지하철을 함께 타면서 이곳 지하공간에는 라돈가스 농도가 꽤 높을 텐데 "손쉽게 측정하여 승객을 안전하게 할 수 있을까요?"라고 걱정하던 모습을 기억합니다. 그 당시 라돈의 측정은 포집하여 분석하는데 시간이 오래 걸리고, 비용이 많이 드는 물리적, 화학적 분석과정이기 때문이었습니다. 지금은 많은 관심으로 지하철도 라돈 관리가 적극적으로 이뤄지고 있죠.

조교수는 미국, 유럽, 러시아, 우즈베키스탄 등으로 부단하게 기술조사를 다니며 짧은 시간에 저비용으로 정확한 측정이 가능한 측정 장치를 개발해 내었습니다. 또한 연세대 원주캠퍼스에 지은 최초의 Radon Free House는 국민의 안전을 지켜주고 자연방사능과 라돈을 이해하는 보급자리가 되고 있습니다.

조청원
전) 과학기술부 원자력국장
현) 서울과학기술대학교 교수

방사성동위원소를 이용하여 북한 주민들의 영양 상태를 과학적으로 측정하는 아이디어를 IAEA(국제원자력기구)에 제안하기도 하였습니다.

우리나라 한지의 우수성에 매료되기도 한 조교수는 위조방지용 미세 방출 에너지 센싱 기법을 제시하기도 하였습니다. 끊임없는 연구개발과 국가와 국민을 사랑하는 조승연교수의 원자력과 라돈 이야기책이 발간되어 반갑고 감사하는 마음으로 가득합니다.

이 책의 저술을 오랫동안 지켜보며 토론을 나눠온 분당포럼 식구들, 이영일, 정경일, 김상은, 박철순님과 함께 이 책을 권합니다.

목 차

빅뱅과 원소의 탄생

빅뱅(Big Bang) 후 1초 정도의 시간이 흐르면, 즉 우주의 나이가 1초 정도 되었을 때 우주의 온도는 100억 도를 살짝 넘는다. 그 온도에서 핵반응이 일어났고, 쿼크 등 소립자에서 양성자와 중성자가 생겨났다. 우주에서 엄청난 에너지가 물질로 바뀌는 상호작용이 일어난 것이다. 이후 온도가 떨어지면서 중성자는 붕괴되고 양성자만 남게 된다. 양성자가 안정화되었다는 것은 첫 번째 원소인 수소가 만들어졌다는 것을 의미한다.

▲ 빅뱅과 그 진행. * 출처 : EBS 클립뱅크

우주의 시간이 3분을 향해 달려가는 동안 수소 원자핵이 헬륨 원자핵으로 전환되는 핵융합반응이 진행된다. 대략 우주 질량의 25%가 두 번째로 가벼운 원소인 헬륨으로 바뀐다. 즉 빅뱅 후 3분 동안 물질의 기초인 수소와 헬륨 원소가 만들어진 것이다.

우리가 사는 지구는 수소와 헬륨 외에도 수많은 원소로 이루어져 있다. 그럼 이 원소들은 어떻게 만들어진 것일까? 이를 알아낸 것은 정상우주론의 대표 학자인 영국 케임브리지 대학의 프레드 호일(Fred Hoyle, 1915~2001, 별의 핵융합을 연구해 중원소의 형성을 밝힘)과 그 동료들이며, 그들은 별들을 관측하고 별들의 스펙트럼을 이용해 별이 가지고 있는 원소에 대해 연구했다. 그들은 별들에서 보이는 양만큼의 원소들이 만들어지기 위해서는 어떤 핵반응이 필요한지 측정했다. 프레드 호일은 그의 1957년 논문(Review of Modern Physics, Synthesis of the Elements in Stars)에서 모든 원소들이 별에서 생성된다고 밝혔다.

▲ 프레드 호일의 뉴스위크 표지 기사(우주의 삶과 죽음). * 출처 : EBS 클립뱅크

빅뱅 후 약 3억년이 지나면 우주에서는 최초의 별이 형성된다. 태양처럼 스스로 빛을 내는 별은 수소핵융합으로 일생을 시작한다. 안정적인 핵융합이 진행되는 동안 일정한 크기를 유지하면서 빛과 열을 방출한다. 그러나 별 중심에서 수소가 모두 헬륨으로 바뀌면 핵융합은 중단되고 중심의 온도가 1억도에 달하면, 별은 적색거성(Red Giant Star)으로 부풀어 오르고, 뜨거운 중심부에서 새로운 물질을 만드는 핵융합이 일어나게 된다. 이제는 헬륨은 탄소로 탄소는 산소로 점차 무거운 원소들이 만들어진다. 이 작용은 가장 안정적인 원소인 철(Fe)까지 만들고 멈춘다(철은 모든 원소 중에서 결합에너지가 제일 큼).

태양보다 10배 이상 무거운 별들은 초신성(Super Nova)으로 폭발한다. 마지막 순간 중심의 온도와 밀도가 엄청나게 올라가서 금과 은, 우라늄 등 철보다 더 무거운 원소들을 합성하고 폭발하게 된다. 초신성은 별이 수명이 다했을 때 생기는 현상이며 더 이상 타지 않고 빛을 잃고 붕괴된다. 이들은 너무 무겁기 때문에 그 자체의 중력이 스스로를 잡아당기고 이로 인해 다시 뜨거워지고 폭발하게 되는 것이다. 즉 별은 자연과 같이 순환의 역사를 겪는다. 별의 죽음인 초신성의 폭발로 성운이 만들어지고, 그 안에서 새로운 별이 탄생한다. 별은 일생을 통해 다양한 원소들을 만들고 죽음을 맞이하면 우주공간에 그 원소들을 흩뿌린다. 별의 죽음인 초신성의 폭발은 굉장히 밝아서 우리 은하는 물론이고 우리 은하 밖에서 일어난 초신성의 폭발도 지구에서 목격된다. 조선왕조실록에 나타난 객성(客星), 이는 선조 때 나타난 초신성의 관측기록(선조 37년, 1604년 10월 6일)이다. 같은 초신성이 케플러의 책에도 목격된 기록이 나온다. 1604년 10월 8일에 요하네스 케플러가 발견했다고 해서 케플러 초신성이라 부르는데, 이 초신성의 흔적은 400여년이 지난 지금도 관찰된다.

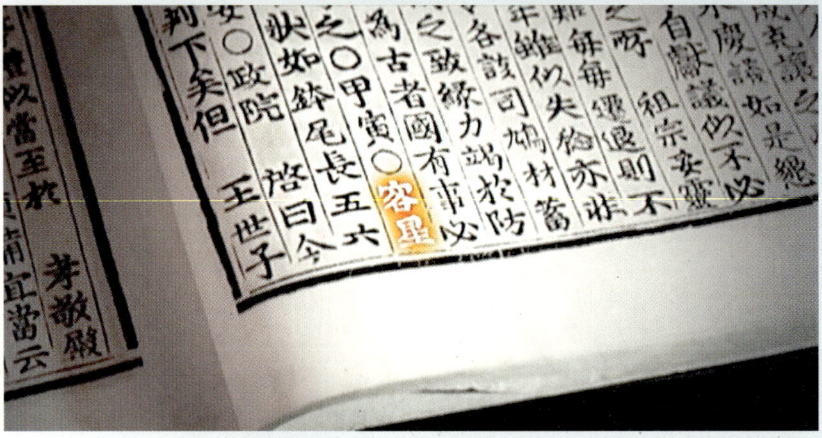

▲ 조선왕조실록의 객성 관련 내용. * 출처 : EBS 클립뱅크

요약하면, 초신성이 폭발하기 전 아주 뜨거워졌을 때, 다시 원자들을 매우 빠르게 만들어내기 시작하고, 이 때 철 보다 무거운 납, 우라늄과 같은 원자들이 만들어진 후 폭발하여, 우주로 이러한 원자들을 내보내는 것이다.

라돈은 우라늄에서 나온다!

라돈(Rn) : 라듐에서 생성되는 방사성 비활성 기체 원소.
우라늄 : 자연에서 얻는 은백색의 약한 방사성 금속

▲ 우라늄 광물. * 출처 : 원자력안전위원회 블로그

우라늄은 1789년 독일 화학자 마르틴 하인리히 클라프로트(Martin Heinrich Klaproth)에 의해 피치블렌드(pitchblende)라는 광물에서 처음 발견되었다.

우라늄이란 원소명은 태양계의 일곱 번째 행성인 천왕성(Uranus : 우라누스)에서 따온 것이라고 한다. 우라늄은 원자번호 92번째 원소로 지구에 존재하는 가장 무거운 원소이며, 아주 긴 수명을 가진 방사성 동위원소이다. 자연에는 주로 235와 238의 질량수를 가진 우라늄 동위원소가 존재한다. 이 중 우라늄-238은 99.27%로 대부분을 차지하며 반감기는 44억 7천만 년으로 지구의 연령과 거의 같다. 에너지가 낮은 중성자에 의해 핵분열이 잘되는 우라늄-235의 비율은 고작 0.72%에 불과하다. 이처럼 지구에 존재하는 우라늄 동위원소의 비율이 다른 이유는 방사성 핵종이 지닌 고유한 특성인 반감기 차이 때문이다.

우라늄은 귀금속 은이나 금에 비해 수십 배 이상 존재하며 토양과 지하수 등 우리 주변 어디서든 쉽게 발견되는 원소이다. 지열에 의한 온천수도 우라늄 등의 자연 방사성 물질에서 방출되는 방사선에 의한 발열 현상에서 비롯된 것이다. 고대 로마에서는 유리잔, 주방 타일, 욕조 타일 등의 세라믹에 빛깔을 띠게 할 목적으로 우라늄을 이용하였고, 우라늄의 긴 반감기를 이용하여 광물의 지질학적 연대 측정에도 활용하고 있다.

클레어 패터슨(Clair Cameron Patterson, 1922～1995)은 운석에 포함된 우라늄과 납의 양을 분석하여 이들이 모두 45억 5천만 년에서 7천만 년을 더하거나 뺀 나이를 갖는다는 것을 밝혀냈다. 패터슨은 또한 바다 깊은 곳에 퇴적된 해저 퇴적암에는 지각이 함유한 납의 평균값에 해당하는 납이 함유되어 있을 것이라고 가정하고 태평양 해저에서 표본을 채취하여 분석했다. 그 결과 지구의 나이가 운석의 나이와 동일하다는 것을 밝혀냈다. 패터슨은 지구와 운석이 모두 약 45억 5천 5백만 년 전에 같은 물질에서 만들어졌다고 결론지었다. 나이를 먹지 않는 원자 덕분에 지구의 나이가 밝혀진 것이다.

더불어 클레어 패터슨의 지구 환경의 납 오염 조사를 통한 환경보건 운동은 매우 유명한 이야기이며, 그를 통해 우리 주변에서 납의 사용이 획기적으로 줄어들었다.

▲ 클레어 패터슨(Clair Cameron Patterson)

우주의 나이는 137억 년이고 이는 미국의 천문학자 에드윈 허블이 멀리 있는 은하일수록 보다 빨리 멀어지고 있다는 적색이동을 관측한 후 허블상수로 계산된 것이다.

여기서 간단히 지구의 역사와 세계 문명과 과학의 발전을 뒤돌아보고, 더불어 방사성 동위원소, 반감기 등의 개념과 성질을 정립하고, 인류에게는 원자폭탄이라는 충격으로 다가온 핵 과학의 시작과 발전을 정리하고자 한다.

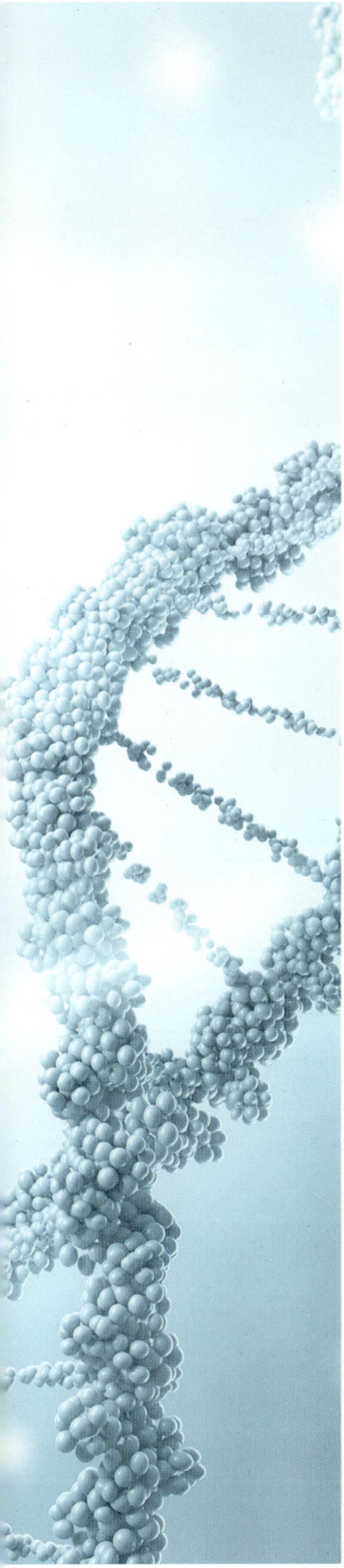

CHAPTER 1

지구와 과학의 역사

01 지구의 탄생과 인류의 출현

우주의 탄생에 대해서는 여러 이론들이 있지만, 오늘날 대부분의 과학자들은 137억 년 전, 하나의 특이점에 불과했던 태초의 우주가 매우 높은 온도와 밀도에서 대폭발을 일으켜 엄청나게 팽창해 현재에 이르게 되었다는 빅뱅(Big Bang) 이론을 지지하고 있으며, 우주는 지금도 팽창하고 있다고 믿고 있으며, 우주의 나이 또한 우주 팽창 비율을 이용하여 계산한 것이다. 즉 빅뱅으로 인해 우주를 구성하는 주요 요소들, 즉 물질과 에너지 그리고 시간과 공간이 작동하기 시작했다. 빅뱅이 마련한 시간과 공간 안에서 물질과 에너지들이 뭉쳐 복잡한 구조를 만들어냈으며, 원자와 분자, 다른 화학적 성분들이 만들어졌다.

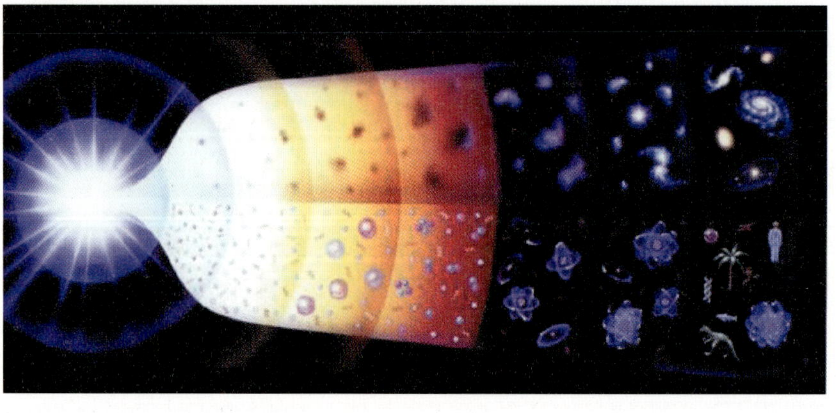

▲ 전체 시간의 개념도는 왼쪽의 빅뱅에서 시작해 입자에서 원자로, 원자에서 분자로, 분자에서 생명체로 진행하는 과정을 보여준다. * 출처 : 지식갤러리, 지식의 책 43쪽

우주는 약 4～5% 정도가 별과 은하 등을 구성하고 있는 보통 물질(빛을 방출하거나 흡수하는 물질로 전자기파로 확인이 가능), 23%의 암흑물질(전자기파와 상호 작용하지 않으므로 중력효과로부터 그 존재를 확인), 그리고 72～73%의 암흑에너지(중력의 정반대 작용을 일으키는 팽창의 원인으로 추정)로 구성되어 있는 것으로 알려져 있다. 즉, 우리는 이 우주의 구성 성분의 95% 이상, 대부분을 아직도 파악하고 있지 못하고 있다.

지구는 약 46억 년 전에 만들어졌다. 이 연대 측정은 인간이 달에서 가져온 돌이나 유성의 돌에 존재하는 동위원소의 양을 측정하고 비교했기에 가능한 일이다.

지금으로부터 약 46억 년 전, 우주에서 거대한 별이 폭발한 다음에 생긴 거대한 가스와 먼지 구름에서 지구와 태양계의 나머지 천체가 형성되었다. 우리가 살고 있는 지구는 시속 1,600 km의 속도로 자전하면서, 1년에 1번 태양의 주위를 돌며(공전 속도 : 시속 10만 7,000 km), 지구를 포함한 태양계는 하루에 1,900만 km 속도로 거대한 은하계를 돈다. 만약 우리가 지구 밖에서 이 모습을 본다면, 지구는 시속 100 km로 달리는 자동차의 16배 빠른 속도로 자전하고, 그 자동차의 1000배 빠른 속도로 태양 주위를 공전하는 셈이다. 다만 우리가 그 속도감을 느끼지 못하는 이유는 시속 300 km로 달리는 고속기차 안에서 그 움직임을 거의 인식하지 못하는 것과 같다. 지구가 이렇게 엄청난 속도로 자전과 공전을 하고 있다고 알려져 있지만, 우리는 중력의 신비한 마술로 인해 주위에서 무슨 일이 일어나는지 아무것도 모른 채 살아간다. 오늘날 과학자들은 약 1,000억 개의 별들로 구성된 은하계가 우주에 1,000억 개 이상 존재한다고 추정한다.

우라늄을 포함한 주변 물질들을 지구의 중력으로 인하여 오랜 시간에 걸쳐 끌어당겨 초기 지구가 모양을 갖추게 되었으며, 반복되는 충돌, 태양으로부터의 복사, 내부의 작용 때문에 지구가 내핵, 외핵, 맨틀, 지각으로 층을 이루게 되었다. 내부 용해물이 지표면으로 이동하면서 용암과 가스를 분출하는 화산작용을 일으키고, 수증기를 비롯한 여러 가스들이 지구의 원시 대기를 낳았다. 그 결과 내린 강수가 오랫동안 축적되어 지구 최초의 바다가 형성되었다. 이러한 물질과의 작용 덕분에 약 35억 년 전 지구에 생물이 출현하는 무대가 만들어졌다. 즉 빅뱅이 만든 수천억 개의 돌덩어리 중 하나인 지구에 생명이 등장한 것이다.

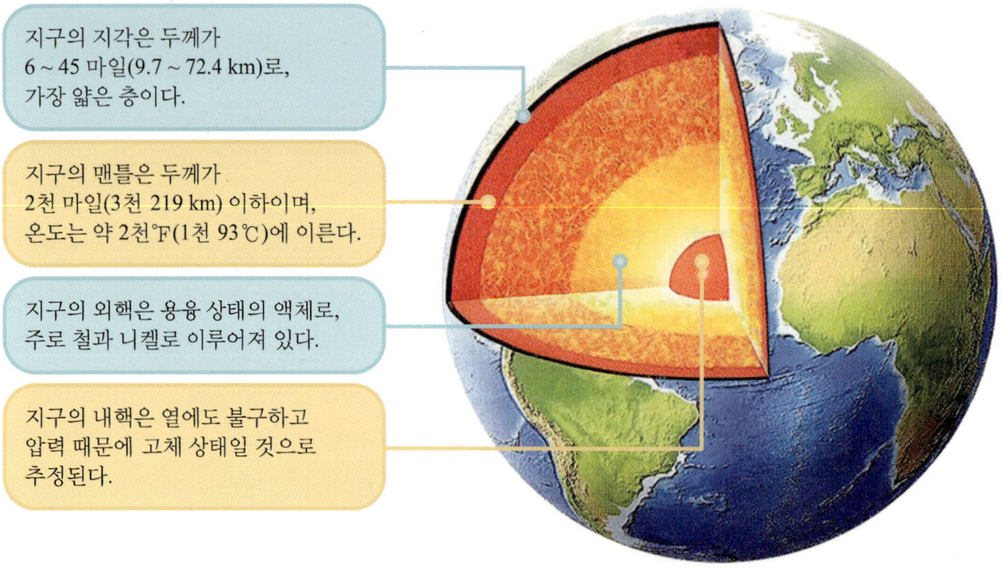

▲ * 출처 : 지식갤러리, 지식의 책 81쪽

35억 년 된 것으로 측정된 암석에서 단순생물세포의 증거를 발견한 과학자들은 실험실에서 지구의 원시 대기를 복제해 번개와 강한 빛 하의 다양한 환경조건에서 모의실험을 한 결과 생겨난 혼합물에서 아미노산을 발견했으며, 이는 물과의 반응을 통해 세포 모양의 구체가 형성되고 마침내 생식능력이 있는 분자가 나타나고, 그 분자는 DNA와 비슷하였고, 결국 30~40억 년 전 DNA의 출현과 함께 지구의 생명이 시작되었다.

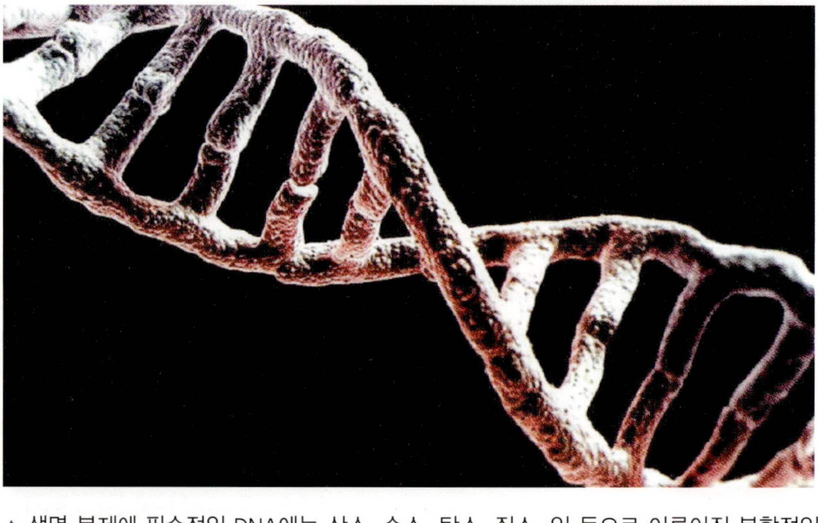

▲ 생명 복제에 필수적인 DNA에는 산소, 수소, 탄소, 질소, 인 등으로 이루어진 복합적인 분자가 들어있다. * 출처 : 지식갤러리, 지식의 책 91쪽

인간의 초기 문명시대에 일어났던 사건들은 먼 옛날 일이라고 생각이 들지만 겨우 수천 년 밖에 안되었다. 지구의 시간은 지구에서 인간의 거주를 나타내는 시간 틀을 넘어서는 태초의 시간으로 더 들어간다. 46억 년의 지구 역사에서 하루를 24시간으로 봤을 때, 5000년 된 인간의 문명은 24시간의 0.1초 전에 시작되었다고 얘기할 수 있다.

종종 캄브리아대(Cambrian) 이전은 46억 년 전에서 약 5억 4천 200만 년 전에 걸쳐, 최초의 복잡한 생명체가 나타나기 전의 지구의 역사에 해당한다. 즉 복잡한 생명체가 나타나기 이전이 지구 역사의 80퍼센트를 차지한다. 과학자들은 이후를 고생대, 중생대, 신생대 등으로 분류하며 그 단계에 존재했던 생명체의 종류에 따라 구분된다. 동물은 고생대에 다양한 형태가 나타나기 시작했다.

공룡은 중생대의 쥐라기인 2억 년 전에 출현하여 6천 5백만 년 전 백악기 말에 거대한 소행성이 유카탄 반도에 충돌해 엄청난 환경변화가 일어나 대멸종에 이르게 된 것으로 추측하고 있다. 갑자기 사라질 때까지 약 1억 3천 500만 년 동안 지구상 생물을 지배했으며 인간과 공존한 시간은 없다. 또한 그때 꽃식물이 진화하기 시작했다. 인간은 포유류의 시기라고도 하는 신생대 후기에 나타났다.

▲ 삼엽충

▲ 공룡

약 440만 년 전에, 어떤 환경상의 변화로 최초의 인류가 나무를 떠나 직립보행을 시작하면서, 본격적인 인간의 모습으로 바뀌었다. 이들의 후손이 약 200만 년 전에 호모(Homo)라는 사람 속으로 발전하고, 아프리카에서 이동하고 멸종되었으며, 현생 인류의 직접적인 선조는 약 20만 년 전에 동아프리카에서 나타난 호모 사피엔스(Homo sapiens)라고 알려져 있다. 스웨덴의 식물학자 칼 폰 린네(Carl von Linne)는 동식물을 체계적으로 구분하면서 이명법(二名法)을 착안해 각각의 동식물에 이름을 부여하였다. 이명법이란 생물의 학명을 지을 때 라틴어로 된 속명(generic name)과 종명(species name)을 조합해 두 단어로 이름을 짓는 방식으로 오늘날에도 사용되고 있다. 인간의 속은 '호모', 종은 '사피엔스'이므로 이명법에 따른 학명은 '호모 사피엔스'다. 즉 린네는 인간을 동식물과 다른 특별한 존재가 아니라 '호모'라는 범주에 편입시켰다. 이 범주에는 다른 유인원, 즉 원숭이와 침팬지가 속해 있다. 린네의 이 구분은 인간이 다른 동물이나 식물들처럼 자연의 일부라는 고백이자 동시에 인간은 생물학적으로 다른 동물보다 유인원과 유사하다는 암묵적인 증언이다. 린네가 명명한 호모 사피엔스에서 사피엔스는 유인원과 다른 인간의 특성을 정의한다. 사피엔스는 지혜를 의미하는 라틴어 '사피엔치아(sapientia)'에서 파생했다. 이 단어의 의미는 원래 '맛보다/경험하다/알다/지혜롭게 되다'이다.

▲ 인간 진화의 세부사항은 끊임없는 연구와 논쟁의 대상이지만, 1천 500만~2천 300만 년 전의 유인원을 닮은 프로콘(맨 왼쪽)에서 초기인류 모습을 거쳐, 현대 인간의 자세(오른쪽)에 이르는 전반적인 과정은 오늘날 과학자들이 일반적으로 인정하는 사실이다. * 출처 : 지식갤러리, 지식의 책 219쪽

빅뱅에서 호모 사피엔스까지, 우리가 살아남은 단 하나의 이유는 인간의 이타적 유전자라고 의미있게 설명하기도 한다.[1]

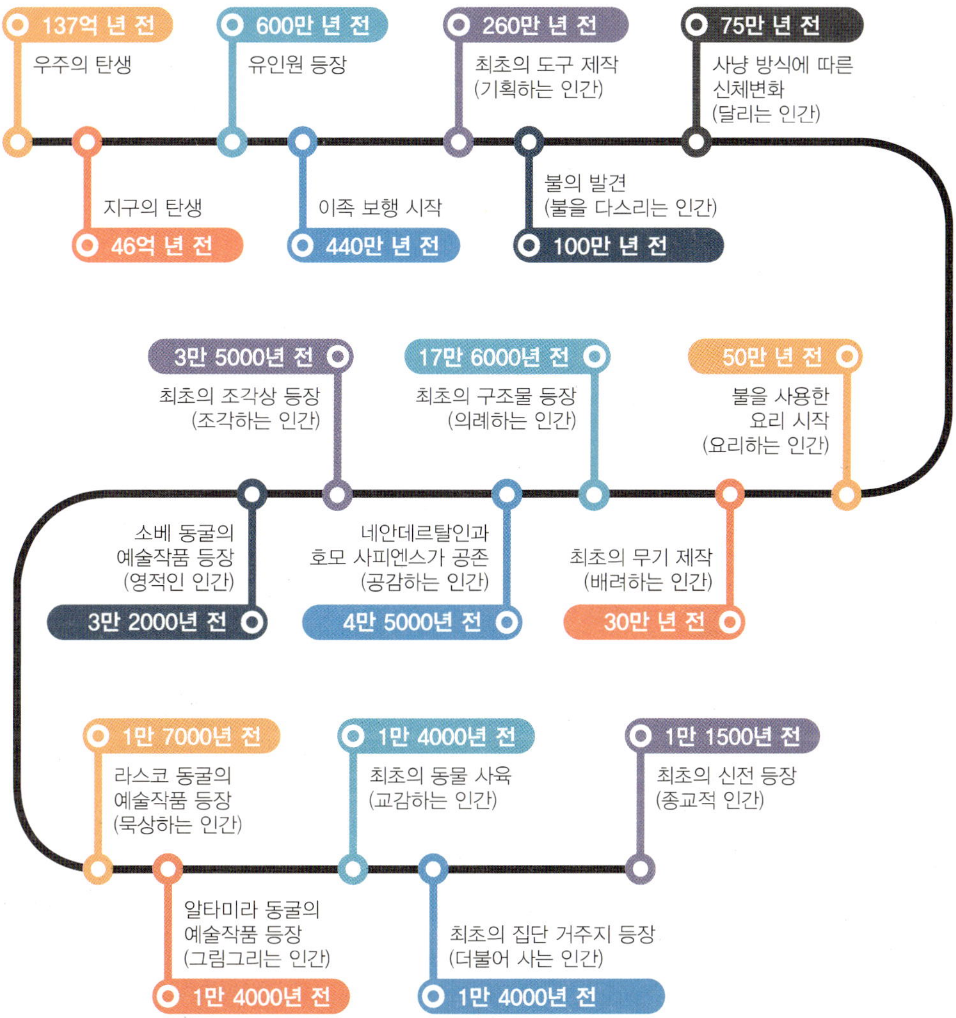

▲ 연대기

1 배철현, 서울대학교 교수(인간의 위대한 여정, 21세기북스)

지금으로부터 3만 2000년 전의 어느 날, 현생 인류인 호모 사피엔스 사피엔스(Homo sapiens sapiens)[2]는 생존과 전혀 상관없는 행위를 시작한다. 횃불을 들고 홀연히 깊고 어두운 동굴로 들어간 것이다. 일상과 단절된 그곳에서 그들은 처음으로 자신에게 몰입했다. 우주에 대한 경외와 생명의 신비, 자신의 존재 의미에 대해 묵상하며 자신의 존재 이유를 물었다. 죽음 후에 삶이 있는가? 동물에겐 영혼이 있는가? 그들은 이 묵상의 흔적들을 동굴벽화로 남겨 우리에게 말을 건넨다.

100만 년 전 인간이 불을 발견한 이래, 사냥한 동물을 날것으로 먹지 않고 불에 구워 먹기 시작하면서 신체적으로 큰 변화가 생겼다. 특히 뇌의 크기가 이전에 비해 2배 커졌고, 그 결과 태아는 어미의 좁은 산도(産道)를 통과하기 위해 미성숙한 상태로 태어나야만 했다.

대부분의 온혈 포유류는 태어나자마자 발을 땅에 디디고 홀로 일어선다.

▲ 소베 동굴 벽화

2 현재 생존하고 있는 인류를 가리키는 학명(學名)이다. 약 4만~5만 년 전에 지구상에 나타났다. 이전까지의 호모 사피엔스와는 구별되는 신체적 특징과 도구 제작 기술을 보유하고 있었다. 툭 튀어나와 있던 턱뼈 부위가 뒤로 물러나고 두개골 상부의 크기가 줄어드는 등 전체적으로 신체 각 부위가 갸름한 모양으로 바뀌었다. 한층 발달된 주먹도끼, 밀개, 긁개, 팔매돌 등의 석기를 만들 줄 알았다. 동물의 뼈와 가죽 등을 이용해 만든 옷과 장신구를 착용했으며, 풀이나 나뭇가지로 지붕을 덮은 막집이나 움집에서 생활하기 시작했다. 생물 분류 체계상 영장목(目) 사람과(科) 사람 속(屬)에 속하는 호모 사피엔스(Homo sapiens) 종의 아종(亞種)이다. 호모 사피엔스 사피엔스라는 말은 '지혜롭고 지혜로운 사람'이라는 뜻이다. 이런 뜻에서 호모 사피엔스 사피엔스를 '슬기 슬기 사람'이라는 순우리말로 바꾸어 부르기도 한다.

그리고 어미의 털을 잡고 스스로 어미의 젖을 찾아 먹는다. 하지만 갓 태어난 인간의 아기는 몸에 털이 없는 어머니에게 매달릴 수가 없었다. 그 이유는 이렇다.

인간이 유인원이던 시절, 인간보다 빨리 달리는 동물을 포획하기 위한 유일한 방법은, 동물이 먼저 지쳐 더 이상 움직이지 못할 때까지 계속 뒤를 쫓아가는 것이었다. 인간의 생존 전략은 오래 달리기였다, 그러다 보니 몸의 열을 발산하기 위해 털이 점점 빠지도록 진화한 것이다.

아기는 태어난 지 1년이 되어야 겨우 혼자 걷기 시작한다. 갓 태어난 아기의 생존은 누군가의 헌신적인 보살핌 없이는 불가능하다. 아기는 뇌가 형성되는 가장 중요한 시기에 누군가의 헌신적인 노력을 통해 자신이 생존하게 되었다는 사실을 무의식적으로 배운다.

인간 본성의 핵심은 '이타적 유전자'다. 공감, 배려, 친절, 정의, 희생, 정직 등은 이타심이라는 씨앗에서 피어난 꽃이다. 그 열매가 바로 '동정심(compassion)'이다. 동정심은 '다른 사람의 고통(passion)을 자신도 함께(com) 느껴, 그 고통을 덜어주려고 애쓰는 마음과 행동'이다.

이타심을 한자로는 '자비(慈悲)'라고 한다. 자비는 '사랑 慈'와 '슬플 悲'로 이루어진 단어다. 자비란 한자 그대로 타인과의 경계가 가물(玄) 가물(玄)하게 되어 하나가 된 마음(心)이다. 동시에 타인의 슬픔을 같이 공감하고 마치 새의 양 날개(非)처럼 한쪽이 기울어지려고 하면 다른 한쪽이 받쳐주는 마음(心)이다.

아랍어에서는 동정심을 '라흐민(rahmin)'이라고 부른다. '라흐민'은 이슬람 신인 알라의 별칭이다. 히브리어에서는 동정심을 '레헴(rehem)'이라고 하는데 동시에 '어머니의 자궁'을 의미하기도 한다. 어머니가 목숨을 담보로 아이를 탄생시키고, 그 아이를 위해 자신의 모든 것을 헌신하는 숭고한 노력이 바로 '레헴'이다. 모든 인간은 바로 이 '레헴'의 창작물이다.

문명과 도시, 문자와 언어가 발명되기 훨씬 이전부터 인간은 타인과 공동체의 아픔, 동물과 자연의 아픔을 자신의 일부로 느끼는 영적인 동물이었다. 인간은 타인의 죽음을 자신의 죽음처럼 공감했고, 그들을 위해 정교한 장례를 치렀다.

인간은 생존을 위해 동물을 사냥하면서도, 동물이 신음하며 죽어가는 순간에 함께 절규하며 눈물을 흘렸고, 경쟁자인 늑대를 공감과 교감을 통해 개로 길들이면서 인간의 친구이자 동반자로 만들었다.

10만 년 전 호모 사피엔스는 자신과 전혀 다른 인종인 네안데르탈인을 유럽 한복판에서 만났을 때에도 그들을 배척하지 않고 오히려 그들과 교류했다. 그리고 그들은 현생 인류의 조상이 됐다. 우리 안에는 네안데르탈인의 피가 섞여 있다.

오늘날의 우리를 있게 한 위대한 혁신의 원동력은 바로 이타심이었다. 6백만 년 인류의 역사는 바로 이 영적인 유전자를 스스로 발견하고 발휘하는 여정이었다.

02 인간의 역사

2.1 선사시대(기원전 1만 년~기원전 3500년)

기원전 1만 년경 빙하기가 끝나고 지구가 따뜻해지기 시작하자, 인류는 변화에 적응해야 했으며, 인류는 이 과정에서 대단한 창의력을 발휘했다. 인간에게 식량을 제공했던 많은 거대 포유류들이 지구 온난화와 남획으로 멸종되었다. 그런가 하면, 한때 너무 춥거나 건조해서 씨가 말랐던 지역에서 식용식물이 만개하게 되었다. 이 당시 인류는 소위 근육의 힘(muscle power)을 이용한 수렵과 채집을 통하여 살아갔다.

기원전 8000년 세계 일부 지역에서 식물 채집을 뛰어넘어 작물 재배를 시작했으며, 벼농사는 남동아시아에서 기원전 7000년경에 시작되었다. 동물도 가축으로 사육하기 시작했다. 결국 비옥한 토지에서 농사를 짓는 사람들이 다양한 교역활동과 인구를 부양하기에 충분한 식량을 생산하면서 사회문화가 촉진되었다.

인류 최초의 정착지는 주로 메소포타미아에서 동부 지중해 연안에 이르는 비옥한 초승달 일대에 모여 있었다. 기원전 7000년에는 약 2천 명이 요르단 강 부근의 에리코에 거주했는데, 이는 수렵과 채집의 시대 때, 대다수 집단의 10배가 넘는 인원이었다. 이런 곳에는 상인과 도공처럼 농사 외의 활동에 종사하는 사람들도 함께 살았다.

기원전 6500년이 되자 아나톨리아(Anatolia, 현대의 터키)의 차탈휘익(Catal Hoyuk)에 사는 장인들이 가마에서 불에 달군 단지를 만들었다.

또 나중에 개발된 도자기 제작용 돌림판은 바퀴 달린 수레 개발에 영감을 주었다. 아나톨리아와 메소포타미아의 장인들은 또 구리 제련기술을 연구한 결과 청동이 개발되면서, 석기시대에 이어 새로운 기술의 청동기 시대로 접어들었다. 기원전 3500년이 되자 농사, 야금술, 기타 제작기술의 발달로 메소포타미아에서 도시와 문명의 성장 토대가 마련되었다.

인류의 선사시대를 구분하는 기준은 도구의 기술적 발전에 두고 있다. 인류 문명과 새벽을 알리면서, 고대 문명은 인상적인 도시나 미술품과 건축물로 장식된 신전을 건설했다. 모든 문명에는 공공사업이나 군사작전을 위해 수천 명을 동원할 만큼 강력한 통치자가 있었다. 대부분 글자를 이용해 자료를 기록하고, 법전을 편찬하며, 지혜와 구전 지식을 문헌의 형태로 남겼다.

◀ 석기 시대는 인류 기술 발전의 첫 번째 단계다. 도구 제작의 새로운 변화에 따라 다시 구석기 시대(Paleolithic), 중석기 시대(Mesolithic), 신석기 시대(Neolithic)로 구분된다. 약 1만 년 전에 시작된 신석기 시대에는 더욱 개선된 석기를 제작하고, 구리 등의 금속으로 만든 무기와 도구를 이용했다.
* 출처 : 지식갤러리, 지식의 책 265쪽

◀ 청동기 시대는 금속도구를 만들기 위해 구리를 녹여 주석이나 기타 금속과 합금하는 금속 세공기술이 발달한 것이 특징이다. 그리스와 중국에서는 청동기 시대가 기원전 3000년경에 시작된 반면, 영국 제도에서는 기원전 1900년경에야 등장했다. 청동기 시대를 특징짓는 발명품은 바퀴와 소가 끄는 쟁기로, 농사의 잠재력을 크게 증대시켰다.
* 출처 : 지식갤러리, 지식의 책 265쪽

◀ 철기 시대는 더욱 견고한 철제 도구와 무기가 제작된 시대로, 유럽에서는 기원전 1200년경, 중국에서는 기원전 600년경에 시작되었다. 철광이 청동기 제작에 필요한 주석보다 매장량이 풍부했기 때문에, 철기는 훨씬 광범위하게 사용되었다. 철제 도구와 무기가 생산되면서 영구 정착민이 늘어났고, 고대의 대도시들도 이때부터 시작되었다.
* 출처 : 지식갤러리, 지식의 책 265쪽

2.2 메소포타미아(기원전 3500년~500년)

인류 최초의 문명은 티그리스 강과 유프라테스 강이 만나며 비옥한 범람원을 형성하던 남부 메소포타미아에서 시작되었다. 이곳의 수메르인은 거기에 수로를 파서 거주지까지 강물을 끌어왔다. 관개시설을 구축하고 유지하려면 강력한 지도력이 필요했다. 이 시설을 통해 새로운 수메르 도시에서 교역에 종사하는 상인과 장인까지 부양할 만큼의 잉여 농산물을 생산할 수 있었다. 이때 곡물 다발 등 공통된 단위를 그림문자로 그려 양을 표기했으며 시간이 지나면서 그림문자는 점토판에 뾰족한 침으로 새기는 추상적 문자, 즉 설형문자로 진화했다. 수메르 서기들은 이 문자로 장부뿐 아니라 법과 구전설화를 새겨 후대에게 문명의 기록을 남겼다.

고대 중동지역

기원전 3500년경	기원전 2900년경	기원전 2334년	기원전 1792년	기원전 900년경	기원전 539년
수메르인이 도시건설	수메르에 강력한 도시국가 출현	아카드의 사라곤 왕이 수메르 정복	함무라비 왕이 바빌로니아 제국 건설	아시리아인이 북부 메소포타미아로 진출	페르시아의 카루스 대왕이 바빌로니아 정복

◀ 기원전 2500년경 고대 수메르에서 출토된 모자이크. 우르(Ur)의 군기(軍旗). * 출처 : 지식갤러리, 지식의 책 266쪽

2.3 이집트(기원전 3000년~30년)

이집트 나일강 유역은 고대 세계에서 가장 비옥한 지역 중 하나였다. 매년 여름 몬순비가 내려 나일강이 불어나고 주변 농토로 범람하여 비옥한 토사 층이 침전되었다. 선사시대 사람들은 이 강을 따라 정착했고 밀과 보리를 경작하며 많은 파피루스를 만들기 시작했다. 기원전 3000년경에 상이집트의 왕이 나일강 삼각주로 군대를 파견해 하이집트를 정복했다. 이 왕조를 필두로 이후 3천 년에 걸쳐 30개가 넘는 왕조가 이 땅을 지배했다.

고대 이집트

▲ 이집트의 기자 피라미드를 배경으로 낙타를 사람들의 실루엣. * 출처 : 지식갤러리, 지식의 책 268쪽

2.4 중국(기원전 2500년~기원후 500년)

중국의 최초 왕들은 황하 강을 따라 등장했다. 황하강의 명칭은 강변의 황색토에서 비롯되었다. 황색토는 비옥했지만, 강을 막아 홍수를 일으켰다. 중국 역사에서 강의 범람을 막고 한나라를 세운 공은 우왕에게 돌아간다. 통치자들은 치수사업을 위해 사람들을 동원했고, 그 과정에서 더욱 강대해졌다.

고대 중국

▲ 베이징 근처 쥐용관의 만리장성. *출처 : 지식갤러리, 지식의 책 272쪽

2.5 인도(기원전 2500년~기원후 500년)

이집트와 메소포타미아처럼 인도에서도, 문명은 비옥한 범람원인 인더스 강 유역에서 발생했다. 관개농지에서 수확된 충분한 농작물은 모헨조다로와 하라파 같은 도시의 성장에 밑거름이 되었다. 이 도시들은 일반인을 위한 표준 주택, 상류층을 위한 대규모 저택, 하수도와 연결된 화장실 등의 위생시설 계획 하에서 건설되었다.

고대 인도

기원전 2500년경	기원전 700년경	기원전 560년경	기원전 327년	기원전 321년경	기원후 320년
하라파 문명의 시작	힌두교 경전 〈우파니샤드〉 제작	불교의 창시자인 고타마 싯다르타가 인도에서 탄생	알렉산더 대왕이 인도 침입	마우리아 왕조 수립	굽타 왕조 수립

◀ 기원전 2000년경 모헨조다로에서 발굴된 사제왕의 조각상. * 출처 : 지식갤러리, 지식의 책 270쪽

2.6 그리스와 페르시아(기원전 1600년~기원후 500년)

그리스 문명은 기원전 1600년, 북쪽의 미케네인이 남하하여 그리스 본토와 미노아인(화려한 궁정을 지었던 해상 교역세력)의 본거지였던 크레타 섬 등을 정복한 후로 1천 년 넘게 지속되었다. 기원전 500년 에게 해 동쪽 해안에 살던 그리스인이 페르시아의 지배에 대해 반란을 일으키면서, 당대 세계에서 가장 발전된 사회끼리의 반목이 시작되었다.

고전기

기원전 1600년경	기원전 558년	기원전 480~479년	기원전 404년	기원전 336년	기원전 323년
미케네인이 크레타 섬 점령	키루스 대왕이 페르시아 제국 건설	그리스인이 페르시아 격퇴, 그리스-페르시아 전쟁 종료	스파르타가 아테네에 승리, 펠러폰네소스 전쟁 종료	알렉산더 대왕 집권	알렉산더 대왕 사망

▲ 터키 아프로디시아스에 있는 그리스 신전의 유적. * 출처 : 지식갤러리, 지식의 책 274쪽

2.7 로마(기원전 500년~기원후 500년)

티베르 강 유역 언덕에 위치한 로마는 기원전 509년에 이 일대를 오랫동안 지배해온 에트루리아에서 독립하면서 그 역사적인 행보를 시작했다. 로마인은 에트루리아인 왕을 몰아낸 후에, 귀족들이 선출한 두 명의 집정관이 1년간 통치하는 공화정을 수립했다.

고대 로마

기원전 509년	기원전 264~146년	기원전 44년	기원전 31년	기원후 117년	기원후 330년	기원후 476년
로마인이 공화정 수립	카르타고와 포에니 전쟁	율리우스 카이사르 암살	초대 로마 황제 아우구스투스	트라야누스 황제 하에서 제국의 전성기 도달	콘스탄티누스 대제가 콘스탄티노플 건설	게르만족의 침입에 로마 몰락

◀ 1세기에 건설된 로마 콜로세움. * 출처 : 지식갤러리, 지식의 책 276쪽

2.8 과학의 발전

이후 중세시대는 500년경 로마 제국의 멸망으로 시작하여 1500년경 신세계(남북아메리카)의 탐험으로 끝났다. 중세 초기는 암흑기라고 불리는데, 게르만족이 로마령을 점령해가면서 사건을 조명할만한 문서기록을 거의 남기지 않았기 때문이다. 중세 후반부에 기독교 유럽인은 중동에서 무슬림과 끊임없이 충돌했다. 성지 예루살렘에서 전쟁을 일으킨 십자군도 양 세계의 분열에서 탄생했다.

르네상스는 중세 말기에서 유래했다. 14세기 피렌체를 비롯해 번영하던 이탈리아 도시국가의 상인들은 과거로부터 영감을 끌어왔던 예술가와 시인들의 후원자로 나섰다. 그들은 가톨릭 수도원에 간직된 고전기 그리스-로마 문학과 비잔티움 및 이슬람 세계의 문헌에서 영감을 얻었다. 피렌체에서 성장한 사람들 중에는 시인 단테, 화가 지오토 디 본도네, 학자 페트라르카가 있었다. 그들의 작품은 유럽의 '신앙의 시대'와 르네상스 시대의 '인본주의' 사이에서 가교 역할을 했다. 르네상스는 예술가 미켈란젤로와 화가, 발명가, 과학자였던 레오나르도 다빈치의 업적으로 1500년대에 전성기를 맞이했다. 인본주의자들은 인간의 지적능력과 상상력으로 이해하지 못할 만큼 신비롭거나 신성한 것은 존재하지 않는다는 신념을 공유했다. 르네상스기의 과학자들은 지구가 우주의 중심이라는 우주론 등의 사상에 의문을 제기했다. 이로써 성경의 창조론 등 신앙의 기본 체제를 궁극적으로 반박하는 과학혁명이 시작되었다. 또한 1517년 독일의 신학자 마르틴 루터가 면죄부 판매 등의 관행에 이의를 제기하면서 시작된 종교개혁은 30년 전쟁의 종료로 1648년 개신교도가 종교적 자유를 획득하며 이루어진다.

이후 유럽 식민지 열강들은 신세계를 향한 대항해의 시대를 통한 식민지 지배와 제국주의의 길에 들어서게 된다.

계몽주의 시대는 르네상스 시대에 비롯되어, 기존 정설에 대한 합리적인 문제 제기를 추구했다. 계몽주의 사상가들은 철학자이자 수학자인 데카르트에게서 영감을 받았다. 그는 1637년 자신의 첫 번째 원칙으로 "추호의 의심도 남아 있지 않은 상태로 그것을 알 때까지 아무것도 받아들이지 말라"라고 썼다. 가설을 테스트한다는 개념은 과학적 방법론에는 필수적이었고,

1600년대 말에 영국 물리학자 아이작 뉴턴에 의해 정립되었다. 프랑스 철학자인 장 자크 루소는 [사회계약론]의 저자로, 오직 공화정만이 자유를 보호할 수 있다고 주장했다. 이러한 사상의 발전은 기존 사회에 대한 저항을 불러 일으켜 결국 자유, 평등, 박애의 계몽주의적 이상이 18, 19세기 유럽과 아메리카를 중심으로 하는 세계 정치와 문화 및 사회 전반에 영향을 미치게 된다.

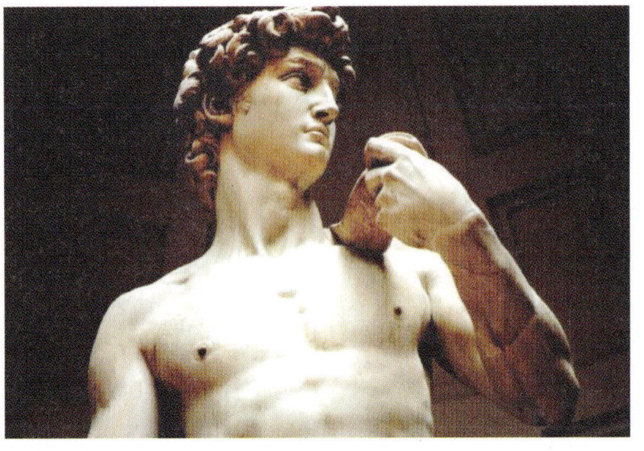

▲ 16세기 초 이탈리아 피렌체의 예술가 미켈란젤로의 <다비드> 조각. * 출처 : 지식갤러리, 지식의 책 294쪽

▲ 프랑스 혁명의 지도자였던 막시밀리앙 로베스피에르는 폭력적으로 붙잡혀 바로 다음날 단두대에서 처형당했다. 19세기의 이 그림이 그의 체포 장면을 담고 있다.
* 출처 : 지식갤러리, 지식의 책 299쪽

산업혁명은 18세기 영국에서 시작되었다. 영국은 근대 산업의 최초 연료였던 철광과 석탄의 매장량이 풍부했고, 민간 기업과 투자를 장려하는 정치체제가 수립된 상태였다. 제임스 와트가 1760년대에 증기기관을 완성하고 1800년대 초에 도입된 증기기관차는 공장을 도시, 항구, 석탄 광산과 연결시켰다. 19세기 동안 산업혁명은 유럽 전역을 비롯하여 미국과 일본 등까지 널리 퍼져나갔다.

이후 20세기 초까지 산업주의, 민족주의, 제국주의가 세계 강대국 사이에서 폭발적인 경쟁을 유발하여 결국 인류는 세계 1차, 2차 대전*에 휘말리게 되었으며, 1945년 첨단 핵기술은 원자폭탄이라는 공포로 인류에게 등장하였다.

▲ 제2차 세계대전을 종식시킨 원자폭탄은 아인슈타인, 러더퍼드, 채드윅, 페르미 같은 선구적 과학자들의 획기적인 연구의 산물이다. 파시즘을 피해 미국으로 건너갔던 페르미와 아인슈타인은 1942년 시카고 대학에서 중성자 빔에 우라늄을 노출시켜 최초로 제어된 자립적 핵연쇄반응을 선보였다. 이 실험은 1945년 8월 6일 일본의 히로시마에 투하된 「리틀 보이」와 같은 핵무기에 적용되었다. * 출처 : 지식갤러리, 지식의 책 315쪽

▲ 1895년 메릴랜드 볼티모어 B&O 철도의 전기설비 발전. * 출처 : 지식갤러리, 지식의 책 302쪽

참고지식

제1차 세계대전

1914년 7월 28일~1918년 11월 11일 : 1,000만 명의 군인 전사, 500만 명의 민간인 사망

제2차 세계대전

1939년 9월 1일~1945년 9월 2일 : 전 세계 60여 개가 넘는 나라들이 1억이 넘는 병력을 동원하여 싸웠던 제2차 세계대전은 약 2천 7백만 명의 군인이 전사하고, 3천만 명이 넘는 민간인이 희생되는 엄청난 인명 피해를 남겼다. 민간인 희생자 중에는 히틀러의 민족 차별 정책으로 희생된 유대인이 약 5백만 명이나 되었다.

인류역사상 2大 의학적 참사

페스트(흑사병) 1347~1352년 기간 동안 전 유럽을 휩쓸었다. 페스트로 말미암은 사망자 수는 7,300만 명의 유럽인구 중, 1,900만~3,400만 명으로 추정되는데, 이는 당시 유럽 인구의 최고 50% 가까이에 해당된다.

스페인 독감(스페인 Flu) 인플루엔자 바이러스로 인해 1918년 3월 미국 시카고 부근에서 발생했으며, 고병원성으로 발전한 것은 1918년 8월 15일경 아프리카 서해안의 영국 보호령 시에라리온의 수도 프리타운 부근으로 추정된다. 전 세계 인구의 약 3~6%가 죽었으며, 일부는 걸린 지 2~3일 만에 사망에 이르는 경우도 있었다. 감기에 걸린 듯한 증상을 보이다가 폐렴으로 발전하는가 싶더니 환자의 피부에서 산소가 빠져나가면서 보랏빛으로 변해 죽어가는 병이다. 제1차 세계대전에서 죽은 사람이 1,500만 명 정도였는데 비해, 스페인 독감으로 5,000만 명(최대 1억 명 추정)이 넘는 사람이 목숨을 잃었다. 제1차 세계대전은 서둘러 매듭지어졌고, 평화 조약을 맺었다. 이 일을 계기로 독감 예방 접종 문화가 시작되었다. 한국에서는 흔히 무오년 독감(戊午年毒感)이라고 하는데 740만 여명이 감염되어 14만 여명이 희생되었다.

감기는 약 100종의 바이러스가 전염시키고 독감, 즉 인플루엔자는 A, B, C의 세 가지 독감 바이러스에 의하여 전염된다. 감기는 재채기, 기침, 근육통, 콧물, 식욕부진, 피로감의 증상을 보인다. 독감은 기침, 온몸 쑤심, 고열(高熱), 멀미, 두통, 재채기, 목 아픔, 한기(寒氣) 등 보통 감기에선 고열이 드문 현상이다. 감기와 독감은 증세가 비슷하지만 독감이 훨씬 심하다. 독감은 사망률에서 가장 무서운 전염병이다. 미국에선 독감으로 매년 약 3만 3,000명이 사망하고 20만 명이 입원한다.

03 과학의 역사

3.1 계산과 측정

계산 및 측정 체계는 인류의 가장 오래되고 기본적인 발명품에 속한다. 인류는 대규모 문화이든 소수민족이든 간에, 아프리카 콩고 지역의 1만 년 된 뼈에서 발견된 간단한 표시부터 고대 그리스와 아랍 문명의 발달된 정수론까지 세상을 셈하는 자신들의 고유한 방법을 개발해왔다.

인간의 주요한 식량이 곡물에 의존하게 되자 이전의 수렵, 채집시대와는 달리 계획이 필요하게 된다. 수확한 곡물을 보존하고, 이듬해 수확 시까지의 1년 동안 계획적으로 식량을 소비하지 않으면 안 된다. 또 축적한 곡물의 일부분을 적당한 시기(파종기)를 보아 종자로 충당해야 한다. 따라서 인간의 사고가 논리적이 되고, 산술이 필요해진다.

계산

기원전 8000년	기원전 7500년	기원전 3400년	기원전 약 3100년	기원전 300년경	기원전 50년
콩고 지역에서 탈리 표시(Tally mark)를 사용	수메르인이 곡식, 동물, 기타 귀중품의 개수를 점토판에 표시	이집트인이 기호의 개수로 9까지 표현하고 10에는 특수 기호를 사용	수메르인이 점토판에 1은 쐐기모양, 10은 원모양으로 표시 바빌로니아 60진법에서 숫자의 기호와 자리를 함께 활용해 양을 표시	인도-아라비아 숫자에서 빈자리를 채우기 위해 '0'을 사용	인도에서 현대에 유사한 십진법을 사용

또한 농업이 시작된 이후는 파종기, 수확기 등을 알아야할 필요가 생기고, 1년을 약 12개월(달의 차고 기움이 1년에 약 12회 일어나므로)로 생각해서 파종 등의 정확한 시기를 알기 위해서 별의 위치를 주의 깊게 관찰하게 되었다. 이것이 천문학의 싹틈이다. 시간 측정 기술은 수천 년에 걸쳐 발전해왔다.

현대 달력의 기본 단위는 천문학적 개념이다. 1일은 지구가 지축을 중심으로 자전하는 주기이고, 1년은 지구가 태양 주위를 공전하는데 걸리는 시간이다. 또 한 달은 대략 달 모양이 바뀌는 전체 주기, 즉 공전주기를 반영한다.

최초의 달력은 약 5천 년 전 수메르인이 해와 달의 위치를 통해 농사, 종교적 의식 등의 일정을 조정하면서 사용되기 시작했다. 중국, 마야, 그리스, 로마 문명 모두 각자의 사회와 세계관에 적합한 달력을 고안했다. 예를 들어 로마인은 8일마다 장이 열렸기 때문에, 8일로 구성된 1주일이 시간을 인식하는 기본 단위였다.

현대식 달력의 체계를 잡은 것은 이집트인이었다. 이집트에서는 기원전 1300년에 이미 43개의 별자리와 행성을 도표로 그려 일식과 월식을 예측할 만큼 천문학이 발달되어 있었다. 이집트인은 이런 천문학적 현상을 자신들의 태양숭배 종교와 밀접하게 연관지어 1년이 365일로 구성된 달력을 고안했다. 이는 고대 그리스를 거쳐 오늘날까지 사용되고 있다.

▲ 기원전 3500년경 고대 수메르 설형문자(쐐기모양 문자)의 숫자 표시. * 출처 : 지식갤러리, 지식의 책 322쪽

3.2 과학적 세계관

기원전 560년경에 태어난 그리스 수학자 피타고라스는 숫자들 간의 관계로 세상 만물을 이해할 수 있다는, 세계 최초의 과학적 세계관을 제시했다. 약 150년 후에 아리스토텔레스는 행성과 별의 역학을 설명하여 피타고라스의 세계관에 살을 붙였다. 오늘날의 천체물리학자도 우주의 형체, 기원, 미래를 파악해 우리가 사는 우주의 원리를 밝혀내고자 노력하고 있다.

▲ 고대 그리스 철학자인자 과학자인 피타고라스의 과학적 세계관

아리스토텔레스는 월식 중에 생기는 그림자를 보고 지구가 둥글다는 사실을 알았지만, 지구가 세상의 중심이고 그 주위를 56개 천구가 회전하고 있다고 믿었다. 약 500년 후에 그리스의 마지막 위대한 천문학자인 프톨레마이오스는 혼돈을 가중시켰다. 그는 지축이 기울어 있다고 주장하면서 여전히 천동설을 고수했지만, 태양과 달의 움직임은 정확히 예측했다.

▲ 그리스의 철학자 아리스토텔레스

▲ 위대한 천문학자 니콜라우스 코페르니쿠스

16세기에 니콜라우스 코페르니쿠스(Nicolaus Copernicus, 1473～1543)는 지구가 다른 행성과 마찬가지고 태양 주위를 돈다고 주장했다. 수십 년 후에 갈릴레오 갈릴레이는 초기 망원경을 이용하여 코페르니쿠스의 주장을 뒷받침하는 사실들을 관측했다. 로마가톨릭교의 종교재판이 절정인 시기에 책을 출판하면서 갈릴레오는 이단으로 몰려 심문을 받았다. 폴란드의 상인 가문에서 태어난 코페르니쿠스는 교회법과 약학을 공부했다. 그러나 그가 천문학 연구로 돌아서면서 인류의 우주에 대한 궁금증이 풀리기 시작했다. 그는 1514년 <천체의 운동과 그 배열에 관한 주해서>라는 논문에서 지구가 태양 주위의 궤도선상에 있다는 지동설을 주장하여, 아리스토텔레스 같은 거장의 의견을 반박하고 가톨릭 교리도 거역했다. 교회법을 배우는 학생이자 주교의 조카였던 코페르니쿠스는 자신의 주장이 담고 있는 의미를 우려했다. 그래서 당대 교회 관계자들의 권유에도 불구하고, 30년을 더 기다려 책을 출판했다. 이는 과거 이론의 오류를 수정하는 동시에 새로운 과학적 방법론의 승리를 의미했다.

1600년대 후반에 아이작 뉴턴이 중력을 '우주의 접착제'라고 표현하는 등 행성의 움직임에 대한 기본 원칙을 정리했다. 이 원칙은 과학 전반에 지대한 영향을 미쳤으나, 알베르트 아인슈타인이 1900년대 초반에 제기한 문제, 즉 '관찰자가 이동 중이면 어떻게 되는가?'의 문제에는 적용되지 않았다. 만약 두 기차가 같은 속도로 달리고 있다면, 한쪽 기차의 탑승객에게는 다른 기차의 탑승객이 정지 상태로 보일 것이다. 아인슈타인은 중력과 시공간의 통일에 대한 이론을 개발하여 뉴턴역학 이론의 문제점을 해결했다. 아인슈타인의 연구는 에드윈 허블 등의 후속 연구에 토대를 마련해주었다. 특히 우주가 계속 팽창하고 있다는 허블의 통찰은, 우주가 시공간이 응축되고 밀도가 무한대로 높은 특이점 상태에서 거대한 폭발을 통해 생성되었다는 빅뱅이론의 근거가 되었다.

1900년대 초반에 과학자들은 속도가 변화한다는 고전 이론과 달리, 빛의 속도는 일정하다는 결론에 도달했다. 시간당 2킬로로 흐르는 강물에서 시간당 1킬로로 헤엄치는 사람은 결국 시간당 3킬로로 이동하지만, 달리는 기차에서 발산되는 빛은 동일한 속도를 유지한다는 것이다. 아인슈타인은 시간과 공간이 속도와 관련된 또 다른 변수로서 물체가 빛의 속도에 다가갈수록 변한다는 의미의 공식을 개발했다. 이 공식은 속도가 빨라질수록 시간이 느려진다는 비행기상의 실험과 다른 천문학자들의 관측을 통해 입증되었다.

아인슈타인의 특수상대성이론 및 일반상대성이론은 공간의 3개 차원과 시간이란 4차원을 통합하고, $E=mC^2$이라는 유명한 공식으로 질량과 에너지의 등가성을 설명하며, 원자력과 같은 매우 실용적인 힘을 밝혀내는 데도 기여했다.

3.3 아시아 근대과학의 발전

상당히 많은 과학용어가 아랍어에서 유래하고 있는데, 그 중 몇 가지 예를 들어보자. 대수의 '알지브라(algebra)'는 아랍어에서 온 것이다. 그 어원은 유명한 수학자인 알 콰리즈미(?~850년경 사망)의 수학에 관한 저서 '키탑 알자브르 왈 무과발라'에 있다. 이 속의 알자브르는 어떤 종류의 수식의 이항조작을 뜻하였으며, 이것이 서구로 전해져서 '알지브라'로 된 것이다.

산수에서는 본래 인도에서 고안된 인도 숫자가 오늘날 아라비아 숫자라고 불리는 한 가지만 보더라도, 이슬람 문명의 영향을 알 수 있다.

화학이라는 영어 chemistry는 연금술을 뜻한다. 아랍어의 '알 카미야'와 관계가 있다. 알 카미야는 비금속에서 귀금속을 만들어내는 일이었다. 알칼리나 알코올 등 '알'이 붙어 있는 것도 아랍어에서 유래한 것이다. '칼리'는 '나무의 재'를 말하며, 관사 '알'이 붙어서 알칼리가 되었다. 콜(또는 쿨)은 눈꺼풀에 바르는 화장품을 말했는데, 이것에 관사 '알'이 붙어서 알코올이 된 것이다. 이와 같은 많은 예로 보더라도 이슬람이 과학사에서 한 역할이 크다는 것을 엿볼 수 있다.

11세기의 중앙아시아(부하라)에 있었던 이슬람 최고 학자의 한 사람인 아비케나(980~1037)는 '의학전범'이라는 책을 저술하여 500년 이상 향후 유럽의 의학에 큰 영향을 주게 된다. 유사한 시기에 알하젠(965?~1038)은 렌즈에 의한 광선의 굴절을 연구하였는데, 향후 유럽의 렌즈 연구에 큰 영향을 미쳐서 17세기 초에 망원경이 발명되고 17세기 후반에 현미경이 출현되었다.

전술하였듯이 한 학자의 영향이 아니더라도 오랫동안의 아랍 연금술의 경험이 결국 화학이라는 학문의 성립에 지대한 공헌을 하였다. 화학은 많은 물질의 분석과 다수의 화학반응 지식을 기초로 해서 형성되었는데, 많은 물질과 갖가지 화학반응 지식의 축적은 첫째로 아랍 연금술에서 온 것이다.

▲ 찬란한 이슬람 문명의 보고인 우즈베키스탄 부하라에 있는 모스크

이슬람 과학의 역사적 의의는 동서의 여러 과학을 흡수해서, 이것들의 수준을 더욱 높여 서구로 넘겨준 일이다. 이슬람 과학은 근대과학의 어버이라고도 할 수 있다. 이슬람은 근대과학을 위해 많은 기초지식을 제공했을 뿐만 아니라 근대서양의 특징 중 하나인 합리주의 사상과 과학방법론 역시 이슬람의 영향을 많이 받은 것으로 인정되고 있다.

중국의 르네상스 시대인 송대(宋代, 1115년)에 양개(楊介)에 의해 편집된 인체해부도인 '존진환중도(存眞環中圖)'가 이슬람을 거쳐 유럽의 의학 발전에 큰 영향을 끼쳤다. 이보다 1000년이나 빠른 1세기 초에 이미 중국의 의사가 인체해부를 했다는 것이 기록되어 있으며, 그 후 1000여 년 남짓한 의학연구의 축적이 이것을 가능하게 했던 것이다. 송대에 많은 의학적 성과가 탄생되었는데 그 이유는 중국 역대 왕 중에서 북송의 여러 황제만큼 의학에 깊은 관심을 보인 왕이 없기 때문이다. 송대의 의관원(醫官院)은 관료제도 속에서 의료를 행하는 관청으로 의관의 정원은 점차 늘어나서 1110년대 무렵에는 1000여 명에 달하였고, 이 기관에서는 첫째 본초(本草), 의서, 침, 뜸의 국가기준을 판정하였으며, 둘째는 침질과 뜸질을 실습하기 위한 인체모형의 활용은 물론 수많은 의서의 교정과 출판을 하였다. 또한 송대에는 많은 도시가 발달하고 서민문화가 개화했으며, 지식인은 이와 같은 환경 속에서 많은 독창적인 활동을 하였다.

▲ 북송의 수도인 개봉(開封, 카이펑)을 그린 청명상하도(晴明上河圖) 일부
* 출처 : cafe/daum/happyworldventures

그러나 송대에는 의학만이 아니라 고도의 과학기술사상의 업적이 많이 나타나 있는데, 이것은 차츰 도시의 발달이나 서민문화의 진흥에 기인했을 뿐만 아니라, 실증주의적 연구태도와 진리추구의 고도한 정신과도 관련되어 있다. 송대에는 품종개량이나 농기구의 개선과 그 보급이 활발했으며, 경지면적도 상당히 확대되어 농업생산이 두드러지게 증대했고 그와 함께 광업과 수공업도 활발하게 발달하였다. 이와 같은 생산의 향상을 배경으로 지방에 수많은 도시가 형성되고 발전했다.

특히 주목할 만한 것은 인쇄술의 성행, 국어문학의 번성, 과학과 예술의 발달이다. 이런 점은 송대 르네상스와 15세기 이탈리아 르네상스가 아주 유사하였음을 나타낸다.

3.4 아시아 과학 문명의 영광과 좌절

서기 98년 무렵(로마시대)의 타키투스의 저작 [게르마니아]에 의하면 그 무렵 게르만의 식량은 야생의 과실, 짐승고기 또는 응유(凝乳)가 주된 것이고 곡물은 보조적인 것에 지나지 않았다. 그리고 그 보조적인 농업은 해마다 토박한 경작지를 버리고 새 곳으로 옮아가는 거친 이동농업이었으며 따라서 농업생산성은 지극히 낮았다. 그리고 이와 같은 상태가 10세기까지 계속되고 있었다는 것은 많은 사료에서 볼 수 있다. 이와 같은 비참한 게르만에 발전의 계기를 준 것은 뭐니 뭐니 해도 11세기의 농업혁명이었다. 이 혁명의 포인트는 말을 효율적으로 부려서 무거운 쟁기를 끌고 토양을 깊이 간 것과 수차를 사용해서 가루 빻기 등의 작업을 능률적으로 한데 있다. 11세기 유럽 농업혁명의 기술적인 근원은 어디에 있었을까? 먼저 무거운 쟁기는 오리엔트에서 온 것이었으며, 말의 능률적인 이용법은 중국에서 전해진 것이다. 마지막으로 농업혁명의 삼대기술 중의 하나인 수차는 기원전 1세기에 페르시아에서 유럽으로 전해진 것이다. 농업혁명 직후로부터 유럽은 해외로 팽창하기 시작하여 유럽 내부에 있어서도 다양한 발전을 볼 수 있게 되었다. 제1회 십자군이 1096년에 파견된 일, 다수의 도시가 12세기에 생겨난 일과 유럽의 유명한 대학, 수도원, 성이 거의 모두 12～13세기에 건립되었다는 것이 그 사정을 말해준다.

3.4.1 중국 기술의 유럽 전파

이와 같이 발전기에 접어든 유럽의 발전을 한층 더 촉진한 것이 중국으로부터의 기술의 도입이었다.

첫째는 종이의 전파이다. 751년 유라시아의 중앙에 있는 사마르칸트에서 당(唐)과 이슬람(아바스왕조)이 천하를 결판 짓는 전투를 하여 이 전투에서 이긴 이슬람군은 수많은 중국인 포로를 연행하였는데, 그 속에 제지공이 있어서 종이가 이슬람권으로 전해졌다. 그리고 12～13세기에 겨우 종이가 이슬람권에서 유럽으로 전해졌다.

둘째는 인쇄술이다. 중국에서는 7세기 말에 이미 민간용 달력의 목판 인쇄가 행해지고 있었다. 몇 만이나 되는 한자자수를 가진 나라에서 목판 인쇄가 오랫동안 유행한 것은 오히려 당연한 일이지만, 11세기 말 중국에서는 활자 인쇄가 시작되었다. 이 활자는 진흙을 굳혀서 만든 것이다. 다음 13세기에 한국에서 세계최초의 금속활자인쇄가 시작되었다. 고려왕조의 국가제도에 대해 기록한 [고금상정예문(古今詳定禮文)]의 서문에 이 책은 금속활자로서 인쇄된(1234) 것이라고 씌어져 있다고 하나 현재 전해지고 있질 않다.

한편 유럽에서는 목판인쇄가 시작된 것이 14세기 말기이며, 중국의 영향에 의한다는 것은 연구자의 일치된 견해이다. 또한 아시아에서 시작된 활자 인쇄가 유럽의 구텐베르크(1394～1468)에 영향을 준 것은 명확하다.

1997년 미국의 시사주간지 「라이프」는 지난 1천 년 동안 인류사에서 가장 중요한 사건 중 그 첫 번째로 구텐베르크가 금속활자를 발명해 성경을 찍어낸 것(1455)을 꼽았다. 당시 귀족과 성직자들의 전유물이었던 성경이 그의 인쇄기를 통해 일반인들에게 보급되면서 결국 서양 문명이 현재 세계를 지배하게 되는 중요한 계기가 되었기 때문이다.

이는 한국인의 문화적 자존심을 한껏 높여주는 증거도 된다. 현존하는 세계 최고의 목판 인쇄물인 「무구정광대다라니경」(751년)과 구텐베르크보다 78년 앞서 금속활자로 찍은 「직지심체요절」(일명 직지심경, 1377년)을 한국의 선조들이 만든 것이기 때문이다. 지난 1천 년 간 가장 위대한 발명 또는 세계를 변화시킨 1백대 사건 중 가장 중요한 사건으로 인쇄술이 언급될 때마다 우리들은 선조들이 일구어낸 눈부신 인쇄술 덕분에 더 높은 자긍심을 가질 수 있다는 것은 의심할 여지가 없다.

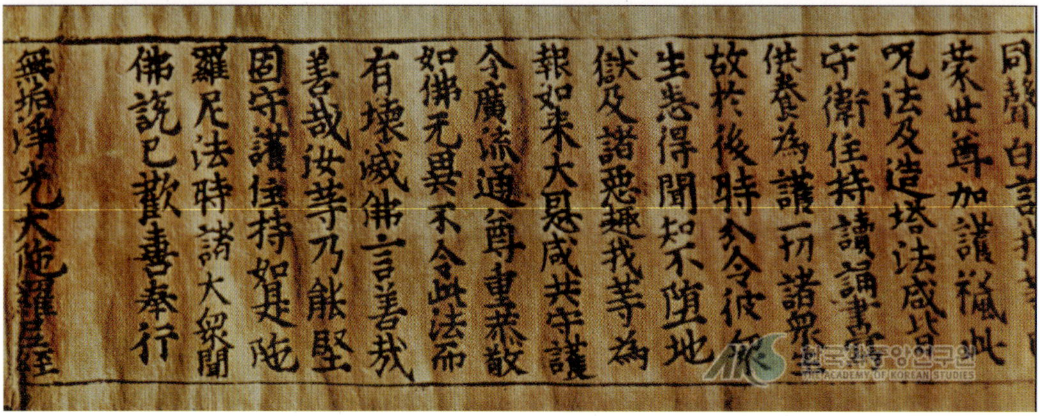

▲ 경주 불국사 삼층석탑 사리장 입구/무구정광대다라니경(국보 제126호) * 출처 : 한국학중앙연구원

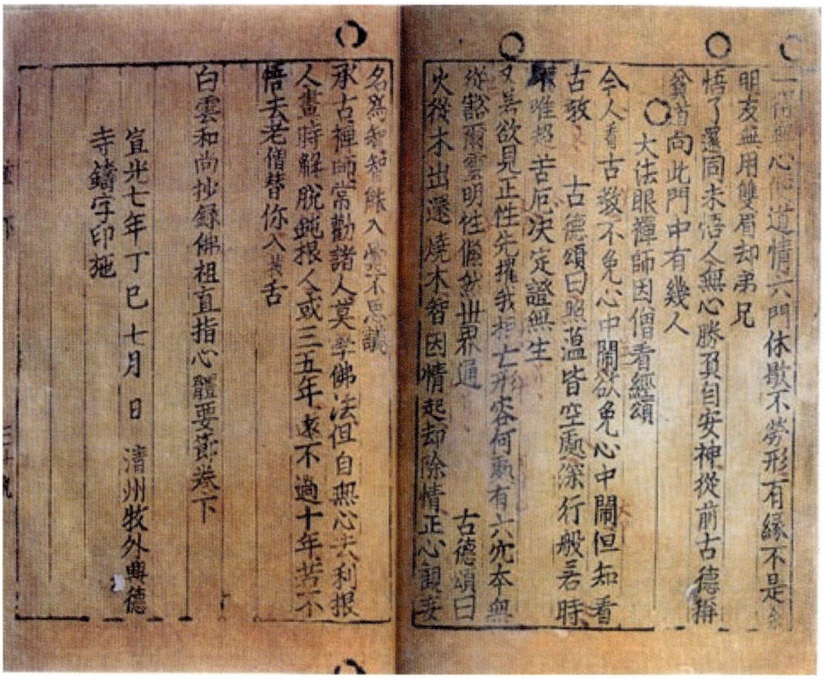

▲ 세계 최고(最古)의 금속활자본인 직지심체요절 하권 * 출처 : 프랑스 국립도서관

자침(磁針) 또한 중국의 선박에 사용된 것이 1100년 무렵이었으며, 송대에는 아랍의 배가 끊임없이 광동(廣東)에 입항했고, 아랍의 배를 통해서 자침의 지식이 유럽에 전해진 것은 틀림없다. 화기(火器) 또한 중국의 기술이 유럽에 전해지고 나서 훨씬 개량되었다.

3.4.2 이슬람의 영향

15세기 말에 이탈리아 르네상스가 최고조에 이르렀을 때 이탈리아 사상계의 중심인물인 피코 델라 미란돌라(1463~1494)는 [인간의 존엄에 대한 담화] 가운데서 다음과 같이 기록하고 있다. '내가 아랍 책으로 읽은 바에 의하면, 인간만큼 훌륭한 것은 이 세상에 없다'. 즉, 이른바 인간 중심의 르네상스 정신은 이슬람에서 심대한 영향을 받았다는 것을 보여준다. 물론 르네상스 정신은 당시의 유럽 사회의 변동과 밀접하게 관련되겠지만, 이슬람으로부터의 영향도 무시할 수 없는 것이다. 결론적으로 근대과학을 성립시키기 위한 대량의 기초지식이 이슬람에서 나왔으며 합리적 정신과 근대의 과학적 방법론 또한 그 출발에 이슬람의 영향이 있었다는 것을 부인할 수 없다.

서방 세계에 제지술이 전파되는 데는 고구려 후예인 당(唐)나라 고선지(高仙芝) 장군이 중요한 역할을 했다. 그는 751년 유명한 탈라스 전투에서 아랍에 패전했는데, 이때 사마르칸트로 끌려간 2만여 명의 포로 중에 제지기술자가 있었던 것이다. 762년 중국 광주(廣州)로 돌아온 포로 출신 두환(杜環)이 쓴 아랍 기행문 '경행기(經行記)'의 일부가 '통전(通典)'에 전해지는데, 금은세공사 등 다양한 기술자들이 끌려갔다고 말한다.

아랍의 사학자들도 포로 중에 아마(亞麻)와 대마(大麻) 등으로 종이를 만들 수 있는 사람들이 있었다고 말한다. 당시 아랍은 양피지나 파피루스를 사용하는 수준이었다. 제지술은 사마르칸트와 바그다드를 거쳐 13세기경에는 유럽에 전해지면서 르네상스 문명을 꽃피우는 중요한 역할을 한다. 한민족은 일본과 유럽에 제지술을 전한 문명의 전파자, 즉 페이퍼 로드의 주역이었던 것이다.

현존하는 세계 최고의 목판 인쇄물인 '무구정광대다라니경'(751년)과 구텐베르크보다 70여 년 앞서 금속 활자로 찍은 '직지심체요설'(일명 직지심경, 1377년)을 선조들이 만들었다는 것은 잘 알지만 이와 비견하여, 우수한 우리 종이에 대해서는 잘 모르고 있는 것 같다. 구텐베르크의 성경은 발간된 지 550년 밖에 되지 않았을 때에도 지질 보관에 문제가 있어 열람조차 불가능한 암실(어두운 방)에 보관되어 있다. 반면 한지(전통 한국 종이)는 천년 세월을 견뎌내는 것은 물론 삭지도 않고 썩지도 않는다. 고려 종이의 명성은 조선으로 이어져 한지가 중국과의 외교에 필수품으로 여겨졌고 중국 역대 제왕의 진적을 기록하는 데는 고려 종이만 사용했다는 기록도 있다. 한지의 질이 명주와 같이 정밀해서 중국인들은 이것을 비단 섬유로 만든 것으로 생각했다. 한지의 강한 특성은 한지를 몇 겹으로 바른 갑옷의 예에서도 볼 수 있다. 옻칠을 입힌 몇 겹의 한지로 만든 갑옷은 화살도 뚫지 못했다고 한다. 외국에서는 우리 한지를 최고의 종이로 인정하고 있는 반면, 우리는 한지에 비해 질이 떨어지는 외국의 펄프 종이를 흔히 사용하고 있다. 이에 한지의 우수성과 특성을 유지하며 가격 경쟁력을 확보할 수 있는 방안의 마련과 융합형 첨단 제품의 개발과 활용이 요구되고 있다.

3.4.3 아시아 과학 문명의 좌절

위대한 문화를 자랑하고 자연과학에 있어서도 이미 말했듯이 많은 뛰어난 업적을 낳은 인도, 중국, 이슬람 등에서 어째서 근대과학이 탄생되지 못했을까? 어째서 유럽에서만 근대과학이 나타났을까? 그것은 과연 서양 사람이 동양 사람보다 우수했기 때문일까?

물론 근대과학을 낳았기 때문에 유럽 사람이 특히 위대했었다고는 생각하지 않지만, 어떤 이유로 아시아에서 근대과학이 태어나지 못했는가를 생각해보자.

▲ 인도 아그라(Agra)의 타지마할(Taj Mahal)

◆ 인도의 좌절과 그 요인

인도를 여행한 사람들이 경험하는 일이지만, 인도 사람은 흔히 '당신은 인생을 어떻게 생각하는가?', '당신의 종교관을 듣고 싶다'는 질문을 한다. 인도 사람은 지극히 내성적이며 종교적이다. 그들은 항상 종교와 인생에 대한 논의를 하고 있다. 예를 들면 인도 사람의 생활의 상징인 갠지스 강을 보고 있노라면 자주 호수처럼 보여 진다. '대체 흐르고 있는 것일까?', 너무도 느릿하게 흐르는 강이다. 인도에 오면 '시간이 정체한 것 같다'는 사람도 있다. 풍토 등의 영향도 있고 해서 인도 사람은 지극히 내면적이며 종교적이다.

▲ 인도의 갠지즈 강 * 출처 : pixabay

이것은 인도가 정체한 하나의 이유일는지 모른다. 그러나 '그렇기 때문에 인도가 뒤졌다'는 풍토설에는 찬성하기 어렵다. 예를 들면 엥겔스(1820～1895)는 마르크스(1818～1883)의 의견에 동조하여, 마르크스의 1853년 6월 2일의 편지에 대답한 엥겔스의 동년 6월 6일 편지의 한 구절에 의하면, '동양 사람이 .... 봉건적인 그것에 조차 이르지 못했다는 것은 어디서 온 것일까? 생각건대 그것은 지세와 결부된 기후에 있다'고 기술하였는데, 유사한 견해는 유럽 사람과 그 충실한 추종자였던 일본 사람에게도 상당히 많다. 이와 같은 논의는 실은 아시아의 역사에 대한 공부를 하지 않았기 때문에 일어나는, 아시아에 대한 폭론이다.

이와 같은 일보다 훨씬 중요한 것은 인도 사람이 정치력에 있어서 결여되어 있었다는 일이다. 고대 인도는 오랫동안 번영했는데(기원전 1500년에서 기원후 500년까지의 2,000년), 6세기 초기 굽타 제국이 망한 후, 인도 사람에 의한 통일국가 또는 통일에 가까운 국가는 2차 세계대전 이후까지 나타나지 않았다. 굽타 제국은 이란계 유목민족인 에프탈(Ephthalites 또는 Hephthalites)의 침입으로 멸망하였는데, 그 후의 인도의 역사는 여러 나라들의 난립과 이슬람에 의한 정복 및 영국의 200년 침략사로 엮어진다.
또 하나, 제3의 요인으로서 카스트제도에 의한 인간성의 위축도 주목되어야 할 것이다. 하기는 카스트제도는 인도의 특수한 역사 환경과 관련이 있으며, 한마디로 카스트제도가 나쁘다고 단정하기에는 인도에 대해서 지나치게 알지 못하는 것이 되겠지만, 인도 문명은 인류사에 다대한 기여를 하였는데도 불구하고, 과학사 속의 한 단계인 근대과학을 탄생시킬 수는 없었다.

◆ 중국 과학문명의 정체

'중국인은 모든 것을 생각했다', '근대 이전에 중국 사람은 모든 발명을 했다'는 사람도 있다. 은나라 시대에 저 신비적인 박력에 넘친 예술을 창조했던 민족, 전국시대에 제자백가(諸子百家)를 배출시킨 한(漢)민족, 그리고 한 시대에 뛰어난 학문을 남겼던 사실, 또 송(宋)대에 세계 최초의 시민사회를 개척하고, 인간성에 가득한 고도의 과학기술을 포함하는 문화를 낳았던 중국 사람이 어째서 근대과학을 낳지 못했던 것일까?

▲ 최초의 나침반 사남(司南, 남쪽을 가리킴) * 출처 : htp://www.gdzen.com/exchange/text.asp?id =3318

이민족의 침략이 그 후의 과학과 문화의 발전을 저해했던 것일까? 그보다도 첫째로 주목해야할 점은 송 → 명 → 청에 이르는 1,000년 동안에 황제의 권력이 차츰 커져서 민권을 압박했던 일이다. 가장 치명적인 것은 근대의 300년 동안(17세기 중엽부터 20세기 초까지)에 중국이 이민족인 만주사람에게 제압당하였다는 일이다.
다른 민족의 침략과 1,000년 이상의 독재성으로, 모든 요인을 설명하기는 힘들다. 다음으로 주목하고 싶은 것은 위에서 언급한 인도 사람이 너무나도

내면적, 종교적이며 비정치적인 것과는 대조적으로 중국 사람은 너무 정치적인 민족이다. 오랫동안 중국은 '사대부(士大夫)'라는 선비계급이 군림하고 있던 특수한 사회다. 중국에서는 과거라는 시험을 합격하여 정치가가 되는 제도가 1,000여 년이나 계속되었다. 정치와 학문이 너무 밀접하게 결부되었고, 학문은 정치에서 완전히 독립할 수 없었다. 뛰어난 학자는 문인인 정치가 중에서 나왔다.

중국의 뛰어난 기술자는 서구의 근대 전반기처럼 밑에서부터 밀쳐 올릴만한 힘을 갖지 못했다. 그러므로 과학과 기술은 하나로 합쳐지지 못하고, 근대적인 자연과학이 성립될 수 없었다. 정치적 압력이 강한 사회에서는 기술자의 자유가 제한받고 있었고, 학자의 전통적 권위가 너무 강해서 저항할 수 없었으므로 기술을 가진 사람들이 밑으로부터 밀쳐 올려 사회를 뒤바꿀 수가 없었던 것이다.

셋째 이유는, 중국 사람이 불행하게도 건국 이래 근대에 이르기까지 주변에서 자기보다 우수한 문명을 발견하지 못했던 일이다. 일본 사람과 유럽 사람은 뒤지고 있었기 때문에 외래문화를 잇달아 받아들이는 데는 익숙했지만, 중국 사람에게는 주변이 모두 중화의 문명을 베풀어주어야 할 미개국이었다. 즉 중화사상이 강했다는 것이 화가 되었던 것이다.

특히 주목할 일은 14세기 말기 명나라시대 이후, 중국은 독재정치 등에 영향을 받아 위축되기 시작하여, 송(宋)대에 넘치고 있던 근대의 에너지를 상실한 일이다. 중국 사람은 이른바 중세에 다양한 문화를 창조했으면서도, 이른바 근대에 문화적으로 쇠퇴하여, 중국역사와 유럽의 역사는 반대로 진행되었다고도 할 수 있다.

◆ 이슬람의 암흑기

이슬람 문명의 영광스러운 시기는 길었다, 7세기에서 17세기까지의 1,000년 동안이 그 영광의 시대이며, 18세기에서 20세기의 3세기가 이슬람 사상의 암흑기(쇠퇴기)이다.

17세기까지 어째서 이슬람권이 근대과학을 낳지 못했을까? 10세기 무렵 광범한 이슬람 지역에서는 동시에 창조적인 학문이 잇따라 나타났었는데, 어째서 그것이 시들어져 버렸을까? 10~12세기에는 부하라를 중심으로 하는 중앙아시아, 아랍의 중핵부(이라크와 이집트), 이베리아 반도의 세 곳을 중심으로 학문이 백화제방(百花齊放)하였는데, 이 셋 모두가 그 후 쇠퇴한 것은 다음과 같은 이유에서다.

먼저 이베리아의 경우를 보면, 1095년에 이미 톨레도(Toledo)의 대도서관이 유럽 사람에게 점령당했던 것으로도 알 수 있듯이, 11세기말 이후는 팽창하는 유럽의 공세에 휩쓸려 그 영광을 유지하지 못하게 되었다.

▲ 과거 이슬람 영향 아래 있었던 스페인 톨레도(Toledo) 도시 전경

다음으로 중앙아시아 쪽은 15세기의 티무르제국 시대에 한번 학예가 부흥되었지만, 일반적으로 중앙아시아는 끊임없는 기마민족의 침략에 시달려 오랫동안 학문의 불꽃을 유지할 수 없었다.

제3의 아랍 중핵부는 16세기 초기 오스만 터키에 제압되어 이 또한 양상이 바뀌어졌다. 오스만제국은 일종의 독재국가로서 아랍민족에 대해서 탄압적이었다는 일면이 있다. 그 때문에 아랍민족은 수백 년 동안의 암흑에 잠겨버렸다.

▲ 우즈베키스탄의 타슈켄트 센터 앞에 있는 정복자 티무르(Timur) 동상

또 하나 주목할 점은 이슬람권에서는 정치, 사회, 생활의 모든 방면에서 종교의 규제가 차츰 강화되어갔기 때문에 그에 따라 창조성도 결국은 끊어지고 만 것이다.

이리하여 이슬람지역에서도 근대과학을 완성하지 못했었다.

3.5 유럽 자연과학의 발전

고대 그리스나 로마로부터 이어져온 문화 발전이 정지되고, 종교적 독선과 봉건제도 등의 이유로 이어진 중세 유럽의 암흑시대 이후, 12세기가 유럽의 혁신의 시작이 되었던 참된 이유는 그레고리우스 개혁 외에 달리 설명할 수가 없으며, 온갖 영향이 이 개혁에서 출발한다. 그레고리우스 개혁은 로마교회의 개혁이 시작된 1049년에서 1122년에 걸친 약 70년간에 있었던 개혁이며, 그레고리우스주의자는 교회에 만연되고 있는 악의 근원은 세속 권력에 의한 교회지배에 있으며 따라서 개혁을 위한 구체적 방법은 우선 첫째로 세속 권력에 의한 성직자 임명권의 제거를 우선으로 추진하였다. 그레고리우스 개혁은 일단 성공하였으며, 현실적으로 그레고리우스 개혁은 개혁을 권장하는 교황과 이에 대항하는 황제의 두 진영에 그 이론적 무장을 필요하게 해서, 이것이 여러 학문의 번영을 가져오는 계기를 만들었다. 둘째로 비판적인 정신이 발흥하였으며 이와 같은 학문의 발전이 결국 유럽의 여러 대학을 발전시키게 되었다. 12~13세기에 유럽에서 많은 대학이 설립되었는데, 지금까지 말해온 배경 속에 출현한 대학, 즉 개혁정신이 풍부한 수도사의 노력에서 출현한 대학은 첫째로 진리를 탐구하는 것을 지향하였다. 진리에의 정열이야말로 근대학술 및 근대과학의 근원이었다. 오늘날의 대학(university)의 어원인 ‘베리타스(veritas)’는 ‘진실로 존재하는 것’ 또는 ‘진리’를 뜻한다. 대학의 학문연구는 진리를 위해서라는 셈이다. 또 대학교육에 관련해서 유럽에서 온 말 ‘휴머니즘’이 흔히 사용되는데, 휴머니즘이란 인간적인 것을 강조하는 교육이면과 그것에 따른 교육체계이다. 결국 그레고리우스 종교개혁 등에 나타난 진리에의 정열이 유럽대학의 하나의 추진력이며, 이와 같은 대학 등에서 근대과학을 포함하는 근대학문이 태어나게 된 것이다. 근대과학의 가장 큰 특징은 실험과 수학과의 결합이다. 즉 실험, 관측으로 측정한 것을 정량적으로 표현하는 일인데, 이미 11세기의 이슬람에서도 볼 수 있지만, 지동설과 피사의 사탑에서 실행한 낙체 실험 등에서 근대과학의 특징이 뚜렷하게 나타나며, 근대과학의 아버지라 불리는 갈릴레오 갈릴레이(1564~1642) 전후에 다양한 방식으로 나타난다.

▲ 근대과학 발상지라고 일컬어지는 이탈리아의 파도바 대학

16세기 중엽, 니코라스 코페르니쿠스의 태양중심설(지동설)이라는 획기적인 성과가 나타났으며, 갈릴레오 갈릴레이 및 요하네스 케플러는 태양계와 행성의 이동에 대한 인간의 이해수준을 혁명적으로 변화시켰다. 이들의 연구는 천문학적 관측 뿐 아니라 움직이는 물체를 이용한 실험, 관성에 대한 이해, 거리를 두고 힘이 가해질 때의 결과 등에 기반을 두었다. 유럽의 과학이 연속적으로 많은 업적을 내놓기 시작하게 되는 것은 1600년부터 갈릴레오(1564~1642)가 활약하던 시기 이후다. 아이작 뉴턴은 1665년부터 20년간 사고와 실험을 통해 일련의 물리학 보편법칙을 만들었다. 1687년 저서 [자연철학의 수학적 원리]를 출간해 연구를 집대성한 그는, 행성을 비롯한 모든 물체의 이동 및 상호작용 원리를 수학적으로 설명하여, 오늘날까지도 과학과 공학에서 중요하게 사용되는 도구와 개념을 제시했다. 그로부터 2차 세계대전 종료 후인 1945년까지의 약 350년 동안이 유럽과학의 시대이었고, 20세기 후반부터, 과학연구의 중심은 미국 등으로 옮아가고 있다.

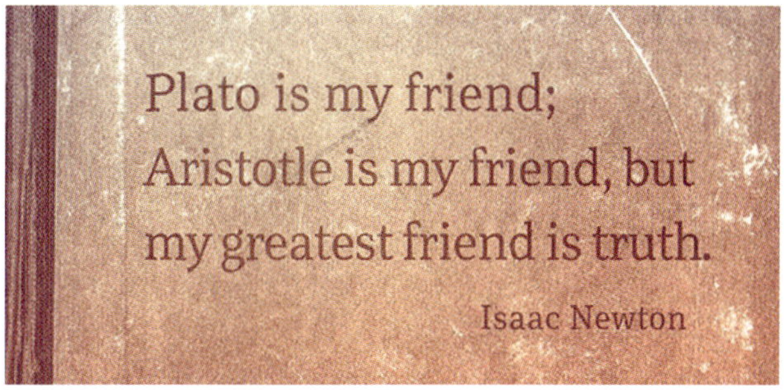

▲ 뉴턴의 명언(플라톤도 아리스토텔레스도 내 친구이지만, 가장 위대한 친구는 진실이다).

아직도 현대의 역학에는 3가지 별개 이론이 필요하다. 은하계 거리 연구에는 아인슈타인의 상대성이론이, 아원자(소립자나 원자핵, 양성자, 전자 등 원자보다 더 작은 입자) 연구에는 양자역학이, 일상적 물체의 연구에는 뉴턴역학이 적용된다.

▲ 양자역학 이론의 여러 공식들

그러나 간과하면 안 될 것은 이슬람 과학의 영광스런 연대가 더욱 길었다는 것이다. 이슬람 과학이 대두된 것은 770년이며, 이슬람 과학의 전성시대는 800년 무렵부터 400년 동안이었다. 또 800년 무렵부터 1400년까지의 600년 동안 이슬람의 과학문화는 거의 세계 최고의 위치에 있었다.

시간적인 길이보다 질도 중요하고 유럽이 건설한 근대과학이 극히 중요하다는 것은 말할 나위가 없지만 근대과학이 형성되는데 있어서는 이슬람이 쌓아 올린 기반이 필요했었다는 것을 고려하지 않으면 안 된다.

과학 또는 과학문화를 떠나 유럽의 영광이란 측면에서 본다면, 유럽 시대라고 일컬을 수 있는 것은 18세기 중엽에서 1910년대의 1차 세계대전까지의 200년에 불과한 기간이었다(18세기 초에는 아직 아시아가 유럽에 대해 우위에 있었고, 1차 세계대전 후에 세계의 중심이 유럽에서 미국으로 옮아감). 그런데 이슬람의 번영시대는 약 1,000년이나 계속되었던 것이다.

이슬람 세계의 무역의 필요성과 경제발전을 배경으로 중국 송(宋)대의 르네상스나 유럽의 르네상스를 훨씬 능가하는 과학이나 문예의 웅대한 르네상스가 이슬람 각지에서 일어났다. 몽고의 침공, 티무르의 정복 등이 있었지만, 이슬람의 과학문화는 여전히 계속해서 발전하고 있었으며, 대표적인 예로서는 15세기, 티무르의 손자이자 티무르 제국의 4대 술탄이며 학예군주로서 위대한 천문학자인 울루그 베그(Ulugh Beg, 1393~1449)가 당시 세계 최대의 천문대를 사마르칸트에 건립하여 이슬람 천문학의 전통이 계승되었다는 것이다.

▲ 사마르칸트(Samarkand)에 있는 울루그 베그(Ulugh Beg) 천문대 1962년 사진

3.6 근대과학사

학자마다 의견이 다르겠지만, 근대과학사의 큰 봉우리 셋을 분류하면 다음과 같다.

◆ 17세기의 과학혁명

- 갈릴레오 갈릴레이(Galileo Galilei, 1564~1642)의 낙체의 연구와 지동설 및 태양계의 관찰
- 케플러(Kepler, 1571~1630)의 행성의 운동법칙
- 하비(Harvey, 1578~1657)의 혈액 순환설
- 데카르트(Descartes, 1596~1650)에 의한 과학방법론인 '방법서설'과 '심신이원론' 등
- 보일(Boyle, 1627~1691)의 근대화학의 선구적 역할
- 호이겐스(Huygens, 1629~1695)의 원심력과 파동설
- 뉴턴(Newton, 1643~1727)에 의한 고전역학의 확립과 기계적 자연관 또는 역학적 우주관 출현 등

◆ 18세기 말기에 시작해서 19세기 전기에 결실된 것

- 달톤(Dalton, 1766~1844)의 원자설(1803)
- 아보가드로(Avogadro, 1776~1856)의 분자설(1811)
- 마이어(Mayer, 1814~1878)와 주울(Joule, 1818~1889)의 에너지 보존 법칙(1842)
- 파스퇴르(Pasteur, 1822~1895)의 미생물 연구(1857)
- 다윈(Darwin, 1809~1882)의 종의 기원(1859)
- 맥스웰(Maxwell, 1831~1879)에 의한 전자기장의 기초방정식(1864)
- 멘델(Mendel, 1822~1884)의 유전 법칙(1865) 등

◆ 19세기 후기에 시작해서 20세기 전기에 결실된 성과

- 원자로부터 원자핵, 소립자의 발견과 활용
- 컴퓨터를 포함한 전자과학의 진보
- 고분자과학의 발전
- 생명과학의 진보

우리는 이 중에서 생활환경에 항상 존재하는 자연방사성물질인 라돈을 논의하기 위하여 핵 과학의 역사를 살펴보고자 한다.

04 핵 과학의 역사

방사선이란 도대체 무엇인가? 1985년 독일의 과학자 빌헬름 뢴트겐(Wilhelm Röntgen, 1845∼1923)은 당시 과학계의 큰 관심 분야였던 음극선관을 연구하고 있었다. 그는 음극선관을 검은 종이로 완전히 감쌌고 실험실로 들어오는 빛을 차단한 후, 음극선관에서 발생시킨 음극선을 금속판에 쏘았다. 그러자 음극선관 주위의 형광판이 형광을 발산하였다. 무언가 음극선관에서 새로운 광선이 검은 종이를 뚫고 나와 형광판을 자극하여 빛을 발생시킨 것이었다. 이 빛은 전기장과 자기장에 휘지 않으며, 반사나 굴절도 되지 않는 등 그 정체를 알 수 없어서 그는 이 빛을 X선이라 불렀으며, 그는 이 업적으로 1901년 최초로 노벨물리학상을 수상한다.

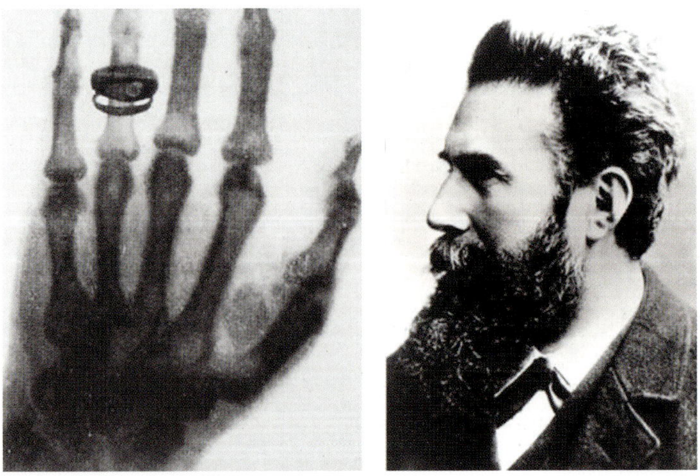

▲ 아내의 손을 찍은 최초의 X-선 사진과 뢴트겐

이렇게 발견된 X선이 오늘날 의학, 농학, 물리학 등 각 분야에서 가장 널리 이용되고 있는 방사선의 일종이다. X선은 물질의 밀도가 높을수록 투과할 수 없다. 따라서 감광판이 하얗게 나타나는 뼈 등의 X선과는 달리 근육이나 지방은 밀도가 낮기 때문에 X선이 통과해서 감광판에 음영의 차이가 나타나게 된다.

4.1 방사능의 발견

눈에 보이지 않는 복사선과 가시광선 사이에 어떤 기본적인 관계가 있는지를 설명하기 위해 다양한 실험을 진행하였던 앙리 베크렐(Henri Becquerel, 1852～1908)은 X선의 성질에 호기심을 느껴 자신이 연구하고 있는 인광물질 중에서도 X선처럼 투과 능력을 가지고 있는 종류가 있는지 알아보고 싶어졌다. 베크렐은 1896년 2월 26일과 27일, 검은 종이로 감싼 우라늄화합물(황산우라늄칼륨, potassium uranyl sulfate)을 사진건판과 엷은 구리 십자가와 함께 서랍 속에 두었다가, 나중에 건판을 현상해 보니 십자가 형태가 확실히 찍혀 있었다. 즉 빛이 없는 서랍 안에서 놀랍게도 사진건판이 감광된 것이다. X선처럼 또 다른 새로운 빛 또는 방사선이 우라늄화합물에서 나온 것이었다. 이 빛은 '우라늄선' 혹은 '베크렐선'으로 불렸으나 X선보다 약했기 때문에 그 중요성은 무시되었다. 나중에 퀴리부인(Marie Curie, 1867～1934)이 우라늄 등의 성질을 묘사하기 위해 광선(ray)이라는 라틴어 "radius"를 어원으로 방사능(radioactivity)이라는 새로운 단어를 만들게 된다. 베크렐은 이 업적으로 1903년 퀴리 부부와 함께 노벨 물리학상을 수상하게 된다.

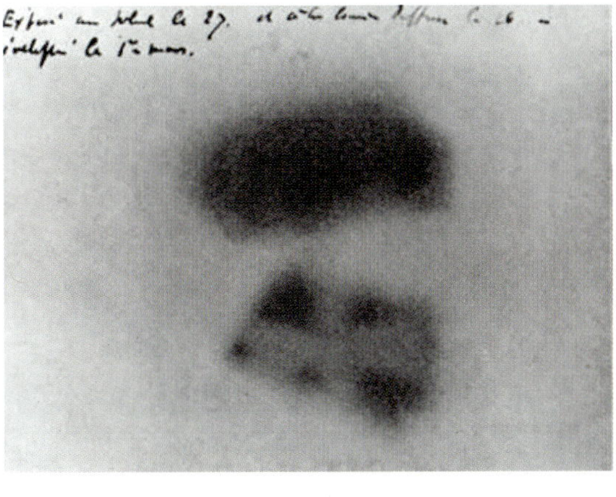

▲ 우라늄염에 노출된 사진판에서 발견한 베크렐 선

4.2 위대한 퀴리와 방사성동위원소의 분리

베크렐의 실험 내용을 전해들은 남편 피에르 퀴리(Pierre Curie, 1859~1906)는 이 사실에 깊은 관심을 가지게 되어 박사 논문을 준비 중인 아내 마리 퀴리에게 우라늄의 방사선의 세기를 정확히 측정하는 실험을 주제로 할 것을 권유하게 된다. 곧 바로 마리 퀴리는 우라늄 광석을 잘게 부순 후, 산으로 처리하여 분리하는 작업을 시작하였다. 마리 퀴리가 사용한 우라늄 광석은 피치블렌드라고 불리는 것으로서 주로 체코의 서부인 보헤미아의 광산에서 채굴된 것이었다.

퀴리부부는 방사선의 세기를 사진건판 대신에 전류계로 측정했다. 방사선은 기체를 이온화시키므로, 기체에 방사선을 쪼이면 미세한 전류가 통한다. 우라늄선의 세기는 우라늄 양에 비례하며, 조건에 상관없이 지속적으로 나왔다. 우라늄 자체에서 새로운 빛이 나오고 있었던 것이다. 세기가 약했던 것은 단지 우라늄의 양이 적었기 때문이었다. 그런데 우라늄을 추출하고 남은 찌꺼기에서도 여전히 방사선이 방출되고 있었으며, 오히려 우라늄보다 더 강력한 방사능을 쏘아내고 있다는 사실을 깨달은 퀴리는 연구에 전력을 쏟아 부었고 결국 여기에서 새로운 방사능 물질을 분리해 내기에 이른다(1898). 퀴리 부인은 러시아와 프로이센, 오스트리아의 지배하에 있었던 조국 폴란드에 작은 힘이나마 돕고 싶었다. 새로운 원소는 폴란드를 의미하는 '폴로늄'으로 명명되었다.

▲ 마리 퀴리와 피에르 퀴리

그러나 폴로늄으로도 피치블렌드의 강한 방사능을 설명할 수는 없었다. 마침내 방사능이 더 강한 새로운 원소가 발견되었다. 퀴리부부는 아주 강한 방사선을 내는 이 새로운 원소를 그리스어로 빛살(Ray)을 뜻하는 'radius'에서 따와 라듐(radium)이라 명명하였다.

그러나 아직도 폴로늄이나 라듐을 원소나 화합물 형태로 순수하게 얻은 것은 아니었으며, 이 새로운 원소들의 성질도 잘 측정되지 않았으므로 퀴리부부는 이들을 순수한 상태로 분리하고자 하였다. 돈, 실험실, 보조자가 모두 없는 상황에서, 의과대학에서 해부실로 사용하다 용도 폐기된 낡은 헛간, 실험 과정에서 나오는 독한 연기가 빠져나갈 굴뚝도 없는 실험실에서 자신들의 전 재산을 쏘아 넣고 무려 8톤의 폐우라늄 광석에서 수천 번의 분리와 정제 과정을 거친 4년간의 각고 끝에 마침내 1902년에 0.1 g의 염화라듐을 얻는데 성공하였다. 퀴리부부에 의한 라듐의 발견과 분리 및 정제 과정은 아마도 과학과 기술 발견의 역사에서 가장 육체적으로 힘들고 어려웠던 것으로, 위대한 인간 승리의 표본으로 여겨진다. 이에 대해 1903년 톰슨(J. J. Thomson)은 '지치지 않는 열정과 정교한 실험기술'이라는 말로 그 업적을 평가하였다. 우라늄보다 방사능이 강한 폴로늄과 라듐의 발견으로 방사선은 여러 과학자들의 주목을 받기 시작했다.

남편 피에르 퀴리가 1906년 교통사고로 사망한 후, 마리 퀴리는 혼자서 라듐을 분리하는 연구를 계속하여, 1910년에 마침내 순수한 금속 라듐을 얻었다. 암 치료에 사용하는 것과 같은 라듐의 의학적 쓸모를 잘 인식한 마리 퀴리는 다른 사람들의 라듐에 대한 연구가 방해받지 않도록 하기위해 라듐의 분리 과정에 대한 특허를 신청하지 않았다.

▲ 마리 퀴리와 피에르 퀴리의 연구실

▲ 라듐이 처음 발견된 퀴리 부부의 실험실에서 라듐을 추출하는 전경

퀴리의 라듐분리작업이 한창 진행 중일 때, 라듐이 암세포를 죽일 수 있는 능력이 있다는 것이 밝혀지게 되었다. 라듐을 입힌 바늘 끝을 암세포에 근접시키면 암세포는 서서히 수축되면서 죽는다는 사실을 의사들이 알아낸 것이다. 이는 퀴리 테라피(Curie Therapy)라는 이름으로 널리 알려졌으며 마리 퀴리의 명성을 드높이는데도 한 몫을 했다. 암을 죽인다는 사실 때문에 신비한 영약쯤으로 인식된 라듐은 라듐걸을 비롯해서 당시에 벌어진 일련의 불행한 사태의 원인이 되었다. 라듐은 오로지 우라늄만을 통해서만 얻어질 수 있었으므로 라듐의 인기에 의해 우라늄 채광 산업이 다시 활발해졌으며, 이 당시 라듐 1그램의 가격은 현재 기준으로 약 천만 달러에 이르렀다.

2011년은 UN이 선포한 '세계 화학의 해'였다. 화학이 이루어낸 그동안의 성과와 인류의 복지에 기여한 바를 기념하기 위한 각종 행사가 일년 내내 세계 곳곳에서 펼쳐졌다. 그런데 왜 구태여 2011년을 '세계 화학의 해'로 정했을까? 첫 번째 이유는 국제 순수·응용화학연합(IUPAC, International Union of Pure and Applied Chemistry의 전신인 국제화학회협회(IACS, International Associa-tion of Chemical Societies) 창립의 100주년이 되는 해이기 때문이다. 그러나 이보다 더욱 큰 이유는 퀴리 부인이 라듐 발견의 공적으로 노벨 화학상을 받은 지 100주년이 되는 해이기 때문이다. 퀴리 부인의 1911년 노벨 화학상 수상은 과학에서 양성 평등의 기초를 마련하였다는 점에서, 그리고 지극히 험난한 과정을 통해 중요한 연구 성과를 내고 그 성과를 인류 복지에 활용한 참된 화학자의 자세와 정신을 보여주었다는 점에서 그 의의가 매우 크다고 하겠다.

라듐은 현대 과학 발전에서 중요한 역할을 하였는데, 1909년에 러더퍼드(Ernest Rutherford, 1871～1937)가 라듐에서 나오는 α선을 금박에 쪼여 산란되는 패턴을 연구하여, 현대의 원자 모델을 제시한 것이 그 예이다. 라듐은 또한 베릴륨(Be)과 혼합되어 물리학실험에서 필요한 중성자를 얻는데 사용된다.

라듐은 초기에는 암 치료 등 의학용으로 매우 긴요하게 사용되었다. 20세기 초에는 사람들이 라듐의 치료효과를 과신한 나머지 치약, 헤어크림, 심지어는 식품에도 라듐을 첨가하였는데, 후에 라듐이 건강에 부정적 영향을 미친다는 것이 알려지면서 곧 금지되었다. 또한 코에 라듐 방사선을 쪼여 중이염을 예방하거나 편도선을 확장하는데 사용되기도 하였다. 지금도 라듐이 많

이 들어있는 온천수가 건강에 좋다는 것을 믿는 사람들도 있다.

라듐화합물(주로 $RaCl_2$)은 1950년대까지 황화아연(ZnS) 인광체와 섞어 시계나 각종 기기의 계기판에 바르면 빛을 쪼이거나 전기를 통하지 않아도 빛을 내는 야광 페인트(방사성 발광 페인트)를 만드는데 사용되었다. 황화아연(ZnS) 인광체에 구리를 첨가하면 청록색 빛을, 구리와 마그네슘을 함께 첨가하면 주황색 빛을 내는 야광 페인트가 된다. 그러나 붓을 입술로 가다듬으면서 야광 페인트칠을 했던 여공들 100명 이상이 방사능에 오염되어 사망함에 따라 야광페인트에 라듐화합물을 사용하는 것이 금지되었다.

라듐은 뼈를 이루는 주요 원소인 칼슘(Ca)과 화학적으로 비슷하기 때문에 체내에 있는 뼈에서 칼슘을 대체하여 축적된 후, 방사선으로 골수를 파괴하고 뼈세포의 돌연변이를 일으킬 수 있다. 이로 인해 빈혈과 골수암이 생길 수 있으며, 이것이 마리 퀴리와 라듐 야광 페인트칠을 했던 여공들의 사망 원인으로 여겨지고 있다.

마리 퀴리의 라듐 발견은 방사성 물질을 연구하는 새로운 화학 분야인 방사화학을 열었고, 여러 방사성 동위원소를 발견하는 계기를 마련하였다. 두 번째 노벨상 수상 후, 라듐과 이를 암 치료 등에 활용하는 연구를 목적으로 하는 '라듐연구소(Radium Institute)'의 설립을 준비하던 중 제1차 세계대전이 발발하자, X선 장비와 라듐의 방사성 붕괴에서 나오는 라돈(Rn) 기체의 방사성 붕괴 때 나오는 방사선(주로 감마선)으로 치료에 이용할 수 있는 장비를 갖춘 차량들을 이끌고 부상병 치료에 전념하였다. 전쟁이 끝난 1919년에 파리 대학과 파스퇴르 연구소가 공동으로 설립한 '퀴리 연구소'가 개소되었는데, 이 연구소는 지금도 생물리학, 세포생물학, 종양학 연구의 세계적 중심이며 방사성 암 치료 병원을 운영하고 있다. 또한 마리 퀴리는 1932년에 자신의 고향인 폴란드 바르샤바에 라듐연구소(현재는 마리 스쿼도프스파 종양학 연구소)를 설립하였는데, 현재 폴란드에서 암 연구와 치료에서 가장 전문화되고 주도적인 역할을 하고 있다. 마리 퀴리는 연구 도중 장기간 방사선에 노출된 것이 원인이 되어, 재생불량성 빈혈에 걸려 1934년에 사망하였다.

보헤미안의 우라늄 생산이 한계에 달할 때쯤, 벨기에 령인 콩고에서 대규모의 우라늄 광산이 발견되었다. 벨기에는 차츰 우라늄 사업을 독점하면서 막대한 양을 벨기에 내에 축적해두고 있었는데, 이는 2차 대전이 일어나면서 독일의 손으로 넘어가 가공할 핵무기 개발의 재료로 사용되게 된다. 2차 대전이 한창일 때 드디어 미국도 맨해튼 계획에 착수하게 되고 초반에는 콩고지역에 비축되어있던 우라늄이 사용되었다. 독일과의 숨 막히는 원자폭탄 개발 경쟁에서 미국이 독일을 앞서 나갔고 일본에 대한 원폭투하로 이어지게 된다.

▲ 1911년 열린 첫 번째 솔베이 회의에 참석한 마리 퀴리의 모습(아래 열 오른쪽에서 두 번째, 위 열 오른쪽에서 두 번째에 아인슈타인의 모습도 보임)

노벨상 가족

퀴리 부인은 '첫 여성 수상자', '최초 2회 수상자', '물리, 화학 분야 수상자', '부부 수상자' 등의 다양한 노벨상 기록을 갖고 있다. 이에 더하여 퀴리 부인과 남편, 딸, 사위 등 4명의 가족이 노벨상을 받은 대기록을 갖고 있다. 퀴리 부인은 1903년 남편 피에르 퀴리, 베크렐과 함께 방사능을 발견한 공로로 노벨 물리학상을 받았다. 폴로늄과 라듐의 발견, 라듐의 분리, 라듐과 그 화합물의 특성연구에 대한 공적으로, 1911년 단독으로 노벨화학상을 받았다. 퀴리 부인은 노벨상을 받은 최초의 여성인 동시에 분야가 다른 과학 부문에서 수상한 유일한 과학자였다. 퀴리 부인은 최초의 모녀 수상자라는 기록도 갖고 있다. 1934년, 퀴리 부인의 딸, 이레느 졸리오 퀴리(Irene Joilet-Curie, 1897～1956)와 1925년, 라듐연구소에서 마리 퀴리의 조수였다가 1926년 결혼하여, 두 사람의 성을 합쳐서 바꾸며 사위가 된 졸리오 퀴리(Frederic Joilot-Curie, 1900～1958)부부는 폴로늄에서 나오는 알파 입자를 알루미늄에 충돌시켜 알루미늄을 인으로 바꾼 공로로 1935년 노벨화학상을 받았다. 그러나 방사선을 오래 쬔 부작용으로 퀴리 부인은 악성 빈혈로, 이레느 졸리오 퀴리는 백혈병으로 사망하였다. 그러나 둘째딸 이브 퀴리(Eve Curie, 1904～2007)는 '저는 우리 집안의 수치입니다. 제 아버지, 어머니, 언니, 형부, 남편이 전부 노벨상을 수상했는데 저만 못 탔거든요'라고 얘기한다. 과학에 흥미가 없었던 이브 퀴리는 작가로서 1937년 어머니의 전기인 '퀴리 부인(Madame Curie)'을 출간했고, 저널리스트, 피아니스트이며 북대서양 조약기구 사무총장 특별보좌관과 유니세프 아동 구호 활동 등의 공로로 프랑스의 가장 명예로운 훈장인 레지옹 도뇌르 훈장을 받았으며 102세까지 장수를 하였다. 1954년 국제기구 활동을 통하여 만나 결혼한 미국 외교관 헨리 리처드슨 라부이스 주니어(Henry Richardson Labouisse Jr.)는 1965년 유니세프 대표로서 노벨 평화상을 수상하였다.

▲ 프레데릭 졸리오 퀴리 부부

▲ 이브 퀴리

라듐걸(Radium Girl) 이야기

1928년 당시 29살인 그레이스 프라이어(Grace Fryer)는 마침내 법정에 설 수 있었다. 하지만 이미 쇠약해질 대로 쇠약해진 그녀는 선서를 위해 손을 드는 것조차 힘에 겨웠다. 재판에 참여한 다른 동료 네 명의 상태도 다를 바 없었다. 몸을 가누지 못해서 환자용 침대에 누운 채 재판장에 나와야 했던 동료도 있었다. 이미 라듐걸에 대한 이야기가 널리 퍼져 세간의 관심이 집중되었음에도 불구하고 유에스라듐사(U.S. Radium Corporation)의 파렴치한 물밑 작업은 쉼 없이 계속되고 있었다.

뉴저지에 살고 있던 그레이스 프라이어가 희귀한 증상으로 병원을 찾았던 것은 벌써 6년 전의 일이었다. 당시 멀쩡했던 치아가 언젠가부터 조금씩 흔들리기 시작하더니 하나 둘씩

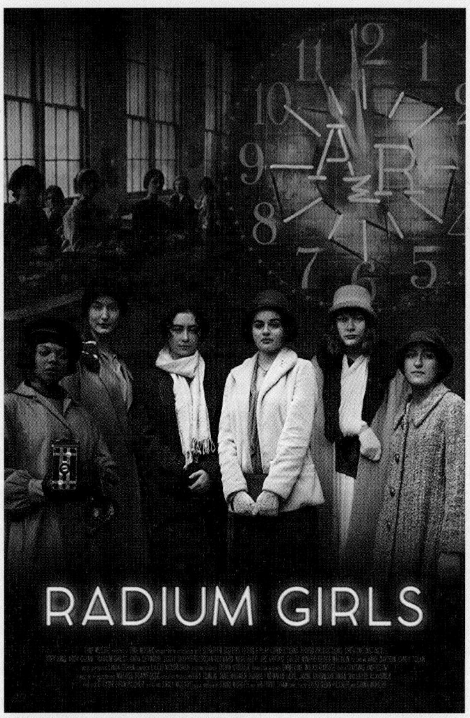

▲ 미국 드라마 라듐걸스(Radium Girls) 홍보 포스터

* 출처 : Daum 영화

빠지기 시작했던 것이다. 시도 때도 없이 코피가 흘러나오기도 했다. 걱정이 된 그레이스는 병원을 찾았고 원인을 알 수 없는 증상에 당황하던 의사들은 X선 사진을 통해 그녀의 턱뼈에 수없이 많은 작은 구멍들이 나있다는 사실을 알게 되었다. 의사들이 뚜렷한 진단을 내리지 못하고 있던 사이, 그레이스와 비슷한 연령대의 아가씨들이 비슷한 증상으로 병원을 찾기 시작했다.

보다 끔찍한 증상도 많았다. 코네티컷에 사는 프랜시스 스플렛스토쳐(Frances Splettstocher)는 턱과 치아에 통증이 생기면서 빈혈증, 관절염 증상을 보였다. 치과의사가 그녀의 흔들리는 이를 뽑을 때 턱뼈 일부가 함께 부러져 나갔다. 얼마 후에는 잇몸과 뺨이 썩기 시작했고 뺨에 구멍이 생겼으며 결국 한 달쯤 후에는 사망하고 말았다. 이 외에도 턱이 내려앉고 관절이 썩는 등 비슷한 유형의 사례가 끊임없이 나타났다. 데이터가 모일수록 의사들의 이들 환자에게서 공통점이 어렴풋이 드러나는 것을 서서히 깨닫게 되었다. 그것은 바로 대부분 20대 전 후반의 여성이었던 환자들은 모두 시계바늘과 숫자판에 라듐 페인트를 바르는 공장에서 일하거나 일했던 적이 있었다는 것이었다.

이런 일이 있기 약 삼십년 전, 1898년 마리 퀴리는 피치블렌드라는 물질에서 그때까지 관찰되지 않았던 스펙트럼을 지닌 새로운 물질을 발견했다. 마리 퀴리는 광석에서 우라늄을 제거한 뒤에도 여전히 방사능을 뿜어내는 이 물질을 집중적으로 연구했고 마침내 분리 추출에 성공했다. 5년 뒤 마리 퀴리는 이것으로 남편 피에르 퀴리와 함께 노벨상을 수상한다. 폴란드 출신의 마리 퀴리는 여러모로 입지전적인 인물이었다. 동생들 뒷바라지 때문에 학업을 미루다가 비교적 늦은 나이에 파리에 건너가 공부를 시작했으나, 여성 과학자가

드물었던 당시 사회 환경에도 불구하고 박사 학위를 취득했고, 파리 대학에서 교수로 임용된 최초의 여성이기도 했다. 여성으로서 최초로 노벨상을 수상하였으며, 라듐으로 1911년 다시 한 번 노벨 화학상을 수상함으로써, 과학자 최초로 두 번의 노벨상 수상의 영예를 얻기도 했다.

퀴리의 연구실은 밤이면 라듐에서 발하는 광채로 인해 벽에 부드러운 실루엣이 그려지곤 했다고 한다. 퀴리는 그 빛을 매우 좋아했으며 평생 나의 사랑스러운 라듐이라는 말을 입에 달고 다녔던 것으로 알려져 있다. 라듐에 노출된 암세포가 쭈그러들면서 사라지는 것이 확인되면서, 라듐은 초기에는 의료용으로 많이 사용되었다. 라듐은 그 후 일종의 신비의 영약쯤으로 인식되었고, 사람들에게 유행처럼 번져가기 시작했다. 지금 생각하면 어이없는 일이지만, 라듐을 포함한 생수가 건강음료로 팔려나갔고, 라듐을 포함한 얼굴용 크림이 피부에 젊음을 돌려놓는 고급 화장품으로 대접받았다. 미백효과가 있다고 하여 치약에도 포함되기도 했으며, 고급 스파에는 입욕수에 우라늄 광물을 넣어 두기도 했다. 하지만 라듐이 제대로 문제를 일으킨 곳은 바로 시계공장이었다. 마리 퀴리의 연구실을 밝혔던 것처럼 어두운 곳에서 희미한 빛을 발하는 성질이 있다. 그래서 라듐염과 황화아연(Zinc Sulfide)을 섞으면 약한 빛이 방출되는 안료를 만들 수 있었다. 이 사실은 곧바로 시계제조업자의 관심을 일으키게 된다.

당시까지만 해도 남자들은 주머니에 넣는 회중시계만을 사용하고 있었고, 손목시계는 주로 여성들이 사용하고 있었다. 제1차 세계대전을 겪으면서 전투 중의 군인들에게 손목시계의 필요성이 대두되기 시작했다. 긴박스러운 상황에서 일일이 주머니에서 시계를 꺼내 본다는 것은 매우 거추장스러운 일이었기 때문이다. 게다가 야간 작전 시에는 시간을 볼 수 없다는 것도 또 하나의 큰 불편함이었다. 이에 따라 시계제조업자들이 남성용 손목시계를 만들고 여기에 라듐 페인트를 이용해 밤에도

▲ 야광시계 * 출처 : (CC)Arma95 at Wikipedia.org

볼 수 있도록 고안하자, 이는 군인들에게 매우 유용한 물건임이 밝혀졌다. 일단 손목시계가 군인들에게 지급되면서, 이 시계는 곧 바로 일반 대중에게도 유행을 타기 시작했다.

규모 있는 군납용 시계 제작 업체였던 유에스 라듐사는 1917년부터 10여 년 동안 4000여 명에 달하는 젊은 여자들을 라듐 페인팅 작업을 위해 고용했다. 비교적 보수도 좋고 라듐에 대한 당시의 좋은 인식 때문에 이 작업자체가 하나의 특전으로 인식되었다. 이 여성들은 라듐은 완벽하게 안전하다고 교육을 받았고, 붓끝을 가늘게 하기 위해 입술과 혀로 다듬으라는 지시까지 받았다. 하지만 이미 사내에서는 라듐에 과다하게 노출되는 것이 위험하다는 보고가 사내 화학자들에 의해 수차례 보고가 된 후였다. 이 같은 사실을 까마득히 모르는 여성들은 페인트를 손톱에 칠하기도 했으며, 심지어 피부에 칠하기도 했다.

문제가 터지기 시작하기까지는 별로 시간이 걸리지 않았다. 증상을 나타내는 여성 환자를 진료하던 의사를 비롯해서 다양한 분야의 전문가들이 유레스라듐사를 지목하기 시작하자, 사측에서는 은밀한 은폐작전을 벌이기 시작했다. 돈과 정치적 인맥으로 무장한 유에스라듐사는 의사들과 과학자들을 매수하여 해당 증상이 라듐에 의한 것이 아니라는 보고서를 쓰게 만들었다. 또한 여성들의 증상이 당시에 유행하던 성병에 의한 것으로 조작했고 일부 사망자의 사인 역시 성병이라고 표시하도록 의사들을 매수했다. 환자들의 도덕성을 훼손하여 이것이 공론화되는 것을 막으려 했던 것

이다. 그들은 신분을 위장한 채 그레이스 프라이어에게 접근하여 조사와 진단을 마친 후에 그녀에게는 아무런 이상이 없다는 보고서를 쓰기도 했다.

하지만 양심 있는 과학자들도 있었다. 하버드의 생리학자인 세실 드링커같은 사람은 유에스라듐사의 의뢰를 받아 라듐페인트 작업환경을 조사했는데, 페인트 작업자의 작업 장소와 신체 곳곳, 의류, 속옷에 이르기까지 라듐이 검출되었음을 밝히고, 작업자의 건강을 위해서 제반 작업 조건을 바꾸어야 한다고 권고한 리포트를 제출했다. 유에스라듐사 측은 그가 매수에 넘어가지 않자, 리포트 내용에 손을 대서 문제가 없다는 식으로 수정한 후, 이를 뉴저지 소비자 보호원에 제출했다. 나중에 이 사실을 안 드링커는 사측의 고소 협박을 무시하고 자신이 완성한 원본을 출판했다.

이렇게 하나둘씩 언론 노출이 늘어나면서 힘을 받은 그레이스 프라이어는 회사를 상대로 법적인 대응을 할 것을 결심하게 된다. 하지만 변호사를 구하는 일조차 유에스라듐사의 방해로 쉽지 않았으며, 의식 있는 변호사를 만나 고소장을 제출하기까지 2년 여가 흘러가고 말았다. 1927년 그레이스 프라이어는 같은 증상을 보이는 다른 4명의 여성과 함께 유에스라듐사에 대해 현재 가치로 약 340만 달러에 상당하는 손해배상 소송을 시작했다. 하지만 이번에도 유에스라듐사는 순순히 물러나지 않았다. 사측은 재판을 최대한 지연시켜 소송인들이 증상으로 사망하기를 기다리는 쪽으로 작전을 변경한 듯 보였다. 한두 달에서 수개월씩 유에스라듐사는 갖은 이유를 들어 재판을 연기하였다.

이런 가운데 점차 재판의 향방에 대중의 관심이 쏠리기 시작했고, 이런 여론의 힘에 도움을 받아 마침내 1928년, 그레이스 프라이어를 포함한 4명의 젊은 여성들이 재판정에 설 수 있게 되었다. 하지만 재판이 진행되는 중에도 유에스라듐사의 물밑 작업은 멈추지 않았고, 여성들의 건강은 날이 갈수록 악화됨에도 불구하고 재판 일정은 답답할 정도로 더디기만 했다. 마리 퀴리도 이 재판에 대해 언급한 적이 있다는 이야기가 있다. 하지만 마리 퀴리는 죽기 전까지도 방사능의 위험을 인식하지 못했으며, 그녀의 사랑스러운 라듐이 그런 문제를 야기할 것이라고는 믿지도 않았던 것 같다. 하지만 퀴리 자신도 1934년 67세의 나이로 사망하던 당시 재생불량성 빈혈로 심신이 매우 쇠약해져 있었고, 눈은 백내장 때문에 거의 볼 수 없었으며, 오랫동안 방사능 물질을 만진 손 역시 상처투성이의 매우 거친 상태였다고 한다.

늘어지는 재판 일정에 손을 든 것은 그레이스 프라이어였다. 이런 식으로 재판이 계속되다가는 재판이 끝나기도 전에 모두 죽고 말 것이라고 생각한 그녀는 재판정에 합의 중재를 요청했다. 여성들은 사측이 그들의 건강문제에 직접적인 책임이 없다는 것을 인정하는 대신 각각 현재의 13만 달러 정도를 지급받기로 했다. 아울러 사측은 의료 및 법정 비용을 모두 부담하고 매달 400달러씩 각자에게 살아있는 동안 지급하기로 약속했다. 결국 유에스라듐측은 끝까지 자신의 과실을 인정하기 않았고, 여론몰이에 의해 부당한 재판을 당했다고 주장했다. 당시 유에스라듐사의 회장은 취업 전부터 신체결함이 있었던 사람들을 선한 의도로 고용했다가, 오히려 뒤통수를 맞았다고 언급하기도 했다.

1930년대 중반 그레이스 프라이어를 비롯한 4명의 여성은 모두 사망했으며, 유에스라듐사는 60년대까지 시계를 계속 생산하다가 그 후 해체되었다. 라듐 페인트는 그 후에도 계속 사용되어 왔으나 지금은 보다 안전한 코발트-60(^{60}Co)으로 대체되었다. 사건 후에도 방사능의 심각성에 대한 인식은 별로 높아지지 않았고, 2차 대전에 있었던 원폭 후에야 비로소 사람들은 방사능이 무서운 것임을 인지하기 시작했다.

4.3 핵물리학의 아버지 어니스트 러더퍼드

어니스트 러더퍼드(Ernest Rutherford, 1871년 8월 30일~1937년 10월 19일)는 뉴질랜드 남섬에 있는 브라이트워터에서 12남매의 넷째로 태어난 영국 핵물리학자로서 핵물리학의 아버지로서 불리며 마이클 페러데이(Michael Faraday) 이후 가장 위대한 실험가로 알려져 있다. 다윈과 진화, 뉴턴과 역학, 패러데이와 전기, 아인슈타인과 상대성원리처럼 러더퍼드하면 원자를 떠올리게 한다.

▲ 뉴질랜드에서 러더포드경을 기념해 발행한 우표

방사능 법칙을 세웠고 방사능이 원자 내부에서 일어나는 반응이라는 사실을 밝혔으며, 자연 붕괴 현상을 연구해 기존 물질관에 대변화를 일으켰다. 알파 입자 산란 실험으로써 원자 내부 구조에 새로운 가설을 제시한 과학자이고 1908년 노벨상을 받았다.

그는 처음으로 원자 세계를 뚫고 들어가 무한히 광대하고 복잡한 아원자 세계의 탐험가들 중 선두 주자가 되었다. 방사성 물질에 관한 초기의 연구에서 러더퍼드는 방사능은 한 원자가 다른 원자로 변환될 때 방출되며 알파(α)선, 베타(β)선, 감마(γ)선이 있다는 것과 방사능 반감기의 개념을 발견하였다. 그는 원자의 핵 구조를 밝혀서 물리의 새로운 지평을 열었으며, 또한 처음으로 알파입자를 질소기체에 충돌시켜 산소로 인공핵변환을 시킨 세계 최초의 성공적인 연금술사가 되었다. 러더퍼드는 방사능분야에서 가장 기본적인 용어들－알파선, 베타선, 감마선, 양성자(proton), 중성자(neutron), 반감기(half-life) 딸 원자(daughter atom)－을 만들었다.

1889년에 장학금을 받고 뉴질랜드 웰링턴에 있는 캔터베리 대학교(Canterbury College)로 간 러더퍼드는 1893년 수학, 수리물리학, 전자기학을 모두 최우수 성적으로 석사학위를 받았다. 학교 교사가 되길 원했지만 여의치 않아 영국 대학원을 지원해주는 장학금(영국 왕립위원회에서 1891년 런던 대박람회를 기념하기 위하여 만든 장학금으로 영국, 아일랜드, 캐나다, 호주, 뉴질랜드의 학생들에게 세계 어느 곳에 가서 공부하던지 2년간 일 년에 150불씩 제공해주는 프로그램이었으며, 장학생 수는 나라마다 매우 제한된 수가 할당되어, 뉴질랜드에는 단지 한명의 장학생이 배정)에 지원했으나 또 다른 지원자였던 제임스 매클로린이 장학금을 탔다. 그러나 제임스는 의학대학을 가고자 이 장학금을 포기했고 장학금은 러더퍼드에게 결국 주어졌다. 이 소식이 전해질 때, 감자를 캐던 러더퍼드는 통쾌하게 감자를 던지면서 "이게 내가 캐는 마지막 감자다!" 라고 했다고 한다.

러더퍼드는 장학금을 받고 1895년 가을 뉴질랜드를 떠나 실험 물리로 당시 세계에서 가장 유명한 캠브리지 대학의 캐번디시 연구소에서 공부하기 위하여 영국으로 갔다. 이곳에서 1895년에서 1898년까지 조지프 존 톰슨에게 지도받으면서 전자기파에 관해 연구했다. 캐번디시 연구소는 그곳에 들어가려면, 학부부터 캠브리지 대학 출신이어야 하는 매우 배타적인 집단인데, 그는 캐번디시 연구소에 연구학생으로 참여하는 시골출신의 첫 번째 '이방인'이 되었다. 그러나 캠브리지 대학 학위도 없는 신참이 더구나 유명한 톰슨(J. J. Thomson) 지도하에 연구를 하게 되자, 이 일은 캐번디시 연구소의 보수적인 멤버들로부터 질투심을 불러일으켰다. 러더퍼드가 캐번디시에 입성할 때는 뢴트겐이 X-ray를 발견하기 두 달 전이었고, 톰슨이 전자를 발견하기 2년 전이었으니, 그야말로 러더퍼드는 적시(適時)에 적재적소(適材適所)라는 행운이 따라주어, 과학 분야에서 엄청난 업적을 이루게 된다.

1896년 봄에 이르러 러더퍼드는 캠브리지에서 톰슨과 함께 X-ray가 기체를 어떻게 이온화 하는지에 대한 연구를 하였다. 이 연구는 X-ray가 맥스웰 방정식에 의해서 표현된 전자파이며 높은 에너지를 갖는(즉 짧은 파장) 빛의 형태라는 강력한 증거를 제공하였다. 한편 1896년 베크렐(Antoine-Henri Becquerel)이 우라늄 염에서 방사선이 나오는 것을 발견하였다는 소식을 듣고, 러더퍼드도 곧 방사능 분야의 연구를 시작한다. 그는 우라늄이 방출한 방사선을 조사하였고 자기장을 이용하여 방사선을 세 가지 유형으로 분열시킬 수 있음을 발견하였다. 러더퍼드가 알파선이라고 명명한 첫 번째 유형은 양으로 하전되었고 자기장에 의해서 굴절되었다. 두 번째 유형, 베타선은 음으로 하전되었고 반대방향으로 굴절하였으며 한편 세 번째 유형 감마선은 X-ray와 같은 전자기파로 전혀 굴절되지 않았다. 그는 베타입자가 전자들이고 전리 작용은 약하지만 투과력은 강하므로 이를 차단하기 위해서는 수 mm 정도의 알루미늄 판이 필요하며, 알파입자는 뭔가 새로운 것이라는 것을 보여주었다.

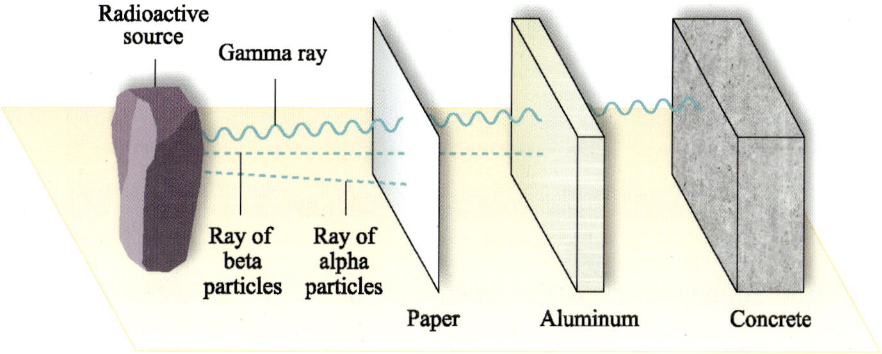

▲ Penetrating power of three types of radiation

그는 1898년, 27살의 나이에 톰슨의 추천으로 캐나다 맥길대학교(McGill University) 물리학과 교수로 임명되었다. 러더퍼드는 방사성물질의 알파선에 대한 연구를 계속하여 이곳에서의 연구로 그는 1908년 노벨 화학상을 받게 된다.

맥길대학교에서 러더퍼드는 오웬스(R. B. Owens)와 함께 토륨에서 방출되는 방사성기체에 대하여 연구하면서 후일 토론(Thoron)으로 알려지는 라돈의 방사성 동위원소를 발견하였다. 그는 뉴질랜드 대학에서 1900년 뒤늦게 박사학위(DSc)를 받는다.

1900년에서 1903년 기간 동안 옥스퍼드대학 출신의 젊은 화학자 소디(Frederick Soddy : 1921년 노벨 화학상 수상)가 러더퍼드 연구실에 합류하여 두 사람은 여러 방사성 금속들에 대하여 공동연구를 하였다. 1901년 그들은 우라늄과 토륨이 방사선을 방출하여 붕괴해 가는 도중에 일련의 다른 중간원소로 전환되어가는 것을 실험으로 증명하여 종전까지 믿어왔던 돌톤의 원자의 불변성에 큰 충격을 주었다. 처음으로 알파선을 방출하며 자연 핵 변환한 것을 관찰한 소디는 이를 깨닫게 되는 순간 흥분하여 “러더퍼드, 이것이야 말로 원자 변환(transmutation)이예요” 라고 소리를 질렀는데, 이에 러더퍼드는 “하느님 맙소사! 소디! 원자변환이라고 부르지 말게. 그들이 연금술사라고 우리들의 머리를 베어 버릴꺼네” 라고 대꾸하였다고 한다. 이 실험결과로 소디는 동위원소의 존재도 밝힐 수 있었다.

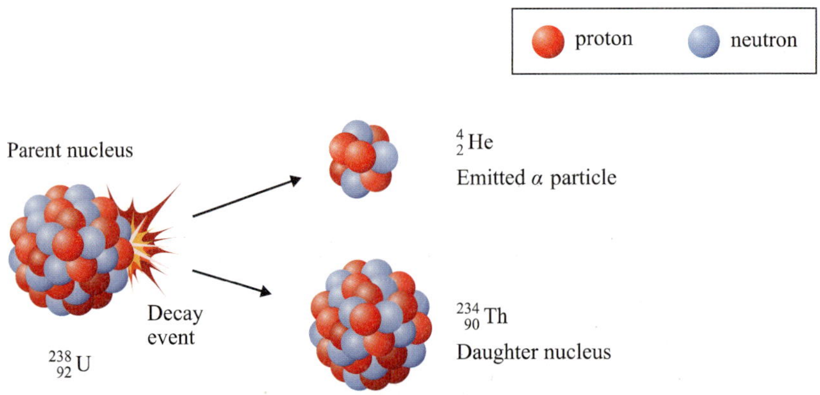

▲ Alpha Decay of a Uranium-238 nucleus

1902년, 러더퍼드와 소디는 방사선이 원자 내부의 붕괴에 의해 방출된다는 사실을 논문 <방사선의 원인과 본질>을 이용해 발표했다. 모든 원소는 다른 원소로 바뀌지 않는다는 존 돌턴의 원자설이 사실로 수용된 당시에 이 이론은 물질관에 커다란 변화를 일으켰다.

또한 방사성 원자로부터 나오는 알파 입자의 운동에너지를 연구하면서 원자가 막대한 에너지를 저장하고 있다고 결론을 내렸다. 러더퍼드와 소디는 어떤 특정 방사성물질이 방사성 붕괴에 의해서 원래 질량의 반으로 줄어드는데 걸리는 시간이 핵종에 따라 고유한 값을 가진다는 것을 밝혀냈고 러더퍼드는 나중에 이를 ‘반감기(half-life)’라고 불렀다. 러더퍼드의 발견은 방사능 물질의 일정한 붕괴속도를 시계로 사용하여 지질샘플에서 방사성 원소의 상대적 비를 측정하여 지구의 나이를 결정하는 방사성연대 측정이라는 실제적인 응용으로 발전하였다.

1900년 프랑스 물리학자이며 화학자인 빌라르(Paul Ulrich Villard)가 1900년 라듐으로부터 방출되는 방사선을 연구하다가 감마선을 발견하였다. 그는 러더퍼드가 이름 붙인 알파선이나 베타선과는 근본적으로 다른 유형인 것을 발견하였으나, 자신이 발견한 방사선에 이름을 붙이지 않았다. 1903년 러더퍼드는 빌라르의 방사선을 감마선이라 명명하고 감마선은 X-선과 같은 전자기파이며 전리 작용이 가장 약하지만 투과력은 가장 세기 때문에 납이나 두꺼운 콘크리트로 차단하여야만 현저하게 감소한다는 것을 규명하였다. 러더퍼드는 방사능에 관한 최초의 책인 “Radioactivity”라는 책에서 원자 붕괴에 관한 새로운 이론과 원자 핵의 본질에 관한 자신의 발견들을 설명하였다.

비록 캐나다에서의 생활이 행복하고 성공적이었지만, 물리의 발전을 이끌어 오고 있는 유럽의 연구 본류에서 단절되어 있다고 생각한 러더퍼드는 예일대학에서의 교수직 제의를 거절하고 1907년 뛰어난 연구 장비를 갖춘 맨체스터 대학의 물리학과 교수로 영국에 돌아온다.

맨체스터 대학에서 러더퍼드는 알파선에 대한 연구를 계속하였다. 가이거(Hans Geiger)와 함께 그는 알파 입자를 세기 위하여 황화아연 섬광막과 이온화 상자를 개발하여 알파입자의 개수와 전하를 측정한 다음 총 전하를 알파입자의 개수로 나누어 알파입자가 +2 전하를 띄고 있음을 알아냈다. 1907년 말 그는 로이드(Thomas Royds)와 함께 알파입자를 아주 얇은 유리를 투과해 진공관으로 들어가게 하는 실험을 했는데, 진공관을 방전시키자 알파입자가 진공관에 축적됨에 따라 진공관에서 나오던 스펙트럼이 달라졌다. 이 스펙트럼은 결과적으로 헬륨 원소의 선 스펙트럼과 일치했고, 러더퍼드는 알파선이 이온화된 헬륨 원자라는 것을 밝혀냈다.

러더퍼드는 1908년 ‘원소들의 붕괴와 방사물질의 화학에 대한 연구(for his investigations into the disintegration of the elements, and the chemistry of radioactive substances)’ 업적으로 노벨 화학상을 수상하였다. 러더퍼드는 그의 업적 중 가장 유명한 연구를, 노벨상을 받고 난 후 행한 유일한 과학자로 남아있다.

1909년 가이거와 말스덴(Ernest Marsden)은 러더퍼드의 지도 아래 전하가 +2가이고, 질량이 전자에 비하여 7500배 정도 무거운 알파입자 빔(beam)을 두께가 원자 몇 층 밖에 안 될 정도로 매우 얇은 금박에 쏜 다음 그 입자의 궤적을 추적하는 유명한 ‘알파입자 산란실험’을 수행하였다. 이 실험은 1911년 러더퍼드가 발표한 원자모형 그리고 후에는 보어

모형으로 이끌어 간 매우 중요한 실험이다. 러더퍼드는 가이거와 말스덴에게 당시의 어떤 원자이론에서도 예상되지 않는 유형의 매우 높은 산란각을 갖는 알파입자들을 찾아보라고 하였다. 이 실험이 끝났을 때 말스덴은 대부분의 알파입자는 금박을 통과하였지만 아주 적은 숫자－20,000개 중 하나 정도－는 90° 이상으로 산란되었으며 어떤 것은 곧장 똑바로 되돌아오는 것을 관찰할 수 있었다.

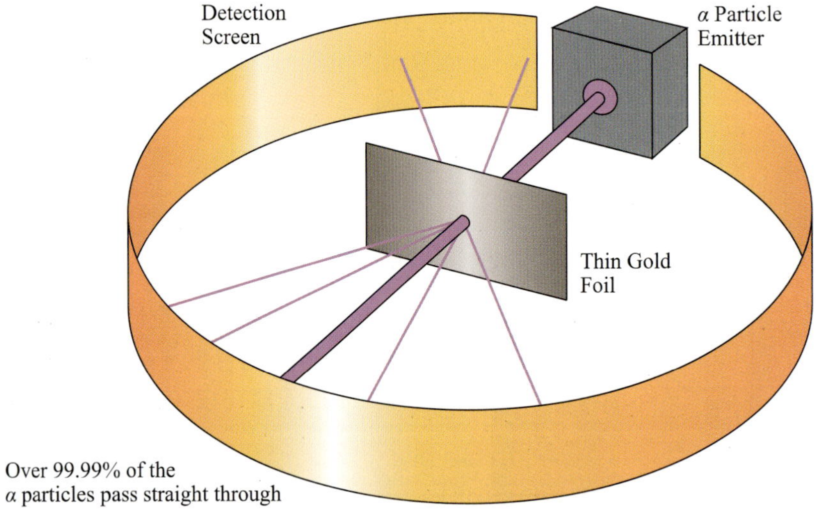

돌톤(Dalton)의 원자모형에서는 원자를 더 이상 쪼갤 수 없는 공 모양의 단단한 알갱이로 생각했다. 그러나 1897년에 전자를 발견한 톰슨(J. J. Thomson)은 1904년에 원자는 양전하가 널리 퍼져 있는 속에 전자가 마치 건포도처럼 듬성듬성 박혀있는 것 같다는 건포도빵 모델(plum pudding model)을 발표하였다.

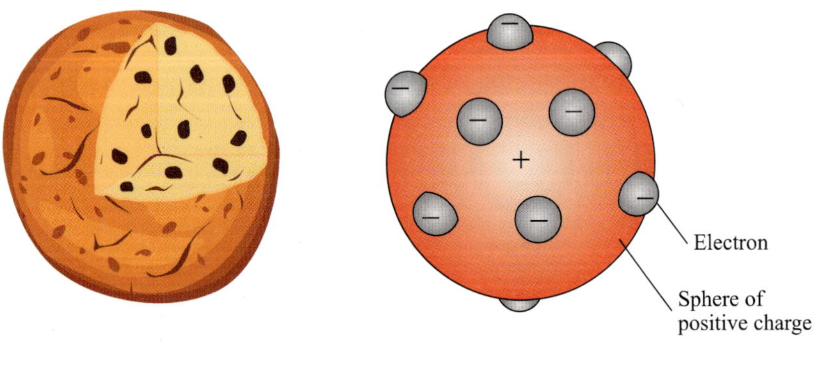

따라서 톰슨의 원자모형에 의하면 모든 알파입자는 1°도 안되는 아주 작은 값으로 산란되어야 한다. 예상과는 달리 서너 개는 산란각이 매우 컸지만 그러나 가장 곤혹스러운 결과는 몇 개는 금박에 충돌한 후 마치 테니스공이 콘크리트 벽에 부딪친 것처럼 곧장 되돌아온다는 것이다. 이 실험결과에 놀란 러더퍼드는 "이것은 마치 당신이 15인치 포탄을 한 장의 화장지에 쏘았더니 포탄이 도로 튕겨 돌아와 당신을 때린 것처럼 믿을 수가 없었다.(It was almost as incredible as if you fired a fifteen-inch shell at a piece of tissue paper and it came back and hit you)"라고 말하였다.

위 산란실험에서 대략 8,000개의 알파입자 중 1개가 산란되었고, 나머지는 완전히 통과한다는 결과로부터 러더퍼드는 알파입자의 질량은 전자의 7,344배나 되기 때문에 전자가 알파입자를 산란시킬 수는 없다고 생각하였다. 만일 알파입자가 원자핵 가까이에 온다면－금의 핵의 질량은 알파입자의 49배나 됨－양의 하전에 의해서 옆으로 밀쳐져 나갈 것이다. 그리고 매우 드물지만 알파입자가 핵과 정면으로 충돌하는 경우에만 뒤로 곧장 되돌아가게 된다. 러더퍼드의 계산에 따르면 핵의 반경이 최소한 원자의 반경보다 10,000배는 작아서 원자부피의 대부분은 텅 빈 공간이었다. 따라서 원자의 전하와 질량의 대부분은 원자의 중심에 있는 작은 핵에 밀집되어 있다고 해석하였다.

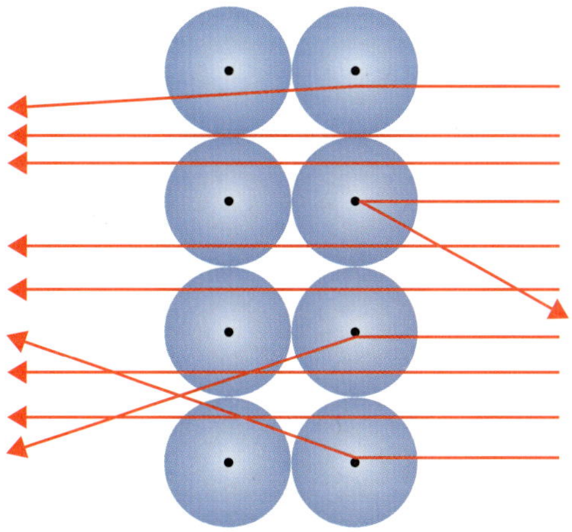

1911년 러더퍼드는 양전하가 원자의 중심에 밀집되어 고밀도의 핵을 이루고 전자는 핵에서 떨어진 공간에서 핵을 중심으로 원운동을 하고 있다는 원자 모형을 발표한다. 그러나 러더퍼드가 제안한 태양계와 비슷한 원자 모형은 그 당시의 고전역학에 따르면 전자가 원자핵 주위를 돌면서 전자파를 방출하느라 에너지를 잃기 때문에 오랫동안 안정된 상태로 존재할 수 없다는 문제점을 갖고 있다.

보어는 러더퍼드 제안에 따라 러더퍼드 모형이 가지고 있는 문제점을 해결하기 위한 연구에 착수하였다. 1913년 보어는 러더퍼드의 원자모형처럼 전자는 원자핵 주위를 원운동하고 있으나, 여기에 양자화 가설을 도입하여 전자는 선택된 궤도에서만 회전한다는 모형(러더퍼드-보어 원자모형)을 발표하였다. 러더퍼드의 원자모형 모델은 두 번째 노벨상을 받을 수 있을만한 정도의 위대한 업적이다.

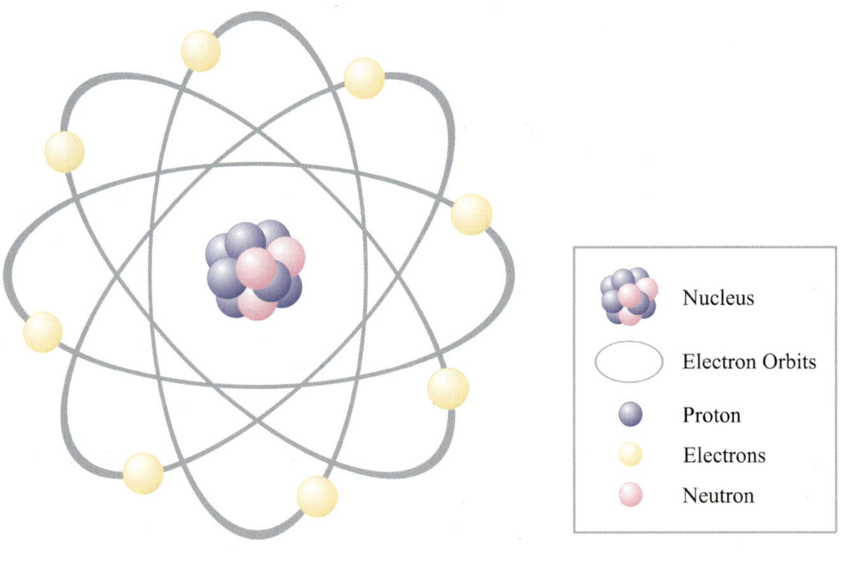

▲ 러더퍼드-보어 원자모형

1919년 맨체스터 대학을 떠나기 전, 러더퍼드는 처음으로 한 원자핵을 다른 원자핵으로 인공변환(artificial nuclear transformation)시키는 일에 성공한다. 그는 저압의 질소 기체에 α입자를 충돌시켰을 때 양성자가 튀어나오고 산소의 동위원소가 생기는 것을 발견하였다.

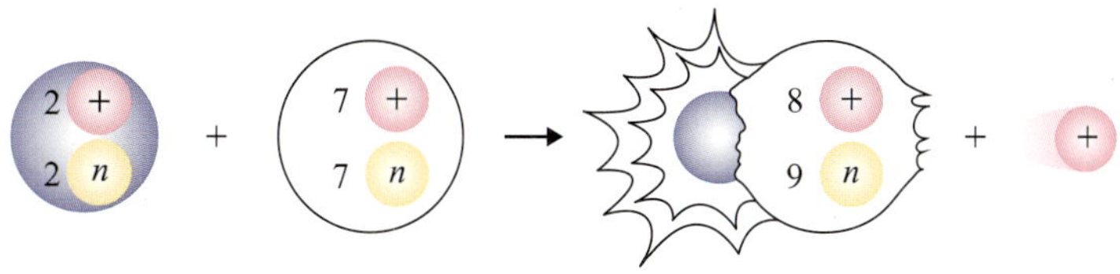

$${}^{4}_{2}He + {}^{14}_{7}N \rightarrow {}^{17}_{8}O + {}^{1}_{1}H$$

이 실험에서 양성자라는 이름은 질소 핵으로부터 충돌의 결과 수소 핵이 튀어나온 것을 발견하고 수소 핵은 질소원자 또는 다른 모든 무거운 원자들의 기본입자이며 빌딩블록(building block : 구성요소)이라고 생각하여 러더퍼드가 첫 번째를 뜻하는 그리스어 'Protos'에서 따와 양성자(proton)라고 명명한데서 유래한 것이다. 인공 핵변환실험은 처음으로 원자를 쪼개는 그의 세 번째 유명한 업적으로 러더퍼드는 한 원소를 다른 원소로 바꾸고 싶어 했던 중세의 연금술사의 꿈을 이룬 세계에서 처음으로 성공한 연금술사가 되었으며 핵물리학의 시작을 연 핵물리학의 아버지가 되었다.

1919년 톰슨이 캠브리지 대학 캐번디시 교수와 연구소 소장직을 사임하자 톰슨의 뒤를 이어 러더퍼드가 1937년 그의 사망 때까지 소장으로 있으면서 세계의 최고 연구소로 캐번디시 전성시대를 이끌어갔다. 1920년대에서 1930년대의 캐번디시는 현대 'Big Science'의 시작이었다고 자주 인용된다. 러더퍼드의 지도력 아래, 수십 명의 과학자들이 서로 연관된 문제들을 단순하고 저렴한 장비들을 가지고(러더퍼드의 특징) 팀을 이루어 연구를 하였다. 중성자(neutron)에 대한 러더퍼드의 예측은 1932년 체드윅(James Chad-wick)에 의해 입증되었고 같은 해 코크로포트(John Douglas Cockcroft)와 월톤(Ernest Thomas Sinton Walton)에 의해 실험으로 증명되었다.

러더퍼드는 캐번디시 연구소에서 수많은 미래의 노벨상 수상자들이 위대한 업적들을 달성할 수 있도록 영향력을 주었는데, 중성자를 발견한 채드윅(James Chadwick, 1891～1974 : 노벨물리학상 : 1935), 우주선을 재발견한 블래킷(Patrick Maynard Stuart Blackett, 노벨물리학상 : 1948), 양성자 가속기를 만든 존 코크로프트(John Douglas Cockcroft, 노벨물리학상 : 1951)와 월턴(Ernest Thomas Sinton Walton, 노벨물리학상 : 1951)이 그들이다. 러더퍼드는 유쾌하고 따듯한 성품으로 멘토로서 훌륭한 역할을 하였는데, 그와 단기간 또는 장기간을 연구했던 노벨상 수상자들은 방사성 동위원소 존재를 밝힌 소디(Frederick Soddy : 노벨화학상 : 1921), 원자구조를 밝힌 보어(Niels Bohr : 노벨물리학상 : 1922), 질량분석기를 개발한 애스턴(Francis William Aston, 노벨화학상 : 1922)과 J. J. 톰슨(J. J. Thomson)의 아들인 조지 패짓 톰슨(George Paget Thomson : 노벨물리학상 : 1937), 그리고 전리층을 발견한 애플톤(Edward Victor Appleton : 노벨물리학상 : 1947)이 있다.

그는 1914년 기사작위를 받고 노벨상 외에도 영예로운 수많은 메달과 훈장을 받았으며, 1937년 그가 사망했을 때 웨스트민스터 사원의 아이작 뉴턴과 켈빈 무덤 가까이에 나란히 누웠다. 그를 기념하기 위하여 원소 104번 이름을 1997년에 러더퍼듐(rutherfordium)으로 명명되었다.

4.4 알버트 아인슈타인(Albert Einstein, 1879～1955) 이야기

▲ 알버트 아인슈타인

독일에서 태어나 미국으로 귀화한 20세기 초의 창조성이 뛰어난 대표적 지식인이었던 알베르트 아인슈타인은 20세기 초 15년 동안 질량과 에너지의 등가를 단언하고 공간·시간·중력에 관한 새로운 사고방식을 제안한 일련의 이론들을 내놓았다. 그의 상대성 원리와 중력에 관한 이론들은 뉴턴 물리학을 넘어서는 심오한 진전이었고 과학적 탐구와 철학적 탐구에 혁명을 일으켰으며, 1921년 노벨 물리학상을 받았다. 그는 자신이 '사회 정의와 사회적 책임이라는 열정적 감각'을 갖고 있음을 인정했다. 아인슈타인은 그의 명성 덕택으로 평화주의·자유주의 같은 대의를 지지하는데 영향력이 있었다. 그러나 아이러니컬하게도 이러한 이상주의적인 사람이 물질 입자가 엄청난 양의 에너지로 바뀔 수 있다는 에너지-질량 방정식 가설로 지금까지 알려진 가장 파괴적인 무기인 원자폭탄과 수소폭탄의 창조를 증명했다.

특허 심사관으로 근무하던 26살이 되는 1905년, 아인슈타인은 그의 중요한 논문들을 한해에 집중하여 발표한다. 그래서 물리분야에서는 1905년을 아인슈타인의 “기적의 해(miracle year)”라고 부른다. 그는 3월의 광전효과(1921년 노벨상 수상 업적), 4월의 분자의 크기와 아보가드로수 결정(취리히 대학의 아인슈타인 박사학위 논문)과 이에 기초한 아인슈타인의 논문들 중 가장 많이 인용되는 5월의 브라운 운동, 과학계의 주목을 받게 되는 6월의 특수상대성이론과 이의 예기치 않은 결과로 나오는 9월의 에너지와 질량의 등가 공식 $E=mC^2$(특수상대성 이론으로부터 유도)을 독일의 저명 학술지 “물리학 연보(Annalen der Physik)”에 발표하였다.

4.4.1 광전효과 <빛의 발생과 변화에 관련된 발견에 도움이 되는 견해에 대하여>

1900년에 발표된 막스 플랑크의 양자가설을 바탕으로 빛의 입자성을 도입하여 멋지게 광전효과를 설명하였다($E=h\nu$). 엄격히 양자역학의 태동은 막스플랑크의 양자가설보다 이 논문과 보어의 수소원자 모형에서 시작한다고 보는 견해가 많다.

광전 효과라는 것은 금속판에 빛을 쬐이면 전자가 방출되는 현상이다. 그런데 문제는 빛의 파장에 따라 이 현상이 다르게 나타나는 것에 있었다. 즉 파장이 길면 빛의 세기를 아무리 세게 해도 전자가 방출되지 않았으며 빛의 파장이 짧을 경우에만 전자가 방출된다. 빛을 파장으로만 설명하던 당시의 이론으로는 이 현상을 도무지 설명할 수 없었다. 아인슈타인은 빛의 입자적 성질을 최초로 도입했다. 그에 의하면 광전 효과라는 것은 빛의 입자(광자) 하나하나가 금속에 부딪히면서 전자를 튕겨 내는 것이다. 파장이 긴 빛은 광자 개개의 에너지가 작기 때문에 전자를 방출시키지 못하고, 빛의 세기를 크게 한다는 것은 광자의 개수만 많아지는 것에 불과하므로 역시 전자를 방출할 수가 없다는 것이다. 이로서 빛은 파동과 입자의 성질을 함께 갖는 오묘한 존재가 되었고, 광전 효과의 수수께끼는 깔끔하게 해결된다. 그리고 아인슈타인 개인으로서는 이 논문으로 노벨상을 수상하는 영예를 누리게 된다.

4.4.2 브라운 운동 〈정지 액체 속에 떠 있는 작은 입자의(열의 분자운동론에 의한) 운동에 대하여〉

물 위에 떠있는 미세한 꽃가루를 자세히 관찰하면 도무지 종잡을 수 없는 불규칙한 운동을 관찰할 수 있는데, 이것을 브라운 운동이라 부른다. 1827년 브라운이 이 운동을 처음 관찰한 이래, 사람들은 이 난해한 움직임을 꽃가루의 불가사의한 생명력과 연관시켜 설명하려 했지만, 후에 과학자들은 기체나 액체의 분자들이 근본적으로 브라운 운동을 하는 것으로 추정하게 된다. 아인슈타인은 브라운 운동에서 입자의 운동식을 정량적으로 제시하였고 이를 통해 입자의 운동을 계산했다. 그의 논리는 실험 결과를 통해 확실하게 입증되었고, 아인슈타인 이후로 기체나 액체의 브라운 운동은 가설이 아닌 원리의 지위를 획득하였으며, 볼츠만의 통계 역학이 현대 물리학의 주류로 잡게 되는 계기를 마련해 주었다.

4.4.3 특수상대성이론 〈운동하는 물체의 전기역학에 대하여〉

시공간과 빛의 문제를 다룬 논문이다. 비록 우리의 직관에 위배되기 때문에 받아들이기는 어려울지 몰라도, 정작 이 논문의 핵심은 명쾌하고 단순하다. 모든 좌표계에서 빛의 속도가 일정하고 모든 자연 법칙이 동일하게 적용된다면 시간과 물체의 운동은 관찰자에 따라 '상대적'이라는 것이다. 부연하자면 정지한 사람과 빠른 속도로 운동하는 사람이 있다고 할 때 정지한 사람의 시계가 더 빨리 간다는 것이다. 길이와 질량에 대해서도 빨리 움직이는 사람 쪽에서 측정하는 질량이 증가하고 길이는 짧아진다. (한편 아인슈타인은 이 논의를 수식으로 전개할 때, 등속 운동에 한정하였으므로 '특수' 상대성 이론이라는 이름이 붙게 되었다.)

이 논문으로 인해 학계에서 난리가 난 것은 당연한 일일 것이다. 뛰어가는 사람과 걸어가는 사람의 시계가 다르게 가다니. 더구나 그 시절의 기술로는 이 이론을 입증할만한 실험적인 도구를 충분히 갖고 있지 않았으므로 상황은 아인슈타인에게 더 불리했을 것이다. 시간이 꽤 흘러 그가 노벨상을 받게 되었을 때, 수상의 원인이 된 그의 주요 업적이 상대성이론이 아닌 광전 효과였다는 것이 당시의 상황을 설명해준다. 더구나 아인슈타인에게는 노벨상 수상식장에서 상대성 이론에 대해 언급을 하지 않는다는 옵션까지 주어졌다고 하니. 아인슈타인이 세상을 떠난 지 한참이 지난 1972년. 미국에서 재미있는 실험이 시도되었다. 제트 비행기 안에 원자시계를 설치하고 미국 해군 관측소의 기준 원자시계와 시간을 비교하게 된 것이다. 결과는 물론 아인슈타인이 옳았다. 1976년에 유럽 핵에너지 협의회에서 실시한 실험에서 발견된 운동하는 뮤온(소립자의 일종)이 정지한 뮤온보다 훨씬 긴 수명을 갖는 현상도 아인슈타인이 여전히 옳았음을 증명했고, 이런 예는 이제 수도 없이 많다. 요즘 누구나 사용하는 네비게이션 장치에는 아인슈타인의 상대성 이론에 따라 위치의 보정이 이루어지고 있다고 한다. 이 보정을 하지 않으면 오차가 하루에 10km나 생긴다니 과연 우리는 아인슈타인의 시공간에 살고 있는 셈이다.

4.4.4 E=mC^2 <물체의 관성은 에너지 함량에 의존하는가>

특수상대성 이론으로부터 유도된 3쪽 밖에 되지 않는 매우 짧은 논문이다. 아인슈타인이 발표한 가장 짧은 논문이었을 것이다. 이 논문은 방사성 원소 라듐(Ra)의 붕괴로 인해 발생한 에너지와 손실된 질량은 비례하고, 비례상수는 빛의 속도를 두 번 곱한 것(C^2)만큼의 크기라는 내용이다. 이 논문은 다른 물리학자의 실험결과를 통찰하여 얻은 것 같다. 뿐만 아니라 이 논문은 상대성이론을 밑받침하는 이론이다. 후에 원자폭탄 원리와 원자력발전 원리로 사용되며, 별의 에너지원이나 핵융합발전 원리이기도 하다.

아인슈타인의 상대성 이론에 따르면, 만일 계의 무게가 m만큼 줄어든다면 E만큼의 에너지가 생기는데, 물론 그 반대의 가정도 성립되며 생긴 에너지는 다음의 공식으로 주어진다.

$$E = mC^2 \text{(C는 빛의 속도로 } 3\times10^8 \text{ m/s)}$$

예를 들면 물질 1 g이 완전히 소멸된다면 이때 얻어진 에너지는

$$E = 1\times10^{-3}\,kg \times (3\times10^8\,m/s)^2 = 9\times10^{13}\,\text{joule}$$

이는 1초 동안 100 watt짜리 전등 3조개(3000 billion)를 동시에 킬 수 있는 에너지에 해당한다. 1920년 Arthur Eddington은 아인슈타인의 질량과 에너지의 등가설과 Francis Aston의 수소와 헬륨 핵의 질량측정의 결과로부터, 만일 수소 핵이 헬륨 핵을 만들기 위하여 융합시키면 엄청난

양의 에너지가 방출될 것이며 바로 이 과정이 별들의 주요 에너지 원천이라고 발표하였다. 따라서 1920년경에는 과학자들은 무거운 핵들의 분열이나 가벼운 핵들의 융합을 토대로 하는 무기들의 출현가능성을 인식할 수 있었다.

아인슈타인이 1905년에 발표한 논문으로 19세기 말부터 삐걱거리던 뉴턴의 고전역학은 막을 내리고, 양자역학과 상대성이론이라는 현대물리학의 두 축이 등장한다. 그 후 아인슈타인은 특수상대성이론의 보편적 적용을 위해 10년 동안 연구한 끝에 1915년 드디어 일반상대성이론을 발표한다. 뉴턴의 우주론을 보내고 아인슈타인의 우주 시대를 만들게 된다.

이후 특수 상대성이론이 알려짐에 따라 아인슈타인은 유럽에서 점점 이름이 알려지게 되었다. 그는 상대성이론을 비유클리드 기하학을 도입하여 중력을 포함한 이론으로 확장하는 노력을 계속하였다. 특허 사무소를 떠나서 학계로 입성한 그는 스위스에서 그리고 프라하와 독일의 대학교에서 정교수로 있었으며, 1912년 겨울에 모교인 ETH 취리히의 교수로 돌아왔다. 1914년에는 독일의 프로이센 과학 아카데미에 자리를 얻어 베를린에 머무르게 된다. 1914년에 드디어 '일반 상대성 이론의 형식적 기초'를 발표하게 되었다. 그는 일련의 시행착오 끝에 1915년에 발표한 4편의 논문 중 마지막인 '중력의 장방정식'에서 마침내 일반 상대성 이론의 완결된 장방정식을 최초로 구현해내었다.

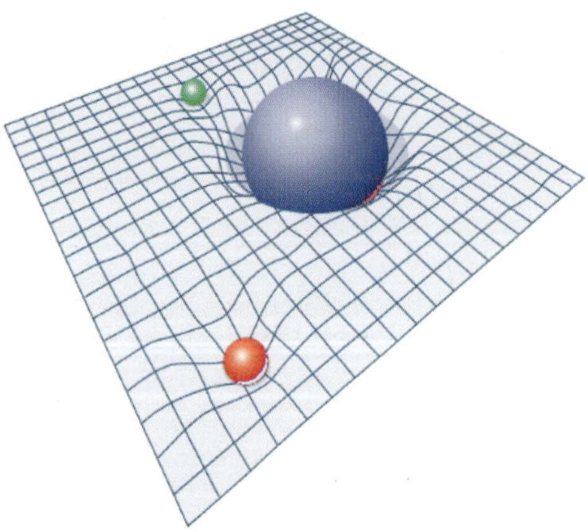

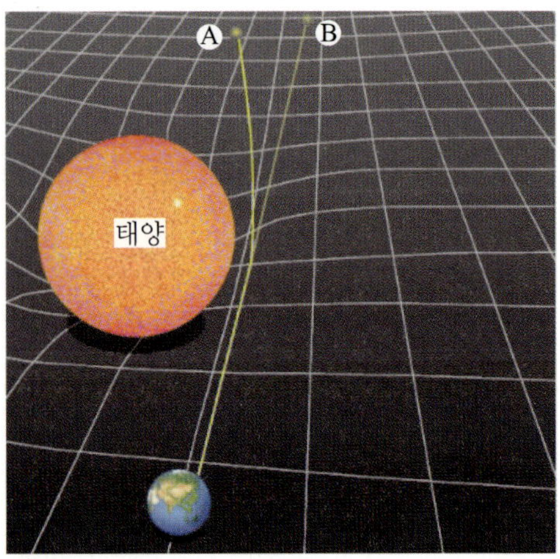

▲ 아인슈타인의 일반상대성 이론(시공간의 휘어짐) : 중력장 이론

1919년 런던 왕립 학회는 기니 만에 있는 프린시페 섬에서 있었던 관측에서 그해 5월 29일의 일식을 촬영하였는데, 일반 상대성이론에서의 예측이 검증되었다고 발표하게 된다. 이로써 아인슈타인은 뉴턴의 고전역학적 세계관을 마감한 인물로서 범세계적인 명성을 얻게 된다. 그리고 1921년에는 광전 효과에 대한 공로로 노벨 물리학상을 수상하였다.

아인슈타인은 광양자설을 통해 양자역학의 초기 기반을 닦는 주요한 기여를 했음에도 불구하고 스스로는 양자역학을 완전한 것으로 인정하지 않았다. 보어와 하이젠베르크 등에 의해 제창된 코펜하겐 해석 역시 받아들이지 않았다. 그는 수년에 걸친 보어와의 논쟁을 통해 EPR 역설(Einstein, Podolsky, Rogen paradox, 아인슈타인을 중심으로 한 학자들이 제안) 등의 사고 실험을 제기하며 양자역학의 비결정론(코펜하겐 해석에서 관측에 의해 물리량이 바뀌는 것을 의미)을 폐기하려 노력하였으나 이것은 역설적으로 두 석학의 논쟁을 통해 다른 과학자들이 양자역학의 개념적 기반을 공고히 이해하도록 도움을 주는 결과를 낳았다. 말년에는 양자역학과 거리를 두고 홀로 통일장 이론을 연구하였다.

1933년 미국 방문 중에 아돌프 히틀러가 독일 집권자가 되었다는 것을 알고서, 같은 해 5월에 잠시 네덜란드 안트베르펜에 있는 독일 영사관을 방문하여 독일 시민권을 완전히 포기하고 미국으로 망명하였다. 이미 그의 재산은 나치 독일에 의해 압류된 뒤였으며, 시집간 그의 두 딸도 독일을 벗어나 인근 국가에서 살아야 했다. 1940년에는 미국 시민권을 취득하였고, 이후 프린스턴 고등 연구소에서 교수로 지냈다. 미국에서 머무는 동안 그는 여러 사람의 설득과 고심 끝에 루스벨트 대통령에게 원자 폭탄 제조의 필요성을 역설하는 편지를 보내기도 하였다.

그는 1955년 4월 18일 프린스턴 자택 근처의 병원에서 76세의 나이로 세상을 떠났다.

"아인슈타인이 주장한 빛도 휘어지게 만드는 블랙홀 발견!"

2019년 4월 10일 Event Horizon Telecscope(EHT) 국제공동연구팀은 지구 크기의 가상 망원경을 사용하여 세계 최초로 블랙홀 사진을 공개하였다. 실제 관측은 2017년 4월 5일부터 14일까지, 6개 대륙 8개 망원경 참여하여 진행되었다. 이것은 처녀자리 은하단 중심부에 존재하는 M87 중앙 블랙홀로서, 지구로 부터 5,500만 광년 떨어져 있으며, 질량은 태양의 65억 배(태양 1개의 질량은 지구 332,000배)로 알려졌다. 그림자의 형태도 아인슈타인박사의 예측은 측정 자료와 정확하게 일치하였다고 한다.

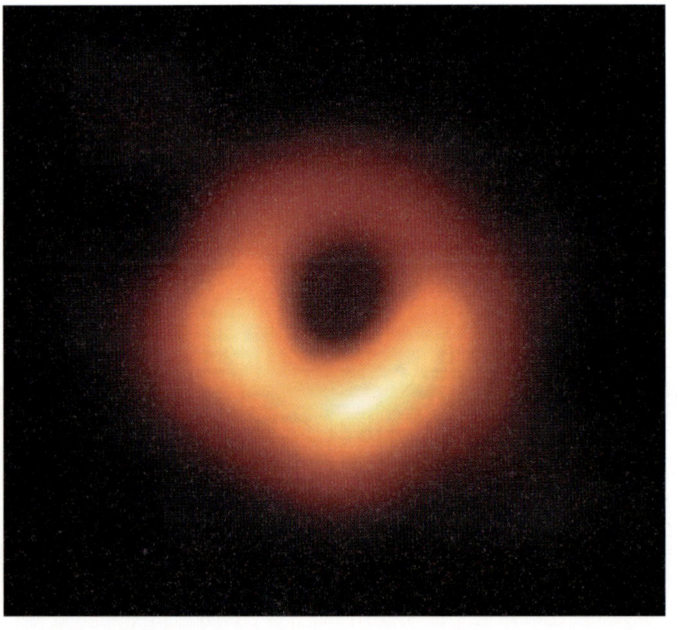

▲ 블랙홀 * 출처 : EHT Collaboration

4.5 엔리코 페르미(Enrico Fermi, 1901～1954)와 원자폭탄에 대하여

▲ 엔리코 페르미
(Enrico Fermi, 1901～1954)

엔리코 페르미는 이론과 실험을 상호보완적이며 매우 긴밀하고, 창조적으로 결합한, 미국으로 망명한 이탈리아 물리학자로 거의 초자연적 물리적 직관을 갖고 있었다. 전공 분야의 세분화가 심해져가고 있는 20세기에 페르미처럼 이론과 실험물리 양쪽 분야에서 과학적 성취를 이룬 것은 매우 특별한 위업이라 할 수 있겠다.

페르미의 가장 위대한 이론적 업적은 페르미 통계와 베타붕괴이론이고, 중성자 충격에 의해 생성된 인공 방사능, 느린 중성자, 그리고 핵연쇄반응의 실현은 가장 위대한 실험적 업적이다.

그의 중요한 업적들을 대략 적어보면 아래와 같다.

- 양자전기역학(QED)에 대한 최초의 이해하기 쉬운 총설
- 페르미 통계(또는 Fermi-Dirac 통계)와 고체이론
- 원자의 Thomas-Fermi 모델
- 베타 붕괴이론과 약한 핵력(核力)
- 중성자에 의해 유발된 인공 방사능
- 핵분열의 확인 및 중성자 수량의 측정
- 핵반응이 지속가능한 최초의 원자로
- 원자로 디자인과 특허-원자력시대를 염
- 고체물리에 중성자회절 응용
- 핵폭탄 개발에 참여
- 파이 중간자(파이온) 빔 디자인
- 메이어가 핵 껍질 모형(nuclear shell model)을 발견하는데 일조
- 파이온-양성자 탄성 산란
- 페르미 공명
- 양성자의 $L=1$ 여기상태 발견
- 입자 생산의 통계학적 모델

페르미의 많은 연구결과들은 양자론, 핵물리, 입자물리, 고체물리, 원자로 물리, 분광학, 통계역학 등 다양한 물리 분야에 그의 이름을 각인시켜 놓았다. 즉 페르미 에너지, 페르미 상수, 페르미-디랙 분포, 페르뮴(페르미의 이름을 딴 기본 입자) 등등, 20세기에 페르미보다 더 많은 이름을 남겨놓은 물리학자를 생각해 내기가 어려울 정도이다. 아마도 이것은 페르미가 물리학자 커뮤니티에서 받은 존경과 애정의 지표가 아닐까 라고 생각된다.

가장 사람의 마음을 사로잡는 페르미의 특성은 매우 소탈하고 겸손한데다가, 창조적인 일이던 또는 일상적인 일이던 어떤 종류의 일도 할 수 있는 그의 능력에 있다. 이러한 그의 자질이 노벨상 수상자에서부터 테크니션까지 사회 각계각층의 사람들한테 인기가 있고 그를 좋아하게 만들었다. 한번은 프린스턴 대학의 물리학과 학과장이 사이클로트론을 가지고 하는 실험에 대해 의논하려고 페르미를 초청하였다. 어느 날 실험실에 들어가 보니 한 학생의 지휘아래 페르미가 다른 대학원생과 함께 테이블을 옮기고 있는 것이 아닌가? 또 다른 일화는 듀폰의 회사간부가 콜롬비아대학으로 페르미를 방문하였을 때, 실험실이나 연구실에서 페르미를 찾지 못하여 돌아다니다 기계 공작실에서 노벨수상자가 큰 가위로 양철조각을 자르고 있는 것을 목격하고 깜짝 놀랐다는 이야기다.

여하튼 페르미는 핵연쇄반응을 최초로 제어하여 원자로를 건설하여 오늘날 핵에너지의 평화적 이용과 동시에 인류의 종말을 가져올 수 있는 파멸적 핵폭탄 시대를 개막한 중요한 선구자 중 한사람이다. 그는 "중성자 충돌에 의해 유발된 인공방사능과 초우라늄원소들의 발견"에 대한 업적으로 1938년 37세의 나이에 노벨 물리 상을 수상하였다.

엔리코 페르미(Enrico Fermi)는 1901년 9월 29일 초등학교 선생님인 어머니와 철도부 부장인 아버지를 부모로 2남 1녀의 막내로 로마에서 태어났다. 나이가 대략 10살 때부터 그는 수학과 물리에 대한 특별한 흥미를 느꼈는데, 아버지의 친구이며 엔지니어인 아미데이(Adolfo Amidei)가 페르미의 매우 뛰어난 지적 능력을 제일 먼저 알아보고 페르미가 13살부터 17살 때까지 수학과 물리 공부를 지도해준다. 그는 물리와 수학에 관한 책을 높은 단계의 책들을 순차적으로 페르미에게 빌려주었으며, 페르미 자신도 역학 및 수리물리 헌책들을 구하여서 혼자서 공부하였다. 페르미가 아직 고등학생인 17살이 되었을 때는 이미 대학원 고급과정 수준에 비교할만한 고전물리에 관한 심오한 지식을 습득하였다.

페르미는 아버지 친구 아미데이(Amidei)의 권고에 따라 이탈리아에서 가장 명문인 피사대학 시스템의 하나인 고등사범학교(Scuola Normale Superiore) 입학시험에 응시하였다. 수험생들은 에세이를 포함한 매우 어려운 입학시험을 치러야 하였는데, 주어진 테마는 "소리의 독특한 특성"이었다. 고등학교를 막 졸업한 17살의 페르미는 진동하는 리드(reed)에 대한 편미분방정식을 유도하고 푸리에 분석(Fourier Analysis)을 통하여 편미분 방정식의 해를 구하였다. 시험관은 이 에세이를 읽고 수험생의 천재성에 놀라 페르미를 인터뷰하고 난 뒤 그가 쓴 에세이는 박사학위 논문으로 추천할만하다고 칭찬하였다. 페르미는 입학시험에서 수석을 차지하였다.

1922년 피사대학에서 21살의 나이에 박사학위를 받을 때, 페르미는 이미 아인슈타인의 일반 상대성이론 방법을 적용하여 상대론적 전기역학에 관한 수편의 논문을 출판하였다. 현대 물리의 최신 경향을 알기 위해서 그는 이태리 정부의 펠로우쉽을 받아 독일 괴팅겐 대학의 보른(Max Born) 밑에서 공부를 하고, 그 후엔 네덜란드 라이덴(Leiden) 대학의 에렌페스트(Paul Ehrenfest)한테 가서 연구를 하였다. 펠로우쉽이 끝나자 1925년 1월부터 1926년 후반까지, 페르미는 피렌체 대학교에서 조교수로 수리물리와 역학이론들을 가르쳤으며 1927년, 실험 물리학자인 콜비노(Orso Mario Corbino)가 열심히 노력하여 이태리에서는 처음으로 로마대학에 이론 물리학 교수 자리가 새로 만들어졌고 25살의 페르미가 정교수로 초빙되었다.

영국의 채드윅(James Chadwick)이 1932년, 베릴륨으로 만들어진 얇은 판에 알파선을 충돌시켰더니 전하를 띠지 않는 입자가 튀어나왔고, 이 입자를 중성자라고 하였다. 바로 그 후 1934년 1월 프랑스의 졸리오-퀴리 부부(Frédéric Joliot과 Irène Joliot-Curie)는 보론(B), 마그네슘(Mg), 알루미늄(Al)을 알파입자로 충돌시켜 수명이 짧은 방사성 동위원소를 만들어 인공방사능을 발견하는데 성공하였다. 졸리오 부부의 인공 방사성동위원소 발견은 페르미에게 자신의 나머지 인생을 인공방사능 실험에 전념하게 만들었다. 알파입자들은 양으로 하전되었기 때문에, 이들이 원자 속으로 침투하려고 할 때, 표적물인 양으로 하전된 핵으로부터 상당한 저항을 겪게 된다. 아무리 빠르게 가속된 양성자나 알파입자로 때린다 해도 대략 백만 번에 단지 한번 꼴로 핵을 직접 맞출 수 있었고, 대부분 표적물인 핵을 그냥 지나쳐 버릴 뿐이다. 페르미는 따라서 하전을 갖고 있지 않은 중성자가 핵하전에 의한 반발로 밀려나지 않아 목표 핵을 충돌시켜 방사성원소를 만드는데 훨씬 더 효율적이라고 생각하였으며 당시의 다른 과학자들처럼 Fermi는 입자로 때리는 동안 물질이 사라져서 아인슈타인 공식, 물질과 질량의 등가설인 $E=mC^2$에 의해 엄청난 양의 에너지가 방출될 수 있다는 사실에는 별로 주의를 기울이지 않았다.

페르미는 인공동위원소를 만들려는 생각에서 많은 원소들을 중성자를 가지고 충돌시키는 실험을 하였다. 주기율표에서 낮은 원자번호부터 점차 높은 원자번호로 가면서 63개의 원소를 가지고 한 첫 실험에서 37개의 원소들로 부터 알파선, 베타선, 감마선 등을 방출하는 핵반응을 감지하였다. 특히 우라늄을 중성자로 충돌시켰을 때 방사선이 나오는 것을 발견하였는데, 이것이 얼마 후 세상에 엄청난 폭풍을 몰고 올 핵분열 때문이라는 것을 인식하지 못하고 우라늄이 중성자를 포획하여 우라늄보다 원자번호가 큰 초우라늄원소(transuranic element)가 생성됐다고 추정하였다. 그러나 오토 한(Otto Hahn), 스트라스만(Fritz Strassmann)과 리제 마이트너(Lise Meitner)가 이와 비슷한 연구를 계속하여 1938년, 방사선은 우라늄 핵이 쪼개지는 현상 때문에 나오며 이를 "핵분열(nuclear Fission)"이라고 명명하였다.

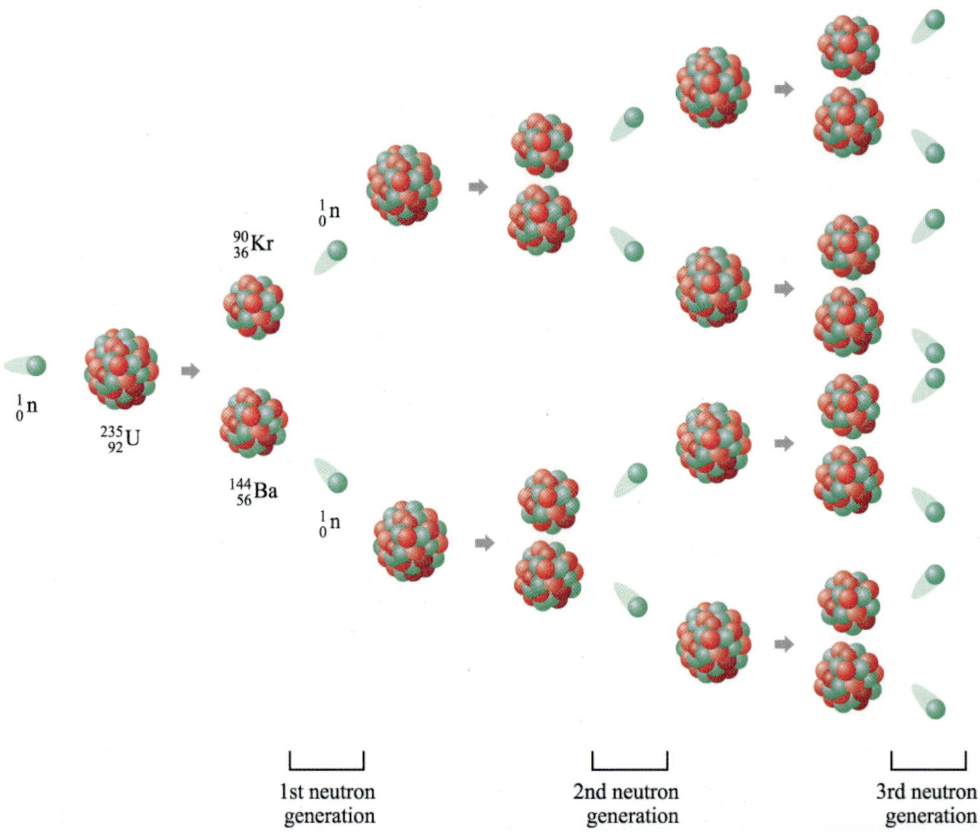

그들은 또한 탄소와 수소가 때리는 중성자의 속도를 느리게 하는 감속재로서 유용하다는 것을 알아내었고 느리게 움직이는 중성자가 핵 근처에 좀 더 오랫동안 남아있어 그 결과 포획될 가능성이 높아져 좋은 결과를 낸다는 것도 알아냈다. 마치 그린에서 퍼터로 공을 컵에 집어넣을 때 빠른 속도로 치면 그냥 공이 컵을 지나치기 쉬운 것과 같은 이치이다.

1935년, 페르미와 그의 팀은 파라핀(Paraffin)으로 만들어진 필터를 중성자가 지나가는 경로에 놓으면 인공방사능을 만드는 효율이 상당히 증가하는 것을 발견하였다. 페르미는 많은 수소를 포함하고 있는 화합물인 파라핀을 통과하면서 중성자의 속도는 수소원자들과의 탄성충돌에 의해서 감속되며, 바로 속도가 느려진 중성자들이 빠른 속도의 중성자들보다 훨씬 높은 방사능의 요인이라고 생각하였다.

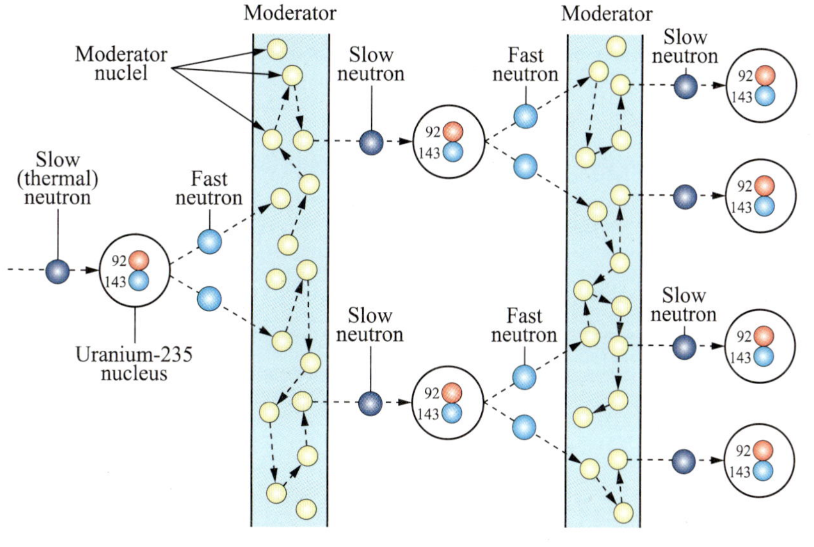

▲ Continuous fission of Uranium-235

에너지 전이는 같은 질량을 갖는 입자들 사이의 충돌에서 최대가 되기 때문에 그는 수년간 중성자와 거의 비슷한 질량을 갖는 수소를 포함하는 물이나 파라핀 같은 다양한 감속재를 가지고 중성자의 속도조절 효과를 연구하였으며, 흑연도 감속재로써 사용될 수 있다는 의견을 내놓았다. 보통 방출되는 중성자는 초당 10,000 마일로 무척 빠른데, 이렇게 빠른중성자는 쉽게 U-238에 의해 포획되어 핵분열이 일어나지 않는다. 따라서 빠른중성자를 흑연이나 중수소 같은 감속재로 충돌시키면, 에너지를 잃게 되어 속도가 초당 1 mile 정도를 넘지 않게 감속되어 문제를 해결할 수 있다는 것이다. 페르미의 감속재에 의한 중성자 속도조절은 핵물리분야의 중요한 발견으로 기록된다. 1938년 페르미는 "느린중성자에 의해 유발된 핵반응의 발견과 중성자 충돌로 만들어진 새로운 방사능 원소존재를 입증"한 업적으로 37세의 나이에 노벨물리학상을 수상하였다.

한편 1937년 파시스트 이태리에서는 유대인에 대한 극심한 차별정책으로 유대인인 페르미 부인과 그들의 아이들이 영향을 받게 되고 신변의 위협을 느끼게 되었다. 페르미는 1938년 12월, 노벨 물리학상 시상식에 가족들과 함께 참석하고 난 후 1939년 1월 2일 미국으로 망명을 한다. 여러 대학에서 교수직 제의가 들어왔지만, 콜롬비아 대학 물리학과를 선택하였다.

4.6 원자력 시대 – 맨해튼 프로젝트

페르미가 콜롬비아대학에 겨우 정착을 했을 즈음, 보어(Bohr)가 한(Hahn)과 리제 마이트너(Meitner)의 핵분열 반응소식을 미국에 가져온다. 우라늄이 핵분열로 바륨(Ba)과 크립톤(Kr)으로 원소전환한 것도 놀라운 일인데, 그보다 더욱 더 놀랄만한 일은 이러한 극적인 변화가 일어나는 동안 대략 200 MeV(2억 전자볼트)에 해당하는 엄청난 에너지가 방출된 것이다. 이 발견은 핵에너지나 또는 핵무기 같은 새로운 원자력 시대를 연다는 의미를 함축하고 있는 만큼 소식을 전해들은 물리학자들은 모두 극도의 흥분상태에 빠지게 되었다. 한편 페르미는 1938년 자신의 노벨 물리학상 공적의 일부가 "중성자 충돌에 의한 초우라늄원소의 발견"인데, 초우라늄 원소가 생성된 것이 아니라 오히려 핵분열 반응에 의한 것이라고 하니, 이 소식은 그를 엄청나게 당혹한 상태에 놓이게 하였다.

콜롬비아대학 과학자들은 중성자로 충돌하였을 때 우라늄의 핵분열로 방출된 에너지를 직접 조사하기로 결정하고, 물리학과 지하실에 있는 Pupin 실험실에서 미국에서 첫 번째 핵분열 실험을 수행하여 핵분열 연쇄반응을 확인하였다.

세계 제2차 대전이 발발하고 많은 유럽의 최고 과학자들이 미국으로 망명하기 시작한다. 2차 대전의 양쪽 진영에 있는 물리학자들은 핵분열을 이용하는 핵폭탄의 가능성을 충분히 인식하고 있었지만 당시에는 아무도 확실히 그 방법에 대해서는 알지 못하였다. 전쟁 초기, 물리학자들은 적국이 어떠한 정보도 알지 못하도록, 자기검열의 표시로써 돌연히 핵분열 주제에 관한 논문의 출판을 중단하였다.

일본의 진주만 공격 그리고 미국의 일본과 독일에 대한 선전포고가 있은 지 얼마 안 되어 루즈벨트는 원자 폭탄의 개발을 육군에서 맡도록 지시하는 한편 영국의 윈스턴 처칠 수상에게 협력 의사를 전달하였다. 이로써 원자탄을 만드는 맨해튼 프로젝트(Manhattan project)가 적극적으로 진행된다.

페르미는 최초의 원자로(atomic pile)를 건설하도록 막대한 책임을 맡게 되었다. 그와 다른 주요 물리학자들이 1942년 봄 시카고 대학으로 옮겼으며 11월 중순에 시카고 대학의 버려진 축구장 밑의 스쿼시 코트에 Chicago pile-1(CP-1 : 최초의 원자로) 건설이 시작되었다. 원자로의 구조는 19,000개의 우라늄금속과 우라늄산화물을 에워싸고 있는 40,000개의 탄소 블록으로 이루어져 있으며, 맨 바깥은 목재뼈대가 둘러싸고 있다. 총 380톤의 탄소 블록이 감속재로, 6톤의 우라늄금속과 40톤의 우라늄산화물이 연로로 사용되었고 카드뮴으로 된 세 개의 제어봉이 이 블록들의 매트릭스 사이에 끼어있었다.

1942년 12월 2일, 페르미는 인류역사상 최초로 자동으로 지속가능한 핵연쇄 반응을 시동하였다. 이 역사적인 날 일단의 과학자들이 지켜보고 있는 가운데 페르미는 중성자 활동을 조심스럽게 모니터하고 바일(George Weil)은 최종 순간에 카드뮴 제어봉을 작동하기로 한다(상단 그림 참조). 원자로는 3시 25분에 핵반응이 자동으로 지속가능한 임계상태로 갔고 펜라이트를 킬 수 있는 정도의 1/2 와트의 최대 출력을 나타냈다. 페르미의 지시에 따라 28분 후 카드뮴 제어봉을 밀어 넣어 반응은 중단되었으며, 원자로를 작동한 실제 시간은 총 40분이었다. 이 순간이야 말로 새로운 시대, 원자력 시대가 열리는 역사적 순간이었다.

핵연쇄 반응을 관찰한 후, 시카고대학 야금연구실(Metallurgical Lab)의 책임자 콤프톤(Arthur Compton)은 즉시 실험의 성공을 전화로 국방연구위원회 의장 코난트(James Conant)에게 암호로 알렸다.

> 콤프톤 : 이태리 항해사가 신세계에 상륙했다.
> 코난트 : 원주민들은 우호적인가?
> 콤프톤 : 상륙한 사람 모두 안전하고 행복하다.

이 실험 이후 만든 대부분의 원자로와는 달리, CP-1에는 방사능 차폐시설이나 냉각설비가 전혀 없었다. 페르미는 자신의 이론적 계산은 충분히 믿을만해서 통제 불능한 연쇄반응이나 폭발은 일어나지 않는다고 콤프톤을 확신시켰다. 그러나 훗날, 미국원자력 위원회의 공인된 사학자들은 미국에서 가장 인구밀도가 조밀한 지역에서 파멸을 가져올 수도 있는 실험을 행한 것은 큰 도박이었다고 말하였다.

시카고에서 실험을 마친 후, 페르미는 오펜하이머가 책임을 맡고 있는 뉴멕시코에 있는 맨해튼 엔지니어 관구(管區)의 로스엘러모스(Los Alamos) 연구소로 가서 원자탄을 제조하는데 합류하였다. 그는 1944년 9월부터 1946년 초까지 로스엘러모스에서 보내면서 컨설턴트역할을 하였으며, 1945년 7월 16일 뉴멕시코 앨러머고도(Alamogodo) 가까이 있는 사막에서 행한 첫 번째 원자폭탄 시험에 적극적으로 참여하였다. 이후 1946년 시카고 대학은 핵연구를 위한 연구소(나중에 페르미 연구소가 됨)를 새로이 만들어 교수직을 제안하였고, 페르미는 로스앨러모스를 떠나 그가 세상을 떠날 때까지 시카고 대학에서 보냈다. 페르미는 원자로 이론, 우주선(宇宙線) 이론과 시카고 대학의 싱크로사이클로트론(Synchro-Cyclotron)을 써서 입자물리, 특히 파이온과 뮤온에 관한 중요한 연구를 행하였으며 통계학적 방법을 써서 파이온-핵자 공명을 처음으로 예측하였다. 우주선의 기원이란 논문에서는 성간공간에서 자기장에 의해 가속된 물질에 의해 우주선이 일어난다고 제안하였다.

4.7 세계 제2차 대전의 원자폭탄 개발 경쟁

4.7.1 핵분열의 발견 – Hahn, Meitner와 Strassman

1938년, 중성자를 이용한 페르미(Fermi)의 연구에 대해 들은 독일의 여성 물리학자 리제 마이트너(Lise Meitner, 1878～1968)는 동료인 오토 한(Otto Hahn, 1879～1968, 1944년 노벨화학상)과 프리츠 스트라스만(Fritz Strassmann, 1902～1980)에게 중성자를 우라늄 원자핵에 충돌시키는 실험을 해보자고 제안했다. 페르미와 마찬가지로 그들도 무거운 초우라늄 원소가 만들어질 것을 기대했다.

1939년 1월 6일 베를린 실험실에서 방사능 화학자인 오토 한과 프리츠 스트라스만이 중성자를 가지고 원소들을 때리면서 예기치 못한 발견을 한다. 원소들 대부분의 핵이 중성자 충격 시험을 하는 동안 약간씩 변했지만 우라늄 핵은 엄청난 변화를 가져왔다. 즉 핵은 대략 거의 둘로 나누

▲ Lise Meitner in 1946

▲ Otto Hahn

▲ Fritz Strassmann

어져 새로운 초우라늄 원소가 아니라, 두 개의 가벼운 방사성 동위원소 바륨(Barium)과 크립톤(Krypton)($_{92}U \rightarrow {}_{56}Ba + {}_{36}Kr$)이 만들어졌다.

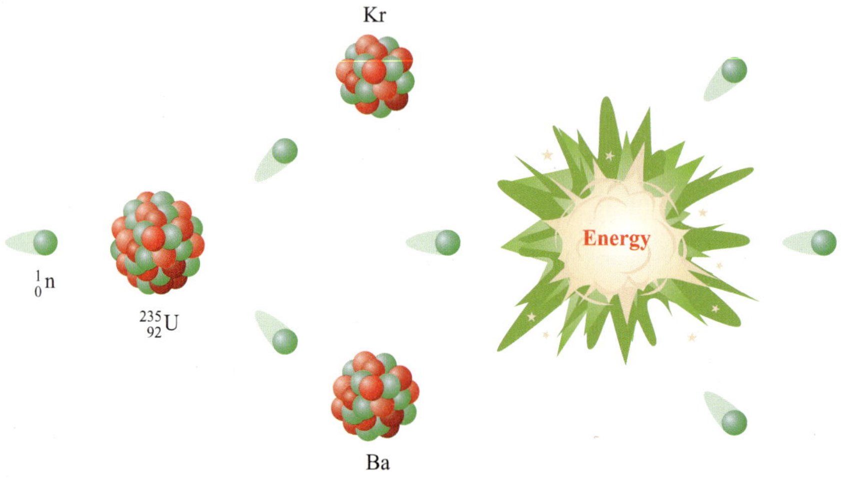

이러한 원소 전환보다 더욱 더 놀랄만한 일은 극적인 변화가 일어나는 동안 세 사람의 과학자들은 오실로스코프(oscilloscope)에 2억 전자볼트(electon volt)에 해당하는 에너지가 방출된 것을 관찰한다. 독일과학자들은 자신들이 관찰한 이러한 현상에 대해 합리적인 설명을 할 수 없어 어쩔 줄 몰라 했다. 오토 한(Otto Hahn)은 화학자라 그의 관심은 주로 화학변화에 쏠렸고 에너지 문제는 별 관심을 두지 않았다. 그러나 리제 마이트너는 수리물리학자이기 때문에, 우라늄 핵을 이루는 아원자(亞元子) 세계에서 무엇인가 엄청나게 중요한 새로운 일이 일어난 것을 깨닫는다.

한과 스트라스만은 우라늄을 분열시켜 바륨을 만들어 냈다는 논문을 발표하고, 몇 주일 후 마이트너와 조카 오토 프리쉬는 "중성자를 이용한 우라늄의 분열 ; 새로운 형태의 핵반응"이라는 논문을 영국의 과학 잡지 네이처에 실린다. 이 논문에서 핵분열이라는 말을 처음 사용하였다.

Hahn-Strassmann 실험에서 생성된 물질들은 가벼운 원소일 뿐 아니라 원래의 우라늄 핵보다 무게가 적게 나갔는데 바로 리제 마이트너 논문의 중요성이 여기에 있다. 그녀는 핵분열과정에서 손실된 무게는 아인슈타인의 공식으로부터 에너지의 형태로 바뀌고 이것은 다시 열로 바뀌었다고 설명하였다. 이러한 마이트너의 설명은 역사의 방향을 바꾸는 매우 중요한 의미를 내포하고 있다.

▲ 핵분열을 발견한 과학자는 오토 한이다. 그러나 핵분열의 의미를 파악한 과학자는 리제 마이트너다. 두 사람은 30년 동안이나 꼭 같은 주제를 놓고 연구를 같이 했다. 노년에 접어들어서도 우정을 과시했다.

Hahn은 우라늄 핵분열을 연구한 공로로 1944년 노벨 화학상을 받지만 Hahn의 오랜 동료이고 이론적인 중요한 배경을 제공하여 핵분열 연구의 창시자라 할 수 있는 리제 마이트너(Lise Meitner)는 뛰어난 연구업적에도 불구하고, 노벨상을 수상하지 못한다. 남성들이 주도하는 과학세계에서 여성이라는 이유로 노벨상을 받지 못한 유명한 여성들 중, 아마도 리제 마이트너가 첫 번째로 손꼽히는 여성 물리학자가 아닐까 생각된다. 더구나 마이트너는 유태인이기 때문에 히틀러의 강제수용소에 끌려가지 않기 위해서 그리고 그보다 더 중요한 점은 Hahn-Strassmann의 실험결과에 대한 설명을 가지고 있었기 때문에 그녀는 60살이나 되는 나이에, 독일을 탈출한다.

4.7.2 U-235 연쇄반응

Hahn과 스트라우스가 발견한 핵분열 과정은 단순히 엄청난 에너지를 순간적으로 방출하는 것 뿐 아니라 또 다른 특성을 갖고 있다는 것이 명백해졌다. 이 특성은 바로 우라늄이 바륨과 크립톤으로 분열한 뒤 두세 개의 중성자를 방출하고 또한 심한 질량결손에 의해서 막대한 에너지를 발생한다. 발생된 2～3개의 중성자들은 우라늄의 다른 원자들과 충돌하여 더 많은 중성자를 방출한다. 즉, 좀 더 적절한 상황이 주어지면 하나의 우라늄 핵으로부터 시작하여 핵분열이 연쇄반응에 의해서 등비급수 적으로 확대되며 바로 이것이 세계를 깜짝 놀라게 했던 원자폭탄의 기본 원리이다.

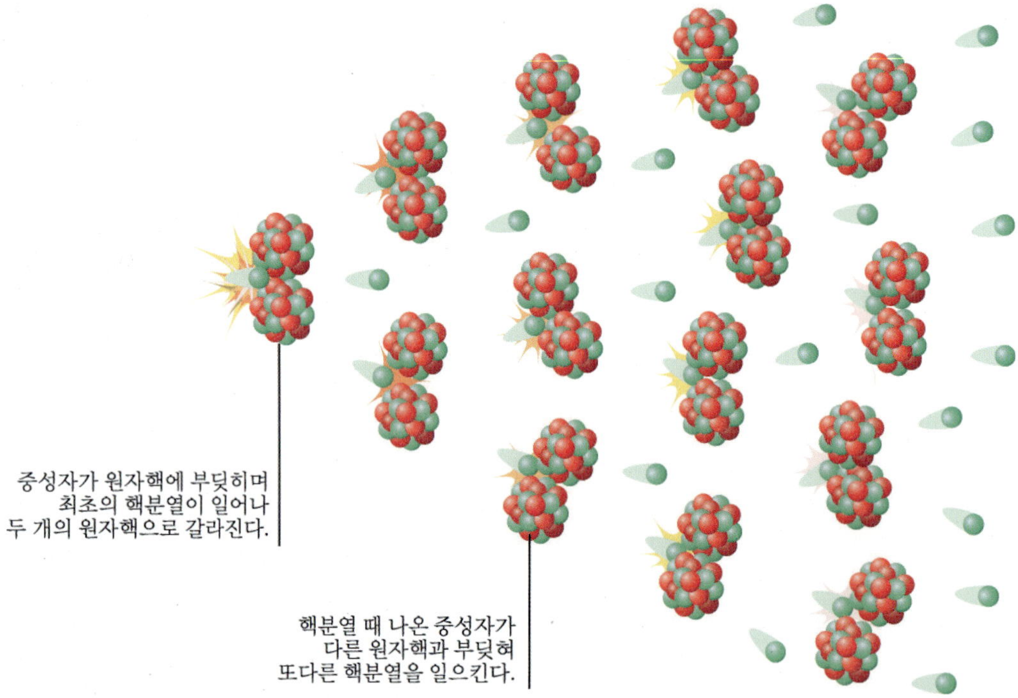

핵분열의 발견은 이와 같이 원자에너지의 방출이라는 현실적인 문제로 이끌어 갔으나 실제로 이것을 실용화하는 데는 해결해야할 문제가 몇 가지 있었다. 그 최대의 문제는 증배된 중성자가 비분열성인 원자핵에 흡수되거나 체계에서 새어나가든지 하여 연쇄반응이 정지되는 것을 방지하는 일과 반대로 연쇄반응이 과도하게 일어날 경우 이것을 인위적으로 제어하는 일이다.

리제 마이트너가 나치로부터 도망쳐 스톡홀름에 도착하기 전 큐리부인의 딸과 사위인 이레느와 프레데릭 졸리 퀴리(Irene Joliot-Curie, Frederic Joliot-Curie : 1935년 노벨화학상 수상)가 1939년 3월 네이처에 "우라늄의 핵폭발로부터 중성자의 방출"이라는 논문을 출판하여 독립적으로 독일 과학자들과 같은 결과를 발표했다.

스톡홀름에서 리제 마이트너는 조카인 프리쉬(Frisch)에게 우라늄 분열에 대해서 자신의 생각을 이야기 했다. 당시 Frisch는 독일로부터 망명하여 코펜하겐에서 세계적으로 저명한 원자과학자인 보어(Bohr)와 함께 일하고 있었다. 보어는 몇 달 동안 당시 프린스톤에 있는 고등 과학원에서 아인슈타인과 함께 여러 가지 과학의 중요한 문제들을 토론하기 위하여 미국으로 떠났다. 프리쉬는 보어의 실험실에서 Hahn의 실험결과를 확인한 후 무척 흥분하여 미국에 막 도착한 보어에게 이 사실을 즉시 알렸다.

보어도 무척 들떠서 곧 다른 과학자들에게 실험결과를 전달하였고 며칠 안에 미국 과학자들 세 그룹도 이 사실이 틀림없음을 증명하였다. 연쇄반응의 가능성은 핵물리학자들을 완전히 사로잡았지만 왜 우라늄 핵분열의 연쇄반응이 실제로 일어나지 않았는가 하는 문제를 이해할 수 없었다.

4.7.3 핵분열에 대한 연구가 미국에 오다 : 1939년

보어(Niels Bohr)와 휠러(Wheeler)는 이 수수께끼 같은 문제에 대하여 1939년 2월 7일, 콜롬비아 대학에서 열렸던 미국 물리학회에서 표적물인 모든 우라늄이 핵분열을 한 것이 아니라는 가정을 내놓는다. 그들은 우라늄의 세 동위원소 중 핵분열이 실제로 가능한 것은 표적물 우라늄의 0.7% 밖에 안 되는 U-235이고 자연계에서 세 개의 동위원소 혼합물로 존재하는 우라늄의 99.3%는 U-238로 무척 안정하여, U-235에 대하여 마치 젖은 담요처럼 거동한다는 것이다. 또 다른 동위원소 U-234는 자연에서 단지 0.006%라는 극히 미량으로 존재한다.

Bohr는 오직 순수한 U-235로부터 연쇄반응을 얻을 수 있기 때문에 느린중성자로 때릴 것을 제안하였고 Fermi는 흑연이 감속재로써 사용될 수 있다는 의견을 내놓았다. 보통 방출되는 중성자는 초당 10,000 마일로 무척 빠른데 이렇게 빠른중성자는 핵분열이 일어나지 않는다. 따라서 빠른 중성자를 흑연이나 중수소 같은 감속재로 충돌시키면 에너지를 잃게 되어 속도가 초당 1 mile 정도를 넘지 않게 감속되어 문제를 해결할 수 있다는 것이다.

1939년 9월 1일 독일과 소비에트가 함께 폴란드를 침공하여 세계 제2차 대전이 시작되는데 바로 그전에 덴마크의 닐스 보어는 핵분열에 관한 모든 출판된 자료들을 갖고 있었다. 세계 제2차 대전이 발발하던 때만 해도 과학의 중심지는 유럽으로 특히 독일은 Max Plank, Heisenberg, Max Born, Boltzman 등의 과학자들이 포진하고 있어 이론 물리의 메카였다. 반면에 러더퍼드, 채드윅, 톰슨 등이 있는 영국은 실험 물리의 중심지로 알려져 있었다. 불확정성의 원리로 유명한 하이젠베르크(Werner Heisenberg, 1901~1976, 1932년 노벨물리학상)는 1926년부터 1927년까지 코펜하겐에서 Bohr의 보조연구원이며 강사로 일했는데 이때 양자역학의 수학적 기반이 되는 불확정성 원리를 발견하였다. 또한 Born의 도움으로 행렬역학을 도입하여 20세기 초 양자역학의 발달에 지대한 공헌을 한 공로로 1932년 31살 나이에 노벨상을 수상하였다.

세계 제2차 대전이 시작되면서 많은 과학자들이 나치 독일을 피하여 미국으로 이민가고 그때부터 개인의 천재성에 의존하는 연구가 아니라 여러 과학자들이 그룹으로 같이 연구하는 공동연구가 빛을 발하게 된다. 특히 로렌스(E. O. Lawrence)는 미국의 비공식적인 핵물리의 수도 버클리(Berkely) 방사선 연구실에서 독창성을 발휘하여 입자가속기, 사이클로트론(cyclotron)을 1930년에 만들었다. 그 뒤를 이어서 Van de Graaff가 1931년에 정전 발전기를 만드는 등 핵물리와 고에너지 물리연구에 필요로 하는 장비를 만들어 내는 연구로 앞장서 갔다.

Columbia 대학을 방문하던 헝가리 출신 실험 물리학자 레오 질라드(Leo Szilard, 1898~1964)는 독일침공에 관한 최근 소식에 무척 자극을 받아 "우라늄의 핵 연쇄반응으로부터 엄청난 양의 에너지가 나오고 대형 폭탄이 만들어질 수 있다는 내용"의 편지를 써서 아인슈타인에게 미국대통령 루즈벨트한테 전달하라고 준다. 결국 Szilard-Einstein 편지가 세계 제2차 대전 중 미국이 주도하고 영국과 캐나다가 공동 참여한 핵폭탄 개발 프로그램인 맨해튼 프로젝트(Manhattan Project)를 만드는 단초가 되었다.

세계적으로 저명한 물리학자인 아인슈타인의 편지를 받은 루즈벨트는 즉시 그 위험성을 깨닫고 표준연구소 소장인 Lyman J. Briggs를 위원장으로 하는 부리그 우라늄 위원회(Brigg Uranium Committee)를 만들었다. 위원회는 "만일 반응이 폭발적으로 판명된다면 그 파괴력은 지금까지 알려진 폭탄을 훨씬 뛰어 넘는 것이 될 것이다. 따라서 우리는 철저한 연구를 하도록 재정적인 지원을 추천한다"라는 결론을 내렸다.

그해 11월에 위원회는 감속재로 쓰일 흑연(graphite)과 50 톤의 우라늄 산화물을 확보할 것을 추천하고, 1940년 2월에 Leo Szilard와 Enrico Fermi가 콜롬비아 대학에서 방사성 동위원소 분리를 하는 연구를 수행하도록 연구비 6000불을 지원한다. 국가적으로 일관성 있는 계획에 의해 지원을 받는 연구가 시작된 것은 2년 후였는데, 1939년 말에는 미국 전체에 우라늄 금속이 단지 1 온스(once) 있었을 뿐이다.

4.7.4 핵폭탄제조를 위한, 우라늄-235와 감속재 확보를 위한 경쟁

독일은 Hahn과 Lise Meitner가 핵분열을 발견한 몇 달 후인 1939년 4월, 세계 제2차 대전 동안 핵무기를 개발하고 생산해낼 수 있도록 독일의 핵에너지 프로젝트(또는 우라늄 클럽이라고 알려진)를 시작한다. 우라늄 클럽에는 유명한 베르너 하이젠베르크, 발터 보테(Walther Bothe, 1891～1957, 1954년 Max Born과 노벨물리학상 공동수상), 클라우스 클루시우스(Klaus Clusius, 1903～1963), 오토 한(Otto Hahn), 폴 하텍(Paul Harteck, 1902～1985) 등이 참여하였고 책임자는 하이젠베르크(Heisenberg)였다. 그러나 이 프로젝트는 몇 달 후 독일의 폴란드 침공으로 많은 유명한 과학자들이 독일 방위군으로 징집되는 바람에 종료되고 만다.

세계 제2차 대전이 시작된 후 독일의 핵에너지 프로젝트는 다시 시작되어 원자로, 우라늄과 중수소 생산, 그리고 우라늄 동위원소 분리의 세 프로젝트로 확장된다. 그러나 핵분열이 전쟁을 종식시키는데 크게 기여하지 못할 거라고 평가되자 전쟁을 수행하느라고 핵무기 개발에 들어가는 엄청난 지금 지원을 할 수 없었던 독일 육군병기국은 1942년 1월에 이 프로그램을 제국 연구 위원회로 넘기고, 이는 다시 9개의 주요 연구소로 나뉘게 된다. 따라서 연구를 주도하고 있는 연구소의 소장들은 자신들의 목적에 맞춰 연구를 하게 되고, 전쟁을 위해 좀 더 시급한 다른 요청을 맞추느라고 급급하여 응용핵분열을 연구하는 과학자들의 숫자는 점차 줄어들게 되었다.

한편 독일의 물리학자 발터 보테는 1939년 6월에 시카고에서 열린 과학 회의에 참가했다가 젊은 여인과 로맨틱한 관계로 발전하였다. 독일로 돌아온 후에도 젊은 아가씨와 편지를 주고받으면서 중성자 감속재로서 흑연의 가능성에 대하여 연구를 하였는데 평소의 그답지 않게 수학적 오류를 범하게 된다. 즉 1941년 1월 흑연은 아무리 순수하게 만든다 할지라도 효과적인 감속재가 될 수 없다는 결론을 내린 것이다.

▲ 베르너 하이젠베르크(Werner Heisenberg)

▲ 발터 보테 (Walther Bothe)

그의 계산상 오류는 일 년 반이나 지나 다른 독일과학자 칼 빌츠(Karl Wirtz, 1910~1994)에 의해 밝혀졌다. 당시에 미국이 감속재로 흑연을 선택한 것과 달리, 독일이 원자로 감속재로서 중수를 쓰고 노르웨이의 페르모르크(Vermork) 공장에 지속적인 중수의 생산을 늘릴 것을 요구하게 된 것은 보테(Boethe)의 계산이 근거가 된 것이다. 역사에 가정이란 것은 없지만 만일 그가 계산상 착오를 일으키지 않았다면 세계 제2차 대전은 어떤 방향으로 진행되었을까?

핵분열을 일으키는 U-235를 동위원소의 혼합물로 존재하는 자연 우라늄으로부터 처음으로 분리하는데 성공한 사람은 미국의 물리학자 알프레드 닐(Alfred O. C. Nier, 1911~1994)이다. 그는 1940년 자신이 만든 질량분석기를 이용해서 미량(0.02×10^{-6} g)의 U-235를 분리해내는데 성공한다.

▲ 질량 분광 챔버를 잡고 있는 Alfred O. C. Nier(1940)

그는 이 미량을 콜롬비아 대학에 있는 페르미(Fermi)에게 보내고 페르미(Fermi)와 그의 동료들은 이것과 General Electric에서 얻은 극미량을 가지고 1940년 3월 콜롬비아 싸이클로트론(Columbia Cyclotron)을 사용하여 느린중성자로 때렸다. 그 결과 보어(Bohr)와 휠러(Wheeler)의 예측을 실험적으로 확인할 수 있었다. 알프레드 닐은 U-235의 극미량을 분리하는데 엄청 고된 많은 시간을 보냈지만

이 과정은 너무나 느려서 1 pound의 U-235를 분리하기 위해선 75,000년이나 걸릴 것으로 예상되어 아직은 엄청난 양의 원자력 에너지를 낼 가능성은 꿈으로 남아있었다.

그럼에도 불구하고 이 분야에서 많은 연구가 이루어져서 1939년에는 핵실험에 대한 논문만 100편 이상 출판되었다. 그러나 대부분의 사람들은 실제적인 목적을 위해 물질을 에너지로 바꾸는 것은 상당한 오랜 시간이 걸려도 가능하지 않을 것 같다고 말한 아인슈타인(Einstein)과 같은 생각들을 하고 있었다. 1939년 3월 보어(Bohr)는 덴마크로 돌아가고, 일 년 후 보어와 미국 핵 과학자들은 매우 폭발성 있는 이 분야에서 자신들이 발견한 것들을 더 이상 출판하지 말자고 자발적으로 약속한다.

1943년 6월경에는 출판검열 책임자 바이론 프라이스(Byron Price)가 기밀노트로 20,000개의 언론매체에 원자 쪼개기, 원자에너지, 핵분열, 라듐이나 방사성물질의 군사적 목적 사용, 중수, 고전압 방전, 사이클로트론(cyclotron), 또는 폴로늄(polonium), 이테르븀(ytterbium), 하프늄(hafnium), 프로트악티늄(protactinium), 라듐(radium), 토륨(thorium), 중수소(deuterium)와 같은 원소나 이들의 화합물의 실험에 대한 정보를 출판하거나 방송하지 말라고 하였다. U-235에 관한 모든 뉴스의 보도 통제는 핵에너지가 실제적 용도로 이용될 수 있는가 하는 것에 관해 멋대로 상상하게 만들었다.

1940년 1월 독일에서는 베를린(Berlin)에서 정부가 주관하는 중수(重水)에 대한 회의가 열렸다. 함부르크 대학의 폴 하텍(Paul Harteck)과 한스에스(Han Suess)는 중수소가 원자로를 위한 효과적인 감속재가 될 것이고 연쇄반응을 촉진시킬 것이라고 말하였다. 하텍(Harteck)은 우라늄 연료와 중수소 감속재가 원자로 안에서 섞여서는 안 되고 폭발을 방지하기 위하여 교대로 층을 이루어 분리하도록 경고한다. 독일 관리들은 일 톤의 중수를 만들기 위하여 공급되어야 할 전기가 무려 10만 톤의 석탄을 태워야 한다는 사실에 중수(重水)생산에 대해 극히 미심쩍어 하였다.

▲ 폴 하텍(Paul Harteck)

1940년 초 작스(Sachs)와 아인슈타인(Einstein)은 우라늄 연구가 달팽이걸음으로 진척되고 있는 것이 무척 불만스러워 그해 4월 루즈벨트(Roosevelt)에게 연구가 빨리 진척되려면 좀 더 많은 돈을 투자해야 한다는 것을 설득한다. 이에 루즈벨트 대통령은 1940년 6월, 국방과학 기술에 조언을 해줄 수 있는 엔지니어, 과학자, 경제학자, 실무자로 이루어진 과학 연구개발부(Office of

Scientific Research and Development : OSRD)를 만들었다.

핵연쇄반응을 제어하기 위하여 감속재로서 중수(重水)와 흑연이 쓰인다고 했는데 중수를 농축하기 위해서는 엄청난 양의 전기가 필요하다. 노르웨이의 페르모르크(Vermork) 수력발전소[3]는 144 m 높이의 폭포로부터 떨어지는 물을 이용하여 비료를 만들고 있었다. 중수는 비료생산과정에서 얻어지는 부산물로 페르모르크가 그 당시엔 세계에서 가장 중요한 중수 공급처였다. 1939년 말부터 독일에서 중수를 주문하는 양이 엄청난 양으로 급격하게 늘어나면서 수력발전소 경영진도 혹시 극악무도한 일이 일어나고 있는 것이 아닐까 의심하기 시작하였다.

1940년 1월 프랑스정부는 독일이 중수를 확보하는 것을 막기 위해 노르웨이정부를 접촉하여 중수를 얻으려고 한다. 그 당시 노르웨이 수력발전소 주식의 25%를 독일회사 Farben이 소유하고 있었는데 발전소는 매달 10 kg의 중수를 생산해내 약 200 kg의 양을 보유하고 있었다. 1940년 3월 4~10일 사이에 프랑스요원이 비밀리에 페르모르크 공장을 방문하여 185 kg의 중수를 스코틀랜드를 거쳐 프랑스로 가져온다. 한편 1940년 미국에는 중수가 없었고 질라드와 페르미는 감속재로 중수 대신 대체 재료로 흑연을 쓰기로 한다.

▲ 페르모르크 중수 공장

3 페르모르크(Vermork)는 류칸(Rjukan) 외곽에 위치하고 있는 수력발전을 사용하는 공장의 이름이다. 이 공장은 Norsk Hydro에 의해 1911년 건설되었으며, 공장의 주된 목적은 비료 생산을 위한 질소의 고정이다. 페르모르크는 나중에 Haber 공정을 위해 수소를 생산하는 과정 중에 중수를 대량으로 생산하는 세계 최초의 공장이 되었다. 2차 세계대전 중에 페르모르크는 노르웨이 중수 제조 시설 파괴의 대상이 되었다. 중수 생산은 1971년 중단되었으며, 공장은 1988년 노르웨이 산업노동자 박물관이 되었다.

▲ The Norsk Hydro plant at Herøya, Norway

1940년 4월 독일은 노르웨이를 침공하고 사령관은 Norsk Hydro 수력발전소에 한 달에 중수를 10 kg에서 30 kg으로 늘려 생산할 것을 명령하였다. 독일이 노르웨이와 수력발전소를 점령했다는 소식이 전해지면서 연합군들은 페르모르크의 발전소를 파괴하려는 임무에 착수하였다. 거의 2년 이상 중수 플랜트를 장악하려는 투쟁은 계속되어 최소한 5차례의 공습과 92명의 목숨이 희생되었다. 이 당시의 이야기는 후일 여러 편의 영화와 책으로 출판되어 숨은 영웅들의 희생을 이야기 해준다. 마침내 독일은 플랜트를 포기하고 남은 중수와 중요한 부분들을 해체하여 1944년에 독일로 가져갔다고 한다.

같은 해 5월 10일 독일은 프랑스, 벨기에, 네덜란드를 침공하고 파리는 6월 15일 독일에 점령당한다. 1940년 여름, 독일이 3500톤의 우라늄광석을 벨기에의 식민지인 콩고의 카당가(Katanga)에서 확보했다는 소식이 서방에 전해진다. 1940년 4월 이후 독일은 가장 많은 양의 우라늄과 중수를 비축하고 있고 더구나 독일은 체코슬로바키아의 우라늄광까지 지배하게 되었다. 한편 1939년부터 1940년 8월 사이 카당가에 있는 벨기에 우라늄광의 책임자 Edgar Sengier(1879～1963)는 우라늄의 군사적 가능성에 대한 이야기를 듣고 높은 순도의 우라늄광 1200 톤을 2000개의 강철 드럼통에 넣어 조용히 뉴욕으로 보낸다.

▲ Lew Kowarski

한편 영국에서는 독일의 Kaiser Wilhelm 연구소(나중에 Max-Planck 연구소로 바뀜)의 많은 부서가 핵연구를 수행하고 있다는 것을 알고 독일의 원자탄 제조 가능성에 대해 불안해 지기 시작하였다. 그래서 노벨상 수상자인 Thomson의 지도 아래 MAUD(Military Applition of Atomic Detonation)위원회가 만들어지고 나중에는 실험 물리로 유명한 캐번디시 연구소의 연구원들까지 참여하게 된다.

프랑스 과학자들도 나치의 손에 원자탄이 들어갈 경우의 위험성에 대해 잘 알고 있었으므로, 1940년 6월에 프랑스가 히틀러에게 넘어가자, 졸리오 퀴리(Joliot- Curie)는 자신의 동료들을 보내 영국의 핵물리학자들을 돕게 한다. 또한 졸리오 퀴리 그룹의 Lew Kowarski(1907～1979)는 독일이 침공하기 전 프랑스정부가 노르웨이로부터 가져온 대략 165 kg의 중수(重水)를 가지고 영국에 왔다.

4.7.5 플루토늄(Plutonium)의 발견과 임계질량

1940년 10월 에드윈 맥밀런(Edwin M. McMillan, 1907～1991)과 글렌 시보그(Glenn T. Seaborg, 1912～1999)는 버클리에서 Uranium-238을 중성자들로 때리자 U-239가 되고 U-239는 두 개의 베타입자를 잃고 Pu-239가 되는 새로운 초우라늄원소를 발견하였으며(1951년 노벨 화학상 공동수상), 이름을 플루토늄이라고 명명하였다. 즉 U-238이 중성자 방사선에 노출되면 가끔 핵은 중성자를 포획해서 U-239로 변하고 U-239는 반감기가 23.45분으로 beta선을 방출하면서 Neptunium-239로 바뀌었다. 그리고 이물질은 반감기가 2.4일이라 다시 베타선을 방출하면서 Pu-239로 바뀌는 것이다.

▲ Edwin McMillan

▲ Glenn T. Seaborg

플루토늄은 U-235 동위원소처럼 핵분열이 가능하고 연쇄반응을 일으킬 수 있는 중성자를 방출한다. 그런데 엄청나게 중요한 사실은 원자탄을 만드는데 U-235 대신 쓰일 수도 있다는 사실이다. 거기다가, 이 새로운 원소는 자연 우라늄에서 U-235를 분리하는 것보다도 더 쉽게 분리해낼 수 있었다. 이는 매우 어려운 물리적 방법으로 우라늄 동위원소를 분리하던 것과는 달리 화학적 방법에 의해서 분리될 수도 있기 때문이다. 플루토늄의 발견은 미국의 맨해튼 프로젝트에 굉장히 큰 영향을 준다.

독일에서 태어나 1940년 영국인이 된 유태계 물리학자 Rudolf Peierls (1907～1995)와 Otto Frish는 영국에서 원자물리에 대해 공동연구하고 있었다. 1940년 3월 두 사람은 핵분열이 가능한 U-235의 임계질량으로부터 어떻게 원자탄을 만들 수 있는가를 짧은 메모로 출판한다. 핵분열시의 핵 연쇄 반응은 핵분열성 물질의 크기, 모양, 순도, 및 주변의 물질에 좌우되는데 만약 핵분열성 물질의 질량이 연쇄 반응을 지속할 수 있을 정도가 되면 이를 임계 질량이라고 한다. 그때까지만 해도 수 톤의 우라늄이 원자탄을 만드는데 필요하고 그래서 원자탄을 만든다는 게 실용적이지 못하다는 생각들이 지배하고 있었다. 그런데 이 짧은 페이퍼에서 그들은 핵분열이 가능한 양은 약 1 kg 정도의 U-235라고 계산한 것이다. 이 연구 결과는 처음에는 영국 그리고 나중에는 미국까지 원자탄에 대한 관심을 다시 점화시키는 중심적인 역할을 하게 되며, 그들의 발견에 관한 보고서가 영국의 MAUD위원회를 거쳐 미국에 1941년에 알려지게 된다.

이 보고서는 결국 원자탄이 세계 제2차 대전 동안에 만들어질 수 있다는 확신을 심어주어 OSRD(국방과학 기술에 조언을 해줄 수 있는 엔지니어, 과학자, 경제학자, 실무자로 이루어진 과학 연구개발부 : Office of Scien- fic Research and Development) 산하 모든 연구 프로젝트 중 Manhattan Project가 최우선적인 프로젝트가 되며 나중에는 원자탄을 개발하게 된 중요한 도화선이 된 것이다. 진주만 공격으로 1941년 12월 미국이 세계 제2차 대전에 참전하게 되자, 처음 과학연구개발부 소관으로 맨해튼 프로젝트를 시작할 때의 연구비는 고작 6000 달러이었으나, 이제 총 프로젝트의 연구비는 20억 불(현재 돈으로는 300억 불)로 늘어나게 되었다. 고용 인원만도 최고 많을 때는 13만 명이나 되는 세계역사에서 이렇게 많은 돈과 두뇌가 집중된 사례가 없는 전무후무한 과학 프로젝트가 된다. 1941년 9월 독일 과학자들도 핵폭탄이 이론적

▲ Sir Rudolf Ernst Peierls

으로 가능하다는 것을 인정하였으나 독일 군 수뇌부는 핵폭탄이 기술적으로 가능한지에 대한 확신이 없었고 더구나 2차 대전은 핵폭탄 없이도 끝낼 수 있다는 자신감이 있었다.

4.7.6 독일원자로의 폭발

1942년 5월, Werner Heisenberg와 Robert Doepel은 Leipzig 실험실에 네 번째 시도 만에 원자로 파일(핵분열 물질을 연료로 하여 핵반응을 일으키게 하는 장치)을 건설하는 것을 간신히 해낸다. Heisenberg는 미국의 맨해튼 프로젝트에 대비되는 독일의 핵무기개발위원회(우라늄 클럽)의 책임자였다.

1942년 6월 독일의 최고 군 지도자들과 과학자들이 Kaiser Wilhelm 연구소에 모여 전쟁물자 생산의 우선권을 결정하기 위해 모였고 그때 저명한 핵물리학자 Heisenberg는 원자 핵분열로 인한 굉장한 양의 에너지를 설명한다. 이 모임이 있은 지 몇 주후 Albert Speer는 히틀러(Adolf Hitler)에게 원자핵분열을 설명하면서 지속적으로 과학적 연구를 수행하도록 정부가 연구비를 지원해줄 것을 건의하였다.

그러나 같은 날 독일의 핵 프로그램은 돌이킬 수 없는 실패를 하고 만다. Heisenberg와 Doepel은 5월, Leipzig의 자기 연구실에 원자로 파일을 축적해놓았는데 6월 23일 거의 임계상태에 도달하려는 순간 갑자기 덩어리에서 예기치 않게 기포들이 발생하기 시작하였다. Doepel이 시험해보니 기체는 수소여서 즉시 외피를 두른 우라늄과 둘러싸고 있는 중수 사이에서 누출이 있다는 것을 의심하였다. Doepel은 누출의 범위를 알기위해서 기술자에게 주입구의 나사를 빼라고 지시한다. 그러자 갑작스런 압력강하로 벌겋게 타고 있는 작은 조각의 우라늄과 함께 뜨거운 기체들이 쏟아져 나오기 시작하였다. 입구에서 쏟아져 나오는 불길은 더 많은 우라늄에 불울 지폈다.

공포에 찬 Doepel은 불을 끄려고 양동이의 물을 쏟아 부었는데 불은 꺼졌으나 이번에는 입구로부터 검은 연기의 기둥이 마구 쏟아져 나왔다. Doepel은 전화기로 달려가 하이젠버그(Heisenberg)에게 파일의 온도가 증가하고 있다는 것을 설명하였다. 두 사람은 외피를 두른 우라늄의 여러 지점에서 압력이 상승하는 것을 감소시키기 위하여 파일을 열기로 결정한다.

그러나 그들이 그렇게 하자마자 우라늄이 부풀어 오르면서 마구 흔들리는 것이 아닌가? 두 사람은 서로를 쳐다보며 목숨을 위해 도망쳐야 할 때라는 것을 즉시 알아챘다. 그 둘이 막 길거리에 나왔을 때 실험실은 폭발을 하면서 주변에 타고 있는 작은 우라늄 조각들을 쏟아내었다. Leipzig 소방관들이 현장에 즉시 출동하였지만 그 불은 이틀이 더 걸려서야 겨우 진화할 수 있었다. 이 사건이 원자탄 개발경쟁에서 전환점(1942년 6월 23일)이 되어 독일 과학자들은 손실된 중수와 농축된 우라늄을 채워야 하고 다시 이전의 상태로 회복하는데 만 2~3년은 더 걸렸다.

4.7.7 맨해튼 프로젝트

일본의 진주만 공격 그리고 미국의 일본과 독일에 대한 선전포고가 있은 지 얼마 안 되어 루즈벨트는 원자 폭탄의 개발을 육군에서 맡도록 지시하는 한편, 영국의 윈스턴 처칠 수상에게 협력 의사를 전달하였다. 이로서 원자탄을 만드는 맨해튼 프로젝트(Manhattan project)가 적극적으로 진행된다. 미국의 과학자들은 물론 나치를 피해 미국에 와 있던 유럽의 과학자들과 동맹국인 영국과 캐나다가 공동으로 원자탄 개발에 참여하였다. 맨해튼 프로젝트라는 암호명 하에 레슬리 그로브스(Leslie Groves, 1896~1970)소장이 지휘하는 미국 육군 공병대의 관할로 1942년부터 1946년까지 진행되었다.

▲ 레슬리 그로브스(Leslie Groves)소장

민관합동으로 진행된 맨해튼 계획의 군사 부문은 맨해튼 지구(Manhattan District)라 불렸고, 전체 프로젝트를 총괄하는 공식 이름은 대체자원개발(Development of Substitute Materials)이었다. 맨해튼은 미국 측 암호명이며 영국 측 참가 조직의 암호명은 튜브 얼로이즈(Tube Alloys, 특수강관(特殊鋼管))이다. 영국은 미국보다 먼저 핵무기 개발을 시작하였는데 미국의 원자탄 개발에 협력해달라는 요청에 처음에는 거부하려 하였지만, 미국의 엄청난 자원과 인력을 인정할 수밖에 없어 결국 튜브 얼로이즈는 맨해튼 계획의 일부로 포함되었다.

원자탄 연구개발과 제조는 미국, 영국, 캐나다 등에 있는 30곳 이상의 지역에 분산되어 진행되었으며, 크게 문제를 나누어 본다면 1) 우라늄 폭탄과 플루토늄 폭탄의 두 가지 핵폭탄 개발, 2) 여러 가지 방법을 써서 우라늄-235를 분리하여 90% 이상의 U-235로 농축하는 방법, 3) 감속재로 흑연과 중수를 써서 핵분열을 제어하는 방법을 들 수 있다.

맨해튼 프로젝트의 연구 책임자는 로버트 오펜하이머(Robert Oppenheimer, 1904～1967)로, 그로브스 소장과 오펜하이머 두 사람은 모든 면에서 특이한 별난 커플이라고 불려질만하다. 그러나 이 특이한 커플이 함께, 거의 불가능이라고 여겨지던 방대하고 엄청난 규모의 핵폭탄 개발 일을 훌륭하게 성공시켰다. 오펜하이머는 1904년 4월, 뉴욕의 독일계 유태인의 이민자 가정에서 태어났다. 어릴 때부터 천재적인 두뇌를 나타내서 하버드대학을 3년 만에 졸업하고, 나중에 노벨상 수상자가 되는 영국 캠브리지대학의 톰슨(J.J. Thompson) 밑에 연구하러 갔다. 그러나 그는 3개월 후, 독일의 괴팅겐대학의 보른(Max Born)교수의 제의를 받아들여, 같은 대학에 있는 슈뢰딩거(Erwin Schrodinger 교수 : 1933년 노벨물리상 수상)와 양자역학에 대한 기초 연구를 시작한다.

오펜하이머는 1927년에 박사학위를 끝내고, 맨해튼 프로젝트를 맡기 전에 캘리포니아 버클리(Berkely)대학과 칼텍(Cal-Tech)에서 이론물리학 연구팀을 이끌었다. 버클리에서는 사이클로트론(Cyclo-tron)의 발명으로 유명한 실험 물리학자 로렌스(Ernest O. Lawrence)와 협력하여 같이 핵폭탄개발 연구를 수행하였다. 오펜하이머는 대공황 기간 동안 자신이 가르친 학생들이 일자리를 찾지 못하는 것에 매우 실망해 공산주의자는 아니었지만 좌익 활동에 관심을 가져서 미국 공산주의자들과 왕래를 하고 있었는데, 그로브스 소장이 오펜하이머를 민간인 연구책임자로 선정하자, FBI가 오펜하이머를 보안상의 이유로 이를 거부하였다. 그러나 그로브스는 자신 앞에 놓여 있는 일이 역사상 전례가 없는 굉장한 프로젝트이고 오펜하이머가 많은 과학자들의 집단적 존경을 받으며 또한 동료 과학자들을 다룰 수 있는 조직관리 기술이 뛰어난 최적의 적임자로 생각하였다. 더구나 그로브스의 처음 질문에서 본인의 좌익 활동에 관한 일을 스스럼없이 인정하는 사람은 결코 스파이가 될 수 없다고 생각하여 오펜하이머를 연구 책임자로 선정하는데, 결국 후에 그가 옳았다는 것이 증명되었다.

▲ 로버트 오펜하이머(Robert Oppenheimer)

맨해튼 계획은 미국 곳곳에 분산되어 진행되었으며, 가장 은밀하고 핵심적인 곳은 테네시의 오크리지와 뉴멕시코 주의 생그레 데 크리스토(Sangre de Cristo) 산중에 있는 로스 알라모스

(Los Alamos), 워싱턴 주의 핸포드(Hanford)와 사상 최초의 핵폭발 실험인 트리니티 실험이 진행된 뉴멕시코의 알라모고도(Alamogordo)를 들 수 있다.

천연 우라늄으로부터 원자폭탄의 원료로 사용되는 U-235를 분리해내는 연구와 실험은 비교적 외진 곳이고 풍부한 물과 수력발전소를 가지고 있는 오크리지에서 진행되었다. 99.3%를 차지하는 우라늄 U-238과 0.7%의 U-235는 화학적 성질이 같아서 화학적 방법으로는 분리할 수 없기 때문에 두 원소의 작은 질량 차이를 이용하여 분리해내는 물리적 방법들을 사용해야 한다.

첫 번째 방법은 자기장 안에서 원자를 빠른 속도로 회전시킬 때 작은 질량 차이로 인해 동위원소들이 약간 다른 원 궤도를 돌게 되는 것을 이용하여 분리하는 전자기적 분리기술이다. 두 번째는 기체의 확산 비율이 해당 기체의 분자 질량에 반비례한다는 그레이엄의 법칙(Graham's law)을 이용하여, 두 기체가 혼합되어 있는 상자를 연다면 분자 질량이 보다 작은 기체가 더 빨리 확산되므로 확산 속도의 차이를 이용하여 분리하는 기체 확산 분리기술이 있다. 그리고 세 번째로 혼합 기체가 서로 다른 온도를 갖는 구역에 놓일 때 무거운 기체는 차가운 쪽으로 가벼운 기체는 더운 쪽으로 몰리는 것을 이용하여 두 기체를 분리하는 열 확산 기술방법이 검토되었는데, 세 방법들 중 어떤 방법이 가장 우수한지를 결정할 수 없어 이 모든 방법을 사용하여 동위원소를 분리하였다. 오크리지에서는 34,000명의 노동자가 우라늄-235를 추출해내는 작업에 참여하였다고 한다.

우라늄과 병행하여 플루토늄을 생산하려는 작업은 워싱턴 주 핸포드(Hanford)에 있는 반응로에서 이루어졌다. 즉, U-238이 중성자 방사선에 노출되면 가끔 핵은 중성자를 포획해서 U-239로 변한 후 다시 베타선을 방출하면서 Pu-239로 바뀌는 것이다. 이 물질은 U-235 동위원소처럼, 핵분열이 가능하고 연쇄반응을 일으킬 수 있는 중성자를 방출하는데, 중요한 사실은 플루토늄으로 변환되면, 우라늄으로부터 어려운 물리적 방법대신 화학적 방법으로 분리할 수 있다는 점이다.

한편 뉴멕시코의 로스앨러모스는 높은 산과 깊은 골짜기로 외부와 격리되어 있는 산 중에 자리 잡고 있는 마을이어서 비밀 프로젝트를 진행하기에 알맞은 곳이었다. 오펜하이머의 추천에 따라 그로브스 소장은 로스알라모스를 선정하여 폭탄의 개발과 관련된 연구는 대부분 이곳에서 추진되었다. 작은 마을에 불과했던 이곳에 세계적으로 유명한 과학자들이 몰려들어, 중요한 물리학자나 수학자들만 해도 백 명이 넘었다. 이들 중 많은 사람들은 이미 노벨상을 받았거나 후에 받은 사람들이다. 이곳에 온 과학자, 수학자, 공학자, 기술자 그리고 조수들은 암호명을 받았고, 누구에게도 자신들이 하는 일에 대하여 이야기하면 안된다는 지시를 받았다.

1942년 5월 페르미는 콜롬비아 대학에서 흡수된 중성자보다 5% 정도 더 많은 중성자를 원자로에서 얻을 수 있었다. 뉴욕의 심장에서 이룬 거의 성공에 가까운 시험운전은 맨해튼 프로젝트에 엄청난 영향을 준다. 시카고에서 20마일 떨어진 아르곤 국가지정 연구실에 영구적인 원자로시험 시설이 건설되고 있는 동안, 페르미의 지도아래 원자로 테스트는 콜롬비아(Columbia)대학에서 시카고(Chicago)대학으로 이관되었다.

페르미는 1942년 12월 시카고대학의 스쿼시 경기장에 흑연 핵반응로를 만들었는데, 파일은 500 톤이나 나가는 순수한 흑연 40,000개의 블록으로 이루어져 있었다. Fermi는 핵연쇄반응의 빠르기를 중성자를 흡수하는 물질인 카드뮴 막대를 원자로에 넣거나 빼는 방법을 이용하여 조절하였다. 12월 2일 9시 54분, 모든 카드뮴 막대를 원자로에서 빼내자, 점점 중성자가 흡수되는 양보다 방출되는 양이 많아지더니 3시 21분, 연쇄반응이 일어나는 것을 보고 Fermi는 카드뮴 막대를 다시 집어넣어 연쇄반응을 중단시켰다. 이것이 독일의 원자로 실험이 실패로 끝난 후, 역사상 처음으로 핵 연쇄반응을 성공시킨 것으로 인류는 중대한 기로의 모퉁이를 돌게 된 것이다.

4.7.8 원자탄 폭발시험과 히로시마 폭격 그리고 과학자의 고뇌

맨해튼 계획은 핵폭탄의 개발 임무뿐만 아니라 독일 핵에너지 계획에 대한 정보를 수집하는 임무도 수행하였다. 적국의 핵무기 개발 정보를 탐지하고 방해하는 이와 같은 첩보 작전에는 미 해군 정보국과 과학연구 개발국, 미 육군 정보국인 G-2 등이 참여하여, 맨해튼 계획의 첩보 활동 작전명은 알소스(Alsos)였는데, 이는 맨해튼 계획의 책임자인 그로브스의 성 "Groves"를 그리스어로 표기한 것이다.

한편 유럽에서 독일은 패전을 거듭하고 있었다. 1945년 4월 12일 독일의 항복을 눈앞에 둔 시점에서 미국의 대통령 프랭클린 루즈벨트(Franklin Roosevelt, 1882～1945)는 뇌출혈로 사망하고 해리 트루먼

(Harry Truman, 1884~1972)이 부통령이 된지 82일 만에 전격적으로 대통령직에 오른다. 당시 트루먼은 루즈벨트 대통령과 세계문제나 국내문제로 거의 의논한 적이 없었고 세계 최초로 핵폭탄실험을 시행하려고 하는 국가 1급기밀인 맨해튼 프로젝트나 전쟁에 관계되는 중요한 계획에 대해서도 정보가 없었다. 대통령직에 올라, 국방 장관 헨리 스팀슨(Henry Stimson)으로부터 맨해튼 프로젝트에 대한 브리핑을 받고 첫 각료회의를 열었다.

▲ (좌)프랭클린 루즈벨트(Franklin Roosevelt), (우)해리 트루먼(Harry Truman)

1945년 4월 30일에는 히틀러가 베를린의 지하벙커에서 자살했고 5월 8일 독일의 패배로 유럽에서의 전쟁은 종식되었다. 그러자 나치 독일이 일으킨 전쟁을 종식시켜야 한다는 일념으로 원자폭탄을 만들고 있던 과학자들은 이제 자신들이 하고 있는 연구에 대해 돌아보지 않을 수 없었다.

죠셉 로트블라트(Joseph Rotblat, 1908~2005, 반핵운동 공로로 1995년 노벨 평화상 수상)는 폴란드 출신 영국의 핵물리학자로 맨해튼 프로젝트에 참여하였으나 나치의 패배가 확실해지자 핵무기 개발에 반대하고, 맨해튼 프로젝트에서 떠난 첫 번째 과학자이다. 아인슈타인에게 원자탄을 개발하도록 루즈벨트 대통령을 설득하는 편지를 쓰도록 권했던 질라드는 자신들의 연구가 과학자들의 의도를 벗어나 인류를 파멸로 이끌지도 모른다는 것을 잘 인식하고 있었다. 과학자들이 핵개발연구와 이의 사용에 대하여 차츰 주도권을 잃어가고 있는 것에 실망하게 된 질라드는 군부책임자 레슬리 그로브스 대장과 자주 충돌하게 된다.

질라드는 1945년 6월, 일본에 공개적으로 항복을 요구하고 일본이 그 요구를 받아들이는 한 원자폭탄을 사용하지 말자고 트루먼 대통령에게 보내는 청원서를 작성한다. 70명이 넘는 맨해튼 프로젝트 참여 과학자들이 청원서에 서명을 하였다. 그러나 이 청원서는 트루먼 대통령에게 전달되지 않았으며 오히려 청원서에 대한 반응으로 여기에 서명한 대부분의 과학자들은 직장을 잃게 되었고 그로브스 장군은 질라드가 비합법적인 행동을 한 증거를 찾으려 하였다.

1945년 7월 16일, 최초의 원자폭탄 폭발실험으로 강철 탑은 몇 개의 녹다 만 금속 자국만 남기고 증발해 버렸으며, 아스팔트는 초록색의 유리재로 변했다. 당시 과학자들은 5000 톤의 TNT와 맞먹는 폭발을 예상했으나 실제로는 2만 톤의 TNT에 해당하는 위력을 발휘했다고 한다. 로스 알라모스에서 남쪽으로 340 km 떨어져 있는 알라모고도에서 오펜하이머는 원자폭탄 폭발 실험을 지켜보고 "도대체 내가 무슨 짓을 했단 말인가? 이제 우리가 알고 있던 세계는 더 이상 예전과 같지 않다"고 탄식하였다.

한편 트루먼 대통령은 독일의 포츠담에서 영국, 중국과 함께 일본의 항복권고와 세계 제2차 대전 후의 전후 일본처리문제에 대해 의논하고 있다가 원자탄 폭발실험의 성공을 듣는다. 그로부터 약 2주일 후 1945년 8월 6일 월요일 트루먼 대통령 명령에 의해 원자 폭탄 "리틀 보이(Little boy)" 가 히로시마에, 3일 후 8월 9일 플루토늄 폭탄 "팻 맨(Fat man)" 이 나가사키에 투하되었다. 원폭이 투하된 후 2개월에서 4개월 동안 히로시마에서는 90,000명에서 166,000명에 이르는 사망자가, 나가사키에선 60,000명에서 80,000명에 이르는 사망자가 집계됐으며 그 중 각 도시 사망자의 절반은 원폭투하 당일에 집계된 것이다.

▲ (좌)조셉 로트블라트(Joseph Rotblat), (우)레오 질라드(Leo Szilard)

오펜하이머는 지정학적인 목적을 달성하기 위한 극적인 경쟁이 원자탄을 사용하게 된 배경이라는 것을 오래지 않아 깨닫고, 트루먼과는 달리 원자탄을 만든 것을 도운 자신에 대한 혐오감과 공포감을 느꼈다. “나는 세계의 파괴자, 죽음이 되었다(I have become death, the destroyer of worlds)”라고 오펜하이머가 했다는 말은 그가 얼마나 고뇌에 차 번민했을지 가슴에 절절하게 와 닿는다. 오펜하이머는 1945년 10월 25일 처음으로 트루먼과 만나는데, 언제 소련이 원자탄을 만들 것인가 예측해보라고 질문하자 모른다고 대답하였다. 그러자 트루먼이 “Never”이라고 오펜하이머에게 쏘아붙이자, 그는 셰익스피어의 맥베스에 나오는 말을 인용 “대통령 각하, 내 손에 피가 묻어 있습니다.” 라고 대답하였다. 이에 불같이 화가 난 트루먼 대통령은 “피는 내손에 묻어있고 그 문제는 내가 걱정하도록 하라.” 라고 말하며 나중에 국무장관 애치슨(Acheson)한테 이 오피스에서 다시는 이 “개XX(son of bitch)”를 만나고 싶지 않다고 하였다. 그는 오펜하이머를 “징징거리며 우는 아기와 같은 과학자(cry-baby scientist)” 라고 지칭하기도 했다.

로스앨러모스에 모인 과학자들이 굉장히 엄중한 보안 속에서 기밀을 유지하며 원자폭탄을 만들기 위한 연구를 하고 있는 동안 소련의 핵기술 첩보원들은 이미 원자탄 프로그램 각 부문에 파고 들었다. 소련은 나치독일의 독일 핵에너지 프로젝트에도 첩보원을 두고 있었고 양측의 정보를 수집하여 소련은 추후 독자적인 핵무기 개발을 위해 독일의 핵기술자를 납치하는 작전을 진행하는데, 향후에는 맨해튼 계획의 핵기술자를 납치하려는 계획도 세우고 있었다.

1944년 12월, 소련의 정보와 비밀경찰국(NKVD)의 수장이었던 베리아(Lavrentiy Beria)는 소련의 원자탄 프로젝트("Task No.1")의 책임을 맡아 미국의 핵프로그램에 대해 매우 성공적인 스파이전을 벌렸다. 미국의 원자탄 독점이 문제라고 생각한 로스알라모스 연구소의 푹스(Klaus Fuchs)라는 이론 물리학자가 소련에 원자탄 설계도를 유출시키면서, 4년여 짧은 기간 안에 소련은 드디어 1949년 8월 29일 원자탄 실험을 성공적으로 마쳐 두 번째 핵보유국이 된다.

4.7.8 지구 종말을 향한 핵개발 경쟁과 아인슈타인-럿셀(Einstein-Russel) 선언문

히로시마와 나가사키 폭격 후 세계 각국의 원자탄 경쟁은 치열해져, 지금까지 실험과 위협 목적으로 2000건의 핵폭발 시험이 있었다. 미국, 러시아, 영국, 프랑스, 중국, 인도, 파키스탄, 북한 등이 그러한 핵실험을 공공연하게 행하였으며 이스라엘도 핵을 보유하고 있는 것으로 알려져 있다.

한편 소련과 냉전 상태로 대치하고 있던 미국은 1949년 소련이 핵폭탄 실험에 성공하자, 이번에는 더 큰 위력을 나타내는 핵융합폭탄인 수소폭탄을 만들고자 한다. 당시 미국 원자력 위원회 의장이었던 오펜하이머에게 트루먼 대통령은 더 강력한 수소폭탄을 만들 것을 주문하자, 오펜하이머는 "나는 이미 원자력 에너지를 사용하는 것을 도와 인류 전체에 대한 씻을 수 없는 범죄를 저질렀다. 내가 왜 또 인류를 위협하는 범죄를 다시 저질러야 하는가? 나는 차라리 맨해튼의 엠파이어스테이트 빌딩에 서서 소련이 미국을 핵폭탄으로 첫 공격을 할 때, 그 폭탄을 맞고 죽겠다"라고 말했다.

프로메테우스가 제우스로부터 불을 훔쳐 인류에게 주었듯이 핵이라는 불을 인류에게 선사해준 오펜하이머는 "수소폭탄 개발의 반대자"로 돌아서, 하루아침에 국가적 영웅에서 국가 안보를 위태롭게 하는 인물로 낙인찍히고 모든 공직에서 물러나야 했다. 결국 그의 뒤를 이어, 수소폭탄의 아버지라 불리는 헝가리 출신인 에드워드 텔러(Edward Teller, 1908~2003)가 위원장에 임명되고 1952년 11월에 세계 최초로 수소폭탄 '아이비 마이크' 실험을 성공적으로 이끈다. 미국의 수소폭탄 개발에 이어, 소련도 1953년 8월 12일 수소폭탄 실험에 성공했다. 1954년 미국은 수소폭탄의 외각을 U-238로 싼 폭탄을 개발하여 3월1일 비키니(Bikini)섬에서 실험하였는데, 그 위력은 TNT 1,500~2000만 톤에 달하였다. 현재까지 실험된 수소폭탄 중 최대의 것은 소련이 1961년에 실시한 것으로, 위력은 TNT 4800만 톤인 것으로 알려졌다. 북한은 2017년 9월 3일 6차 핵실험을 하였으며, 이는 TNT 10만 톤 이상의 수소폭탄 실험으로 알려져 있어 대한민국은 물론 주변 국가들을 불안하게 하였다. 이전에 수소폭탄을 보유한 국가로는 미국, 러시아, 영국, 프랑스, 중국으로 알려져 있다.

이렇게 과학자의 손에서 만들어진 핵무기가 그들의 의견과는 상관없이 통제할 수 없는 상황으로 굴러가면서, 세계 각국이 인간의 종말을 향하여 미친 듯이 핵개발경쟁에 뛰어들었다. 아인슈타인은 버트란드 러셀과 함께 1955년 7월 핵전쟁의 위험과 전쟁 회피를 호소한 내용을 담고 있는 러셀-아인슈타인 선언(Einstein-Russel manifesto)을 발표한다.

▲ 텔러(Edward Teller)

▲ 1954년 Bikini 섬

▲ 1961년 차르봄바(Tsar Bomba, 폭탄의 황제)

이 선언문에는 핵개발에 참여했던 저명한 과학자들－Max Born, P.W. Bridgman, Albert Einstein, L. Infeld, J.F. Joliot-Curie, H.J. Muller, Linus Pauling, Jozef Rotbalt, Bertrand Russel, Hideki Yukawa 등－도 동참을 하여, 캐나다 퍼그워시에 과학과 국제 정세에 관한 퍼그워시 회의(Pugwash Conferences on Science and World Affairs)를 창립하였다.

미국의 맨해튼 프로젝트를 이끌었던 오펜하이머가 수소폭탄개발을 적극적으로 반대하여 말년을 공산주의자와 배신자로 낙인찍혀 고통스러운 말년을 보냈다면, 비록 핵무기 개발에는 실패했지만 나치 독일 아래서 핵무기를 개발했던 독일의 원자력에너지 개발의 책임자 하이젠베르크는 인류 최초의 원자탄 폭발에 대하여 어떤 생각을 가졌을까? 미국보다 먼저 우라늄의 핵분열을 발견했으며 이론물리의 메카로 여겨지던 독일이, 과학에서 유럽보다 훨씬 뒤쳐져있다고 생각한 미국과의 핵무기 개발 경쟁에서 진 것에 대한 그의 생각은 어떠하였을까? 다음 사진은 연합군들이 Haigerloch에 있던 독일의 시험 원자로를 해체하고 있는 장면이다.

1944년 미국 그로브스 장군은 독일의 핵무기 개발을 저지하기 위해 '알소스(Alsos)'란 암호명의 특공대를 조직하였다. 1945년 4월 경 특공대가 하이젠베르크를 비롯한 독일의 우라늄클럽 과학자 10명을 체포하여 영국 캠브리지 근처 팜홀이라는 시골에 6개월 넘게 억류했다.

이곳에서 이들의 대화 한마디 한마디가 비밀리에 녹음됐는데, 50년간 비밀로 분류 되었던 이 자료를 90년대 후반 일반에게 공개하였다. 미국이 히로시마에 원자폭탄을 떨어뜨렸다는 소식이 전해진 직후 이들이 나누었던 대화는 다음과 같다.

- **오토 한** 그들은 핵개발에서 우리보다 50년 정도 앞서 있었어. 어떻게 30kg 정도의 순수한 U-235를 가지고 폭탄을 만들 수 있었을까? 하이젠베르크! 자네는 왜 2톤이 필요하다고 했었나?
- **하이젠베르크** 그들은 아마 우리가 모르는 동위원소 분리법을 사용했던 것 같아.
- **디브너** 우리가 실패한 이유는 관리들이 즉각적인 결과에만 관심이 있었기 때문이었어. 미국처럼 장기적인 정책을 펴지 못한 게 우리가 진 원인이야.
- **하이젠베르크** 나는 우리가 우라늄 엔진을 만들 수 있다고 믿었어. 우리가 우라늄 폭탄을 만들고 있다고는 결코 생각한 적 없네. 그것이 폭탄이 아니라는 사실에 가슴 깊이 기뻤을 뿐이야.

대화를 통해 하이젠베르크가 핵무기를 만들지 않으려 했던 것은 사실인 것 같다. 하지만 독일의 과학자들이 적어도 핵무기 개발과 관련해 이론적 실수를 범했다는 것은 명백하다. 따라서 '안 만들었다'는 그들의 주장보다는, '만들려고 했어도 못 만들었을 것'이라는 결론이 더 적절하다.

하이젠베르크가 원자탄을 만들 의도가 없어 고의적으로 방해했다는 이야기를 들은 보어(Niels Bohr)는 하이젠베르크(Heisenberg)의 불확정성 원리는 두 가지라고 코멘트를 했다. 즉 하나는 입자의 위치와 운동량을 동시에 정확히 측정할 수 없다는 불확정성 원리이고 또 하나는 원자탄을 만들 의도에 대한 불명확함을 뜻한다.

참고지식

핵 과학의 역사 요약

20세기에 핵 과학은 눈부시게 발전하고 2차 대전 이후 지금까지 주로 기초과학 연구에는 물론, 평화적 목적의 에너지 생산과 바이오, 의료, 공업, 농업, 문화 등 다양한 분야에 활용되고 있다. 이에 1950년대까지 핵 과학의 역사를 요약해보면 다음과 같다.

1896년	Henri Becquerel, 우라늄에서 발생하는 방사선 발견(방사선의 강도는 공기의 이온화를 통해서 측정되거나 방사선이 형광막을 때릴 때 관찰되는 섬광을 통해 측정된다.)
1898년	Pierre와 Marie Curie, $_{84}$Po(폴로늄)과 $_{88}$Ra(라듐) 발견－1903년 노벨물리학상 수상(M. Curie, P. Curie, H. Becquerel 공동 수상) " in recognition of the extraordinary services they have rendered by their joint researches on the radiation phenomena discovered by Professor Henri Becquerel"
1900년	Becquerel, β선은 전자로 이루어짐을 밝힘.
1902년	M. Curie에 의해 처음으로 macroscopic한 양의 방사성 원소인 라듐을 분리－1911년 노벨화학상 수상 " in recognition of her services to the advancement of chemistry by the discovery of the elements radium and polonium, by the isolation of radium, and the study of the nature and compounds of their remarkable element."
1903년	Rutherford, α 입자가 이온화된 헬륨 원자(He^{2+})임을 밝힘.
1905년	Einstein, mass와 energy의 동일함을 식으로 표현($E=mC^2$).
1911년	Rutherford, Geiger와 Marsden, 얇은 금박에 α 입자를 산란시키는 실험을 통해 원자는 양성(positive)을 띈 매우 작은 원자핵을 갖고 있음을 밝힘.
1913년	Fajans and Soddy, 동위원소의 존재를 가정함으로써 방사성 붕괴 계열을 설명.
1913년	N. Bohr, 원자핵은 고정된 궤도에 있는 전자에 의해 둘러싸여 있음을 보여줌.
1919년	Rutherford, 실험실에서 세계 최초로 인공 핵변환 성공. $^{4}He+{}^{14}N \rightarrow {}^{17}O+{}^{1}H$
1924년	De Broglie, 모든 움직이는 입자는 파동성을 갖는다는 가설 확립.
1925~1927년	Bohr의 원자 모델의 중요한 발전-Pauli의 배타율(exclusion principle), Schrödinger의 파동방정식(wave mechanics), Heisenberg의 불확정성 이론(uncertainty principle)

▲ 원자 모델에 대한 다양한 예시

1928년 Geiger and Müller, 방사선 측정을 위한 GM관 제작.

1931년 Van de Graaff, 이온을 고에너지로 가속하기 위한 정전 고전압 발전기 개발 (인공방사성 동위원소 제작을 위한 기초 수립)

1932년 Lawrence와 Livingston, 최초의 하전입자 가속 장치인 사이클로트론(cyclotron) 개발.

▲ 세계 최대인 지름 9km, 둘레 27km의 유럽입자물리연구소(CERN, 프랑스어 Conceil Européen pour la Recherche Nucléaire의 약자)의 거대강입자가속기(Large Hardron Collider).

1932년	Chadwick, 중성자 발견.
1934년	Andersson, 양전자(β^+)발견.
1934년	Joliot and I. Curie, 세계 최초로 인공방사능 발견. $^{4}He + {}^{27}Al \rightarrow {}^{30}P + n\ ;\ {}^{30}P \xleftrightarrow[2.5m]{\beta^+} {}^{30}Si$
1939년	Hahn과 Strassman, 중성자로 U을 조사할 때 fission이 일어남을 발견.
1940년	Mc Millan, Abelson, Seaborg, Kennedy, Wahl-최초로 초우라늄(trans-uranium) 원소($_{93}Np$, $_{94}Pu$) 발견 및 ^{239}Pu이 핵분열 가능한 것을 발견.
1940년	여러 나라의 과학자들은 ^{235}U이 느린중성자에 의해 핵분열되지만, ^{232}Th과 ^{228}U은 오로지 빠른중성자에 의해 핵분열 됨을 보여 줌. 또한 각 핵분열 생성물은 많은 양의 에너지를 발생하면서 둘 또는 세 개의 새로운 중성자를 생성한다는 것을 보임. 여러 국가에서 핵무기나 원자력 발전소를 건조할 것을 고려.
1942년	Fermi와 그 동료들, 세계 최초의 원자로(nuclear reactor) 건조.
1940~1945년	Oppenheimer와 그 동료들, 매우 큰 양의 에너지를 방출하는 고속 핵분열 연쇄반응 장치(원자폭탄) 개발-20,000톤의 TNT에 맞먹는 에너지를 생성하는 핵실험을 1945년 미국 Alamagoro에서 실시하여 일본에 원폭으로 바로 이용.
1946년	Libby, 연대 측정을 위한 ^{14}C method 개발.
1951년	미국 아르곤 국립연구소(Argonne National Laboratory)에서 최초로 전기를 생산하는 원자로를 개발하여 Idaho에 설치
1952년	미국에서 최초로 수소폭탄 시험.

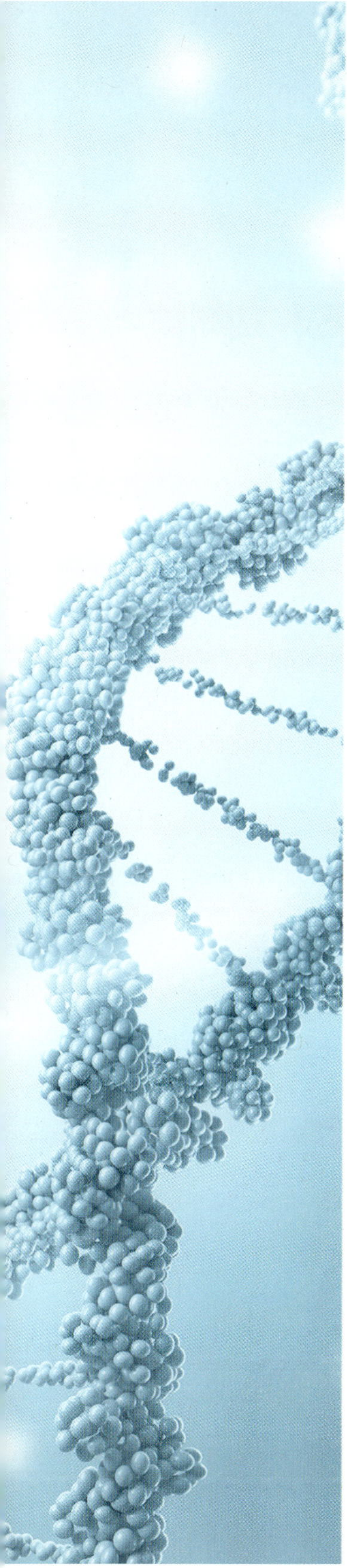

CHAPTER 2

라돈

01 라돈의 이해

자연에서 만들어지는 기체, 라돈

암석, 토양 등에 있는 우라늄(^{238}U)과 토륨(^{232}Th)이 방사성 붕괴를 하면서 자연적으로 라듐(^{226}Ra, ^{224}Ra)이 만들어지고, 라듐이 붕괴하여 라돈(^{222}Rn, ^{220}Rn)과 같은 방사성 물질을 만든다. 그러니까 라돈은 땅에서 자연적으로 생기는 방사성 물질이다.

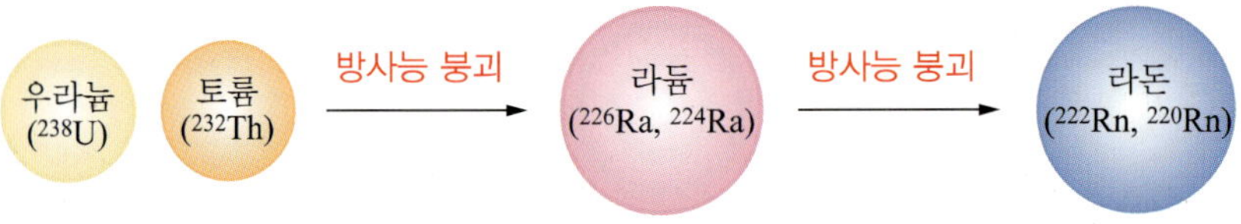

토륨(^{232}Th)이 붕괴하면서 만들어지는 라돈(^{220}Rn)을 일반적으로 '토론'이라고 한다. 토론은 반감기가 55.6초로 매우 짧고, 우라늄(^{238}U)이 붕괴하면서 생기는 라돈(^{222}Rn)에 비해 지표나 대기 중으로 나오는 양이 매우 적다. 따라서 흔히 '라돈'이라고 하면 우라늄이 붕괴하면서 만들어지는 라돈, ^{222}Rn을 말한다.

1.1 자연방사선(natural radiation)

우리 인간은 태초부터 방사선과 함께 살아왔으며, 인간에 대한 방사능의 영향을 인지한 최초의 기록은 1556년 독일 작센주와 체코 보헤미아 사이에 있는 동유럽 에르츠 산맥의 광산 노동자에 대한 독일의 광산학자 아그리콜라(Agricola)의 기록이다. 광부들과 폐암의 관련성은 1879년에 확정되었으나 1950년대가 되어서야 라돈이 광부들의 폐암에 주된 원인이라는 것이 밝혀졌다. 방사선은 20세기에 들어서면서 그 존재를 알게 되었고, 암 치료나 질병의 진단 등과 같이 매우 유용하게 활용되고 있는 분야가 있는가 하면, 핵무기 등과 같은 공포의 대상이 되기도 하는 동전의 양면과 같은 속성을 가지고 있다. 과거 핵무기가 인류에게 미친 피해와 공포감이 워낙 컸기 때문에, 우리는 방사선의 이로운 면보다는 어두운 면을 늘 생각하게 되고 막연한 두려움을 가지게 되는 것은 당연할는지 모르겠다. 우리가 생활하고 있는 공간에는 여러 종류의 방사선이 있지만, 그것의 기원을 가지고 분류를 하면, 크게 천연(자연)방사선(natural radiation)과 인공방사선(artificial radiation)으로 구분할 수 있다. 전자는 말 그대로 우주가 생성된 태고부터 존재하거나 우주선과의 반응을 통해 우리 주변에 존재하는 것이고, 후자는 우리 인간에 의해서 만들어진 것을 말한다.

다음 그림에서 보는 바와 같이 우리가 생활하면서 평균적으로 노출되는 모든 방사선의 종류와 그들의 양을 백분비로 나타내보면 자연방사선이 85% 정도를 차지하고 있음을 알 수 있다. 또한 그 중에서도 라돈이 전체의 절반을 차지하고 있다는 것을 알 수 있다.

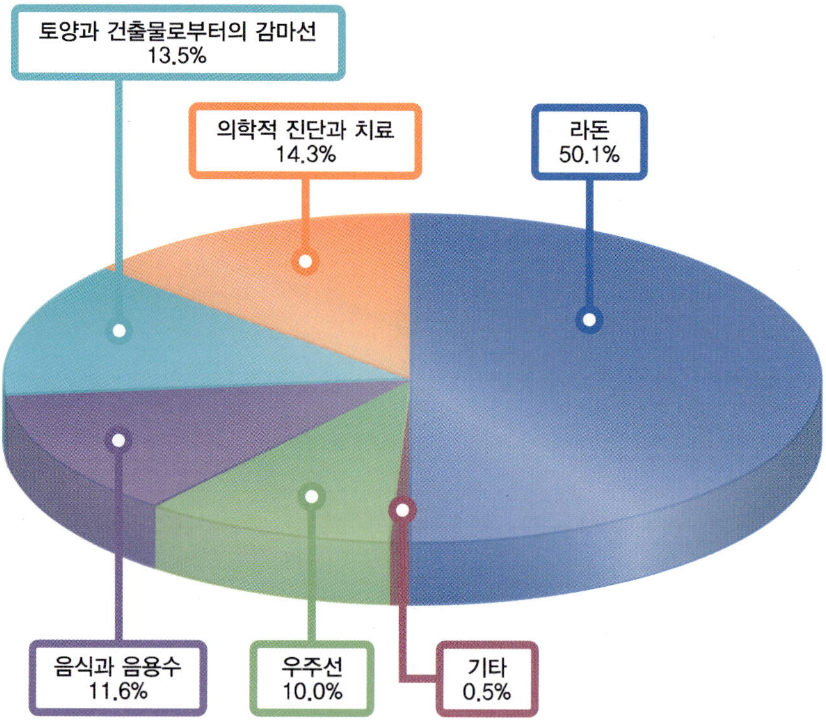

▲ 일반인이 노출되는 방사선의 종류와 그 양

반감기가 아주 긴 ^{235}U(7.1억년), ^{238}U(45억년), ^{232}Th(139억년), ^{40}K(12.8억년)과 U, Th 등의 붕괴 생성물인 ^{226}Ra, ^{222}Rn, ^{218}Po 등과 우주방사선과의 반응을 통해 생성된 것들(^{3}H, ^{7}Be, ^{14}C, ^{24}Na 등)은 자연방사성 동위원소로 분류되고, 이로부터의 방사선을 자연방사선이라 한다. 이들은 토양, 식품, 공기 중에 존재하여 섭취와 호흡 과정을 통해 체내에 유입되어 내부 방사선 피폭과 감마선에 의한 외부 방사선 피폭을 통해 우리 인체에 영향을 미친다.

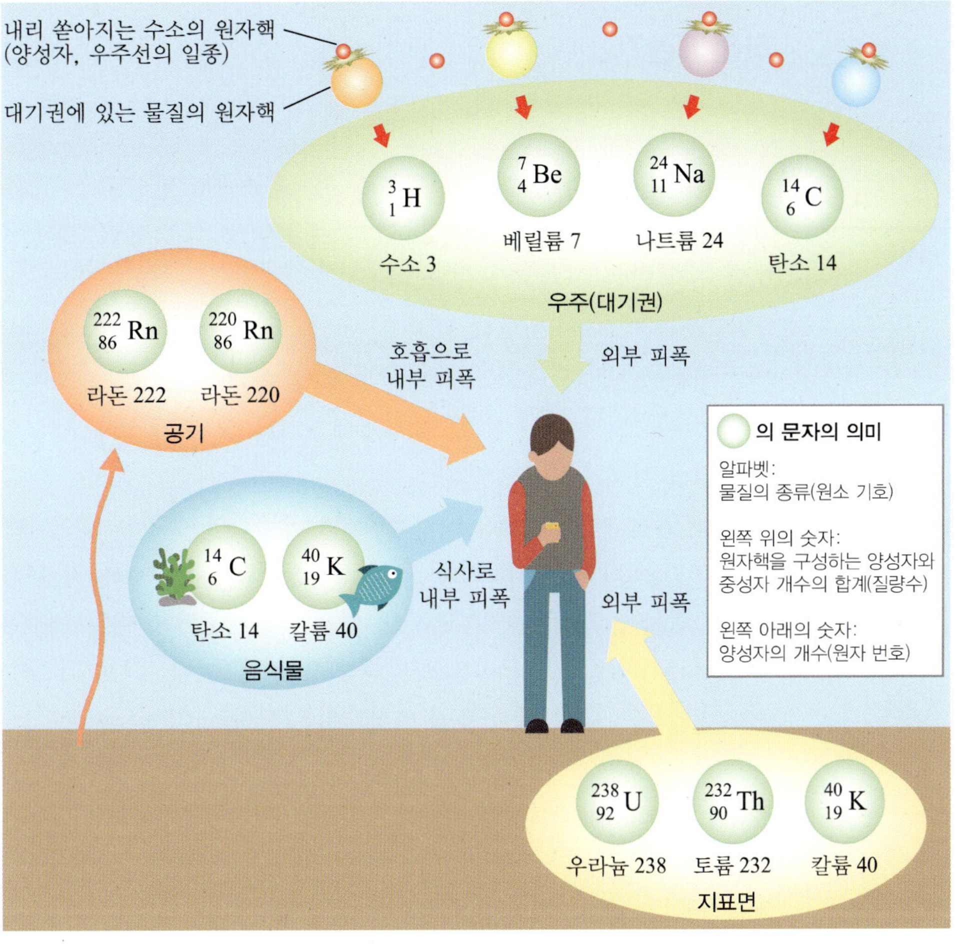

▲ 우리 주변에 존재하는 자연방사성 동위원소

1.2 라돈이란?

라돈(Rn)의 원자 번호는 86번으로 주기율표에서 헬륨(He), 네온(Ne), 아르곤(Ar), 크립톤(Kr), 제논(Xe)과 함께 불활성 기체(Inert Gas)이며 18족에 속한 강한 방사선을 내는 원소이다.

라돈(Rn)은 우라늄, 토륨, 폴로늄, 라듐 다음으로 발견된 다섯 번째 방사성 원소로 도른(Friedrich Ernest Dorn)에 의해 발견되었다. 라돈(Rn)의 발견 역사는 먼저 퀴리 부부(Pierre and Marie Curie)가 1899년에 라듐에서 방사성 기체가 방출되며 이 기체의 방사능이 시간이 지날수록 줄어드는 것을 발견하였다(Curie, P. ; Curie, Mme. Marie, 1899). 같은 해 말에 러더퍼드(Ernest Rutherford)와 오언스(Robert Bowie Owens)가 토륨산화물에서 방사성 기체를 발견하고 이 기체를 발산물이란 뜻의 에마나티온(Emanation : 원소기호 Em)으로 명명하다가 1901년에 토륨(Th)에서 발산되는 것을 나타내기 위해 토륨 에마나티온(Thorium Emanation : Th Em)이라 명명하였다. 1900년에 도른(Friedrich Ernest Dorn)이 라듐에서 방사성 기체가 나와 축적되는 것을 발견하고 라듐 에마나티온(Radium Emanation : Ra Em)으로 명명하였고, 그 후 1903년에는 드비에르느(Andre-Louis Debieerne, 1874～1949)가 악티늄에서 생성되어 발산되는 기체를 발견하고 악티늄 에마나티온(Actinium Emanation : Ac Em)이라 명명했다.

이들 3가지 방사성 기체에 대해 다양한 이름이 제안되었는데 먼저 1904년에 방사성 기체 발생 원천에 따라 각각을 엑스토리오(Extorio), 엑스라디오(Exradio), 엑스악티나오(Exactinio)라는 이름이 제안되었고(Ramsay, Sir William; Collie, J. Normal, 1904), 1918년에는 발생 원천 원소에 비활성 기체의 접미어 on을 붙여 토론(Thoron), 라돈(Radon), 악톤(Acton)이란 이름이 제안되었으며(Schmidt, Curt, 1918), 1920년에는 악톤(Acton)을 악티온(Action)으로 제안하였다(Perrin, J, 1919). 1923년 IUPAC(International Union of Pure and Applied Chemistry)에서 이들 각각의 이름과 원소 기호들(Tn, Rn, An)을 채택하였다. 토론(Thoron), 라돈(Radon), 악톤(Acton)은 라돈(Rn)의 각기 다른 동위원소(isotope)들이지만 당시에는 동위원소에 대해 정립된 것이 없어 반감기가 다른 이들 동위원소를 다른 원소로 여기고 서로 다른 명명을 붙인 것이다. 이후 이들 원소들이 동위원소임이 확인되고 동위원소들을 질량수로 구분하게 됨에 따라 원소 이름은 가장 안정한 동위 원소의 이름을 따라 라돈(Rn)이라 하고 An은 ^{219}Rn, Tn은 ^{220}Rn로 다시 명명하게 된다.

라돈의 동위원소는 27개로 알려져 있으며 이 중 ^{219}Rn, ^{220}Rn, ^{222}Rn이 자연 방사성 붕괴사슬에서 생성된 것들로 ^{219}Rn(반감기 3.96초)은 ^{235}U(반감기 7.04억년)가 자연 붕괴(악티늄 계열)되어 생성된 ^{223}Ra(반감기 11일)의 α붕괴를 통해 생성되고, ^{220}Rn(반감기 55.6초)은 ^{232}Th(반감기 140억년)이 자연 붕괴(토륨 계열)되어 생성된 ^{224}Ra(반감기 3.66일)의 알파 붕괴를 통해 생성된다. ^{219}Rn과 ^{220}Rn은 1분 이내의 반감기를 가지므로 일반적으로 라돈이라 하면 반감기가 3.8일인 ^{222}Rn을 의미한다. 이것은 ^{238}U(반감기 44.7억년)이 자연 붕괴(우라늄 계열)를 통해서 생성된 ^{226}Ra(반감기 1,600년)의 α붕괴를 통해 생성된다.

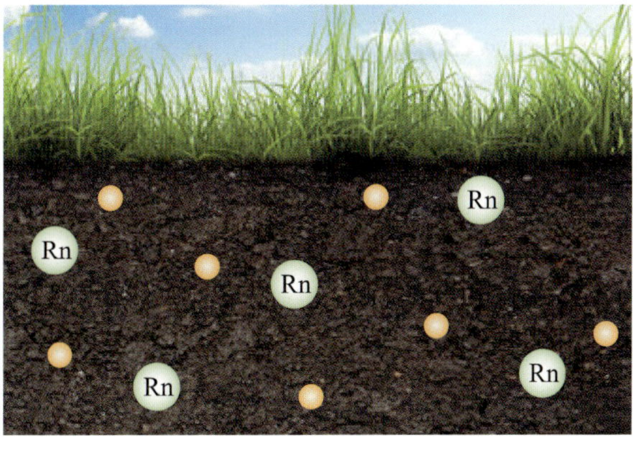

① **라돈의 성질**

우리가 살고 있는 지구상에는 태초부터 자연방사성 물질이 존재하고 있다. 그 중의 하나가 라돈이며, 라돈은 토양이나 암반 내에 천연적으로 존재하는, 반감기가 45억년이나 되는 우라늄(^{238}U)과 반감기가 141억년이나 되는 토륨(^{232}Th)으로부터 자연적으로 주로 발생되고, 또한 일정한 반감기가 지나면 수명을 다하여 소멸하는 과정을 반복하고 있다. 자연계 우라늄 동위원소들의 질량에 따른 상대적 존재량은 ^{238}U이 99.28%, ^{235}U이 0.71% 정도이다. 즉 ^{235}U은 그 존재비도 매우 낮고 이로부터 생성되는 라돈(^{219}Rn)은 반감기가 4초도 되지 않아 ^{219}Rn은 우리 건강에 미치는 영향이 거의 없다. 우라늄은 지각에 2.8 ppm(36 Bq/kg)정도로 광범위하게 분포하고 있다. 상업적 가치를 가질만한 수천 ppm 농도의 우라늄은 주로 인산염과 모나자이트 모래와 함께 산화물로 존재한다. 농업용 비료로 널리 쓰이는 인산염 광물이 8～400 ppm, 평균 40 ppm의 우라늄을 포함하고 있음을 주목해야 한다.

지각 내 토륨의 농도는 약 10.7 ppm(44 Bq/kg)이다. 주로 모나자이트 모래에서 발견되며, 인도, 브라질, 구소련, 호주, 미국의 노스캐롤라이나와 버지니아 등에 분포한다. 모나자이트 모래는 약 10%의 토륨을 포함하므로, 주변 해안가의 거주민들은 높은 체외선량에 노출된다. 원자력 발전의 원료, 항공기나 우주선 제조, 가스등의 발광체 등에 마그네슘-토륨 합금이 사용되며, 용접 시 형광물질로 사용되기도 한다.

표 2.1 암석과 토양에 존재하는 ^{238}U과 ^{232}Th 농도

암석형태		^{238}U		^{232}Th	
		ppm	Bq/kg	ppm	Bq/kg
화산암	현무암	0.5～1	7～10	3～4	10～15
	화강암	3	40	17	70
퇴적암	셰일, 사암	3.7	40	12	50
	석회암	2	25	2	8
지각평균		2.8	36	10.7	44
토양		1.8	66	9	37

다시 말해 라돈은 지각의 암석이나 토양 중에 자연적으로 존재하는 우라늄(U)과 토륨(Th)이 아래와 같이 여러 단계의 방사성 붕괴를 거쳐 생성되는 비활성 기체이다.

▲ 화강암과 현무암

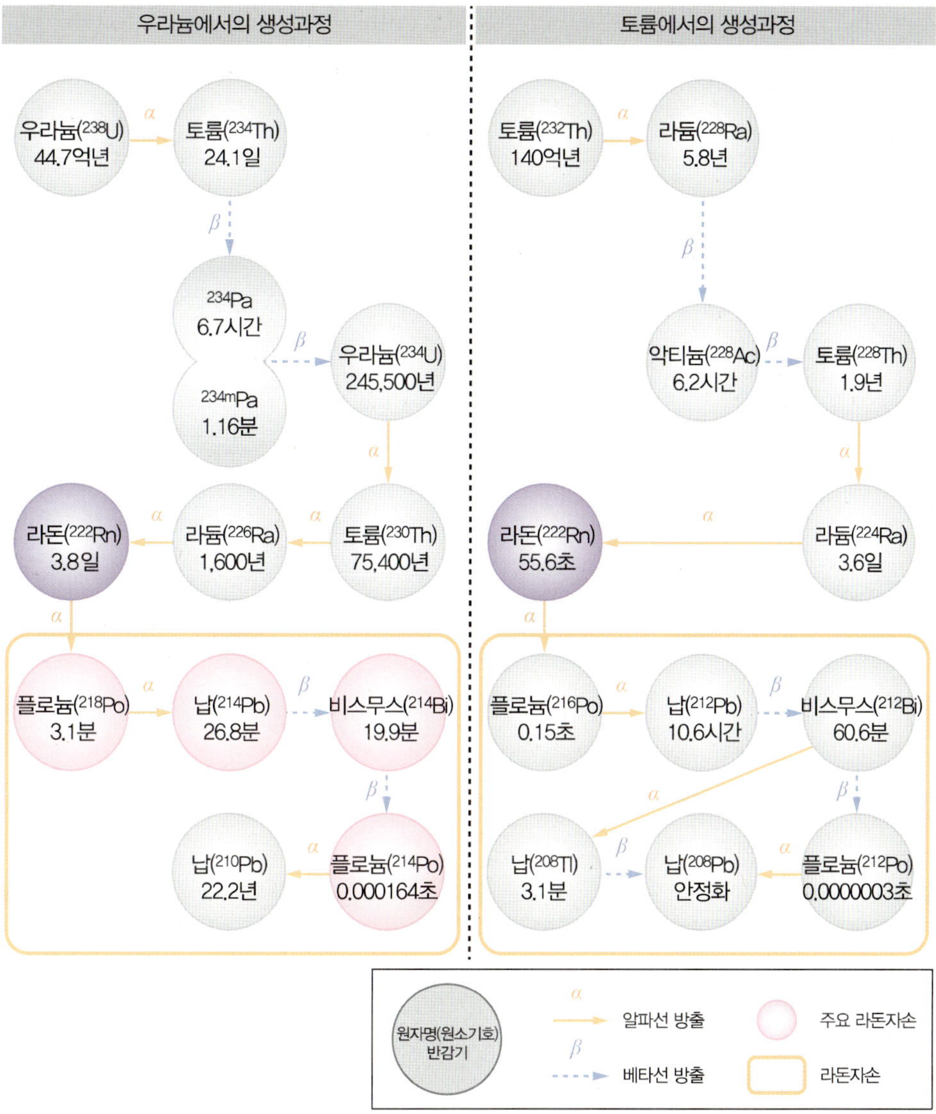

▲ 라돈과 라돈 자손의 생성과정

우라늄과 토륨에서 라듐까지 붕괴되는 동안 모든 핵종은 고체로 땅속이나 고체 속에서 진행되지만 라돈은 기체 상태의 물질로서, 토양 등을 빠져나와 공기 중으로 방출될 수 있다.

라돈(^{222}Rn)이 3.8일의 반감기로 붕괴하여 생겨나는 입자상의 폴로늄(^{218}Po), 납(^{214}Pb), 비스무스(^{214}Bi) 등 여러 핵종(방사성동위원소, 동위원소, 원소라고 해도 됨)들을 라돈 자손(radon progeny) 핵종이라 부르며, 과거에는 딸 핵종이라 불리었다. 라돈이 비활성기체 상태인 것과는 달리 라돈 자손은 입자형태로 되어 있으며, 물리화학적으로 반응성이 높다. 그래서 미세한 먼지에 잘 달라붙는데, 우리가 숨을 쉴 때 몸 속으로 들어와 폐포나 기관지에 잘 달라붙어 손상을 줄 수 있다.

반감기가 141억년인 ^{232}Th이 방사성 붕괴되어 생성되는 ^{220}Rn(화학적으로는 라돈의 동위원소이지만, 토륨에서 유래되어 토론이라고도 명명함)도 ^{222}Rn와 마찬가지로 붕괴되어 5단계의 변형을 거쳐 최종적으로는 ^{208}Pb로 바뀐다. 이 두 가지 물질의 가장 큰 차이는 반감기의 길이에 아주 차이가 많은 것이다. 즉 ^{220}Rn(토론, thoron)의 반감기는 55.6초에 지나지 않으며 이것은 6.29 Mev의 α입자를 방출하면서 ^{216}Po으로 변형하는데 이것은 반감기가 0.15초로 아주 짧아서, 생성되자마자 곧 6.78 Mev의 α입자를 방출하면서 ^{212}Pb로 변형된다. ^{212}Pb는 10.6시간의 상대적으로 긴 반감기를 가진 물질인데 β붕괴를 거쳐 반감기가 60.6분인 ^{212}Bi로 붕괴하고, 지속적으로 붕괴하여 ^{208}Pb으로 변하는 동안 또 다시 α입자를 방출하게 된다. 반감기가 141억년으로 지구 토양에 아직도 존재하는 토륨에서 방출되는 토론 또는 ^{220}Rn는 그 반감기가 짧아 실내공기에 미치는 영향이 라돈 동위원소의 5% 이내로 실내 공기 중의 라돈은 주로 ^{222}Rn을 의미하고, 주로 이것에 의한 인체 영향을 평가하였으나, 침대, 마스크 등 호흡 밀착형 제품에 의도적으로 넣은 모나자이트에 다량 함유된 토륨에서 방출된 토론은 체내로 들어오는 양을 무시할 수가 없으며 우리 인체에 심각한 영향을 초래할 수가 있다.

자연방사선은 인공적으로 만들어지거나 원자력발전소 등의 사고 또는 원자폭탄 폭발 등을 통해 인공적으로 우리 주변에 퍼진 것이 아니지만, 인공방사선에서 방출되는 것과 똑같은 알파입자, 베타입자, 감마선 등을 내놓아, 우리 몸 바깥에 존재할 때는 주로 감마선에 의한 피해를, 인체 내로 들어오게 되면 베타입자와 감마선은 물론, 주로 알파입자(같은 에너지의 베타입자나 감마선보다 20배 더 위험)에 의해 생명체에 더 큰 피해를 끼칠 수 있다. 즉 라돈은 우리 주변에서 자연적으로 방출되는 방사선으로서 이온화 방사선의 노출 수준 및 영향에 대한 정보를 수집하고 평가하기 위하여 설립된 국제기구인 유엔방사선영향과학위원회(United Nations Scientific Committee on the Effects of Atomic Radiation, UNSCEAR)의 2008년 보고에 따르면, 1년 동안 일반인이 노출되는 방사선의 85%는 자연방사선에 의한 것으로, 그 양은 전 세계 평균 2.40 mSv로서 이중 46%가 지각 중에 존재하는 ^{238}U 붕괴계열 중에 존재하면서 유일한 기체인, 자연방사성 라돈과 그 자손 핵종의 호흡 노출에 의한 것이며, 원자력발전 등 원자력산업활동에서 방출되는 인공방사선원에 의한 평균 노출선량보다 10~100 여배 높은 것으로 알려지고 있다.

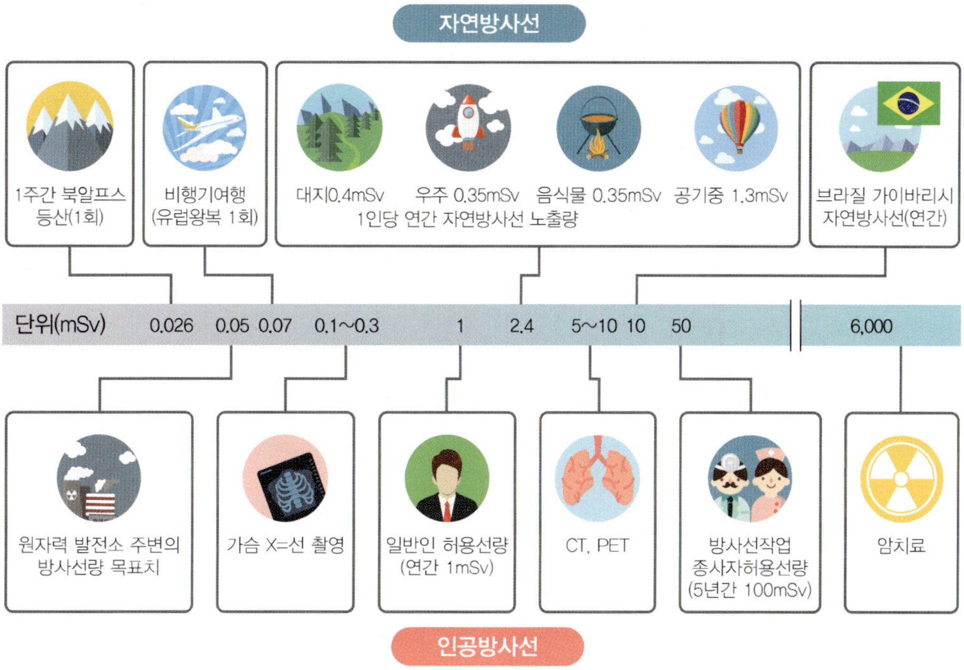

▲ 주요 활동별 방사선 노출량

◆ 라돈의 물리화학적 성질

라돈은 또한 천연적으로 존재하고 있는, 색깔이나 맛이 없고 냄새가 나지 않는 무색, 무미, 무취의 불활성 방사성 기체로서 다른 물질과 화학적으로는 반응을 하지 않으나, 방사선을 내는 성질을 가지고 있으므로 물리적으로는 매우 불안정하다. 또한 라돈 자손 핵종들은 먼지 등의 작은 입자에 잘 달라붙어 떠돌아다니게 되며, 호흡을 통하여 폐 등에 계속 침착되거나 체내로 유입되어 지속적으로 방사선을 방출하게 된다.

라돈은 표준상태(STP : 0℃, 1기압)에서의 밀도는 9.73 g/L로 공기밀도(1.217 g/L)보다 약 8배 크다. 1기압에서 어는점은 −71.15℃이고 끓는점은 −61.85℃이다. 어는점 이하로 냉각되면 밝은 인광을 내며 노란색으로 변하고, 냉각 공기의 온도에서는 주홍색이 된다. 주기율표상의 불활성 기체인 아르곤(Ar), 크립톤(Kr), 제논(Xe)보다 용해도(20℃에서 230 cm^3/L)가 크며, 이 때문에 어떤 샘물이나 지하수에는 다량의 라돈이 존재하기도 한다. 다른 불활성 기체처럼 화학적 반응을 거의 하지 않지만 보고된 바에 따르면 불소와 라돈이 반응하여 불화라돈이 생성되는 것으로 알려졌으며, 몇몇 수소화합물의 결정격자 안에 라돈원자가 발견되는 형태의 클라스레이트(clathrates, 라돈 내포화합물)도 보고되었다.

라돈은 활성탄, 실리카겔류 물질에 쉽게 흡착 또는 흡수되면, 이 특성에 의해 다른 가스들로부터 쉽게 분리할 수 있다. 드라이아이스로 온도를 낮춘(−78.5℃) 활성탄에 공기를 통과시키면 라돈이 효과적으로 제거된다. 이 라돈은 350℃로 가열하면 탈착된다.

라돈이 공기보다 무겁기 때문에 라돈은 바닥에 깔린다는 생각을 많이 한다. 하지만 인간이 활동하는 동안 실내 공기는 항상 움직이고 있기 때문에, 고체인 먼지조차도 10 μm 이하 크기들은 공간에 가라앉지 않고 둥둥 떠다니므로, 부유분진이라고 한다. 따라서 기체인 라돈 또한 공기가 움직이고 있는 한, 항상 실내 공간 구석구석 골고루 분포하고 있다.

라돈에 대한 자세한 물리화학적 성질과 공기와의 물성을 비교한 것은 다음 표를 참고하기 바란다.

표 2.2 라돈의 물리화학적 특성

성 질	값
1 기압, 0℃에서의 밀도	9.73 g/L
끓는점(1 기압)	−62℃
끓는점에서의 액상의 밀도	4.4 g/cm^3
공기 중 확산계수	0.1 cm^2/s
1 기압, 20℃에서의 점성도	229.0 micropoise
임계온도	105℃
임계압력	62 atm
1 기압, 20℃에서의 물에 대한 용해도	230 cm^3/kg
1 기압, 18℃에서 여러 액체에 대한 용해도(cm^3/kg liquid)	
- 글리세린(glycerine)	0.21
- 에틸알코올(ethyl alcohol)	7.4
- 석유(액상 파라핀)	9.2
- 톨루엔(toluene)	13.2
- 이황화탄소(CS_2)	23.1
- 올리브유(olive oil)	29

방사선방호측정심의위원회(National Council on Radiation Protection and Measurements, NCRP) 보고서 97호(1988)

표 2.3 공기 및 라돈의 물리적 성질

유체	밀도 (kg/m³)	점도 (kg/m·s)	분자량 (g/mol)	공기 중 라돈 확산계수(m²/s)
Air	1.22	1.78×10^{-5}	28.96	1.1×10^{-5}
Radon	9.73	1.8×10^{-5}	222	

② 단위

방사성 물질 내 불안정한 원소의 원자핵이 스스로 붕괴하면서 내부로부터 방사선을 방출하는데, 이 방사선의 세기를 방사능(radioactivity)이라 하며, 방사성 물질인 라돈은 방사선을 배출하기 때문에, 농도 단위는 방사선 양의 국제단위(Le Systeme Internationale d'Unites, SI)로 채택된, 공간 단위 입방 미터 당 베크렐(Bq/m^3)을 사용하고 있다. 1 Bq은 1초에 원자 1개가 방사성 붕괴할 때 나오는 방사선 양을 나타낸다. 공간 단위 입방 미터 당 베크렐(Bq/m^3) 단위 이외에, 공간 단위 리터 당 피코큐리(pCi/L), 워킹레벨(Working Level, WL)이 사용되고 있으며, 1큐리(Ci)는 1 g의 라듐(^{226}Ra)이 1초 동안 붕괴할 때 방출되는 방사선 양으로 초당 3.7×10^{10}개의 원자가 붕괴할 때 방출되는 방사선의 양과 동일하다. 워킹레벨은 공기 1 리터 당 잠재적인 α에너지 1.3×10^5 MeV를 방출하는 반감기가 짧은 라돈 자손 핵종과 라돈에 의한 노출 정도를 측정하는 단위이며, 원래 라돈에 노출되는 광산에서 일하는 광부들의 작업장 누적 노출량을 측정하기 위해서 개발되었으며 오늘날에도 라돈과 라돈 자손들의 인체 노출량 측정에 여전히 이용되고 있다.

$$37\ \mathrm{Bq/m^3} = 1\ \mathrm{pCi/liter} = 0.0050\ \mathrm{WL}$$

방사선의 양이나 세기도 중요하지만 흡수되는 에너지가 위험도 측면에는 더 중요하다. 방사선의 에너지를 받은 양을 나타내는 용어로 흡수선량(absorbed dose)이 있으며 가장 많이 사용되고 있는 단위로는 그레이(Gy)가 있다.

1 그레이(Gy)는 1 kg의 물체가 방사선의 1 주울(Joule)의 에너지를 흡수했을 때의 흡수선량이다. 또 다른 흡수선량 단위로 라드(Rad)라는 단위도 사용되는데 1 라드(Rad)는 0.01 그레이(Gy)와 같다. 흡수선량이 방사선의 위험도를 나타낼 수는 있지만 생물체에 미치는 영향을 나타내기 위해서

는 방사선의 선질계수(Quality Factor, QF)를 고려해야만 하는데 이 선질계수는 200 keV의 에너지를 가진 X선과 비교한 생물학적 손상 정도를 나타낸다.

방사선의 선질계수를 고려하여 방사선에 의한 손상 정도를 나타내는 것을 등가선량(equivalent dose)이라고 하고, 인체 조직별로 위험정도까지 고려한 것을 유효선량(effective dose)이라고 한다. 등가선량이나 유효선량은 시버트(Sv)나 렘(rem) 단위를 사용한다. 0.01 시버트(Sv)는 1 렘(rem)과 같다. 인체가 방사선에 노출되었을 때 어느 정도의 손상을 받는 정도를 인체 피폭선량이라 하며 이를 나타내는 단위가 시버트(Sv)이다. 그러므로 방사선 노출 허용치는 시버트 단위를 이용한다. 평균적으로 할 수 없이 피폭되는 자연방사선을 제외한 연간 방사선 피폭선량 기준치는 1950년대 국제원자력기구에서 1 밀리시버트(mSv)로 정하였고, 세계보건기구(WHO)와 우리나라에서도 이 기준을 권고하고 있다.

표 2.4 방사선량 단위 * 출처:Nazaroff and Nero, Eds. 실내공기에서 라돈, 1988.

단위	등가량	비고
베크렐(Bq)/큐리(Ci)	1 Ci = 3.7×10^{10} Bq 1 pCi = 0.037 Bq	시간당 방사능 붕괴 횟수 (방사능 세기)
그레이(Gy)/라드(Rd)	1 Gy = 100 Rd	질량(kg)당 흡수한 방사선 에너지(J)
시버트(Sv)/렘(Rem)	1 Rem = 0.01 Sv	방사선의 생물학적 손상정도

국제 사회에서 인정되고 있는 공기 중 라돈 농도에 의한 연간 피폭선량을 평가하기 위한 수식은 다음과 같다.

$$\text{연간피폭선량}(E) = C_{Rn} \times F \times T \times DCF$$

여기서, C_{Rn} : 공기 중 라돈 농도(Bq/m^3)

F : 평형인자(라돈과 단수명 자손 핵종의 공기 중 유효 존재비)

- 라돈 : 0.4(라돈 자손 핵종이 공기 에어로졸 입자에 부착되는 비율)
- 토론 : 0.04(토론 자손 핵종이 공기 에어로졸 입자에 부착되는 비율)

T : 해당 라돈 농도에 노출되는 시간

DCF(Dose Conversion Factor, 선량환산인자) : 가벼운 활동 시 (1.2 m^3/h) 호흡을 기준으로 농도를 피폭선량으로 환산하는데 필요한 인자

- 라돈 : 20.4×10^{-6} mSv/(Bq · h/m^3)
  1(WLM) = 6.37×10^5 Bq · h/m^3(평형등가 라돈농도)
  선량계수 = 13 mSv/WLM
- 토론 : 120×10^{-6} mSv/(Bq · h/m^3)
  1(WLM) = 4.68×10^4 Bq · h/m^3(평형등가 라돈농도)
  선량계수 = 5.6 mSv/WLM

이를 이용하여 침대에서 라돈과 토론이 호흡을 통해 각각 100 Bq/m^3이 체내로 유입된다고 가정하면, 다음과 같은 정도로 연간 피폭이 되게 된다. 이 때 수면 중이므로 가벼운 활동 대비 약 37%의 호흡률을 가정하였다.

◆ 라돈(Rn-222)에 의한 연간 피폭선량 계산(침대)

- 시나리오
  1일 10시간(연간 3,650시간)
  수면 중 호흡률 : 가벼운 활동(1.2 m^3/h) 대비 37%

$$1.1(mSv) = \frac{100(Bq/m^3) \times 0.4 \times 10(h) \times 365(d) \times 20.4(mSv/(Bqhm^{-3}))}{1{,}000{,}000} \times 0.37$$

◆ 토론(Rn-220)에 의한 연간 피폭선량 계산

- 시나리오 : 라돈과 동일

$$0.65(mSv) = \frac{100(Bq/m^3) \times 0.04 \times 10(h) \times 365(d) \times 120(mSv/(Bqhm^{-3}))}{1{,}000{,}000} \times 0.37$$

그러나 침대에서 방출되었던 라돈과 토론이 3,000 Bq/m^3에 달하였으므로 그 피폭선량은 매우 높았을 것으로 예상되었고, 이에 정부에서는 모든 방사능 침대를 수거 명령하였다.

③ 라돈의 발생원

실내에서 라돈의 가장 근본적인 발생원은 암석이나 토양, 수질 내에 자연적으로 존재하는 우라늄으로 암석의 종류에 따라 우라늄의 함량이 다르다. 따라서 암석의 지질학적 분포에 따라 형성된 지질대를 살펴보면 자연적으로 존재하는 우라늄의 함량이 많은 지역을 알 수 있고, 그 지역에 지어진 건물들은 대체적으로 실내라돈의 농도가 높다고 볼 수 있다.

라돈농도는 지역에 따라 다르게 나타나는데, 대체로 표층 토양에 라듐이 많이 포함된 지역과 화강암 분포지역에서 높게 나타난다. 우리나라에서도 화강암·편마암 지질대나 옥천단층 지대에 있는 지역에서 라돈농도가 높게 나타나는 것으로 조사되고 있다.

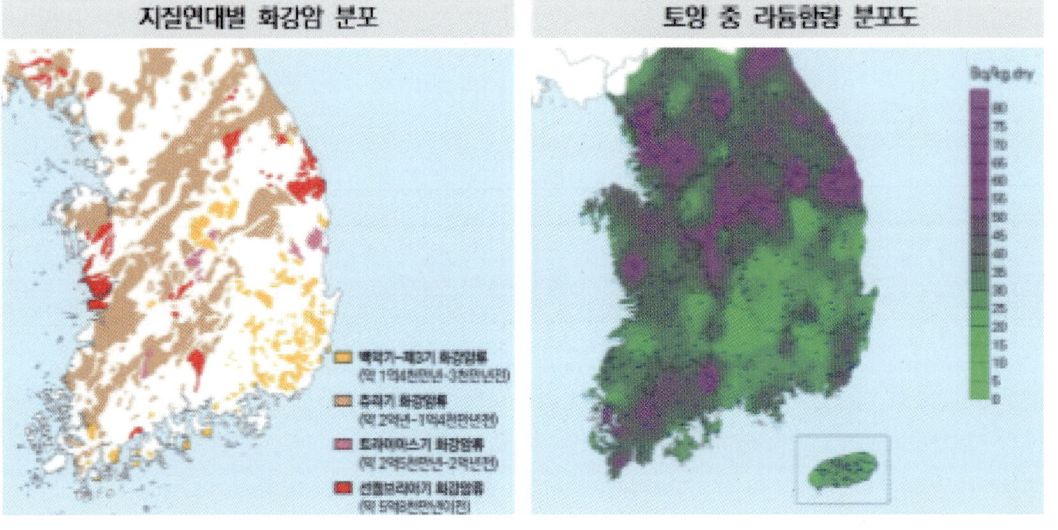

▲ 우리나라의 암석 및 라듐 분포 현황

또한 라돈은 물질의 압력이나 온도차에 의한 확산 및 대류과정에 의해 실내로 유입되는데 유입된 라돈이 붕괴하여 생성된 라돈자손들은 주변의 에어로졸에 흡착하거나 구조물의 표면이나 벽체에 침적된다.

우라늄이나 라듐이 포함된 암석 주변으로 지하수가 흐르면 암석 또는 토양에서 생긴 라돈이 지하수로 녹아 들어갈 수 있다. 그래서 토양에 우라늄이 많이 있을수록 지하수에서의 라돈농도가 높은 경우가 많다. 우리나라의 마을상수도 등을 대상으로 지하수의 라돈농도를 조사한 결과('07~'14, 약 4,800개소), 주로 화강암 등 결정질암 지역에서 라돈농도가 8,000 pCi/L 이상으로 높게 나타났다. 그리고 일부 변성암 및 퇴적암(석회암 등) 지역에서도 라돈농도가 높게 나타났다.

지하수의 라돈농도가 8,000 pCi/L인 경우에는 실내의 라돈농도를 0.8 pCi/L(약 29.6 Bq/m^3)정도 증가시키는 것으로 추정하고 있다(수중 농도의 1/10,000).

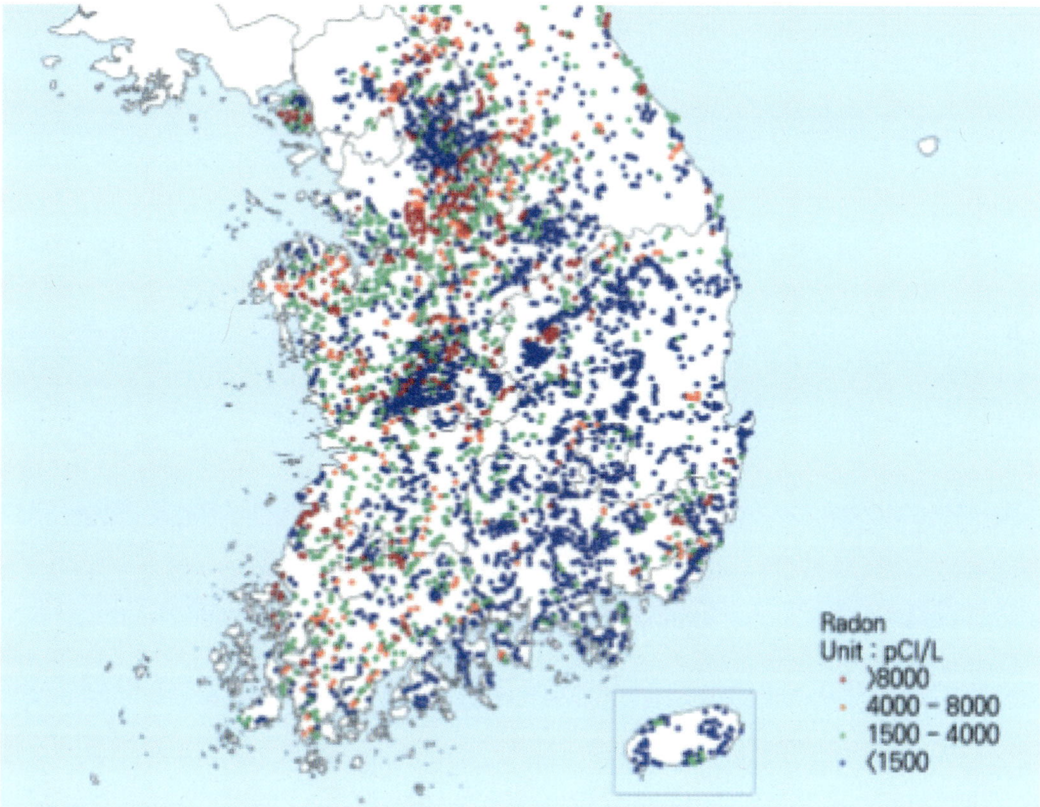

▲ 우리나라 지하수의 라돈농도 분포 현황 * 출처:지하수 중 자연방사성물질 함유실태조사 연구, 국립환경과학원(2015)

라돈 가스가 실내로 유입되는 경로를 살펴보면, 다음 표에서 볼 수 있듯이, 실내 라돈의 대부분은 토양에 존재하는 우라늄에 의해 생성되어, 확산이나 압력차로 인해, 건물 바닥이나 벽의 기공이나 갈라진 틈을 통해 들어온다. 토양에서 라돈의 확산 길이(방사성 붕괴가 진행되기 전에 건조 토양을 통해 이동할 수 있는 평균 거리)가 대략 ^{222}Rn은 약 1.6 m인데 반해 ^{220}Rn은 2 cm에 불과했다(A. B. Tanner, Radon migration in the ground: a supplementary review, in: Natural Radiation Environment III, Technical Information Center/U.S. Department of Energy, Springfield, VA, 1980, p.5~56). 즉 대부분의 ^{220}Rn은 55초의 짧은 반감기로 인하여,

지각 표면에 도달하기 전에 대부분 붕괴한다.

지하수에 녹아있던 라돈이 실내로 유입되기도 하며, 세 번째 실내 라돈 유입 원인은 건축자재이다. 토양과 직접 닿아있지 않은 고층 건물에서도 간혹 라돈이 검출되는데, 이때의 라돈은 주로 건축자재에서 나오는 것으로 보고 있다. 건축자재 중에서도 주로 석고보드에서 라돈이 방출될 수 있는데, 석고보드 중에서도 인산부산 석고를 이용하여 만든 석고보드에서 방출된다. 인산부산 석고는 비료를 만들 때 인광석에서 인산을 뽑아내고 남는 물질로, 라듐과 우라늄의 함량이 높아 라돈이 많이 방출될 수 있다. 또한, 고농도 라듐이 포함된 모래 또는 자갈로 만든 벽돌이나 모래, 콘크리트 등의 건축자재에서도 라돈이 방출되어 실내 공기 중으로 들어올 수 있다. 콘크리트의 경우 라돈의 확산길이는 0.1미터 정도로 알려져 있다.

석고보드

벽돌

콘크리트

▲ 라돈을 방출할 수 있는 대표 건축자재

표 2.5에는 실내로 유입되는 라돈의 발생원과 그 범위를 나타내고 있다. 실내 라돈 침투율의 범위가 넓은 이유는 실내 공간의 형태와 구조 및 생활양식이 다양하기 때문이다. 즉, 바닥재의 형태, 구조 및 틈새나 갈라짐의 정도에 따라 실내로 라돈이 유입되는 정도가 다를 것이며, 지하수를 실내에서 사용하는 방법과 정도에 따라서도 지하수 중의 라돈이 실내 공기 중의 라돈농도에 영향을 끼치는 정도가 다르다. 지하수가 실내 라돈농도 증가에 가장 크게 영향을 미치는 것은 지하수를 직접 실내로 유입시켜 물을 끓이거나 샤워, 세탁 등을 할 때이다. 건축자재 또한 기공의 크기와 밀도에 따라서도 실내 유입률이 다르다.

표 2.6에는 2002년에 다양한 건축자재의 라돈 위험지수를 평가한 자료를 보여주고 있으며, 국내에서는 2014년 실내에서 사용되는 인산부산 석고보드의 높은 라돈 방출이 문제가 되어, 라돈 방출량이 적은 탈황 석고

보드가 주로 사용되고 있어, 최근 사용되고 있는 석고보드의 라돈 위험지수는 훨씬 낮을 것이다. 그러나 그 동안 사용된 많은 양의 인산 석고보드를 포함하여, 실내에서 사용되는 다양한 건축자재에 의한 실내 라돈의 위험성이 상존하고 있다.

표 2.5 실내로 유입되는 라돈의 발생원

발생원		라돈 침투율(Bq/m^3 · h)	
		산술평균	범위
지반토양	확산에 의한 유입	1.7	0.1～200
	압력차에 의한 유입	40	
건축자재		6.4	1～20
대기 중 유입		5	1～10
지하수		0.1	0.001～100
천연가스		0.3	0～1
Total(rounded)		50	2～200

표 2.6 다양한 건축자재에 존재하는 라듐의 양의 예와 라돈 위험지수

*출처 : '국민 방사선위해도 평가 및 전국 실내 라돈 방사능 조사', 2002, 한국원자력안전기술원

건축자재	^{226}Ra 방사능농도(Bq/kg)	위험지수(Harzard Index)
일반벽돌	30.0 ± 12	0.57
적벽돌	36.4 ± 8.3	0.61
타일	58.1 ± 17	0.68
석고보드	271 ± 60	0.91
콘크리트	26.4 ± 0.9	0.48
시멘트	34.5 ± 1.7	0.29
목재	6.47 ± 1.8	0.06
화강석	53.1 ± 32	0.97
모래	28.9 ± 1.5	0.71
속빈블록	14.7 ± 1.0	0.41
황토흙	39.7 ± 2.1	0.83
황토흙 벽돌	33.3 ±1.1	0.74

다음 그림에서는 라돈의 다양한 실내유입 경로를 보여주고 있다.

▲ 라돈의 실내 유입경로 * 출처 : www.priog.org

1.3 라돈의 인체영향

라돈(^{222}Rn)은 중성이라서 어디에 잘 부착되지 않는 불활성인 방사성 기체로 반감기가 3.825일이다. 이는 라돈 원자핵은 약 80%가 8일 이내에 붕괴하면서 5.49 MeV의 에너지를 가진 α입자를 방출하며 폴로늄(^{218}Po)으로 변형하는 붕괴사슬로 이어진다는 것을 의미한다. 라돈의 자손이라고 불리는 붕괴산물은 전하(+)를 띄게 되어 실내공기 속의 미세분진 입자에 부착하고 이런 입자는 호흡을 통하여 폐에 흡입되어 폐의 상피세포에 부착한다. 라돈의 자손 핵종들은 화학적으로 반응성이 높고, 납(^{210}Pb)까지 붕괴하는 동안 1.0 Bq 당 34.620 MeV의 잠재 α에너지와 더불어 β, γ선을 방출한다. 즉 폐에 축적된 라돈과 그 자손 핵종들은 α선을 방출하면서 다른 물질로 변형하게 되는데, 이 α선이 폐세포의 DNA를 파괴하여 폐암을 일으키는 주원인이 된다. 따라서 라돈에 노출되었다는 말은 실제로 라돈 자손핵종에 의한 노출을 의미한다.

즉, 라돈이 사람에게 영향을 끼칠 경우, 라돈 기체 그 자체가 문제일 수도 있지만, 피해는 주로 라돈 기체의 붕괴생성물인 ^{218}Po, ^{214}Pb, ^{214}Bi, ^{214}Po 등의 라돈 자손들로부터 온다. 라돈 자손들은 그 자체로 호흡을 통해 체내에 흡입되면서 폐의 표면점액에 쉽게 부착한다. 또한 라돈 자손들은 고체 상태로서, 라돈 기체에서 만들어진 초기에는 수십 나노미터의 극초미세분진 형태로 존재하게 된다. 지속적인 붕괴과정을 거치며 생성되는 미립자는 입자의 크기가 매우 작으며 양전하로 대전된 상태로 존재하기 때문에, 벽체나 가구 등 접촉 가능한 물질이면 어느 것에든지 부착하려는 성질을 가지고 있으며, 따라서 공기 중의 미세한 수증기 방울, 에어로졸, 부유 분진 또는 호흡성 분진 등의 입자상 실내공기 오염물질과 부착하려 한다. 다양한 물질에 부착된 라돈 자손의 폐내 침적은 폐기도벽 충돌, 침강, 확산 등의 세 가지 요인에 기인하여 체내에 머물러 있다. 또한 라돈 그 자체는 불활성기체이므로 흡입되면, 수십 나노미터의 극초미세분진 형태의 라돈 자손핵종과 더불어 폐포 부위까지 깊숙이 침투되어, 일부는 혈액에 용해되어 전신으로 순환되기도 한다.

다음 그림과 같이 방사성동위원소에서 방사선이 발생하여 생명체와 반응을 하면, 생물정보가 적혀있는 DNA가 방사선에 의해 손상이 된다.

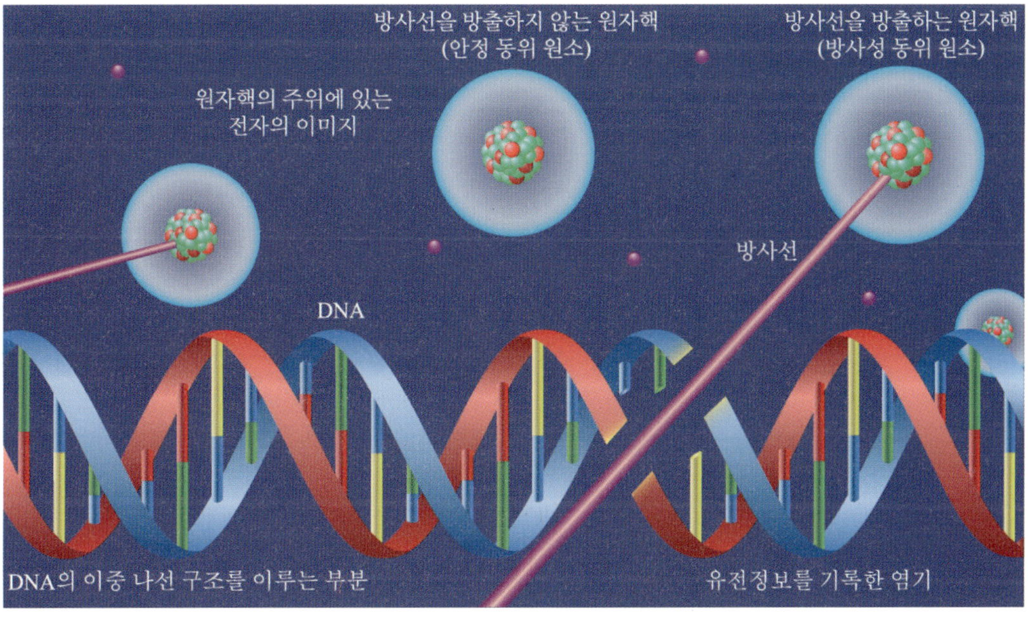

DNA가 직접 절단되어 유전 체계에 이상이 생기며, 세포 내부의 물 분자가 이온화되어 활성산소가 생성되어 생명체에 종양이 생겨 악성으로 발전하고, 결국은 암 등을 발생시키는 것이다. 라돈은 이미 국제암연구소(International Agency for Research on Cancer, IARC)와 미국 국립보건원(National Institutes of Health, NIH) 산하의 국립독성프로그램(National Toxicology Program, NTP) 등에서 일급 발암물질로 규정되어 있다. 또한 북유럽 국가(스웨덴, 노르웨이 등)들과 같이 지질적으로 화강암과 화성암이 풍부한 나라의 광산에서 작업한 광부들이 상대적으로 폐암에 많이 걸린다는 것을 알게 되었으며, 그 원인을 조사하는 가운데 라돈이 흡연과 마찬가지로 폐암의 한 가지 원인이 될 수 있다고 생각한 것이다. 즉 다양한 역학조사와 다수의 동물실험 및 생물학적으로 암 발생 메커니즘의 타당성이 규명되었다.

다음 그림에서 볼 수 있듯이 실내에 존재하는 다양한 오염물 중에서 라돈과 담배연기는 위해도가 높고 오차 범위도 작다. 위해도 평가에 대한 오차가 작은 이유는 1945년 원자폭탄의 사용과 원자력 발전의 확산으로 수 십 년 동안 방사선 피폭자와 방사선 작업자, 우라늄 광산 작업자에 대한 역학 조사 및 다수의 동물실험을 통해 수많은 연구가 이루어졌기 때문이며, 흡연 또한 수많은 소송 등으로 다양한 연구가 오랜 기간 수행되었기 때문이다. 석면은 직업적으로 석면을 다루지 않는 일반인에게는 그 노출 수준이 매우 낮으며(라돈에 의한 피해가 3만 배 더 높다는 의견이 많음), 실내의 휘발성 유기화합물에 대한 위험 수준은 아직도 그 위해도의 오차 범위가 넓어(전문가 마다 의견이 다름) 지속적인 연구와 조사가 필요하다.

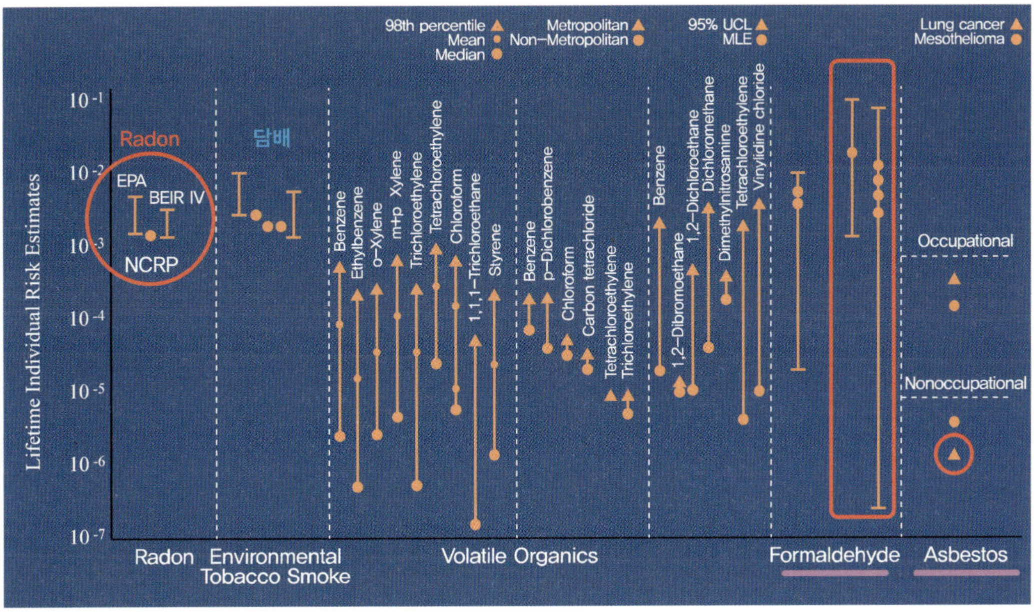

▲ 실내 오염 물질의 위해도 비교(Indoor Air Quality & Control, Anthony L.Hines 등)

EPA : The United States Environmental Protection Agency, MLE : Maximum Likelihood Estimation,
BEIR : Committee on the Biological Effects of Ionizing Radiation, UCL : Upper Control Limit,
NCRP : The National Council on Radiation Protection and Measurements

1.4 라돈의 위해도와 관리 기준

세계보건기구(WHO)는 라돈을 가장 중요한 환경 방사선원이자, 흡연 다음의 폐암 유발원인으로 평가하고 있다. 또한 2005년 라돈의 건강 위험성에 대한 인식을 확산하고 주택 내 라돈오염도 저감을 위한 국제 라돈프로젝트를 착수하였으며, WHO는 2009년 보고서를 통해 라돈은 담배에 이어 두 번째로 폐암 발병에 영향을 미치는 것으로 조사됐다며, “국가마다 차이는 있으나 라돈이 폐암 발병의 원인이 되는 범위는 3~14%에 달한다.”고 밝혔다. 특히 WHO는 “최근 과학적인 연구 자료를 토대로, 실내 라돈 방출이 건강에 미치는 영향을 최소화하기 위해 허용 기준치를 100 Bq/m^3로 낮출 것을 권고한다.”며 그 기준치를 10배 강화했다. “만약 각국의 사정상 이 기준을 맞출 수 없는 경우에도 300 Bq/m^3를 넘지 말아야 한다."고 밝혔다. 지난 1996년 WHO 보고서에서 제시한 기준치는 1000 Bq/m^{3}였다.

국내에서는 1990년대 이후, 한국원자력안전기술원, 국립환경과학원, 지질자원연구원과 일부 대학 등에서 토양, 지하수, 공공시설, 주택 등의 라돈 조사를 시작한 이래, 라돈에 대한 관심이 지속적으로 증가하였다. 현재 국내에서의 라돈 관리의 문제점과 한계는, 실내공간에 대한 적극적인 라돈 관리 규정이 미흡한데 있다. "다중이용시설 등의 실내공기질 관리법"과 "학교보건법"에서는 라돈을 4 pCi/l 이하로 관리토록 권고하고 있으나, 기준 초과 시 조치 의무에 대한 규정은 미비하다. 또한 공공시설보다 오염도가 높은 주택에는 기준이 설정되어 있지 않으며, 특히 고위험 지역 및 건축물에 대한 관리 체계 수립 또한 요구되고 있다. 이를 위하여 현재 정부와 전문가 그룹은 전국적인 조사는 물론, 라돈 위험성에 대한 인식 확산을 위한 적극적인 홍보와 교육 및 인증 등 국가 라돈 관리 체계를 구축하기 위해 노력하고 있으며, 지하 환경 근로자에 대한 관리의 필요성도 인식되고 있다.

미국 EPA(Environmental Protection Agency, 환경보호청)에 의하면, 폐암 사망 원인의 두 번째로서, 미국인의 연간 폐암 사망자의 10% 이상인 약 20,000명 정도가 라돈자손 핵종의 누적폭로에 의한 것이며, 이는 대기오염에 의한 사망위험보다 10배 이상 높으며 음주운전에 의한 사망자 숫자보다 더 높다고 한다.

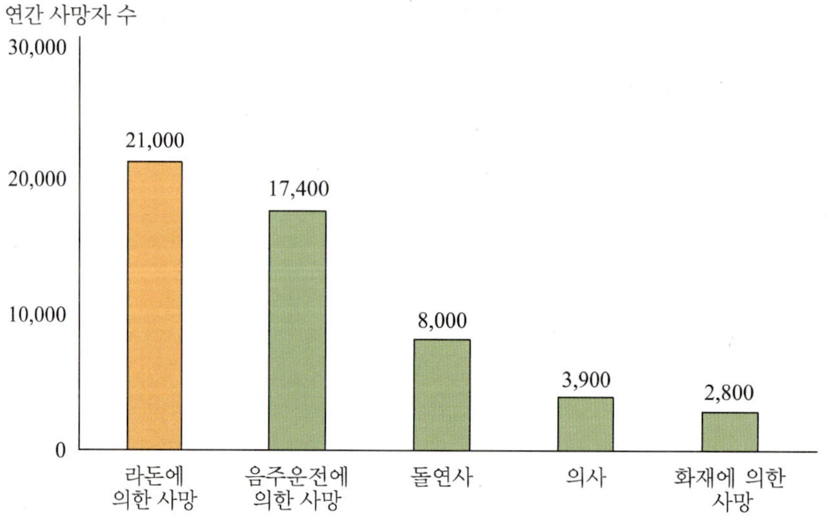

▲ 라돈 및 사고에 의한 연간 사망자 수. * 출처 : EPA Assessment of Risk from Radon in Homes(EPA 402-R-03-003)

오늘날과 같은 고도의 산업기술 및 정보사회에서 대부분의 우리 생활은 실내에서 영위되고 있다고 해도 과언이 아니다. 다시 말해서 주간에는 직장이라는 실내공간에서, 야간에는 가정이라는 실내공간에서 우리의 생활이 대부분 이루어지고 있다. 따라서 라돈의 위험은 실내에 들어온 라돈의 농도에 비례할 것이다. 미국 환경보호청이 국민을 대상으로 라돈문제를 홍보하기 위해 발간한 자료 "라돈에 대한 시민안내서(A Citizen's Guide to Radon)"에 따르면, 미국과 한국의 기준치인 4 pCi/l 또는 148 Bq/m^3(1 Bq/m^3은 1 입방미터의 공기 중에 라돈의 원자핵이 1초에 1개씩 핵붕괴를 하는 것을 의미)의 라돈농도가 일정하게 지속적으로 유지되는 실내공간에서 평생 동안 생활하면 흡연자인 경우 1,000명 중 약 62명(6.2%)이 폐암의 위험이 있다고 한다(비흡연자는 이의 1/10). 즉, 미국 보건당국은 라돈이 미국에서 폐암을 유발시키는 제 2의 원인제공자임을 경고하고 있다. 즉, 라돈에 의한 폐암 발생확률은 우리가 살아가는 동안 얼마나 많은 라돈을 호흡했느냐에 관계되므로 우리의 주거환경에서 라돈의 농도를 가능하면 낮추는 노력을 해야 할 것이다.

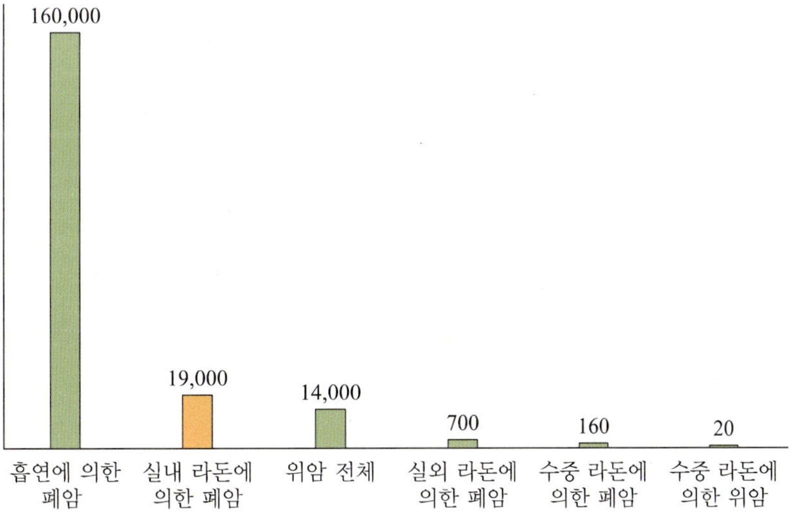

▲ 미국 내 폐암 및 위암에 의한 연간 사망자 수. * 출처 : EPA Assessment of Risk from Radon in Homes(EPA 402-R-03-003)

표 2.7 **흡연자의 경우 라돈에 의한 인체적 영향.** * 출처 : EPA Assessment of Risk from Radon in Homes(EPA 402-R-03-003)

라돈농도	폐암 발생률 (1,000명당)	기타 사고와의 위험도 비교	조치사항 (금연 후)
20 pCi/l	260명	익사사고 위험의 250배	즉시 주택 수리
10 pCi/l	150명	화재사고의 200배	즉시 주택 수리
8 pCi/l	120명	돌연사의 30배	즉시 주택 수리
4 pCi/l	62명	자동차 사고의 5배	즉시 주택 수리
2 pCi/l	32명	독성물질에 의한 사고의 6배	주택 수리를 고려
1.3 pCi/l	20명	평균 실내 라돈 농도	현재 농도 유지
0.4 pCi/l	3명	평균 실외 라돈 농도	

표 2.8 **비흡연자의 경우 라돈에 의한 인체적 영향.** * 출처 : EPA Assessment of Risk from Radon in Homes(EPA 402-R-03-003)

라돈농도	폐암 발생률 (1,000명당)	기타 사고와의 위험도 비교	조치사항 (금연 후)
20 pCi/l	36명	익사사고 위험의 35배	즉시 주택 수리
10 pCi/l	18명	화재사고의 20배	즉시 주택 수리
8 pCi/l	15명	돌연사의 4배	즉시 주택 수리
4 pCi/l	7명	자동차 사고의 1배	즉시 주택 수리
2 pCi/l	4명	독성물질에 의한 사고의 1배	주택 수리를 고려
1.3 pCi/l	2명	평균 실내 라돈 농도	현재 농도 유지
0.4 pCi/l	-	평균 실외 라돈 농도	

미국 환경보호청(EPA)은 건물 보수가 필요한 조치기준으로 148 Bq/m^3(4 pCi/L)를 정하고 있으며, 74～148 Bq/m^3(2～4 pCi/L)의 경우도 가급적 보수 조치를 권장하고 있다. 미국에서는 많은 지역에서 가옥을 매매할 때도 실내 라돈이 문제가 없다는 것을 첨부해야 하며, 외국인이 한국 내에서 건물을 매입할 때도 실내 라돈 농도를 측정하고, 미국의 슈퍼마켓에서 라돈 측정 키트를 판매할 정도로 실내 라돈 농도 수준을 파악하는 것이 생활화되어 있다.

미국에서 주택을 거래할 때 거래 계약체결 전에 주택 판매자가 의무적으로 해당 주택의 라돈 정보를 제공하도록 하고 있다. 공개해야 하는 정보는 다음과 같다.

① 판매 대상 주택의 라돈농도 확인 여부
② 1회 이상의 실내 라돈 측정경험 유무
③ 실내 라돈농도 측정기록
④ 저감 시공한 주택일 경우 관련 정보

판매자가 해당 주택의 라돈정보를 제공하지 않아 피해가 발생한 경우, 구매자는 민사소송을 통해 보상받을 수 있다.

또한 각종 홍보 책자나 홈페이지 등을 통해 건물 내 라돈 측정 및 오염도에 따른 조치를 권장하는 등 적극적인 홍보활동을 전개하고 있다.

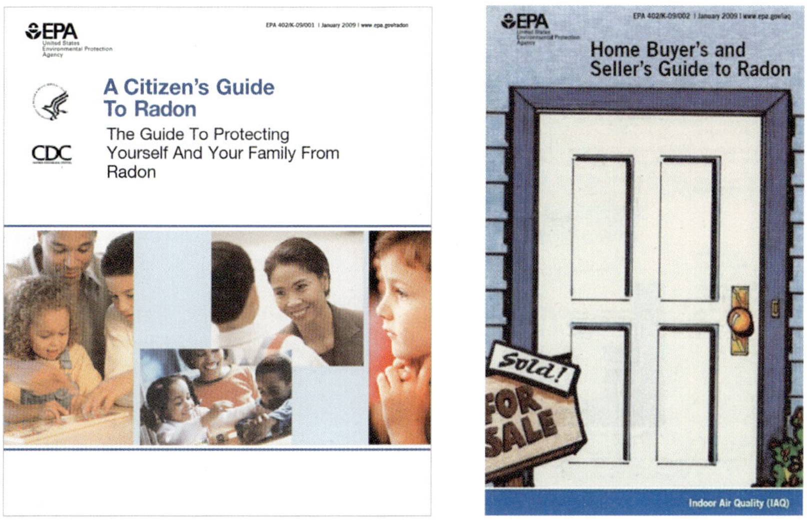

▲ 미국 EPA의 일반인 대상 라돈 가이드와 주택 구매자와 판매자 대상 라돈 가이드

한국인에게서 많이 발병하는 3대 암 중에서 위암은 감소 추세에 있지만 2015년도 통계청 국내 사망원인을 보면 우리나라의 3대 암 중 폐암사망자가 매년 증가하고 있으며, 지난 10년 동안에는 27.1%까지 증가하였으며, 폐암사망자는 15,867명으로서 사망률 1위를 차지하고 있는 것으로 나타났다. 이 중 10% 내외는 라돈으로 인한 사망일 가능성이 커서 그 관리의 필요성이 증대되고 있다. 2014년 한국환경정책평가연구원의 보고서, '라돈의 실내 공기질 규제에 따른 위해저감 효과 및 건강편익 산정'에 따르면 국내 노출 시나리오에 기초하여 실내 라돈으로 인한 초과폐암사망은 연간 총 1,968명으로 전체 폐암사망 가운데 12% 이상으로 추정되고 있다. 이는 국내 연평균 음주운전 사망자가 500여명인 것과 비교하면 4배에 이르는 매우 높은 숫자이다. 이 보고서는 또한 실내 라돈으로 인한 초

과폐암사망에 따른 사회경제적 손실비용은, 의료손실비용으로는 총 1,789억 원/년, 통계적 인간생명가치로 환산한 값은 1조 2,083억 원/년으로 추정하고, 장기적으로는 관리기준을 보다 엄격한 수준(74 Bq/m^3 또는 2 pCi/L)으로 상향하는 것이 국민건강 보호를 위해서 필요한 조치라고 권고하고 있다.

국내에서 보고되는 실내 라돈 농도는 국외에서 보고되는 수치에 비해 비교적 높은 수준이며, 2000년도 OECD국가들의 실내 라돈 농도값 전체 평균은 39 Bq/m^{3}이며, 우리나라는 53 Bq/m^{3}으로 보고되었다. 또한, 2009년도 환경부에서 실시한 한국의 전국 실내 라돈 농도 조사결과, 연평균 실내 라돈의 전체 산술평균은 2009년에는 79.3 Bq/m^3, 2012년에는 124.9 Bq/m^{3}로 조사되었다. 조사 시기와 방법에 따라 평균 농도는 항상 변화할 수 있지만, 한국은 라돈의 관리가 반드시 필요한 국가인 것을 알 수 있다.

예제

우리나라의 다중이용시설 기준치와 미국의 실내 권고치인 4 pCi/l는 몇 Bq/m^{3}이며, 이는 몇 g/m^{3}인지 환산하여 보아라.

풀이 1 Ci는 3.7×10^{10} Bq에 해당하므로, 1 pCi/l는 다음 과정을 통해 37 Bq/m^{3}가 된다.

$$\frac{pCi}{l} \times \frac{10^{-12}Ci}{l} \times \frac{3.7\times 10^{10}Bq}{1\,Ci} \times \frac{10^3\,l}{1\,m^3} = 37\,\frac{Bq}{m^3}$$

즉, 권고치인 4 pCi/l는 148 Bq/m^{3}과 같은 양이다.

베크렐로 표현되는 방사능, D는 붕괴상수 $\lambda\left(=\frac{0.693}{\text{반감기(초)}}\right)$와 방사성 핵종의 원자수의 곱(N)으로 표현된다.

$D(Bq) = \lambda \times N$, 라돈의 반감기는 3.82일이며 라돈의 질량수는 222이다.

따라서, $148Bq = \frac{0.692}{3.82\text{일} \times 24(\text{시간/일}) \times 3600(\text{초/시간})} \times N$

위에서 $N = 70{,}588{,}300$ 개

라돈 1몰(6×10^{23}개)은 222 g이므로, 70,588,300개의 라돈은 2.6×10^{-14} g이 된다.

즉, 라돈의 기준치인 148 Bq/m^3(=4 pCi/l)을 환산하면 2.6×10^{-14} g/m^{3}가 된다. 즉, 실내에 물리, 화학적으로는 거의 존재하지 않는 것 같은 물질이지만 방사능이기에 우리에게 큰 피해를 주고 있다.

다음 표에서는 여러 국제기구의 라돈 관리를 위한 권고기준을 보여주고 있다.

표 2.9 국제기구의 라돈 관리를 위한 권고기준

<table>
<tr><th>국가</th><th>기존 건물</th><th>신축 건물</th><th>국가</th><th>기존 건물</th><th>신축 건물</th></tr>
<tr><td>WHO</td><td colspan="2">100</td><td>캐나다</td><td colspan="2">200</td></tr>
<tr><td>ICRP</td><td colspan="2">300</td><td>스웨덴</td><td colspan="2">200</td></tr>
<tr><td>한국</td><td colspan="2">148</td><td>벨기에</td><td>400</td><td>200</td></tr>
<tr><td>독일</td><td>100</td><td>100</td><td>노르웨이</td><td>200</td><td>200</td></tr>
<tr><td>미국</td><td colspan="2">148</td><td>체코</td><td>400</td><td>200</td></tr>
<tr><td>영국</td><td>200</td><td>100</td><td>핀란드</td><td>400</td><td>200</td></tr>
</table>

권고기준, 의무기준

최근 미국 암 협회에서는 19년 동안 약 14만 명의 미국인의 생활환경 및 건강 정보를 수집하여 분석한 결과 라돈 농도가 높은 지역에 살고 있는 여성이 농도가 낮은 지역에 살고 있는 여성에 비해 백혈병, 림프종, 골수종을 포함하는 혈액암에 걸릴 가능성이 약 63% 더 높다는 분석이 나왔다. 반면 남성들에게서는 여성의 경우와 유사한 결과를 찾을 수가 없었다. 이에 연구진은 실내활동이 많은 여성들을 대상으로 집안에서의 라돈 위험을 완화하기 위한 공중보건 활동을 강화해야한다고 이야기 하고 있다(Residential radon exposure and risk of incident hematologic malignancies in the Cancer Prevention Study-II Nutrition Cohort Environment Research, 148, 46-54, 2016). 그 이유는 앞에서도 설명하였지만, 라돈 그 자체는 불활성기체이므로 흡입되면, 수십 나노미터의 극초미세분진 형태의 라돈 자손핵종과 더불어 폐포 부위까지 깊숙이 침투되어, 일부는 혈액에 용해되어 전신으로 순환되기 때문인 것으로 설명할 수 있다.

스위스에서는 악성 흑색종 피부암으로 사망한 사람들을 조사한 결과, 실내 라돈 가스가 악성 흑색종에 영향을 준다는 사실을 알아냈으며 연령대에 따라 피부암 상대 위험도가 달라진다는 것을 밝혀냈다. 30대는 라돈 농도가 100 Bq/m^3 증가할 때 위험율이 50% 증가하고, 60대는 16% 증가한다고 한다(Effects of Radon and UV Exposure on Skin and Cancer Mortality in Switzerland, Swiss Tropical and Public Health Institute, June, 2017).

1.5 라돈의 분포

라돈에 의한 잠재적 위험을 파악하기 위해서는 전국 단위의 라돈지도를 그려서 그 정보를 제공하여 주면 유용할 것이다. 이를 위해 선진국에서는 미국이 가장 최초로, 구체적이고 합리적으로 국가 라돈지도를 확보하였으며, 지금도 계속 민간 주도로 그 지도를 더욱 세분화 구체화시키고 있다.

라돈은 미국에서 1984년 펜실베니아, 뉴저지, 뉴욕 등 전국적인 관심을 받게 되며, 1985년에 미국 환경청(Environmental Protection Agency, EPA)은 라돈 프로그램을 확립하여 폐암의 위험성을 줄이기 위한 노력을 시작하였다.

1985년부터 미국 EPA와 미국 지질조사본부(U.S Geological Survey, USGS)는 실내 라돈 농도가 증가하는 원인을 파악하기 위해 라돈의 발생원을 찾아내기 위해 협력해왔다. 협력의 일환으로 1987년에 "잠재적 라돈 고농도 지역"이라는 지도를 작성하였으나, 실내 라돈 측정 데이터가 적어 매우 제한된 정보만을 제공하는 형태였다. 현재 미국 EPA에서 보유하고 있는 라돈지도는 미국지질조사본부의 전국 지질 라돈 지도를 배경으로 하여, 6년 동안의 거주지 라돈 조사, 각 주(state)에서 실시한 거주지 조사, 지질학적 정보, 특히 전국 우라늄 발생원 평가 사업으로부터 얻은 정보 등을 이용하여 개발했다.

EPA는 라돈지도의 활용에 대해 다음과 같이 안내하고 있다. 라돈지도는 일반인들에게 지역 내 라돈 정보를 제공하고, 라돈으로부터 기인할 수 있는 위험성을 알려, 스스로 회피할 수 있도록 도와주기 위한 자료로, 건물 측정 여부를 가늠하는 기준이 되어서는 안된다. 미국 라돈지도는 건축기준에서 라돈 저감시공을 적용할 최우선 지역을 설정하는 데에 도움을 주기 위해 착안되었다. 미국 EPA는 모든 거주자들로 하여금 카운티에 적용된 구역에 상관없이 자신들이 거주하는 집안 내에 존재할 수 있는 라돈 측정을 권고하고 있다.

미국 지질조사본부에서 360개의 지질학적 지역을 대상으로 하여 라돈 농도를 측정하였고, 각 구역은 잠재적 라돈 농도에 영향을 미칠 수 있는 중요한 다섯 요소들의 평가를 통해 작성되었다.

- 실내 라돈농도
- 지질학적 구조(암석학)
- 대기 중 방사능농도
- 토양 특성(습도, 투과성, 배수특성)
- 건물 유형(지하실 존재 여부, 기초 유형)

① 실내 라돈농도

실내 라돈농도 측정은 8개 주에서 이미 주 차원에서 라돈 농도를 측정(40,000 가구)하였으므로. 나머지 42개 주를 대상으로 실내 라돈 농도를 측정하기 위해 60,000 가구를 전화 연결하여 무작위로 선정하였다. 거주하고 있는 곳의 가장 낮은 생활공간 층에서 측정하도록 하였고, 측정 방법은 활성탄 캐니스터를 이용하여 2~7일 동안 시료를 채취하여 NaI 감마선 검출기를 이용하여 계수 및 분석하였다.

② 대기 중 방사능(감마선 측정)

대기 중에 존재하는 방사능은 암석과 토양의 방사능을 정량화하기 위한 목적으로 사용되며, 감마선 분광계가 장착된 비행기를 이용하여 지상 122 m 상공에서 측정하였다. 본 방법은 단기간에 광범위한 지역의 방사능을 측정할 수 있기 때문에, 매우 유용하게 사용된다. 평형상태의 우라늄(eU)을 측정하는 방법을 이용하였고, 3 ppm eU는 약 1 pCi/g of ^{226}Ra과 상응하는 수치이다. 하지만 대기 중 감마선은 토양의 특성에 따라 대기 중으로 방출되는 정도가 다를 수 있기 때문에, 어디까지나 예측하는 용도로만 사용될 뿐 실질적으로는 토양 내에 존재하는 라듐과 우라늄 농도에 가중을 두어 분석해야 한다.

③ 지질구조(암석학)

지질구조는 어떤 암석이 지하 지층에 존재하는지 여부를 파악하여, 라돈의 발생 가능성을 추측하기 위해 조사하였다.

- 탄소계 흑셰일(Carbonaceous black shale)
- 해록석함유 사암(Glauconite-bearing sandstone)
- 퇴적사암(Fluvial sandstone/퇴적물(Fluvial sediment)
- 인광석(Phosphorites)
- 백색 연토질 석회암(Chalk)
- 탄산염암(Carbonate rocks)
- 빙하퇴적물(Glacial deposits)
- 보크사이트(Bauxite)
- 우라늄 함량이 높은 화강암(Uranium-rich granitic rocks)
- 화강암계 변성암(Metamorphic rocks of granitic composition)
- 규산화물을 많이 함유하는 화산암(Silica-rich volcanic rocks)

그 외 우라늄과 라듐 농도가 높은 암석을 함유하는지의 여부에 따라 Negative와 Positive로 구분하며, 지역 내 지질 구조에 언급한 암석이 간헐적으로 분포할 경우에는 Variable로 표시한다.

④ 토양 조사

토양 조사는 주로 토양의 두께, 토양의 입자 사이즈 분포현황, 투과성, 팽창-수축 정도, 식생커버, 일반적인 지하수의 특성, 토양의 사용용도 등을 다방면으로 분석하는 방법이 도입되어야 한다. 하지만 이 지도 작성에 있어서는 토양의 투과성을 고려하여 적용하였다. 토양 내 수분은 가스 투과성에 영향을 미치기 때문에, 수분이 높은 지역 즉, 강이나 계곡, 해변 등은 상대적으로 실내 라돈농도가 낮은 경향을 보인다. 팽창-수축 정도는 건물 기초가 갈라지는 정도에 영향을 미치고, 건물이 갈라지게 되면 그 틈을 통해 라돈 가스가 실내로 유입될 수 있는 확률이 크기 때문에 필요한 조사이다.

토양의 투과성은 시간당 투과되는 거리를 기준으로 나타낸다(inches per hour, in/hr). 0.6 in/hr를 기준으로 하여 투과성이 높고 낮음을 구분한다.

⑤ 건축 유형

건축 유형은 건물 밑에 지하실이 존재하는지, 슬라브 형태로 되어있는지, 혹은 바닥 아래 공간(crawl space)의 존재 여부에 따라 구분한다.

- 라돈 지수화(Radon Indexation)

라돈 구역을 구분 짓기 위해 점수화하는 체계를 적용하였고, 계산하는 방식은 다음과 같다.

표 2.10 5가지 항목에 따른 라돈지수 선정과정(Radon Index, RI)

Factor	점수		
	1	2	3
평균 실내라돈농도	< 74 Bq/m^3	74～148 Bq/m^3	> 148 Bq/m^3
공기 중 방사능	< 1.5 ppm eU	1.5～2.5 ppm eU	> 2.5 ppm eU
지질*	negative	variable	positive
토양 투과성	낮음	중간	높음
건축 유형	콘크리트 바닥 구조물(slab)	혼합	지하실

표 2.11 지역 내 평균 실내라돈 농도에 따른 평가

라돈위험군	점수 폭	지역 내 평균 실내라돈
낮음	3～8 점	< 74 Bq/m^3
중간/변동가능	9～11 점	74～148 Bq/m^3
높음	12～17 점	> 148 Bq/m^3

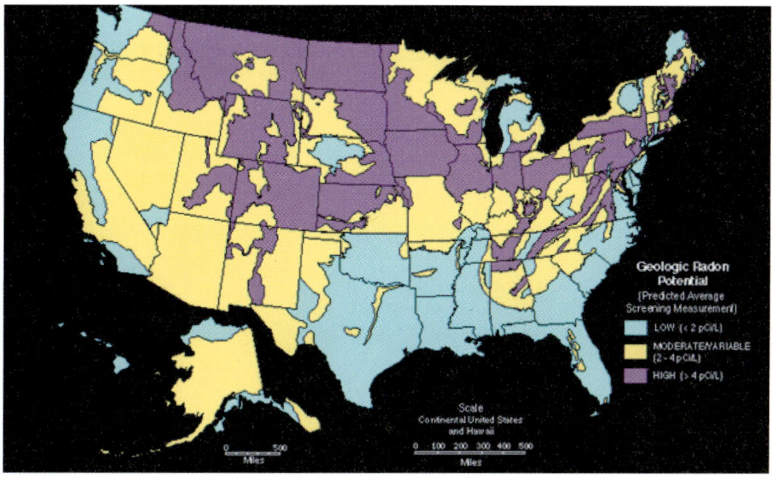

▲ 미국 지질조사 본부(USGS)의 지질학적 라돈 잠재 분포도

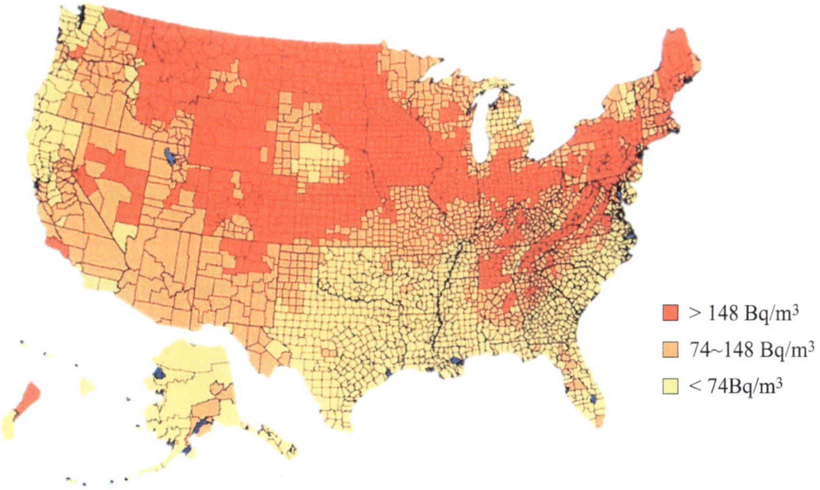

▲ 미국 EPA 라돈 지도(2012)

미국 EPA는 3,141개의 카운티를 3개의 구역(zone)으로 분류하여 관리하고 있다.

- Zone 1 : 예상되는 실내 라돈 농도가 148 Bq/m^3 이상
- Zone 2 : 예상되는 실내 라돈 농도가 74～148 Bq/m^3
- Zone 3 : 예상되는 실내 라돈 농도가 74 Bq/m^3 이하

영국에서는 수동형 라돈 검출기를 사용하여, 총 402,000 가옥의 침실과 거실에서 라돈 농도를 조사하여, 1 km 격자로 라돈 농도 분포 지도를 작성하였으며, 유럽 공동 연구를 통해 유럽 대부분 지역의 라돈 농도를 어느 정도 파악하여 개략적인 라돈지도를 확보하였다.

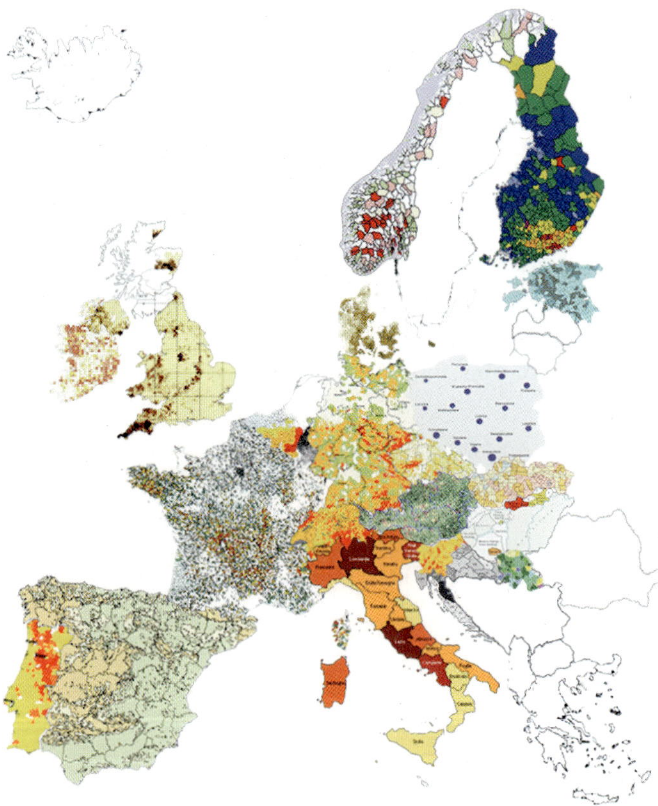

국내에서는 1990년 대 부터 일부 연구자와 연구기관이 간헐적으로 라돈을 측정하였으나, 1999년부터 2000년까지 수동형 계측기를 사용하여 전국 6개 대도시와 9개 도 지역의 3,000지점(가옥 : 2,500, 공공건물 : 500)

에 걸쳐, 의미 있는 국내 생활공간의 라돈 농도를 측정하였다('국민 방사선위해도 평가 및 전국 실내 라돈방사능 조사', 2002, 한국원자력안전기술원). 이러한 데이터에 의하면, 국내 실내 환경 중의 라돈 평균 농도는 55.5 Bq/m^{3}정도로서 세계 평균보다 높은 것으로 알려져 있다. 그러나 최근 환경부에서의 국내 실내 환경 중의 라돈 조사 결과, 국내 생활환경 중의 라돈 농도가 55.5 Bq/m^{3}보다 더 높은 수준(124.9 Bq/m^3)으로 나타나 라돈 관리 정책 수립의 필요성이 더욱 크게 대두되고 있다.

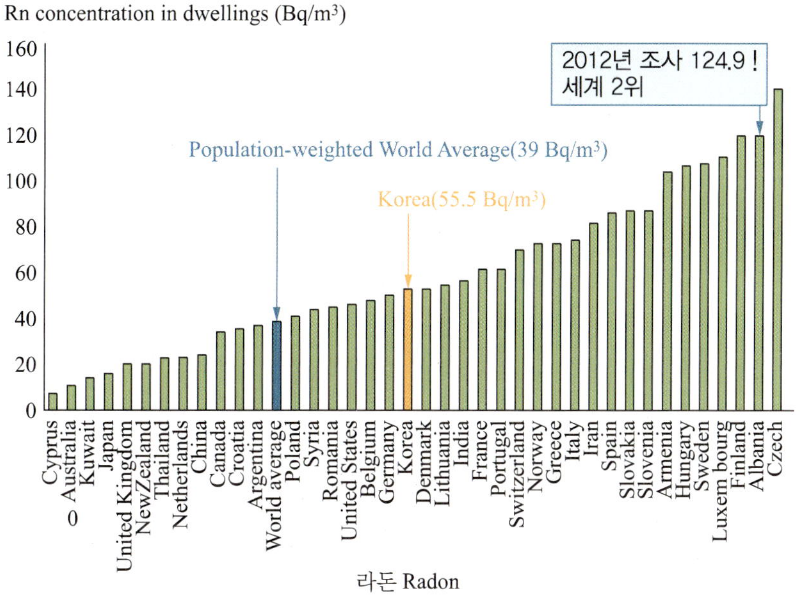

환경부에서는 실내 라돈 관리 종합 대책의 일환으로 2011년부터 국내 여러 지역의 주택을 대상으로 라돈 농도를 조사하고 있다. 다음 표에서 그 일부 결과를 볼 수 있으며, 주로 겨울철에 측정한 결과이긴 하지만, 세계 평균보다 훨씬 높은 수준을 보여주고 있다.

표 2.12 전국 주택 실내 라돈 현황

조사명	시료수(개)	실내라돈농도 산술평균(Bq/m^3)	중앙값 (Bq/m^3)
전국 주택 라돈 조사 (2013∼2014년)	6,648	102	68
전국 주택 라돈 조사 (2011∼2012년)	7,885	124	85

표 2.13 주택 유형별 주택 실내라돈 현황(2013~2014년 기준)

조사명	시료수(개)	실내라돈농도 산술평균(Bq/m^3)	중앙값 (Bq/m^3)
단독주택	3,440	134	90
연립·다세대	1,595	79	62
아파트	1,613	56	48
전체	6,648	102	68

위의 결과와 같이 전국 실내라돈조사 결과를 바탕으로 행정구역별 라돈농도의 평균을 수치에 따라 등급화하여 작성한 국내 라돈지도는 생활환경정보센터를 통해 국민에게 공개되고 있으며, 2012년 주택평균 라돈농도를 토대로 작성한 국내 라돈지도는 아래와 같다.

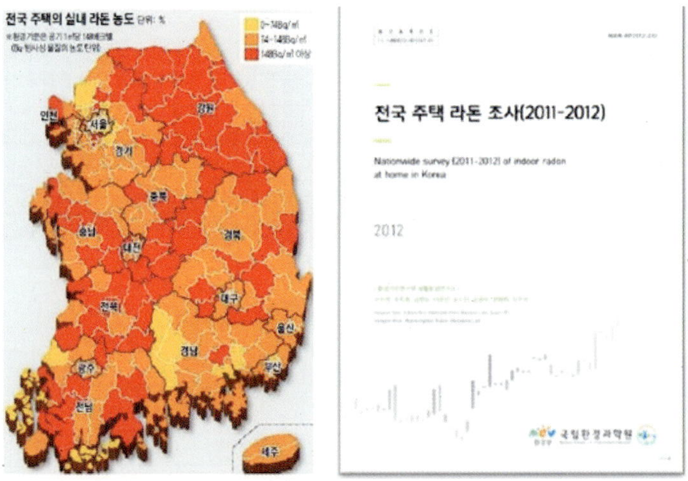

▲ 국내 라돈지도(생활환경정보센터, 2012)

국회 환경노동위원회 소속 장하나 민주당 의원은 환경부 산하 국립환경과학원으로부터 '전국 실내 라돈조사' 자료를 분석한 결과 이 같은 결과를 얻었다고 14일 밝혔다.
장의원에 따르면 조사대상 7885개 주택 가운데 3244개 주택(41%)에서 100베크렐 이상의 라돈농도가 검출된 것으로 집계됐다. 학교의 경우에도 조사대상 661개 중 27%에 이르는 177개가 100베크렐 이상으로 조사됐다. 특히 강원도 내 77개 초등학교의 연평균 라돈 검출량은 156.83베크렐로, 2위를 기록한 체코의 140베크렐 보다 훨씬 높았다.

국내 라돈지도를 토대로 봤을 때 200 Bq/m^3 이상 높은 라돈농도 평균값을 갖는 지역은 강원도이며 뒤이어 충남, 전북, 대전광역시가 라돈 기준농도인 148 Bq/m^3 이상 농도 값을 나타내었다.

그러나 위의 국내 라돈지도는 그 데이터의 개수가 충분치 않고, 표면방사선, 지질학적 요인, 토양과 지하수 등 3차원적인 조사가 동시에 이뤄지지 않아 간접적인 참고 자료이며, 대한민국은 그 국토의 면적이 작아, 미국 라돈지도의 가장 빨간 고농도 지역으로 인정된다. 즉, 서울, 경기, 충북 지역에서도 자주 고농도 지점이 파악되고 있으며, 경상도와 제주도 또한 라돈으로부터 안전하다고 볼 수가 없다. 즉, 라돈은 우라늄이 작은 국토 여기 저기 분포하고 있어 특정 지역만의 문제가 아니며, 우리 모두가 항상 감시하여야하고 진단하여 관리하여야 할 실내의 중요한 오염물질인 것이다.

2012년 결과를 자세히 살펴보면, 총 1,752호(22.2%)가 다중이용시설의 라돈 권고 기준인 148 Bq/m^{3}를 초과하였으며, 이를 주택 유형별로 살펴보면, 단독주택은 33.3%, 연립다세대 주택은 14.4%, 아파트는 5.9% 초과한 수치이다(아래 표 참고). 한국원자력안전기술원의 2002년 보고서에서도 아파트가 4% 내외 초과했다는 결과를 나타내었다.

표 2.14 주택 유형별 주택 실내 라돈 현황

구분	시료수(개)	초과율(%)	실내라돈농도평 (Bq/m^3)
단독주택	4,203	33.0	156.9
연립·다세대	1,744	14.4	103.3
아파트	1,938	5.9	75.0
전체	7,885	22.2	124.9

※ 다중이용시설 권고기준(148 Bq/m^3) 대비

라돈은 대부분 주변 토양을 통해 유입되지만, 고층에서도 높은 농도가 존재하는 이유는 건축자재 중에서 주로 콘크리트의 원료로 사용되는 골재나 자갈, 석고보드, 화강석, 흙 등의 토양에서 그 재료를 채취하거나 그것을 원료로 제조되는 건축자재가 원인인 것으로 알려져 있다. 총 질량 측면에서 실내의 대부분을 차지하는 콘크리트 또는 골재나 자갈 등의 라돈 방출량 평가는 매우 중요하며, 석고보드는 사용 무게는 많지 않으나 실내의 가장 최종 표면에 사용되므로 실내 라돈 농도 상승에 중요하게 영향을 미칠 수 있어 반드시 라돈 방출량을 확인하고 사용할 것을 권장한다. 우리나라는 국민의 반 이상이 공동주택에서 생활하고 있으므로, 국민

들의 라돈에 의한 건강 피해를 줄이기 위해서는, 건축자재의 라돈 방출 관리가 매우 중요하다. 또한 연돌효과에 의해 저층부 라돈이 고층으로 이동하여 고층부에 존재할 수도 있는 것으로 파악되고 있다.

특히 황토는 실내 건축자재로서는 기공이 풍부하여 온습도 조절 등 기능면에서 훌륭하고 우리에게 친환경적이고 건강에 좋은 것으로 많이 알려져 있지만, 그 원산지에 따라 황토 내에 우라늄 함량이 많다면, 다공성으로 인하여 의도치 않게 라돈 방출율이 높을 수 있으므로, 실내에 사용하기 전에 라돈 방출량을 파악하고 사용하는 것이 중요하다.

라돈을 많이 방출하는 건축자제가 이미 실내에 다량 사용되어 그 제거나 교환이 어려울 때에는, 물리적으로 라돈을 차단하거나 적절한 환기가 중요하며 이는 뒤 장의 라돈 관리에서 자세하게 다룰 것이다.

02 라돈의 측정

라돈은 그 붕괴 과정 중에 알파와 베타 입자와 감마선을 방출하므로 라돈을 측정한다는 것은 상기한 세 가지 방사선을 계측하는 것이다. 또한 라돈에서 방출하는 세 가지 방사선이 반응하는 대상의 종류가 기체, 액체, 고체 등, 다양하므로 측정 방법 또한 다양하다. 즉, 공기 중 또는 물속에 존재하는 라돈을 측정한다는 것은, 라돈과 그 자손핵종에서 방출하는 알파, 베타, 감마를 측정하는 것이고, 이렇게 방출되는 알파, 베타, 감마라는 방사선이 기체, 액체, 고체와 반응하여 방출되는 신호와 흔적을 관찰하여 평가하는 것이다. 비교적 상세한 내용은 Chapter 3 기초 핵 과학의 '04 방사선의 검출과 측정' 내용을 참고하기 바란다.

샘플링 및 측정 방법에 따라 라돈 측정 장비를 분류하면 표 2.15와 같다.

측정 방법은 방사선측정의 원리에 따라서, 방사선의 기체에 대한 전리작용을 이용하는 펄스형 전리함 방법과 방사선의 방전 효과를 이용하는 충전막 전리함, 방사선의 발광효과를 이용하는 섬광계측법, 알파 입자의 에너지를 반도체 검출기를 이용하여 직접 스펙트럼으로 분석하는 알파선 분광법, 알파 입자의 플라스틱 표면을 손상시키는 효과를 이용하는 알파 비적 검출법, 라돈 자손이 감마선을 방출하는 것을 검출하는 감마선 분광법 등 다양한 방법이 있다.

표 2.15 샘플링 및 측정 방법에 따른 라돈 측정 장비의 구분

분 류	내 용
포집 방법	Grab(instantaneous)*
	적분형(Integrating)**
	연속형(Continuous)
측정 방법	펄스형 전리함(Pulsed Ionization Chamber), 전리작용
	충전막 전리함(Electret Ionization Chamber), 전리작용
	섬광계측법(Scintillation Counting), 여기작용
	알파선 분광법(Alpha Spectrometer), 전리작용
	알파 비적 검출법(Alpha Track Detector), 물질손상작용
	감마선 분광법(Gamma Spectrometer), 전리작용
그 외	능동형(Active, 펌프 등 동력을 이용)
	수동형(Passive)

* Grab(instantaneous) 방법
라돈이 함유된 공기를 즉각적으로 일부 포집하여 측정하는 방법
** 적분형(Integrating) 방법
라돈을 하루 이상, 일정 시간 동안 포집한 후 측정하는 방법

라돈의 측정을 수동형(passive)과 능동형(active)으로 분류할 수 있으며, 수동형 측정기에는 알파 비적 검출법, 활성탄 캐니스터(Charcoal Canister), 충전막 전리함, 열형광선량계(TLD, Thermoluminescence Dosimeter) 등이 있으며, TLD 방법은 형광체가 방사선에 노출된 후 가열하면 빛이 나오는데 이때 광량이 방사선량에 비례하는 것을 이용하는 것이다.

라돈의 농도를 실시간으로 감시할 수 있는 능동형 측정기는 펄스형 전리함, 섬광체와 실리콘 검출기 등을 주로 사용한다.

실제로 우리 체내로 유입되어 폐암을 유발하는 것은 ^{218}Po, ^{214}Bi, ^{214}Pb 등 고체 상태인 라돈의 자손이며 라돈의 자손은 주변의 먼지에 부착되거나 미부착된 클러스터 형태로 우리의 체내로 유입이 된다. 따라서 부착 또는 미부착 라돈의 자손을 측정하는 것은 라돈가스의 측정보다 어렵고 장비 또한 고가이다. 라돈 자손의 측정은 정확한 선량평가가 요구될 때 이용하며 실내에서 각 라돈자손의 거동을 연구할 경우 이용을 한다. 이를 위해 고효율 필터에 포집된 라돈자손에서 방출되는 알파입자를 계수하며, 주로 ZnS(Ag) 등의 섬광체와 알파선 분광법을 이용한다.

알파선량을 기관지상피(bronchial epithelium)의 표적세포에 운반하는

것은 라돈의 자손 핵종이지만 그것들은 라돈으로부터 생겨났으므로 편의에 의해 라돈의 측정이 측정방법으로 선택되는 것이 일반적이다.

다양한 측정기의 개요에 대해 다음에 설명하였다.

2.1 수동적분형 측정기

수동적분형 검출기는 노출시간 동안 방사선의 영향으로 인해 발생한 물질손상작용으로 인한 비적계수, 감마선 계측수, 전기적인 하전의 감소값 등을 통해 방사선의 농도를 측정하는 방법을 사용한다. 이러한 장비들을 통해 일정한 기간 동안의 농도를 알 수 있다. 측정 장비의 유형에 따라 측정기간은 짧게는 2일에서 길게는 1년까지 지속될 수 있다.

수동적분형 검출기는 측정환경에 따라 온도와 상대습도에 의해 영향을 받을 수 있으며, 온습도 영향이 클 경우 이를 상쇄시키기 위한 선 조치 또는 교정 과정이 필수적으로 진행되어야 한다.

2.1.1 알파비적 검출기(Alpha Track Detector)

플라스틱 필름(Polyallyl diglycol carbonate ; Cr-39) 또는 셀룰로오스 필름(Cellulose nitrate, LR-115) 및 polycarbonate(PC : makrofol, polycarbonate) 같은 고체 물질 표면에 라돈 및 라돈 자손으로부터 알파입자가 입사될 때, 자료의 조직에 미세한 방사선 손상으로 생성되는 비적을 검출하는 원리이다. 일정기간 동안 라돈환경에 노출된 알파비적검출기를 일반적으로 NaOH용액으로 화학처리함으로써 손상된 비적의 크기를 확대한 후, 현미경과 영상처리기 또는 자동광학스캔시스템을 통해 생성된 비적을 계수한다. 3개월 측정 시 알파비적검출기의 최소검출한계(LLD)는 수 Bq/m^3정도이다.

라돈에 노출된 검출소자는 현미경으로 비적을 계수하고 교정효율을 적용하여 라돈농도를 산출하게 되는데, 비적을 계수할 수 있을 정도로 화학적인 에칭과정을 거치게 된다. 화학적 에칭은 라돈에 노출된 검출소자가

NaOH 혹은 KOH 등과 같은 에칭용액에 담가져 검출기의 표면에 표면에칭율로 제거됨과 동시에 알파입자에 의한 손상부위는 비적에칭율로 에칭된다. 따라서 비적에 따른 에칭율이 표면제거에 따른 에칭율보다 클 때 비적은 확대되어 그 직경이 광화학현미경으로 관찰할 수 있을 정도에 이르게 되어 계수가 가능하게 된다.

다양한 에너지의 알파입자로 생성된 비적은 에칭과정에서 에칭액의 종류, 에칭액의 농도 그리고 에칭 온도와 같은 표면에칭율과 비적에칭율에 영향을 끼치는 에칭 조건과 실험실 환경에 따라 크게 달라지므로 최적화된 에칭 조건, 즉 에칭율비가 최대가 되어 검출효율을 높일 수 있는 조합을 찾아 검출소자를 에칭한다.

알파비적 검출기를 이용하여 채취된 라돈의 농도는 내부의 검출소자를 꺼낸 다음 화학적 에칭과정을 거쳐 검출소자의 트랙 수를 계수하여 산출한다. 이 때 바탕농도 검출기도 동일한 과정을 거쳐 비적 수를 얻는다.

$$C_{Rn} = \frac{(G - B)}{\Delta t \cdot CF} \tag{2-10}$$

여기서, C_{Rn} : 라돈 평균방사능농도(Bq/m^3)

G : 측정한 검출기의 단위 면적당 비적 수(tracks/cm^2)

B : 바탕농도 검출기의 단위 면적당 비적 수(tracks/cm^2)

Δt : 노출시간(h)

CF : 교정효율(tracks · m^3/h · Bq · cm^2)

장점	단점
- 경제적(수 만원) - 외부전원이 필요 없고 사용이 간편하다. - 우편 송달 용이 - 측정기간 동안 편향이 적기 때문에 90일 이상 장기간 측정가능 - 검출기가 베타와 감마선의 영향을 받지 않는다.	- 라돈의 농도가 높지 않으면 단기간 측정이 어렵다. - 검출기 면적이 작다면 라돈농도가 낮을 때 상대적으로 정밀도가 떨어진다. - 필름 표면의 정전기에 의하여 라돈자손 핵종 부착에 영향을 준다. - 측정기간 동안 결과에 영향을 미칠 수 있는 샘플링 조건에 대한 정보를 알 수 없다.

대표적인 알파비적검출기의 예는 다음과 같다.

▲ 알파비적검출기 * 출처:http://www.groundcontrolradon.com, http://rssi.us/sunshop/, http:// www.radon.co.kr/

다만, 위 방법에서는 라돈과 토론을 구분하여 측정하는 방법이 언급되어 있지 않다. 토론(Thoron, ^{220}Rn)은 같은 기체상태로 존재하지만, 반감기가 55.6초로 라돈(^{222}Rn)과 비교하였을 때 매우 짧다. 따라서, 라돈(^{222}Rn)과 토론(^{220}Rn)을 구분하기 위해서는 적절한 필터를 공기 유입구에 설치하여 라돈을 포함한 기체의 유입시간을 늦춰주는 방법을 사용하면 된다. 이러한 방법을 사용한 알파비적검출기의 예는 다음과 같다.

▲ 라돈과 토론을 구분하여 측정하는 알파비적검출기 * 출처:http://g2b.co.kr:8100/

2.1.2 활성탄 캐니스터(Charcoal Canister)를 활용한 감마선 분광법

수동적분형 방법을 이용한 단기라돈측정방법 중 2일에서 7일의 측정기간으로 비교적 짧은 측정기간 동안 이루어진다.

공간에 존재하는 라돈 기체를 흡착할 수 있는 활성탄(activated carbon)을 이용한다. 활성탄에 침투한 라돈 기체는 짧은 반감기를 지닌 라돈자손으로 붕괴하는데, 이 과정에서 ^{214}Bi와 ^{214}Po으로부터 방출되는 감마선을 계수함으로써 라돈의 농도를 결정할 수 있다. 활성탄 캐니스터를 수 일 동안 라돈환경에 노출시켜 라돈 및 라돈자손이 활성탄에 흡착되도록 한 후, 활성탄 캐니스터를 밀봉하여 감마선 분해능은 낮으나 Ge 감마선 분광기보다 검출 효율이 좋은 NaI(Tl)를 이용한 감마선 분광법으로 분석한다. 포집효율은 사전에 결정되어야 하며, 캐니스터의 종류와 크기 그리고 활성탄의 수분함유 정도에 따라 변화한다. 활성탄에서의 수분함유정도가 높을수록 라돈의 표집효율이 떨어지기 때문에 감시되는 환경 중의 습도에 따른 다양한 교정인자를 교정설비를 이용하여 사전에 획득하여야 한다. 4일간 측정시 포집체의 검출하한치(LLD)는 수 Bq/m^{3}정도이다.

활성탄 캐니스터의 분석은 라돈의 자손핵종들로부터 방출되는 특정한 에너지 값을 갖는 감마선을 분석할 수 있는 장비를 통해 진행된다. 시료를 측정하여 나타나는 peak energy는 핵종 정보를 의미하며 peak count는 양의 정보를 나타낸다. 샘플 시료의 분석 시에는 검출기를 교정한 다음 peak count를 계수하여 방사능의 양에 대한 정보를 파악한다.

검출기 교정 시에는 에너지교정을 이용하는데 ^{137}Cs 표준선원을 측정결과 peak가 위치하는 채널과 ^{137}Cs이 방출하는 고유의 감마선 에너지를 비교하여 설정한다. 즉, ^{137}Cs 표준선원이 방출하는 다량의 감마선이 가지는 에너지 값은 662 keV이므로 peak가 위치하는 지점을 해당 에너지 값으로 설정한다.

표준감마선원은 검출기 효율교정에 이용하며, 본 시험방법에서는 NaI 감마선 검출기로 측정하여 peak count 값을 계수한다. 이 때 계수 범위는 라돈 및 라돈붕괴생성물로부터 다량의 감마선이 방출되는 구간으로 설정하며, 기준이 되는 에너지 peak 값은 다음 표를 참고한다.

표 2.16 라돈 자손핵종의 감마선 에너지

Isotope	Eγ(MeV)	I(%)	Isotope	Eγ(MeV)	I(%)
^{214}Pb	0.352 0.295 0.078	36.3 18.9 21.6	^{214}Bi	1.764 1.730 1.120 0.609	15.8 2.95 19.8 47

표준감마선원의 peak count를 계수하는 기준은 총 3구간이며 다량의 감마선이 방출되는 에너지 값에 해당하는 295 keV(^{214}Pb), 352 keV(^{214}Pb), 609 keV(^{214}Bi)를 기준으로 하여 좌우 일정구간에 해당하는 범위를 계수하여 3구간의 카운트 수를 합산한다.

표준감마선원 측정이 종료된 직후 샘플시료를 동일한 방법으로 분석한다. 이 경우에도 기준 에너지 값을 포함하는 3구간의 peak count를 계수하여 합산하며, 합산된 총 카운트 수는 라돈 농도 산출식에 대입하여 계산한다.

활성탄 캐니스터를 이용하여 포집된 라돈의 농도는 NaI 검출기로부터 라돈 및 라돈붕괴생성물이 방출하는 감마선을 계수하여 산출한다.

$$C = \frac{R}{(T_S \times E \times CF \times DF)}$$

여기서 C는 라돈 평균방사능농도(pCi/L), R은 보정 카운트 수(cpm)로서, 총 카운트 수(cpm)에서 분석 당일 NaI 장비의 바탕값(cpm)을 뺀 값이다. 즉, $R=(N_S/t)-(N_{SB}/t)$이다. T_S는 시료채취시간(min)으로서 (시료채취 종료－시료채취 시작)×24×60를 계산한 값이다.

대표적인 활성탄 캐니스터의 예는 다음과 같다.

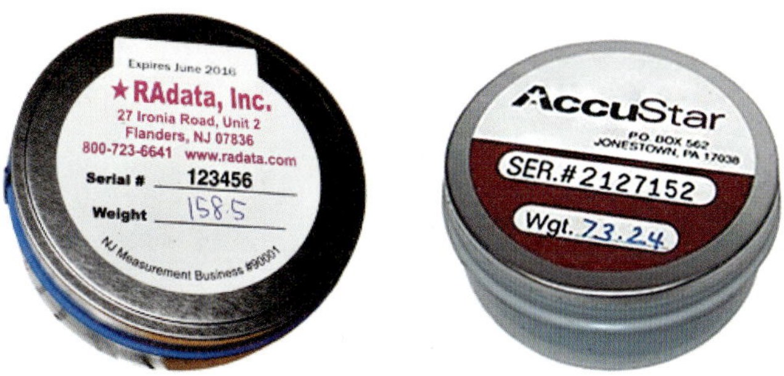

▲ 활성탄 캐니스터의 예 * 출처:http://www.radata.com/, http://www.amazon.com/Radon-AccuStar-Charcoal-Short-48-96/

표 2.17 활성탄 캐니스터 사용방법

그 림	내 용
	1. 측정기기(Charcoal Canister)의 뚜껑을 연다.
	2. 측정자용 측정 시작란에 어느 지점에 챔버를 설치했는지 작성 후, 샘플링 시작 날짜와 시간을 입력한다.(Ex : 거실, 안방, 작은방 등)
	3. 샘플링을 시작시 측정할 지점을 최대한 밀폐시킨 후 샘플링을 진행한다.
	4. 완전히 열린 상태, 적절한 측정 지점에 위치시킨 후 2일(48시간)동안 샘플링 한다. 유의 : 습도 및 공기유동에 따라 오차 범위가 커질 수 있다.
	5. 2일(48시간) 측정 후 캡을 닫고 공기가 통하지 않도록 밀봉한다.
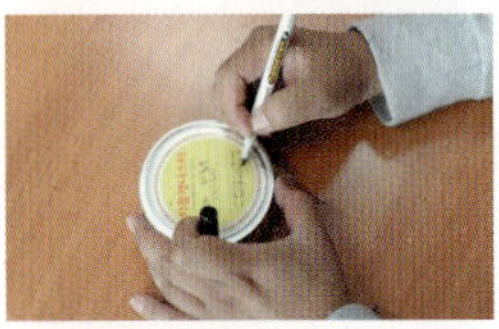	6. 측정자용 측정 종료란에 날짜 및 시간을 입력한다.
	7. 주변의 영향을 최대한 받지 않도록 5 cm 이상 두께의 납으로 캐니스터를 차폐하고, NaI 계측기를 통해 캐니스터에 포집되어 있는 라돈을 계측한다.
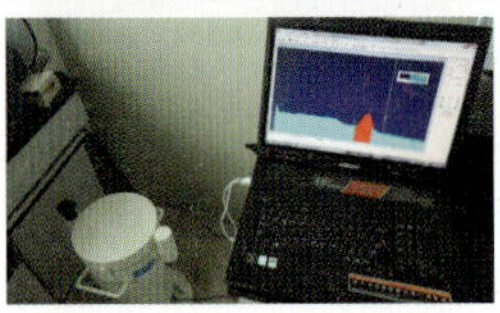	8. 컴퓨터를 통해 계측된 데이터를 저장하고, 샘플링 시작, 종료, 측정시간 등을 고려하여 라돈농도를 계산한다.

장점	단점
- 경제적(수 만원) - 외부전원이 필요 없다. - 취급과 설치가 간편 - 우편 송달 용이	- 흡·탈착의 영향이 있다. - 측정기간 동안 결과에 영향을 미칠 수 있는 샘플링 조건에 대한 정보를 알 수 없다. - 온도, 습도 그리고 공기흐름에 민감하다.

2.1.3 충전막 전리함(Electret Ion Chamber)

E-Perm(electret passive environment radon monitor)라 부르는 상용화된 장비가 있으며, 전기적으로 전도성이 있는 플라스틱을 유전체로 사용하여 측정하는 방법이다. 유전체로는 일반적으로 테플론 재질의 디스크를 사용한다. 유전체의 표면은 +로 대전되어있고, 라돈에 노출되기 전과 후의 전압차를 이용하여 농도를 산출하는 방법이다. 외부로부터 전리함 내에 들어온 라돈이 붕괴하여 생성된 이온과 전자가 +로 대전된 유전체로 끌리게 되고, 충전막을 방전시키는 양을 측정함으로써 라돈의 농도를 파악한다. 충전막의 전위는 포집되는 이온쌍의 수에 비례하여 강하하며 충전막 표면의 전압강하 정도를 전위계로 측정하여 라돈의 농도를 알 수 있다. 충전막이 두꺼울수록 민감도가 향상되기 때문에 두꺼운 충전막은 2~7일 정도의 단기간 측정에 사용되고 얇은 충전막은 3~6개월 정도의 장기간 측정에 이용된다. 충전막 전리함의 LLD는 사용되는 충전막에 따라 다르지만 3일간의 단기측정에 사용되는 E-Perm의 경우 수 Bq/m^3 정도이다.

충전막 전리함을 이용한 라돈농도 계산방법은 다음과 같다.

$$C = \frac{(I - F)}{CF \times D} - BG$$

여기서, C : 라돈농도값(pCi/L or Bq/m^3)

I : 유전체의 초기 전압 값(V)

F : 유전체의 노출 후 전압 값(V)

CF : 교정인자(V · L/pCi · day)

D : 노출 기간(day)

BG : 자연감마선(pCi/L or Bq/m^3)

여기에서 교정인자(CF) 값은 다음 수식을 통해 얻어진다.

$$CF = \frac{Volts}{\left(\frac{pCi}{L} \times day\right)} = (A + B \times (I + F)/2))$$

여기서, A와 B는 해당 판매처에서 실험한 데이터를 토대로 정해놓은 상수값이다.

농도 계산 과정에서 자연감마선의 값을 고려해야하는 부분이 있는데, 이는 공기 중에 존재하는 감마선도 챔버 내부의 공기를 이온화시킬 수 있기 때문에 대기 중 감마선에 의한 영향도 고려되어야 하기 때문이다. 또한 대전되어있는 유전체는 찰나의 접촉으로도 방전될 수 있기 때문에, 관리에 매우 신중을 기해야 한다.

대표적인 충전막 전리함의 예는 다음과 같다.

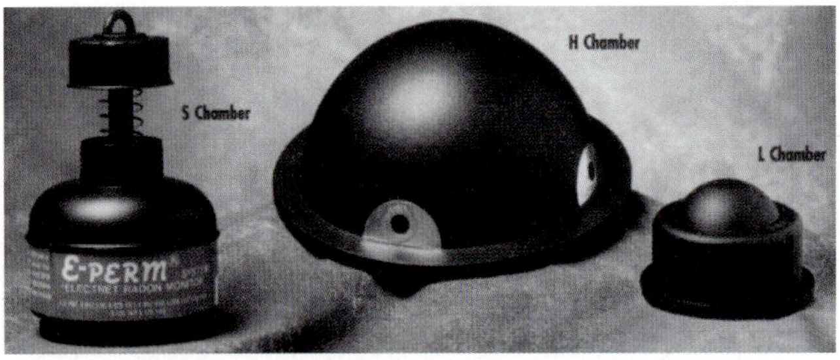

▲ 충전막 전리함의 예 * 출처:http://www.radelec.com/

장점	단점
- 측정현장에서 계산기와 전위계를 이용하여 바로 결과를 얻을 수 없다. - 충전된 전압이 남아 있다면 재사용이 가능하다.	- 백그라운드 감마선에도 감응하기 때문에 보정이 필요하다 - 우연히 발생하는 마찰전하에 의해 충전막의 전위가 방전할 수 있다. - 지나치게 습도가 높은 환경은 전위계의 정확도에 영향을 끼칠 수 있다.

그 외 수동형 측정 방법에는 자주 사용되지는 않지만, 열형광선량계(Thermoluminescence Dosimeter)를 이용하는 방법이 있는데, 이 방법은 라돈과 그 자손으로부터 방출된 입자가 TLD를 여기 시키는 것을 이용하며, 장기간 라돈에 노출될 경우에 이용되며, 검출기가 비교적 작고 저렴하며 재사용이 가능하다는 장점이 있으나, 단점으로는 백그라운드 감마선

과 우주선의 보정이 필요하고, 노출 시간이 너무 길어지면 검출 하한치가 상승하기 때문에 보통 1～2주의 적정한 노출 시간의 조정이 필요하다.

수동형 라돈 검출기는 의심 또는 라돈 농도를 파악하고자 하는 공간에 라돈과 장기간 반응하는 장치를 놓아두고, 방법과 성능에 따라 수일에서 수개월간 방치했다가, 전문기관에 의뢰해 결과를 받아보는 형식으로 측정하며, 가격이 수 만원으로 저렴하지만 실시간 측정이 불가능하며, 본인이 직접 라돈 농도를 확인할 수가 없으며, 측정 기관에 의존하여 라돈 농도를 판단해야 한다는 큰 단점이 있다.

2.2 연속 라돈 감시기

미국 국가표준에 의하면 연속 라돈 감시기(Continuous Radon Monitor, CRM)는 측정되는 라돈 데이터에 대하여 ① 재확인이 가능하고, ② 숫자의 형태로 표시가 되고, ③ 1시간 이내에 측정이 되어야 하는 전자기기라고 정의하고 있다. 본 절에서 설명할 세 가지 유형의 연속 라돈 감시기는 라돈과 그 자손핵종들로부터 방출되는 방사선을 측정하는 방법에 따라 구분된다.

2.2.1 펄스형 전리함(Pulsed Ionization Chamber)

전위계와 데이터 자동저장 시스템이 부착된 펄스형 전리함은 자연확산 또는 동력펌프를 통해 라돈이 포함된 공기를 전리함 내부로 유입시킨 후, 라돈의 붕괴로 생성된 이온을 전위계에서 전기적인 펄스형태로 변환시킨다. 변환된 펄스의 교정인자에 의하여 다시 Bq/m^3으로 변환된다. 검출하한치(LLD)는 제조업체 또는 공급업체에 의해 주어지는데 17시간 동안 측정시 0.7 mBq/m^3정도이다.

기체전리를 이용하는 검출기는 검출기에 인가되는 전압의 크기에 따라 출력신호의 크기 역시 변화하게 된다. 낮은 전압을 사용하는 재결합 영역에서는 전리작용에 의해 생성된 전하의 이동속도가 느리기 때문에 생성된 이온과 전자가 재결합하여 양극에서의 수집이 잘 이루어지지 않는다. 따라서 포집효율이 떨어지기 때문에 이 영역은 방사선 검출기로 사용할 수 없다. 반면, 재결합영역보다 더 높은 전압을 사용하는 전리함 영역에서는 재결합 영향이 무시할 정도가 되어 양극에서의 전하수집이 일정하게 유지된다. 다시 말하면 방사선의 전리작용에 의해 생성된 전하를 모두 수집한다고 할 수 있다.

수집된 전하의 수는 방사선의 전리작용에 의해 만들어진 이온쌍의 개수이므로 알파입자에 의한 이온쌍이 베타입자에 의한 이온쌍보다 많다고 할 수 있다. 예를 들어, 1 MeV 이상의 큰 에너지를 갖는 알파입자와 베타입자가 동시에 챔버 내부로 입사되었다면 베타입자의 경우에는 기체 중에서 장애물이 없는 한 수 m까지 이동할 수 있기 때문에 작은 챔버 내부에서는 에너지 일부만을 전달하게 된다. 하지만 알파입자의 경우에는 투과력이 약하기 때문에 모든 에너지를 챔버 내부에서 이온쌍을 생성하는 데 소모할 수 있다. 즉, 이온쌍을 생성하는 데에는 필요 에너지가 정해져 있는데, 생성하는 이온쌍의 개수는 손실된 에너지의 양에 비례하기 때문에 알파입자의 경우가 베타입자의 경우보다 더 많은 전하를 생성시킬 수 있다.

펄스 이온화 측정기는 위와 같은 기체전리함을 이용하는 방법으로 일정한 체적을 갖는 챔버 내부의 양단에 전압을 걸어 전극 간(+, −) 걸려 있는 전기장을 통해 전기신호를 얻는 것이다. 이 전기신호를 펄스 형태로 취하는 것을 펄스 이온화라고 칭한다.

이 검출기는 일반 공기 중에 노출시켜 놓고, 위의 설명과 같이 방사선의 기체 내에서 전리작용을 일으킨 결과로 생성되는 이온쌍(양이온과 전자)이 생성된다. 각 이온들은 반대전극인 음극과 양극으로 이동하게 되고 이때 전기적 펄스가 발생한다.

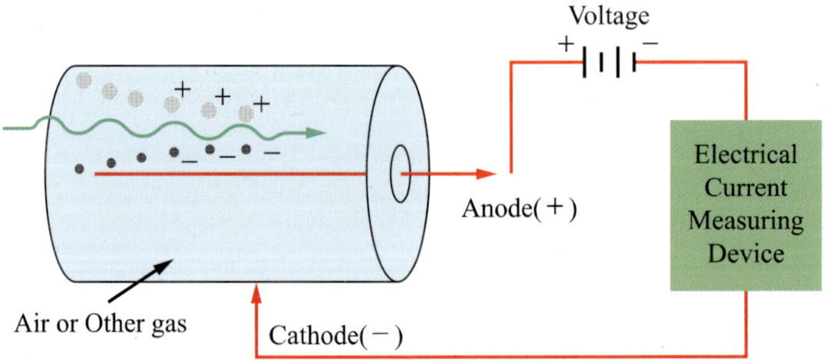

▲ 펄스형 전리함의 원리

펄스형 전리함은 평판형 또는 원통형을 기본으로 하며, 공기가 출입할 수 있는 숨구멍이 존재한다. 전리함 내부에서 발생하는 전리량은 매우 작은 수준이기 때문에 실제 전리량과 다른 노이즈와 구분시켜주는 작업이 매우 중요하다. 예를 들면, 4 MeV의 에너지를 갖는 알파입자가 전리함 내에서 전부 소모하게 되면 생성되는 전리량은 1.78×10^{-14} C 가량이다.

$$\text{생성된 이온쌍의 수 : } 4 \times 10^{6}\ eV / 36\ eV = 111{,}111.111$$

$$\text{생성되는 전기량} : Q = eN = 1.6 \times 10^{-19} C \times 111{,}111$$
$$= 1.78 \times 10^{-14} C$$

위의 전기량이 100 pF의 축전기를 지난다고 하더라도 전위차는 1.78×10^{-4} V정도 밖에 되지 않는다. 이 정도의 펄스는 타 전자기기에서 흔히 발생할 수 있는 노이즈와 구분하기 힘들다. 또한 외부 환경조건에서도 쉽게 발생할 수 있는 노이즈에 묻혀버릴 수도 있기 때문에 이를 구분해줄 수 있는 매우 정밀한 장비가 필요하다.

하지만, 알파입자로부터 발생하는 펄스를 구분해줄 수 있는 정밀한 장비가 부착되어 있는 장비는 타 측정 장비와 비교하였을 때 측정감도가 매우 높기 때문에 더욱 정확한 측정값을 얻을 수 있다.

이러한 펄스형 전리함을 이용한 실시간 라돈 감시기는 라돈이 붕괴하면서 발생시키는 알파입자와 반감기가 짧은 라돈의 자손핵종 즉, ^{218}Po과 ^{214}Po로부터 발생하는 알파입자를 감지하는 유형이다. 감시기의 유형에 따라 라돈가스가 수동적으로 유효측정범위에 유입되거나, 펌프 등을 통해 유입되기도 한다. 대표적인 펄스형 전리함 방식의 실시간 라돈 감시기는 아래와 같다.

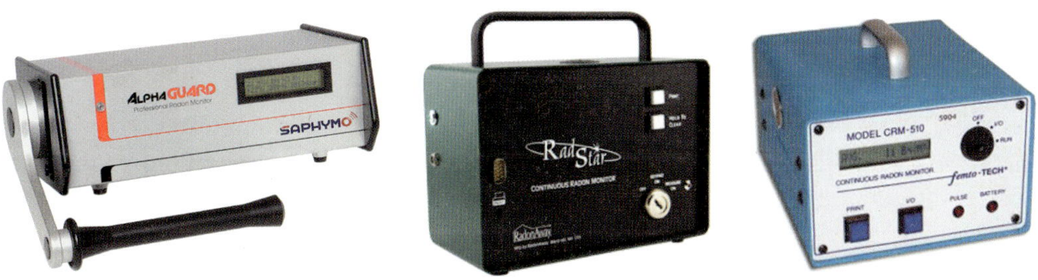

▲ 펄스 이온화 챔버(Pulse Ionization Chamber)의 예 * 출처:http://www.saphymo.com, http://www.spruce.com/, http://www.femto-tech.com/

2.2.2 섬광검출기(Scintillation Detector)

필터를 거친 후, 자연확산 또는 동력펌프를 통해 셀 내로 유입된 라돈으로부터 셀 내부에 생성된 라돈자손에서 방출되는 α입자와 ZnS(Ag)가 반응하여 나온 빛을 광전증배관(Photomultiplier Tube, PMT)으로 증폭하여 계수하는 것이다. 주로 루카스셀(Lucas Cell, 금속용기 내부에 ZnS 섬광체를 입힘)을 사용하는 연속식 검출 장치이다. 검출한계는 셀의 크기에 의존하며 통상적으로 30분 측정 시 1～37 Bq/m^3정도이다.

1910년 Rutherford는 알파입자를 ZnS에 충돌시키면 섬광이 발생하는 것을 관찰하였고, 이러한 섬광 작용을 통해 다른 방사선들 역시 측정할 수 있게 되었다.

섬광물질은 방사선으로부터 에너지의 일부가 흡수되면 가시광선의 영역대로 변환하여 빛을 발산하는 성질이 있는 물질을 말한다. 섬광물질에는 고체, 액체, 기체의 형태로 존재하고, 유기, 무기물질로도 존재한다.

섬광검출기의 원리는 투명한 결정물질에 방사선이 입사하게 되면 해당 결정물질이 화학적으로 여기상태에 머무르게 된다. 이후 안정 상태로 가기위해 완화현상의 일환으로 빛을 방출하게 된다. 이러한 빛을 광전증배관(Photo Multiplier Tube, PMT)을 이용하여 전기신호로 변환시킨다.

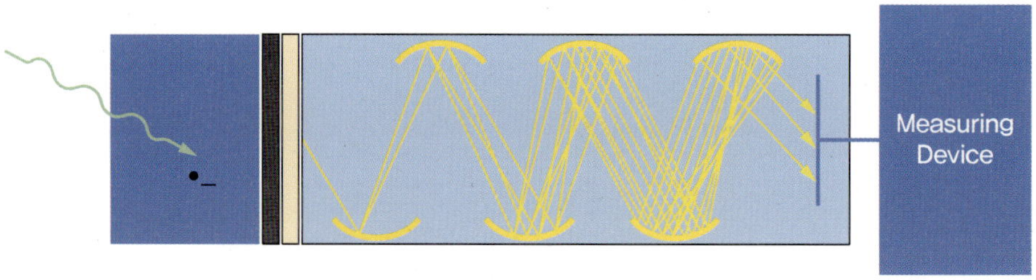

▲ 섬광셀 검출기(Scintillation Detector)

위와 같이 섬광검출기는 빛의 양으로 에너지를 측정하기 때문에 다음과 같은 특성을 지녀야 한다.

- 입자의 운동에너지를 빛으로 변환하는 효율이 높아야 한다.
- 광출력이 방사선 에너지에 비례해야 하며 광검출이 용이해야 한다.
- 여기전자가 저에너지 상태로의 천이가 신속해야 한다.
- 필요한 형태로 가공할 수 있는 결정을 얻을 수 있어야 한다.
- 물질의 굴절률이 유리와 비슷해야 한다.

알파입자의 측정에 사용하는 ZnS(Ag)는 무기 섬광물질로 큰 단결정은 얻을 수 없지만 조해성이 없기 때문에 분말을 챔버 안쪽에 얇게 발라서 사용한다.

표 2.18 ZnS(Ag)**의 특성**

섬광물질	밀도	주발광 감쇠시간	비고
ZnS(Ag)	4.09 g/cm^3	0.2 μs	알파입자 검출

섬광물질에서 방출되는 빛의 양은 극히 작기 때문에 광전지나 조도계와 같은 통상적인 방법으로는 측정할 수 없다. 광전증배관을 사용하여 증폭시키는 과정이 필요하다. 광전증배관은 빛을 받아 광전자를 내는 Photo Cathode(광음극), 그리고 광음극에서 방출된 전자를 가속시킨 다음 금속판에 충돌시키게 되고, 입사된 전자보다 많은 전자를 내도록 하는 Dynode(다이노드), 증배된 전자를 수집하여 전기적인 펄스신호로 내보내는 수집극으로 구성되어져 있다.

대부분의 섬광검출기는 섬광물질의 가격이 월등히 높기 때문에 섬광체와 PMT의 접합에 미세한 결함이라도 존재할 경우 경계면에서 빛의 전반사가 일어나 효율에 큰 영향을 끼치기 때문에 통상적으로 PMT를 일체로 제작하여 공급한다.

섬광검출기의 유형에 따라 라돈을 포함하고 있는 공기가 섬광셀 내부로 유입되거나 수동적으로 확산되도록 한다. 해당 공기 중에 존재하고 있는 라돈과 그 자손핵종들(^{218}Po, ^{214}Po)로부터 방출되는 알파입자가 섬광셀 내부에 코팅되어있는 섬광물질(ZnS)에 부딪히게 되고, 이때 위에서 언급한 바와 같이 빛을 방출하게 된다. 해당 빛은 광전증배관을 통해 감지되어 증폭된 뒤 전기적인 신호로 변환되어 수집극에 도달하게 되고, 교정인자를 통해 라돈 농도로 환산된다. 대표적인 섬광검출기는 다음과 같다.

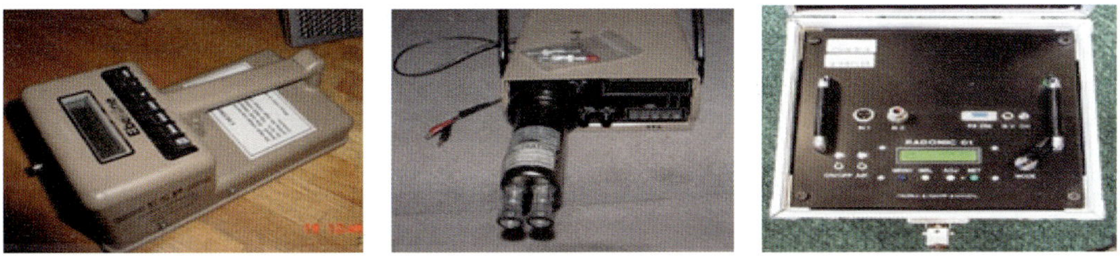

▲ 섬광검출기(Scintillation Detector)의 예 * 출처:http://albert-cordova.com/lucas/lucascell.htm, http://www.qsl.net/k Off/Pylon/

2.2.3 실리콘 반도체를 이용한 알파선 분광법

반도체는 충만대(filled band)와 전도대(conduction band)의 간격이 약 1 eV 수준으로 소수의 전자가 열운동 등에 의해 전도대(conduction band)에 있음으로써 전계에서 미량의 전류를 흘릴 수 있는 물질이다. 본질적 반도체로서는 대표적으로 Si 및 Ge이 많이 쓰이는데, Ge(게르마늄)의 경우에는 고순도 Ge검출기(High Purity Ge detector, HPGe)의 형태로 주로 쓰이며, 고가의 장비로 정밀분석의 목적으로 사용된다. Si(실리콘)의 경우 일반적인 라돈 측정 장비의 측정부에 사용된다.

실리콘을 이용한 연속라돈검출기는 용기 벽과 실리콘 검출기 사이에 걸려있는 2,200 V에 이르는 높은 전위차를 이용하여 용기 내부로 유입된 라돈의 붕괴로 생성된 라돈자손(양의 전하를 띰)을 실리콘 검출기 표면에서 포집하는 원리이다. 검출하한치(LLD)는 셀의 크기에 의존하며 30분간의 측정 시 1～37 Bq/m^3의 범위에 있다.

반도체를 방사선 검출기로 사용하는 기본적인 기법은 n형과 p형의 반도체를 접합하여 $n-p$ 접합형 검출기로 사용한다. 반도체 검출기는 라돈으로부터 방출되는 알파입자가 아닌 라돈의 자손핵종(^{218}Po, ^{214}Po)으로부터 방출되는 알파입자를 감지하는 장비이다.

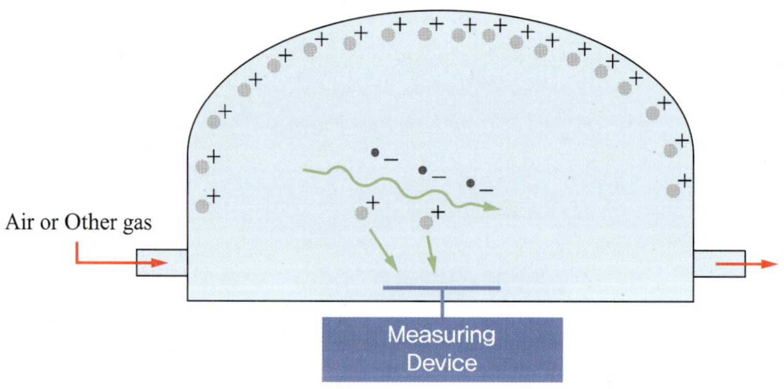

▲ 반도체 검출기

알파입자가 측정부의 표면에 부딪히게 되면 전기적인 펄스를 생성하게 되고 구별기를 통해 계수하게 된다. 측정기의 형태에 따라 공기를 수동적으로 확산시키는 방법을 사용하거나, 펌프 등을 사용하여 공기를 측정부 내부로 유입시킨다. 또한 측정기의 특성을 활용하여 α spectroscopy로 사용할 수도 있는데, 이는 알파입자의 특정 에너지를 측정하여 핵종을 밝혀 낼 수 있다. 대표적인 반도체 검출기는 아래 그림과 같다.

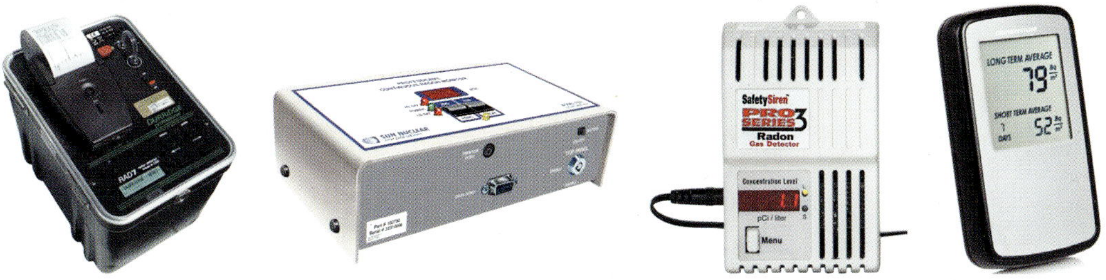

▲ 반도체 검출기의 예 * 출처:http://www.durridge.co.uk, https://www.sunnuclear.com/, https://www.safetysirenpro.com/, https://www.corentium.ca/

펄스형 전리함, 섬광셀 검출기와 실리콘 검출기 등 연속형 라돈 검출기들은 휴대가 가능하고, 측정 현장에서 결과를 알 수 있으며, 측정된 결과가 상대적으로 정확하고, 측정 동안에 발생할 수 있는 샘플링 조건의 변화가 추적 가능하고 측정 시간을 유연하게 조정 가능하다는 등의 장점이 있으나, 타 장치에 비해 고가이고, 검출기의 정기적인 교정과 작동하는 사람의 전문성이 요구된다는 등의 단점이 있었으나, 본 저자와 (주)에프티랩이 공동 개발한 펄스형 전리함 방식의 보급형 라돈측정 장치(라돈아이, 에어밸류 프로 등)는 지금까지 선진국에서 개발된 실시간 라돈 측정 장치 가격의 1/50 정도로, 일반인도 정확한 결과를 얻을 수 있어, 스마트 홈 등 새로운 IoT 시장을 열고 있다.

- 라돈아이가 개발되기 전 가장 많이 사용된 센서는 반도체 센서를 이용한 자연 확산식 저가 보급형 제품들이 있다. 여기에 사용된 센서는 silicon PIN photodiode이므로 빛에 노출되면 측정이 안되는 특성이 있으며, 센서를 빛에 닿지 않도록 샘플 챔버를 밀폐시켜야 한다. 이로 인해 자연 확산만으로는 외부공기와의 순환이 잘 이루어지지 않아 전원 투입 후 최초 측정 결과를 얻는데 보통 1~2일 이상씩 걸리며, 샘플 챔버가 25 cc~40 cc 크기의 소형이고 내부에 장착된 반도체 센서 또한 10×10 mm 크기의 소형이므로 원리적으로 감도가 낮다는 한계점이 있다.

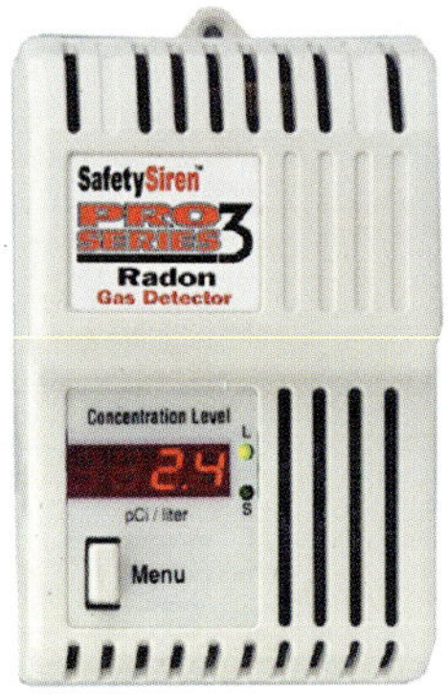

▲ Siren Pro 3/미국

* 실측 감도 : 0.05 cpm/pCi/L
* 최초 측정값표시 : 48시간 후
* 가격 : 130$

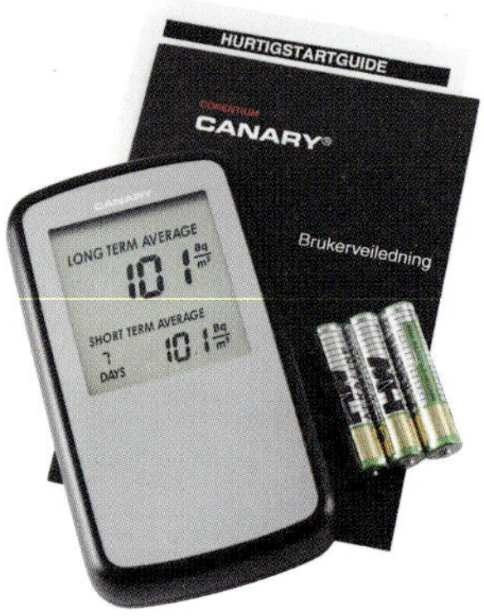

▲ Canary/Norway

* 실측 감도 : 0.03 cpm/pCi/L
* 최초 측정값표시 : 24시간 후
* 가격 : 266유로

- (주)에프티랩(FTLAB, http://radonftlab.com/kr/)의 라돈아이(Radon Eye)는 펄스 이온화 챔버 방식으로 센서의 감도는 0.5 cpm/pCi/L로 최초 유효 데이터가 나타나는 시간이 1시간 이내이며, 불확도는 10% 이내이다. 또한, 자체 데이터 저장 기능과 블루투스 통신기능으로 스마트폰과 접속하여 데이터 다운로드, 그래프보기, 알람설정 등 다양한 기능 조작이 가능하다.

기존 라돈아이의 기능을 업그레이드한 라돈아이 플러스는 기존 블루투스 연결로만 확인 가능했던 기능을 와이파이를 통해, 전 세계 어디서든 네트워크에서 실내 라돈농도를 확인하는 것이 가능해졌다.

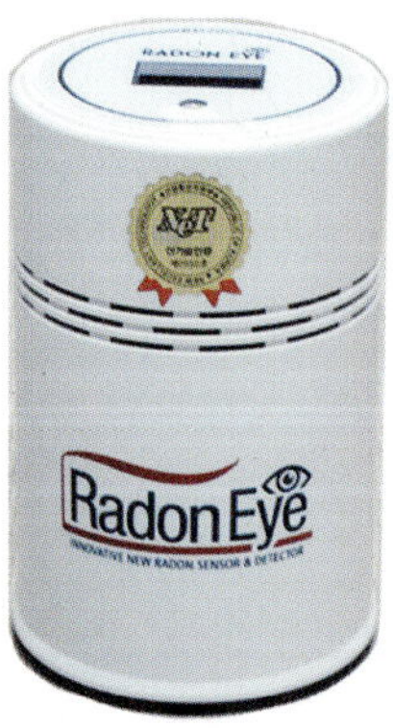

▲ 라돈아이(Radon Eye)

▲ 2015년 9월 미국 Minnesota 주 Bloominton에서 열린 29회 국제라돈심포지엄에서 국내 최초 개발한 라돈아이를 전시하고 있는 연세대학교 라돈 연구팀과 (주)에프티랩 대표

다음은 상기한 라돈센서와 초미세먼지, 이산화탄소, 휘발성유기화합물 및 온·습도 센서가 내장된 가정용 실내공기모니터인 (주)세스코의 'CESCO Air'와 (주)더밸류의 '에어밸류 마스터'이다. 스마트홈, 사물인터넷, 블록체인 기술들의 발달과 더불어 생활환경을 실시간으로 감시하고 관리하고자 하는 움직임이 활발하게 일어나고 있다.

▲ 라돈센서 내장 복합형 실내공기모니터 'CESCO Air'와 '에어밸류 마스터'

참고지식

실시간 라돈 센서의 국내 개발 스토리

일반적으로 기체 측정에서는 기체와 물질간의 화학적 반응 특성 또는 흡수 스펙트럼 특성을 이용한다. 산소, 질소, 이산화탄소 그리고 유해가스로 분류되는 휘발성 유기화합물(VOC), 일산화탄소 등 대부분의 기체들의 경우 모두 이 원리를 이용한 소형 센서가 이미 개발되어 널리 사용되고 있다. 그런데 라돈은 기체이긴 하나 화학 반응을 하지 않는 비활성 기체이며, 또한 그 농도가 통상적으로 매우 희박(~10^{-9} ppm)하여, 상기한 일반 기체 측정 원리로는 전혀 측정되지 않고, 오로지 방사선 측정 원리로만 측정이 가능하다. 따라서 최근까지만 해도 실시간으로 측정이 가능한 소형 라돈 센서는 존재하지 않았고 측정기 수준으로만 라돈 계측이 가능하였으나 2015년 본 저자와 (주)에프티랩 연구진에 의하여 소형 실시간 라돈 센서 기술이 세계 최초로 개발되었다(일반적으로 실내 라돈 측정에서 실시간 측정이란 1시간 이내의 간격으로 유의미한 측정결과를 연속 도출해내는 수준을 의미한다).

개발된 라돈 센서 기술은 펄스형 이온화 챔버(pulsed ionization chamber)와 차동 증폭 장치를 활용한 것이다. 측정 원리는 다음 그림에서와 같이 적절한 바이어스 전압이 걸린 이온화 챔버 내에서 라돈이 알파 붕괴를 할 때 기체와의 충돌에 의해 공간 전하들이 발생되고, 이를 이온화 챔버 중앙의 탐침으로 흡수시킬 때 얻어지는 초미세 전류(~0.1 pA)를 특별히 고안된 노이즈 검출회로 및 차동 증폭회로를 이용하여 정밀 검출하는 것이다. 보다 상세한 내용은 등록된 특허를 참조하기 바란다.(국내특허 : 10-1730887, 미국특허 : US10,132,936 B2)

일반적으로 이온화 챔버를 이용하는 방사선의 검출은 오랜 역사를 갖는 전통적인 방법이다. 제작비가 저렴하고 감도(sensitivity)가 매우 높으나 거의 무한대에 가까운 입력 임피던스(input impedance)로 인해 노이즈에 매우 취약하여 상대적으로 노이즈에 둔감한 적분형 방식으로 사용되어져왔다. 라돈 측정을 위한 펄스형 장치로 사용될 때에는 특별한 검출 회로들이 요구되어 주로 고가의 계측기 수준에서만 사용되었다. 대표적인 펄스형 이온화 챔버 방식 라돈 계측기로는 수천 만원의 고가인 독일의 알파가드(Alpha Guard)를 들 수 있다. 국내 연구진이 개발한 기술의 핵심은 바로 이 노이즈 문제를 고유의 아날로그 기술로 해결함으로써 다음 사진에서처럼 신호 대 노이즈 비(S/N)를 대폭 개선하여 라돈 측정기의 핵심 파트를 펄스형 이온화 챔버 방식의 소형 센서로 구조화하는데 성공했다는 것이다. 이로써 고속 고감도로 실시간 라돈 측정이 가능한 소형 라돈 센서의 시대가 열린 것이다.

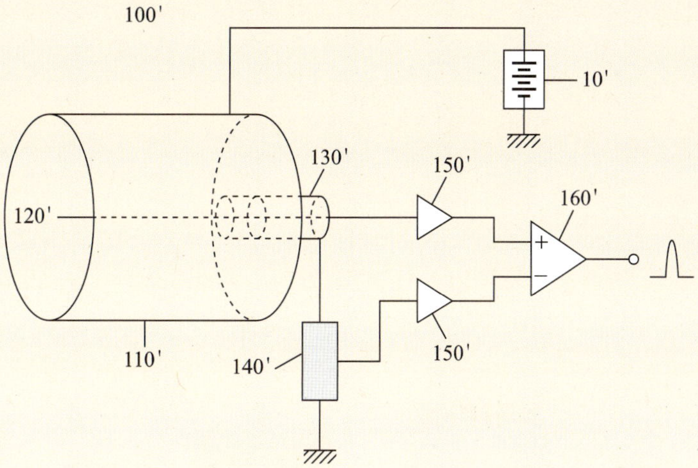

▲ 이중탐침 구조화된 이온화챔버 및 차동증폭회로 * 출처:대한민국특허청(등록번호 : 10-1730887)

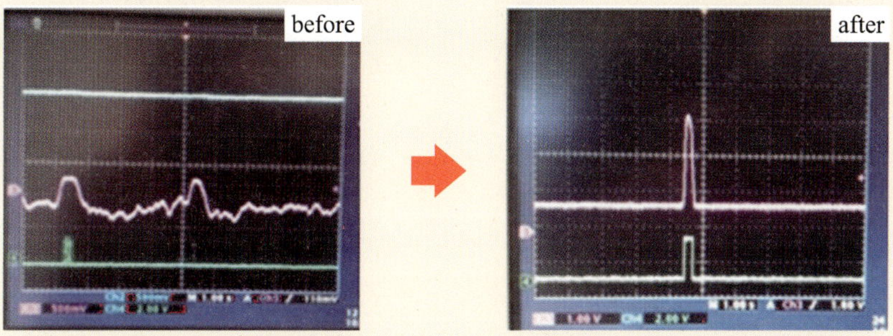

▲ 신기술의 적용으로 개선된 알파 입자 검출 신호 파형 예 * 출처 : 대한민국특허청(등록번호 : 10-1730887)

▲ 국내에서 개발된 펄스형 이온화 챔버 방식 실시간 라돈 센서 * 출처:(주)에프티랩 홈페이지(http://radonftlab.com/kr/product/radon-sensor/)

라돈 센서 개발과 더불어 라돈 측정기의 국산화도 이루어졌다. 보급형인 라돈아이의 경우 자연 확산 방식으로 실내 공기 중 라돈 농도를 실시간으로 계측하여 표시할 수 있으며 통신모듈과 스마트폰 어플을 이용한 측정값 저장 및 그래프 확인도 가능하다. 전문가용 장비로는 강제순환 방식의 FRD 400, 800, 1600 등 3종의 라돈 계측기가 개발되어 NET 신기술 인증, 중기청 성능 인증, 조달우수제품으로 선정 및 환경부 형식승인을 득하였으므로 여태껏 외국 장비에만 의존하던 국내 라돈 실태 조사 및 전문 연구에 국산 라돈 측정기를 활용할 수 있는 길이 열렸다. 다음 표에는 개발된 보급형 라돈아이와 기존 라돈 측정기들과의 성능을 비교하였는데 기존 외국산 보급형 장비가 실내 라돈 측정에 24시간~48시간 걸리던 것을 고감도 성능으로 인하여 1시간 이내로 축소한 점이 특징이다.

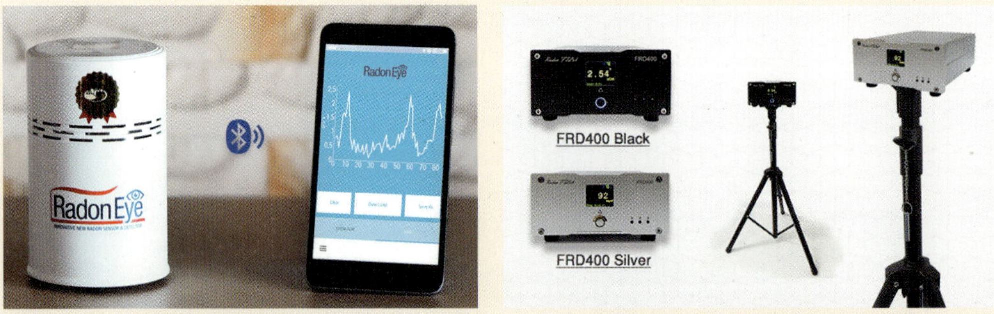

▲ 보급형 스마트 라돈측정기 라돈아이와 전문가용 라돈 측정기 FRD400 * 출처:(주)에프티랩 홈페이지 (http://radon ftlab.com/kr/product/rd200/)

표 2.19 기존 보급형 및 계측용 라돈측정기들과 라돈아이와의 성능 비교표

주요항목	보급형		계측/연구용				라돈아이
	Pro3	CANARY	1028	RAD7	알파가드	CRM510	RD200
측정 방식	광반도체 	광반도체 	광반도체 	광반도체 	이온화챔버 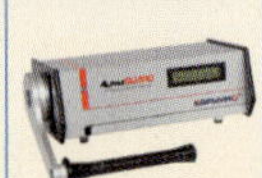	이온화챔버 	이온화챔버 
제조국	미국	노르웨이	미국	미국	독일	캐나다	한국
감도 (cpm/pCi/L)	-	-	0.045	0.5	1.85	0.3	0.5
4pCi/l에서 유의미한 측정 결과 도출에 걸리는 시간 (hour)	48	24	5	0.5	0.2	1	1
오차(%)	±20	±20 1주 측정후	±25 24h 측정후	±5	±3	±10	±9.4

- **국산 라돈 측정기의 우수성** 국내에서 개발된 라돈 측정기 성능을 국내뿐만 아니라 전 세계적으로도 입증할 수 있는 근거가 되는 논문이 2017년 12월 미국 미시건대학교 원자핵공학과 K. Kearfott 교수 연구팀에 의해 발표되었다(아래 사진). Kearfott 교수 연구팀은 전 세계 주요 라돈 측정기들 간 성능 비교 실험을 수행하였는데, 여기서 국산 보급형 라돈측정기인 라돈아이(알파가드 대비 1/100 이하 가격)가 높은 평점을 얻어 국내 라돈 측정기 개발 기술이 세계적 수준임을 널리 알렸다. 연구를 수행한 미시건대학교에서는 논문 발표 이후 각종 환경 실험에 기존 라돈 계측기를 대체하여 라돈아이를 적극 활용하고 있으며, 2018년 7월 클리블랜드에서 개최된 Health Physics Society에 라돈아이를 이용한 3편의 환경 실험연구결과를 발표하기도 하였다.

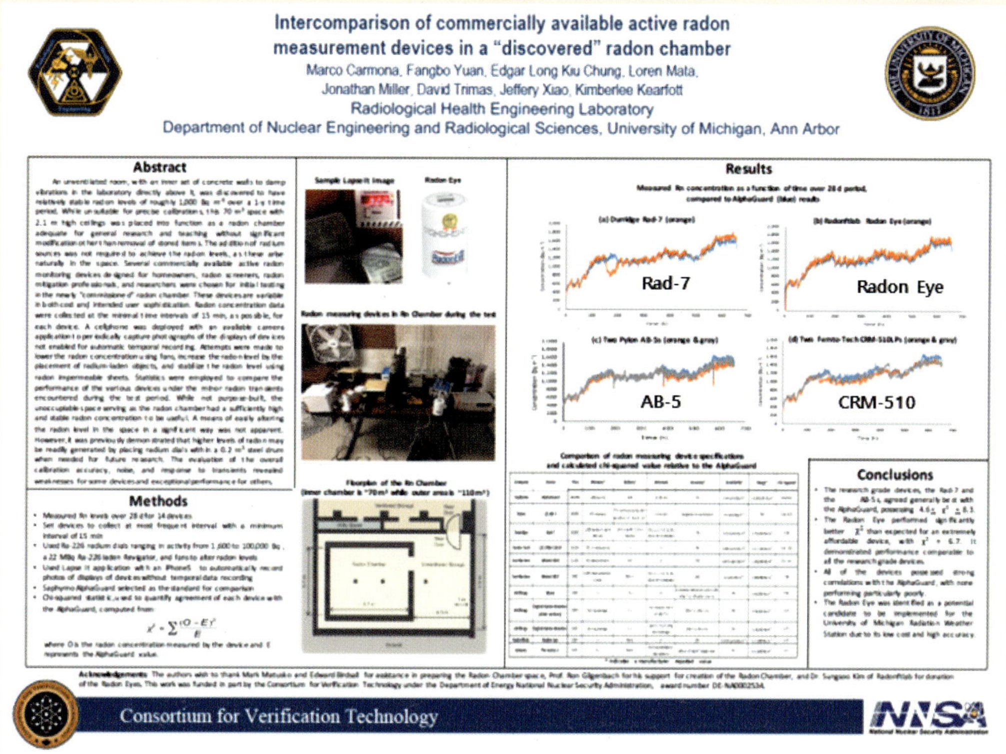

▲ 미국 미시간대학교 원자핵공학과 연구팀, 알파가드와 라돈아이의 비교시험결과
* 출처:미시간대학교 원자핵공학과 홈페이지 http://cvt.engin.umich.edu/wp-content/uploads/sites /173/2017/11/Poster26-Carmona-RnIntercomp-20171122-kjk.pdf

또한 2018년 11월에는 국산 라돈 측정기인 Radon Eye plus(RD200P)가 미국 라돈측정기 형식승인을 획득하는 쾌거를 올렸는데(아래 사진) 아시아에서 개발된 장비로는 최초이다. 이는 미국 라돈협회(American Association of Radon Scientists and Technologists, AARST)가 주관하는 미국 라돈 측정 프로그램인 NRPP(National Radon Proficiency Program)의 10가지에 달하는 성능 실험을 모두 통과하여 NRPP-Listed Device로 등재된 것으로서, 향후 국산 라돈 측정기의 미국 진출에도 청신호가 켜진 것을 의미한다. 미국은 대부분의 주에서 집을 사고 팔 때 라돈 측정 수행 및 측정 값 제시를 의무화 하고 있는데, 이때 라돈 측정 수행은 반드시 NRPP 교육을 이수하

고 인증받은 전문가만이 할 수 있으며, 측정 장비 역시 NRPP에 등재된 승인받은 장비를 사용해야 한다.

This list is the trademarked and copyright property of the American Association of Radon Scientists and Technologist's, Inc. © 2016 All Rights Reserved.

Entities and jurisdictions seeking to reference the use of NRPP Listed Radon Devices(TM) in their program or other programs must contact the AARST-NRPP Permissions Editor (currently the Executive Director of the American Association of Radon Scientists and Technologists, Inc. at director@aarst.org) for expressed written permission which may include fees for annual management, oversight, verification and audits of quality assurance and quality control systems.

Continuous Radon Monitors

Device #	Manufacturer/Model	Device Performance Testing	Proof of Calibration
CR-8233	AirThings Corentium Pro	Every 2 Years	Annually
CR-471	Diversified Research ALPHA-II	Every 2 Years	Annually
CR-61	Eberline RGM-3	Every 2 Years	Annually
CR-311	Eberline SAC-4	Every 2 Years	Annually
CR-444	femto-Tech CRM-510	Every 2 Years	Annually
CR-103	femto-Tech R210F	Every 2 Years	Annually
CR-347	femto-Tech RS410F	Every 2 Years	Annually
CR-8306	FTLab RadonEye RD200P	Every 2 Years	Annually
CR-458	Gemini Research GRI-222	Every 2 Years	Annually
CR-126	Honeywell A9000A	Every 2 Years	Annually
CR-135	Ludlum 2000	Every 2 Years	Annually
CR-457	Maryland Radon Laboratory PSC	Every 2 Years	Annually
CR-164	Niton RAD-7	Every 2 Years	Annually
CR-202	Pylon 300	Every 2 Years	Annually

▲ 미국 형식승인을 획득하여 NRPP 리스트에 오른 국산 라돈 측정기(RD200P)

* 출처:http://aarst-nrpp.com/wp/certification/approved-devices/

2.3 라돈 측정 장비의 검·교정 시설

라돈 챔버는 기본적으로 알파트랙 검출기나 활성탄 캐니스터와 같은 수동형 라돈 검출기와 다양한 능동형 검출기의 정확도를 평가하거나 필요한 교정을 수행하기 위해 반드시 요구되며, 일차적으로 정확하게 필요한 라돈 농도를 챔버 내에 유지시킬 수가 있어야 하며, 라돈의 실내 농도 자체는 온도와 습도에 큰 영향을 받지는 않지만 라돈과 그 자손을 채집하기 위한 흡착제나 필터 등이 온도와 습도에 영향을 받을 수 있으므로 필요에 의해 온도와 습도를 유지시킬 수가 있어야 한다. 또한 라돈 자손 측정기의 검정과 교정이 필요할 경우 미세 분진의 크기와 농도를 변화, 유지시킬 수가 있어야 하나, 일단은 라돈 기체 챔버의 구축이 일차적으로 요구되며 편의상 국제적으로 가장 광범위하게 사용되고 있다.

모든 챔버는 관련 장비로서, 연속식 능동형 라돈 검출기가 부착되며, 정확한 라돈의 검출을 위해 내부에 ZnS(Ag) 섬광체가 코팅된 Lucas Cell과 섬광검출기가 필요하다. 여기서 Lucas Cell이란 입자 상태인 라돈의 자손핵종을 필터를 이용해 제거한, 가스상 시료를 포집하여 내부에 코팅된 ZnS(Ag)를 이용하여 라돈으로부터 방출되는 알파입자를 빛의 형태로 바꾸어 측정할 수 있도록 하는 장치이다. 또한 필수적인 것은 아니지만, 라돈 자손핵종 등의 검출 필요에 의해 알파 스펙트로메터와 활성탄 캐니스터의 분석에 필요한 감마 스펙트로메터 장치가 요구된다.

세계적으로 검·교정시설은 환경, 보건관련 정부기관과 일부 자원 관련 정부기관에서 보유하고 있으며 미국의 경우에는 일부 대학과 산업체에서도 자체 챔버를 보유하고 있다.

연세대학교 환경공학부의 라돈 챔버는 1996년에 국내에서 최초로 구축되었으며, EPA의 라돈 챔버를 참고하여 제작하였다. 그리고 다시 2007년에 새로이 구축 하여 라돈 측정기의 자체 검교정과 라돈 측정기 개발 및 라돈의 저감 방법 연구에 활용하고 있다. 라돈과 자손핵종의 검출을 위해 Radon Gas Monitor와 수동형 Silicon 검출기, 알파스펙트로메터, 감마스펙트로메터, 라돈 자손핵종 측정을 위한 Working Level Meter, 충전막 전리함, Lucas Cell과 섬광검출기 등 다양한 측정 장비를 보유하고 있다.

그 외 국내에서는 한국표준과학연구원, 산업기술시험원, 국립환경과학원 등에서 라돈 챔버를 보유하고 있다.

표 2.20 각 기관별 라돈 챔버의 주요 제원

기 관	체 적 (m^3)	온 도 (℃)	습 도 (%)	라돈농도 (pCi/l)	유 량 (m^3/min)
한국표준과학연구원	25	10～40	30～80	0.3～6800	3～30
산업기술시험원	2.3	10～70	30～98	16～800	0.0002～0.01
연세대학교 3차 챔버	8	10～40	30～80	0.3～2000	0.0001～0.01

▲ 연세대학교 1차 라돈 챔버

▲ 연세대학교 2차 라돈 챔버

▲ 연세대학교 3차 라돈 챔버

라돈을 이용한 지진의 예측(국내 개발 고효율 실시간 라돈 센서 기반)

그동안 한반도는 지진으로부터 비교적 안전하다고 여겨졌지만, 2017년 9월 12일 경상북도 경주시에서 1978년 대한민국 지진 관측 이래 역대 최강 규모인 5.8의 지진이 발생하였으며, 이후에도 11월 19일 03시 기준 경주지진 여진은 총 523회이고, 경주지진 여진을 규모면으로 살펴보면 규모 1.5 이상~3.0 미만이 504회, 3.0 이상~4.0 미만이 17회, 4.0 이상~5.0 미만이 2회로 나타났으며, 지진 대비에 취약한 대한민국에 더 큰 지진이 일어날 수도 있다는 사실에 많은 국민들은 지진공포에 휩싸여 있다.

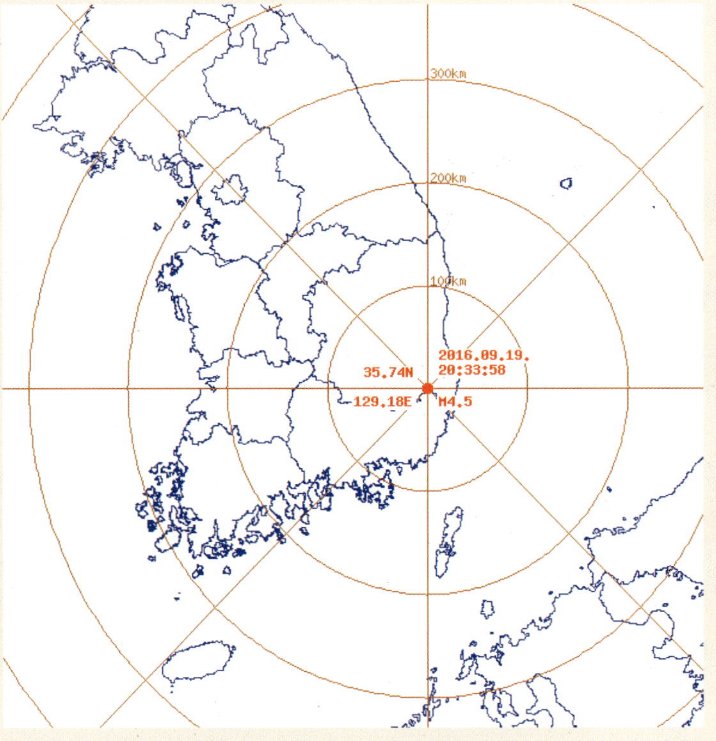

비록 약한 지진이지만 한반도에서는 끊임없이 지진이 일어나고 있다. 역사기록을 보면 삼국시대 때 107번, 고려시대 때 193번, 조선시대 때는 1천 번이 넘는 지진발생 기록이 전해지고 있다. 강진기록도 다수 전해지고 있다. 1024년(고려 현정 15년) 지동(地動)에 의해 석가탑과 담장 일부가 붕괴됐다는 기록이, 1038년(고려 정종 4년)에는 석가탑 보수 중에 지동에 의해 석가탑이 붕괴되고 불국사 경내 다리(청온교, 백운교 중의 하나)도 붕괴됐다는 기록이 발견되고 있다. 승정원일기(承政院日記)에 따르면 1643년에는 영덕으로부터 동래에 이르는 각 읍에서 지진이 발생해 "울산 동쪽 30리에 썰물, 들물드는 곳에 물이 끓는 탕과 같이 용솟음쳤으며, 논과 밭 여섯 곳이 갈라지고 물이 솟기를 우물과 같았다"는 기록이 전해지고 있다.

한국지질자원연구원 지진연구센터 지헌철 책임연구원은 2016년 3월 23일 '한반도 지진과 원자력 안전'이란 주제로 열린 제35회 과총포럼에서 과거 지진 사례들을 열거하면서 '한반도 지진학적 환경과 지진발생 가능성'에 대해 우려를 표명했다. 지 연구원에 따르면 실제 옥천, 양산, 추가령단층 등 한반도에 있는 3개 단층대에서 끊임없이 지진이 일어나고 있다는 것이다. 지 연구원은 "지금처럼 일본에서 큰 지진이 발생하고 지진대 간에 큰 영향을 받고 있는 상황에서 규모 6.5 이상의 지진이 일어날 수도 있다. 7.0 이상의 지진이 발행할 가능성은 낮지만 그 이하에서의 강진 가능성이 있다"며 철저한 대비책을 주문했다. 지 연구원에 따르면 한반도는 현재 인도양판이 유라시아판을 미는 힘과 태평양판이 유라시아판·필리핀판 등을 미는 힘을 동서 방향에서 동시에 받고 있다. 이로 인해 비록 작은 규모지만 끊임없이 지진이 일어나고 있다는 것이다. 다행스러운 것은 한반도가 강진 다발지역인 중국의 탄루 단층대와 일본 열도의 판 경계부 사이에 위치함에 따라 응력축전이 제한돼 강진 가능성이 적다는 것인데 최근 일본에서 사상 유례가 없는 강진이 발생하고 있어 강진에 대한 우려가 커지고 있다.

이에 국민안전처는 9.12 지진을 계기로 지난 9월 22일 민간전문가와 관계부처가 참여하는 '지진방재 종합개선기획단'을 구성해 범정부 차원의 '지진방재 종합개선대책'을 차질 없이 마련하고 있다고 밝히고 있다. 기획단은 예방·복구개선, 지진 안전교육, 원전·문화재 안전 등 총 7개 분야 T/F팀으로 구성·운영하고 있다. 안전처는 지진관측망의 조기 확충과 개선으로 신속한 지진정보 전달체계 구축도 추진할 계획이다. 현재 206개소인 지진관측망을 2018년까지 314개소로 조기 확충해 지진 조기 경보 소요시간을 50초에서 2020년까지 10초 이내로 단축하고 2017년부터 진도정보를 제공할 방침이다. 활성단층 조사도 내년부터 관련 부처가 참여하는 공동추진 방안으로 검토하고 있다. 9.12 지진을 계기로 활성단층에 대한 관심이 집중되고 이에 대한 조사요구가 확대됨에 따라 그동안 R&D 총괄부처인 미래창조과학부를 중심으로 안전처, 원자력안전위원회, 기상청에서 추진방안을 검토 중이다. 효과적인 지진대응체계 구축을 위해 지진 관련 예산 투자확대가 필요한 만큼 예산 당국과 긴밀히 협의해 대국민 교육·훈련, 홍보분야, 지진 관련 기초연구분야 등에 중점 투자할 계획으로 알려져 있다.

지진이 발생한 후에 조기 경보할 수 있는 시스템을 구축하는 것보다 더 중요한 것은, 지진 발생을 정확하게 예측할 수 있는 체계를 구축하는 것이다. 지진을 정확하게 예측하기 위해서 다양한 방법이 동원되고 있다. 객관적이고 과학적인 방법으로는 GPS 센서로 판 경계 부분의 느린 단층(7 cm/년)의 이동을 측정하는 방법이 있다. 또한 암석권-대기권-전리권 결합(Lithosphere-Atmosphere-Ionosphere Coupling) 메카니즘에 대해서도 일부 연구되고 있다. 즉, 암석권에서 방출된 라돈가스가 전리층에 양이온과 음이온을 생성하며, 이들 하전 입자가 응축된 물분자를 끌어당기며 열을 발생하게 되고 이를 적외선 탐지기로 관측하는 것이다. 거대한 해일과 후쿠시마 원자력 발전소의 대재앙을 유발한, 진도 9.0의 동일본 대지진 발생 3일 전인 2011년 3월 8일에 전리권의 전자 농도와 적외선의 양이 가장 크게 증가하는 것을 관찰하였으며, 과학자들은 아시아에서 발생한 100여개의 지진 데이터를 통해 진도 5.5 이상의 지진에서 유사한 경향을 관찰하였다. 또한 암석에서 튕겨져 나온 정공(전자가 부족한 공간)이 공기 중의 전자와 만나면서 발생하는 지진섬광을 관측하기도 한다.

60년 전부터 지진을 예측하기 위하여 라돈가스의 거동을 관측하는 수많은 연구가 수행되었으며, 지진을 예측할 수 있는 주요한 방법 중의 하나로 여겨지고 있다. 그 중의 몇 가지 예를 들어보자.

1981년 아이슬란드 과학자들은 지하 온천수 중 라돈 농도를 1주일에 한 번씩 채취하여 분석한 결과, 진도 2.0에서 4.3의 지진이 발생하기 전에 라돈 농도 이상이 발생한 확률은 65%로 밝혔다.

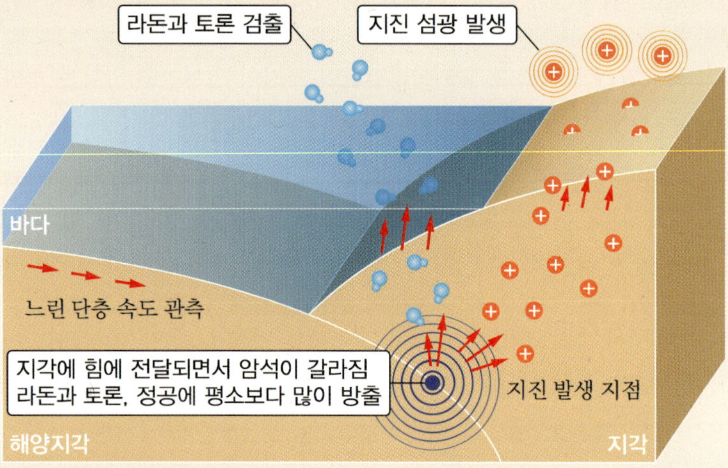

▲ 대지진 예측 방법

1995년 일본에서 고베지진을 연구한 자료에서는 1994년 10월 말부터 지하수 라돈 농도를 관측해서 1994년 12월까지 약 4배가 증가하였으며, 지진 발생 9일 전인 1995년 1월 8일에는 10배까지 증가하였고, 이러한 라돈 농도의 변화는 지진 발생의 전조현상으로 판단하였다.

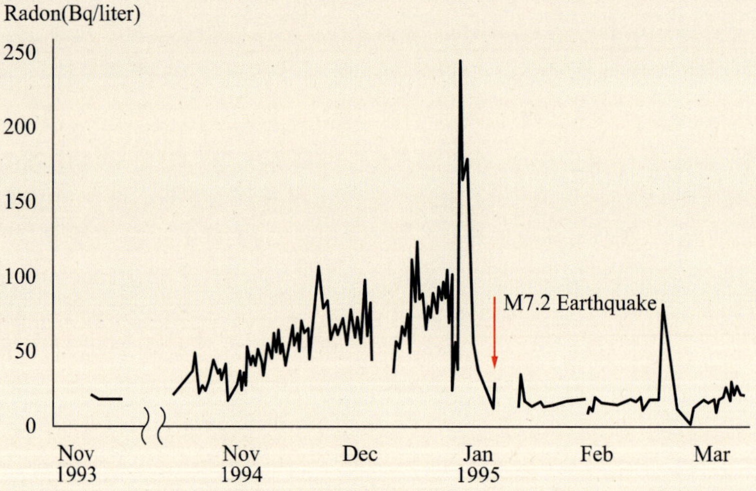

또한 모니터링 주변 20 km 대기 중의 평균 라돈방출률은 1994년 10월부터 지진이 발생한 날까지 점차 증가하여 평균보다 다섯 배가 증가한 것으로 보고되었으며, 지진 발생 이전의 대기 중 라돈 농도 이상 패턴을 통해 지각의 기계적 반응 공간 분포 정보를 얻을 수 있으며, 이는 지진 예측의 강력한 도구로 사용 가능하다고 결론지었다.

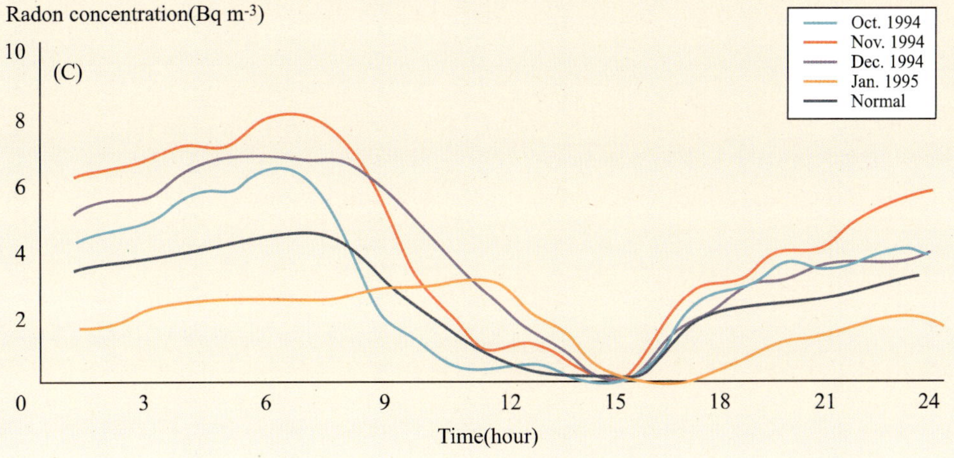

대만의 동부에서 2003년 12월 10일 진도 6.8의 강진이 일어나기 65일 전부터 45일 동안 진앙지 20 km 떨어진 지점에서 라돈 농도의 변화를 관찰한 결과, 대만의 과학자들은 적절한 곳에서 지속적으로 라돈을 모니터링 한다면 지진 발생과 관련된 지각의 변동을 민감하게 추적 가능할 것으로 결론을 내렸다.

2009년 4월 9일 진돈 6.2의 L'Aquila 지진 발생 전에 이탈리아 Gran Sasso 연구소의 과학자 Giampaolo Giuliani는 실험실의 라돈가스 측정기의 농도가 높아져 알람이 울렸다고 주장하였으며, 지진을 정확하게 예측하기 위해서는 더 많은 라돈 측정기를 이용하여 네트워크를 구성하여 관찰할 필요가 있다고 주장하였다.

인도는 잘 알려진 지진발생 지역으로, 인도 과학자들은 2010년, 지진과 토양 발생 라돈과 지하수 라돈과의 상관관계를 폭넓게 연구하였으며, 토양의 온도, 압력 및 진도 2.2에서 5.0 사이의 지진과의 상관관계를 연구하여, 지진의 크기, 진앙지와의 거리, 전조 시간 예측을 위한 반실험적 공식과 상수를 결정하였다. 이들은 지진예측의 성공을 위해서는 다른 운반 가스와 인자들의 측정과 더불어 라돈의 농도를 측정할 필요가 있다고 결론지었다.

라돈을 이용한 지진 예측 연구는 이미 미국, 일본, 유럽, 인도, 중국, 대만 등 여러 국가에서 지속적으로 수행되어 왔으며, 진도 2 이상의 지진 발생 시 지구물리화학적 이유로 라돈 방출 거동 이상이 다양하게 확인되었다. 또한 라돈 이상 방출 데이터로부터 진앙지, 지진 전조 시간, 지진의 크기 등을 공간적, 시간적으로 예측이 가능할 수 있어 추가적인 연구를 진행 중이다. 또한 지진 예측의 성공을 위해서는 다른 운반 가스와 인자들의 측정과 더불어 반드시 라돈의 농도를 측정할 필요가 있다고 파악하고 있으며, 모든 학자들은 정확한 지진 예측을 위해 더 많은 라돈 데이터 또는 라돈 측정기가 필요하다고 주장하고 있다.

본래 지진 예측을 포함한 모든 모델링의 정확성을 향상시키기 위해서는 현장 측정 데이터가 매우 중요하다. 10개의 센서를 사용해서 얻은 데이터로 모델링을 했을 때보다, 1000개의 센서를 사용해서 얻은 데이터로 모델링했을 때의 예측 정확도는 기하급수적으로 향상될 것은 자명하다. 이에 동일한 라돈 측정의 감도에서 선진국에서 판매하고 있는 제품대비 100분의 1 정도의 가격으로 국내에서 최초 개발된 실시간 라돈센서에 기반한 고효율 지진예측시스템을 국내에서 연구개발 확보할 필요가 있으며, 국내의 우수한 IT 기술을 활용하여 실시간 원격모니터링 시스템 구축이 가능할 것이다. 이러한 시스템의 구축은 다양한 전문가의 참여로 완성될 것이며, 확보된 우수한 국내의 라돈센서 원천 기술에 기반하여, 국내는 물론, 지진으로부터 세계 안전을 지키는데 도움을 줄 수 있는 훌륭한 시스템으로 외국 수출 또한 가능할 것이다. 모니터링 지점으로는 단층대 주변에 이미 확보된 도시 지하 환경과 폐광을 활용할 수도 있으며, 경주의 중저준위 방사성폐기물 처분장의 지하환경 또한 손쉽게 라돈 모니터링 지점으로 활용할 수도 있을 것이다. 이를 통해 국가적으로 반드시 정해야 할 사용 후 핵연료 처분장의 잠재적 위치의 지질학적 안전성 평가에도 장기적인 도움이 될 것이며, 실내환경에 존재하여 폐암의 3～14%를 유발하여 흡연 다음으로 위험하다고 알려진 실내 라돈의 관리를 위해 중요한 국가 라돈 지도 확보에도 도움이 될 것이다.

국민들의 안전에 대한 신뢰가 가장 객관적인 과학을 통해 얻어지고, 그 중 하나가 십 수 년에 걸친 노력 끝에 국내에서 원천 기술로 확보한 고효율 라돈센서 기술에서 시작되길 기대한다.

03 라돈의 관리

범국가적으로 라돈을 관리하고 국민들이 의도치 않게 고농도의 라돈에 노출되어 건강상 피해를 보지 않게 하려면, 우선 다양한 국가의 부서와 다른 관련 기관들과의 상호협력이 절대적으로 필요하다. 이는 공공의 환경과 보건 및 방사선 안전을 책임지는 부처 및 지방 조직을 포함한다. 대학, 연구기관, 건축기술자 및 협회, 건설기업과 같은 다른 조직이나 관련 전문가로부터 얻을 수 있는 전문지식은 건물에 대한 규정이나 규약을 만들고, 이를 통해 라돈을 관리하는 체계를 수립하는데 핵심이 된다.

정부는 또한 국가 라돈 저감 관리 프로그램이 활성화되도록 노력해야 하며, 그 성공을 위해 한 기관이나 부서로 하여금 프로그램을 총괄할 수 있도록 해야 한다.

더불어 지질학적 라돈 농도 분포와 일반인에 대한 노출 수준을 파악하기 위한 국가 라돈 조사를 통해 사전평가가 이루어져야 하며, 공인된 라돈 측정 장치와 방법 및 서비스를 통해 지속적으로 생활환경에서의 라돈 조사가 이루어져야 한다. 이후 국민들이 자발적으로 라돈을 관리하기 위한 정책과 산업을 지원해야 할 것이다.

선진국에서는 이미 작성된 라돈지도에 기초하여 토양으로부터 건축물 내부로 라돈 유입이 많을 것으로 예상되는 지역의 건축물은, 신규로 건축을 할 때, 다양한 라돈 저감 시공을 할 것을 권고하고 있으며, 이를 위해 라돈 저감화 방법 등을 개발하여 보급하고 있다.

라돈 농도가 높을 것이라고 예상되는 토지 위에 건축을 제한할 필요는 없다. 정부의 라돈 관리 가이드를 받아들여 건축을 하는 것은 건축주의 선택이며, 아무리 토양으로부터 건축물 내로 라돈 유입될 가능성이 높더라도, 현존하는 기술로 건축물의 라돈 방지가 가능하기 때문이다.

실내 라돈이 높으리라고 예상되는 지점에서 건축을 할 때는, 건축물이 위치할 지점의 토양 내 라돈 농도를 조사하여 라돈 방지 시설 설치 여부를 판단하는 것보다는, 신규 건축물의 라돈 방지 기술을 적극적으로 활용하고, 라돈 방출이 적은 건축자재를 선택하여 활용하는 것이, 경제적으로 효율적일 것이라 판단된다. 즉, 주택이나 건물을 건설할 때, 라돈 방지를 할 것인지의 여부를 판단하기 위하여, 토양 중의 라돈을 직접 검사하는 방법은 일반적으로 추천되지 않는다. 아무리 토양 내의 라돈 검사를 했다 하더라도, 그 결과에 의해 집안 내의 라돈 농도를 충분히 예측하기 어렵기 때문이다. 즉, 신규 건축물은 시공 단계에서 라돈을 사전 예방하는 것이, 이후 라돈 관리를 위한 비용을 지출하는 것보다 더욱 효과적이다.

기존 주택이나 실내 공간의 라돈관리는 적극적인 실내 라돈 진단을 통해, 오염원 차단과 적절한 환기 방법의 선택을 통해 가장 효율적인 라돈 저감 방안을 수립할 수가 있다.

◆ 미국

미국 환경보호청(EPA)과 주(州)정부에서는 1989년부터 1991년까지 실내 라돈 조사를 실시하였으며 라돈지도를 작성하고 세밀하게 계속 업데이트하고 있다. 또한, 라돈 위험지도 작성, 국민 홍보물 발행 등 라돈의 피해를 줄이기 위한 프로그램을 운영하고 있다. 라돈측정 및 저감 기술을 가지고 있는 라돈용역업체 및 기술인력 관리를 위한 성능검사 프로그램을 운영하고 있으며, 성능시험에 합격한 용역업체의 목록 공개 및 이용을 권장하고 있다. 또한 여러 주 정부에서는 부동산 중개업자, 저감 시공업자, 지역 사회단체 등 다양한 대상에게 홍보를 시행하고 있다.

EPA는 또한 '국가 라돈 조치 계획(The National Radon Action Plan)'을 수립하여, 2020년까지 5백만 가구의 라돈 위해도를 줄이고 연간 3,200명의 폐암 사망을 막는 것을 목표로 설정하였다.

한편, 주택 소유자들이 스스로 라돈농도를 줄이고 관리하도록 라돈농도 조사를 가이드 하였다. 또한 주택을 거래할 때 라돈 측정농도, 저감 시공 정보 등 라돈 관련 내용을 제시하도록 하고 있다. 특히, 라돈농도가 높은 지역인 미네소타주에서는 2009년 1월부터 신축되는 주택의 경우 의무적으로 라돈방지시공(Radon Resistant New Construction, RRNC)을 하도록 하고 있다. 이 제도의 시행으로 라돈 기준 초과율이 40%에서 20%로 감소하였다. 또한 시공을 한 주택은 2~5년마다 주기적으로 라돈농도를 측정하도록 권고하고 있다.

◆ 캐나다

캐나다는 라돈 가이드라인을 통하여 라돈농도가 200 Bq/m^{3}를 초과하는 주택의 재측정 및 저감을 유도하고, 건물 신축 시 라돈 저감 시공 등을 권고하고 있다.

캐나다 연방보건부(Health Canada)는 '국가라돈프로그램'을 운영하고, 2007년 국가 라돈연구소(Nation Radon Lab)를 설립하여 DB구축, 라돈지도 작성, 라돈관련 연구 및 교육 등을 추진하고 있다.

새로 짓는 집의 라돈농도를 줄이기 위하여 토양가스배출법을 적용하도록 하고, 라돈 저감 시공 가이드라인을 마련하여 라돈 측정·저감 사업자를 대상으로 '라돈인증제도(C-NRPP, Canadian-National Radon Proficiency Program)'를 운영하고 있다.

또한, 라돈에 대한 인식을 높이기 위해 방송, 교육자료 제작·배포, 라돈 간이측정 세트 보급 및 시연을 추진하고 있으며, 전문가와 이해관계자를 대상으로 '국가 라돈봉사 캠페인'을 추진하고 있다.

◆ 영국

영국은 1980~2005년에 국가 실내 라돈농도 조사를 실시하고 라돈지도를 작성하였다. 또한, 토양 라돈 배출시스템 등 라돈 저감 방법을 개발하여 보급하고 있다. 정부에서는 라돈농도가 높은 지역에 대해 라돈 검사를 권고하고, 검사 비용을 일부 지원하고 있다.

홈페이지를 통해서 가구주, 고용주, 전문가 등 각 대상별로 필요한 라돈 정보를 제공하고 있다. 그리고 주택의 연간 평균 라돈농도, 가정 내 흡연자 유무, 건물 1층 바닥 유형 등을 고려하여 라돈농도 저감 조치사항을 권고하고 있다.

◆ 스웨덴

스웨덴은 1979년부터 지속적으로 전국의 실내 라돈농도를 조사하고 있다. 1988년부터는 의무적으로 건물부지에 대한 측량조사 시 라돈농도를 조사하도록 하고 있다. 라듐 함량이 많은 일부 건축자재의 생산을 금지하는 등 건축자재도 관리 중이다. 라돈이 고농도(400 Bq/m^3 이상)로 나타나는 주택이 라돈 저감을 위하여 기계를 설치할 경우에 국가에서 그 비용의 50%(최대 ￡1500)를 지원하고 있다. 건축자재 관리를 위하여 라듐 함량이 많은 일부 건축재료(이판암)의 생산을 금지하고 있다.

◆ 체코

적극적으로 라돈 관리를 하고 있는 체코는 우리나라보다 라돈 농도가 높은 국가로 알려져 있다. 체코의 라돈 프로그램은 1999년 5월 31일 부로 체코 정부에서 승인하여 기존 주택 및 신축 주택에서의 라돈 노출을 최소화하는 예방책 및 구제조치에 초점을 맞추고 있다. 모든 가능한 라돈 발생원(토양, 건축자재, 물 등)에 대한 규제 및 감독에 관한 입법과 품질관리시스템을 운영하고 있다. 즉 건축자재 제조업자 및 수입업자와 물 공급자는 방사선 방어를 위한 감독관의 감독을 받으며, 토양에서 방출되는 라돈의 평가는 건축허가에 있어서 필수적인 요소이다. 당국은 승인과 관련하여 책임을 지고 있으며 국민을 대상으로 라돈에 대한 충분한 홍보 및 교육을 진행하고 있다. 개인 주택 소유자에게 강제적으로 라돈 측정을 지시하거나 개선조치를 취하게 할 수는 없으며 다만 공공건물에 대해서는 예외로 하고 있고, 이러한 조정 및 중재 프로그램은 국가적 차원의 지원 및 이 지원에 대한 국민의 동의를 통한 의사결정에 기반하고 있다. 체코는 1980년대 라돈관리를 위한 조직적인 조사 및 지도 작성을 시작으로 1999년부터 2009년까지 1차 라돈프로그램 운영으로 176,000 가구의 아파트를 대상으로 라돈을 측정한 결과 약 29,000 가구가 400 Bq/m^{3}를 초과하였으며, 약 6,000 가구는 1,000 Bq/m^{3}를 초과하는 것으로 추정하고 있으며, 5,000 가구의 아파트를 대상으로 라돈저감 조치를 취하였다. 2010년부터 2019년까지 2차 라돈 프로그램을 운영하고 있으며, 라돈에 노출되어 발병한 폐암환자의 사망률을 낮추는 것이 장기적인 목표로서 국민에게 라돈은 실생활에 늘 존재하는 위험요소이며 관리가 가능함을 홍보하고 있다. 현재 체코정부는 실내 라돈농도 기준을 기존 주택의 경우 권고기준은 400 Bq/m^3, 신축주택의 의무기준은 200 Bq/m^{3}로 정하고 있다. 저감 시공에 있어 정부의 규제 및 재정지원은 평균농도가 1,000 Bq/m^{3}이 넘는 주택이 저감 시공을 할 경우에 대해 5000~5,000 유로를 지원하고 있으며, 4,000 Bq/m^{3}이 넘는 건물에 대해 법적으로 저감 시공을 해야 하며, 2017년부터는 3,000 Bq/m^{3}이 넘는 건물에 대해서 의무화를 규정하고 있다.

세계보건기구(WHO)는 2005년에 40여 개 국가가 참여한 국제 라돈 프로젝트를 통한 과학적인 연구 자료를 토대로 실내라돈 방출이 건강에 미치는 영향을 최소화하기 위해, 라돈을 폐암 발병의 원인으로 정하고 2009년 허용 기준치를 100 Bq/m^{3}로 낮출 것을 권고하고 있으며 이는 1996년 WHO 보고서에서 제시한 기준치 1,000 Bq/m^{3}를 10배 강화한 것이다. 만약 각국의 사정상 이 기준을 맞출 수 없는 경우에도 300 Bq/m^{3}를 넘지 말아야 한다고 밝히고 있다.

이 프로젝트를 통해 국가별 거주지의 실내 라돈농도, 라돈 저감 수준, 라돈 규제, 라돈 연구기관, 라돈 관련 권한 등을 데이터베이스로 구축하였다. 그리고 라돈 관리의 중요성을 알리고 사람들이 관심을 갖도록 하기 위해 공중보건 가이드라인을 마련하였다. 또한, 라돈 노출로 건강 피해를 입었을 때 예상되는 치료비용을 산출하고, 라돈의 위험성과 관리 필요성을 알리는 방법을 개발하였다.

2009년에는 'WHO 실내 라돈 핸드북(WHO Handbook on Indoor Radon-A Public Health Perspective)'을 발간하여 주민들의 건강 증진 관점에서 라돈 노출에 대해 알리고, 라돈 저감 정책과 라돈의 위험성에 대해 안내하고 있다.

WHO에서는 실내 라돈을 줄이기 위한 방법으로 토양가스 배출법, 환기법, 표면 밀 법, 지하수 처리법 등을 권장하고 있다.

◆ 대한민국

환경부에서는 2003년 다중이용시설 등의 실내공기질 관리법을 제정하여, 지하역사, 지하도상가 뿐만 아니라 여객터미널, 의료기관, 도서관, 박물관, 미술관, 영화관, 어린이 집, 학원 등등 및 그 밖에 대통령령으로 정하는 국민 대다수가 이용하는 시설에 대한 실내공기질을 관리하도록 하고 있다. 여기서 라돈은 2년에 1회 측정하는 권고기준 항목으로 되어 있으며, 그 기준치는 148 Bq/m^{3}이다. 다음 표에 현재의 유지기준과 권고기준 항목들을 분류하였다.

그러나 라돈은 사실 대부분의 시간을 보내는 주거 공간이나 일하거나 공부하는 공간의 이슈이다. 이에 환경부에서는 신축 공동주택의 실내 라돈 기준을 마련하여 가이드하고 있으며, 그 기준을 200 Bq/m^{3}에서 148 Bq/m^{3}로 강화하여 권고 기준으로 삼고 있다.

교육부에서는 2017년 학교보건법의 학교 환경위생 및 식품위생 점검기준을 변경하면서, 라돈 측정 대상을 지하교실에서 1층 이하 교실로 확대하고 장기측정법으로 1차 측정하고, 1차 측정결과가 600 Bq/m^3 이상이면 단기측정방법인 연속모니터링법으로 2차 검사를 실시하도록 되어 있다. 그러나 어린 학생들을 대상으로 600 Bq/m^{3}이라는 너무 느슨한 기준을 적용하고 있어서 기준 강화의 필요성이 늘 제기되어 최근 그 기준을 148 Bq/m^{3}로 강화하였다.

고용노동부에서는 2018년 국제기구의 권고기준과 전문가 의견을 참조하여 600을 작업장 라돈 노출기준으로 제정 고시하였다. 이는 연간 2,000시간 근무(월 8시간, 주 5일)를 가정할 경우 국제방사선방호위원회(International Committee of Radiation Protection, ICRP)의 권고기준인 10 mSv에도 해당된다고 안내하고 있다. 연 600 Bq/m^{3}인 작업장 내에서 연간 2,000시간 근무하고, 라돈 자손이 부착할 수 있는 실내 먼지의 양과 관련 있는 방사평형 인자(equilibrium factor, F_{eq})를 0.4로 할 경우 방사선 노출량은 약 9.2 mSv 또는 0.77 WLM에 해당한다.

* 800 Bq/m^3(2,000시간 근무, $F_{eq} = 0.4) = 1$ WLM $= 12$ mSv

표 2.21 다중이용시설 실내공기질 유지기준(연 1회 측정)

<table>
<tr><th>오염물질항목
다중이용시설</th><th>미세먼지
PM-10
($\mu g/m^3$)</th><th>이산화탄소
(ppm)</th><th>폼알데하이드
($\mu g/m^3$)</th><th>총부유세균
(CFU/m^3)</th><th>일산화탄소
(ppm)</th></tr>
<tr><td>가. 지하역사, 지하도 상가, 철도 역사의 대합실, 여객자동차 터미널의 대합실, 항만시설 중 대합실, 공항시설 중 여객 터미널, 도서관, 박물관, 미술관, 대규모 점포, 장례식 식장, 영화 상영관, 학원, 전시시설, 인터넷컴퓨터게임시설, 제공업의 영업시설, 목욕장업의 영업시설</td><td>150 이하</td><td rowspan="3">1,000 이하</td><td rowspan="3">100 이하</td><td>-</td><td rowspan="2">10 이하</td></tr>
<tr><td>나. 의료기관, 산후조리관, 노인 요양 시설, 어린이집</td><td>100 이하</td><td>800 이하</td></tr>
<tr><td>다. 실내주차장</td><td>200 이하</td><td>-</td><td>25 이하</td></tr>
<tr><td>라. 실내 체육시설, 실내 공연장, 업무시설 들 이상의 용도에 사용되는 건축물</td><td>200 이하</td><td>-</td><td>-</td><td>-</td><td>-</td></tr>
</table>

표 2.22 다중이용시설 실내공기질 유지기준(2년에 1회 측정)

<table>
<tr><th>오염물질항목
다중이용시설</th><th>이산화탄소
(ppm)</th><th>라돈
(Bq/m^3)</th><th>총휘발성
유기화합물
($\mu g/m^3$)</th><th>미세먼지
PM-2.5
($\mu g/m^3$)</th><th>곰팡이
(CPU/m^3)</th></tr>
<tr><td>가. 지하역사, 지하도 상가, 철도 역사의 대합실, 여객자동차 터미널의 대합실, 항만시설 중 대합실, 공항시설 중 여객 터미널, 도서관, 박물관, 미술관, 대규모 점포, 장례식 식장, 영화 상영관, 학원, 전시시설, 인터넷컴퓨터게임시설, 제공업의 영업시설, 목욕장업의 영업시설</td><td rowspan="2">0.05 이하</td><td rowspan="3">148 이하</td><td>500 이하</td><td>-</td><td>-</td></tr>
<tr><td>나. 의료기관, 산후조리관, 노인 요양 시설, 어린이집</td><td>400 이하</td><td>70 이하</td><td>500 이하</td></tr>
<tr><td>다. 실내주차장</td><td>0.30 이하</td><td>1,000 이하</td><td>-</td><td>-</td></tr>
</table>

원자력안전위원회에서도 생활주변방사선 안전관리법을 통해 다양한 공산품 내에 존재하는 자연방사성 물질의 감시와 유통 등에 대해 관리를 하고 있다.

그 외 실내 건축자재에서 방출되는 라돈의 영향에 대한 국민들의 우려가 커지면서 환경부와 국토교통부 등에서 건축자재에서 방출되는 라돈을 관리하려는 체계를 마련하고 있다.

이렇듯 현재 라돈을 포함한 자연방사성 물질에 대한 관리 체계가 너무 산재되어 있고, 측정과 가이드 기준이 일치되지 않아 다양한 혼선이 일어나고 있으므로, 조속히 모든 가이드와 기준을 일원화하여 효율적으로 관리할 필요가 크다.

3.1 라돈의 측정

공간의 라돈은 측정한다고 표현하기보다, 그 공간이 라돈으로부터 안전한지 진단한다고 표현하는 것이 맞다. 우리가 건강 때문에 의사를 찾아가서 건강진단을 한다면, 몸을 진단에 맞는 조건으로 만든 후 진단을 한다. 또한 진단을 잘해야 이후 치료 과정이 더 간단하고 쉬워질 수가 있는 것과 같이 공간의 라돈을 잘 진단해야 공간 내의 라돈을 소위 잘 치료할 수가 있다. 일반적으로 작은 공간의 라돈 농도는 큰 공간보다 높다. 그 이유는 공간의 부피에 비해 라돈 방출 표면적이 더 크기 때문이다. 이러한 이유로 거주 공간 중에서 라돈 농도가 높을 가능성이 큰, 작은 공간을 우선적으로 확실히 밀폐한 후에 측정해야 하며, 라돈은 유체이므로 어떤 틈새를 통해 어디로 이동할지는 아무도 모르기 때문에, 이후 가능하면 모든 구획된 공간을 측정해야 한다.

또한 라돈은 기체이므로 기체의 분자운동론을 확실하게 따른다. 즉, 온도가 높으면 그 운동량이 커지게 된다. 바깥 온도가 낮은 날은 일반적으로 환기를 잘 안하게 되고, 토양과 건축자재의 공극에서 발생한 라돈가스가, 실외보다 상대적으로 압력이 낮은 실내로 더 많이 유입되어, 더욱 실내 라돈 농도가 증가한다. 또한 가정에서 사용하는 렌지 후드와 화장실 배기 팬 등에 의해서도 실내에 음압이 형성되어 라돈가스의 실내 유입 구동력이 될 수 있다. 따라서 실내의 창문을 열거나 환기시설을 이용하여 외부공기를 투입하면 실내 공기의 압력이 높아져 외부 라돈 유입이 감소되고, 자연환기에 의한 희석으로 라돈농도가 저감될 수 있다.

대기압이 낮은 경우 실내 라돈농도는 상승할 수 있으며, 토양 상단이 결빙되거나 강우가 지속될 경우 주택 주변 토양의 투과성이 감소되어 상대적으로 투과성이 좋은 주택 하부 토양으로 라돈가스가 이동함으로써 실내 라돈농도 상승의 원인이 될 수 있다. 또한 바람은 베르누이 효과에 의해 실내에 음압을 형성하고 토양에는 양압을 형성하여 라돈가스의 실내유입량을 증가시킬 수 있으며, 연구결과에 의하면 3 m/s의 풍속이 토양가스와 주택 사이에 약 2 Pa의 압력차를 발생시킬 수 있다.

그러나 습도에 의한 영향은 매우 다양하게 나타나기 때문에, 바깥 공기의 습도와 건물 아래 토양의 습도, 건축자재의 습도 및 실내 공기의 습도에 따라 실내 라돈 농도의 변화를 일괄적으로 표현하기는 힘들다.

거주하는 공간의 라돈 측정은 측정기간에 따라 크게 장기측정과 단기측정으로 구분되며, 측정방식에 따라 능동형 측정, 수동형 측정으로 구분할 수 있다.

단기측정의 경우 측정기기에 따라 최소 2일에서 최대 90일 미만으로 측정을 진행하며, 90일 이상 측정이 진행될 경우 장기측정으로 구분된다. 라돈농도는 일별 또는 계절에 따라 변동하는 특성이 있기 때문에 단기측정의 경우 장기측정에 비해 비교적 연평균 주택 라돈 농도 대푯값을 반영하지는 못하지만, 주로 라돈 저감 시공을 위한 신속한 결정을 필요로 할 경우 실시한다. 측정 시기는 창문을 닫은 상태에서도 충분히 일평균 온도가 낮아 측정 장소 밀폐조건이 유지되기 쉬운 10월부터 4월 사이의 추운 계절에 실시하는 것이 좋다.

라돈 측정기는 측정방식에 따라 능동형 측정기와 수동형 측정기로 구분되는데, 능동형 측정기의 경우 측정을 위한 동력을 필요로 하며, 연속형 라돈 모니터, 연속형 워킹레벨 모니터 등이 이에 해당된다. 실내공기 속의 라돈과 라돈 자손의 양을 연속적으로 측정하며 기록하도록 되어있으며, 측정비용은 고가이나 단기측정에 비해 더욱 신뢰할 수 있는 측정결과를 얻을 수 있다. 최근 국내에서 전원을 연결한 전리함 방식의 수동형 연속 측정기가 저가에 개발되어 국민들이 손쉽고 저렴하게 현장에서 라돈을 측정할 수 있게 되었다. 그 외 과거의 수동형 측정기의 경우 측정을 위한 동력은 필요하지 않으며, 알파비적 검출기, 활성탄 캐니스터, 충전막 전리함 등이 이에 해당된다. 보통 주택 실내 공기에 일정기간 노출시킨 후, 전문 실험실 분석을 통해 7일에서 100일 정도 후에 실내 라돈 농도를 확인할 수 있다.

단기 측정 시 정확한 측정을 위하여 주택에서 주의해야 할 사항은 다음과 같다.

- 측정시작 전 12시간부터 측정기간 동안은 외부와 통하는 모든 문을 닫아 놓는다(외부 공기가 유입될 수 있는 환기설비, 출입문, 비상구, 창문 모두 포함).
- 측정 12시간 전부터 측정 종료 시까지, 환기가 될 수 있는 외부 연결부는 가능한 1분 이상 열리지 않도록 합니다.
- 측정공간의 밀폐가 지속될 수 있도록 이용을 자제한다.
- 측정기는 환기구, 냉난방기, 문·창문 근처 등 기류가 발생될 수 있는 장소와 벽난로, 직사광선, 열, 습도가 높은 장소 또는 전자기기 근처는 피한다.
- 측정기는 공기 흐름에 민감하므로 주변에서 팬이 작동되지 않도록 한다.
- 문이나 창문 같은 잠재적으로 외부공기가 유입될 수 있는 지점에서 1 m, 벽에서 30 cm, 바닥에서 50 cm 이상 떨어뜨려 설치한다.
- 측정기의 위치를 임의로 이동하거나 변경하지 않는다.

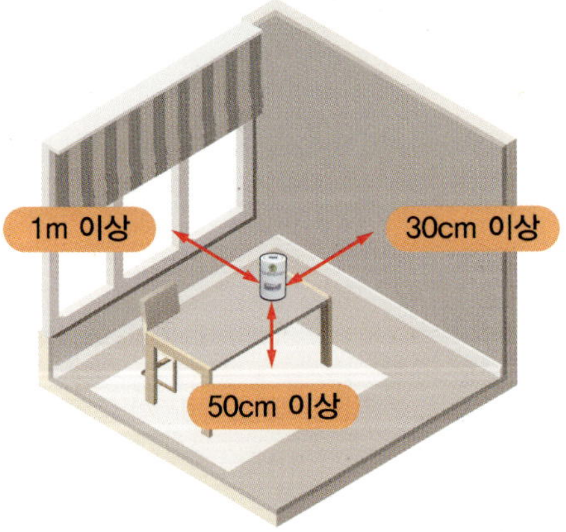

▲ 측정기 설치 위치 선정

3.2 실내 라돈 저감 방안

실내에 존재하는 라돈을 제어하는 방법에는 크게 발생원의 관리, 발생원의 차단과 흡착, 환기 및 공기를 청정시키는 방법이 있다. 그러나 아쉽게도 현재 존재하는 대부분의 공기청정기는 부유 분진과 이에 부착된(attached) 라돈의 자손 핵종만 제거하므로, 공기 중에 많은 양의 제거되지 않은 미부착(unattached) 라돈이 존재할 수 있다. 미부착(unattached) 라돈은 부착된(attached) 라돈보다 더욱 미세한 입자라서 체내로 유입 시 걸러지지 않고 폐 깊숙이 침투할 수 있기 때문에 인체에 더욱 위험할 수도 있다. 이외에도 실내공기청정 방식으로써 활성탄을 가장 흔히 사용하는데 이때 먼저 molecular sieve 등을 이용해 수분과 CO_2를 제거하여야 그 흡착 효율이 높아진다. 실내에 흔히 존재하는 수분과 휘발성 유기화합물 등에 의해 흡착이 방해될 수 있다. 실내청정설비의 습도조절 시스템에 carbon-based 시스템을 통합하여 운영하면 라돈제어가 효과적일 수 있다. 그러나 이러한 시스템은 라돈 흡착 능력이 커야함은 물론이고 습기나 다른 휘발성 유기화합물 등에 의한 간섭이 최소화되어야 하며 반복 사용을 위해 재생하여 사용할 수 있어야 한다. 그러나 외부 공기가 투입되지 않는 공기청정기는 미세먼지와 같은 일시적으로 증가한 실내오염물 저감에는 효과가 일부 있을 수 있지만, 실내에서 지속적으로 발생되는 라돈 등의 오염물을 저감시키는데, 그 용량의 한계가 있어 지속적인 효과를 얻기가 힘들다.

라돈의 주요 발생원이 건축자재로 판단되는 경우에는 건축자재의 교체 또는 도포제를 사용하여 라돈가스의 실내 방출을 차단하는 방법 등이 사용될 수 있다. 그러나 대부분의 경우 토양가스가 실내라돈농도의 주요 원인이 되므로 미국, 영국 등 선진국에서는 토양가스의 실내유입을 방지하기 위한 공법이 사용되고 있다.

토양에 인접한 건물의 실내로 유입되는 대부분의 라돈은 건물 지반의 토양 또는 암석으로부터 기인한다. 토양층을 통과하여 올라온 라돈 또는 기타 오염 가스는 건물 하부에 계속적으로 축적되게 된다. 보통 실내의 기압은 토양 내의 압력보다 낮은데, 그로인해 건물 하부의 압력은 건물의 바닥 또는 벽 등을 통해 라돈과 같은 유해 가스를 실내로 유입시킨다. 특히 대부분의 라돈 가스는 갈라진 벽 틈 사이 또는 기타 실내와 실외의 연결통로 등을 통해 유입된다. 이렇게 한번 유입된 라돈은 쉽게 빠져나가지 못하고 실내에 계속 축적되게 된다. 라돈은 또한 용해성이 강하여 특히 지하수에 많이 녹아있다. 실내로 유입된 지하수의 경우 통상적으로 지하수 농도의 약 1/10,000 정도가 라돈 가스로 유입이 된다고 보고되고 있다. 즉, 라돈 함유량이 높은 지하수가 주변에 존재할 경우 실내 라돈농도 상승의 중요한 요인이 될 수 있다. 수중 라돈을 저감하는 방법에는, 물탱크 내부의 수중에 공기를 불어 넣거나(폭기), 물을 공기 중으로 분무하거나, 폭포처럼 떨어뜨리면서 동시에 공기를 주입하여 라돈을 폭기해서 바깥 대기 중으로 빼내는 방법이 대표적이며, 입상활성탄(Granular Activated Carbon, GAC)을 통해 라돈을 흡착 또는 필터링하는 방법은 비용 면에서는 싸지만, 라돈 저감 효율측면에서는 떨어진다.

아파트 고층부와 같이 토양에서 떨어진 공간에 존재하는 라돈은, 연돌현상으로 인해 토양에서 발생한 라돈이 환기 연결구나 하수 배관을 통해, 고층 실내로 이동할 수가 있다. 이는 환기 연결구에 외부 공기가 침투를 못하고 실내 오염물만 압력을 주어 내보낼 수 있도록 역류 방지 댐퍼를 설치하거나, 토양과 접한 부위의 라돈이 상부로 이동하지 못하도록 차단하거나, 주변 토양에 음압을 형성하여 대기 중으로 확산하여 방지할 수가 있다. 이외 고층부에 일정 농도 이상 존재하는 라돈은 모두, 건축자재에서 실내로 방출되는 라돈에 기인한 것이다.

▲ 라돈 저방출 자재의 선택과 건물 바닥 환기법 등이 적용된 국내 최초의 연세대학교 라돈프리하우스

3.2.1 발생원의 관리

실내에서 사용되는 건축자재 중의 라돈 방출 수준을 평가하여, 가능하면 라돈 발생량이 적은 자재를 사용하도록 해야 한다. 더불어 건축자재의 자연방사성동위원소에 의해 의도치 않게 감마선에 외부피폭을 당할 수 있으므로 이 또한 관리할 필요가 있다. 이를 위해 방사능 지수(activity concentration index)를 활용하며 건축자재 중 자연방사성 물질인 라듐(^{226}Ra), 토륨(^{232}Th), 칼륨(^{40}K)의 방사능 농도를 확인하여 관리한다. 이를 위하여, 토양으로부터 유발된 다양한 건축자재의 라돈 방출 수준과 방사선 지수를 국가가 관리하고 가이드 할 필요가 있다.

① 건축자재 내 라돈 방출량 및 라듐 함량의 평가

토양으로부터 비롯되는 콘크리트, 석고보드, 굵은 골재, 벽돌 등 주된 건축자재를 대상으로 하여, 라돈 방출량 및 건축자재 자체의 라듐 함량도 파악하는 것이 중요하다.

건축자재의 생산지역을 파악하여 그 지역의 지질대를 파악하여 참고자료로 사용한다. 공사 중 가장 많이 사용되는 건축자재 중 콘크리트, 벽돌, 굵은 골재, 석고보드의 라돈방출량은 소형 챔버법을 이용하여 24시간 동안 라돈 방출률을 측정한다.

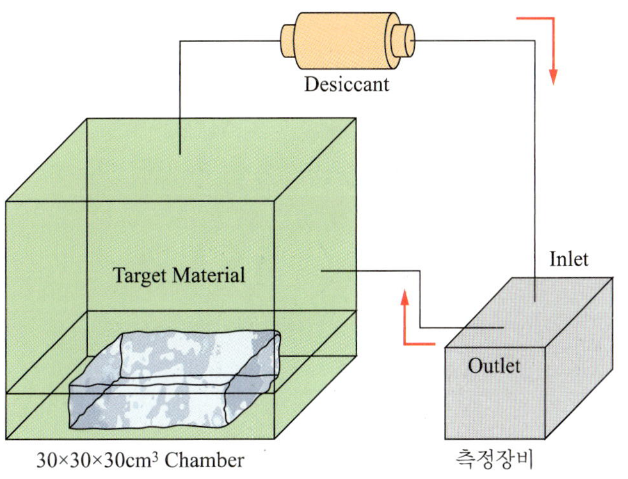

▲ 건축자재 라돈방출량 측정 도식도

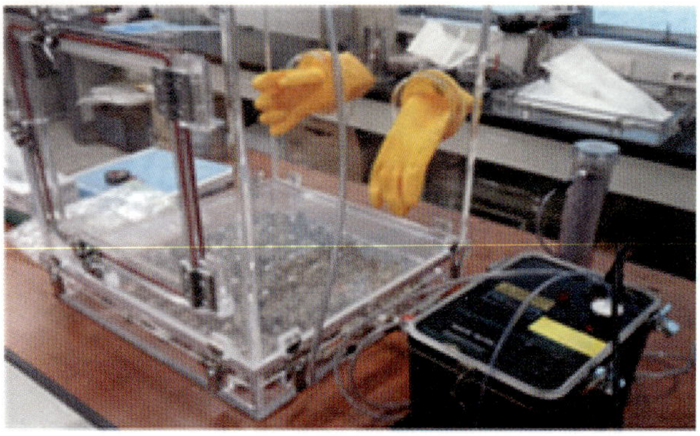
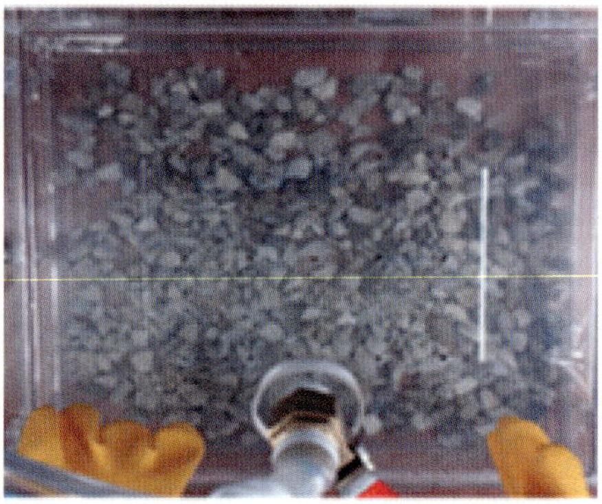

▲ 건축자재 라돈방출량 현장 측정 예시

밀폐도가 높은 챔버 내에 시료를 넣고 실시간 라돈측정 장비를 활용하여 시료에서 방출되는 라돈농도를 파악하며, 이 때 챔버 내부의 라돈농도는 지속적으로 증가하며, 24시간 동안의 데이터를 수집하여 라돈 방출률을 계산한다. 다음은 이에 기본하여 연세대학교 라돈안전센터에서 수행한 방법을 정리한 것이다.

◆ 시료채취

- 대상 시료는 채취 지점에서 1 kg 이상의 시료를 채취
- 해당 시료의 크기가 작을 경우(예 : 모래, 흙, 시멘트, 작은 자갈 등), 가능한 많은 양을 채취하여 채로 걸러 교반 과정을 통해 균질성을 띨 수 있도록 한다.
- 해당 시료가 원자재일 경우(예 : 굵은 자갈, 콘크리트 등), 작은 자갈 이하의 크기로 파쇄하여, 교반 과정을 통해 균질성을 띨 수 있도록 한다.
- 해당 시료가 최종제품일 경우(예 : 석고보드, 벽돌 등), 챔버 크기를 고려하여 적절한 크기로 준비

◆ 챔버 바탕농도 측정

- 새로운 방출률 시험을 시작하기 전 시험 챔버를 해체하여 클리닝
- 해체한 챔버와 부속장치를 증류수로 표면에 부착하여 존재할 수 있는 라돈 및 그 자손핵종을 제거하기 위해 세척
- 세척 후, 충분히 건조한 후 퍼지가스(purge gas, 예 : 혼합공기 혹은 질소 등)를 이용하여 잔존 기체를 교환한 뒤, 연속 측정장비를 이용하여 챔버 내부 농도를 측정

◆ 시료 전처리

- 시료 채취 지점에 따라 수분을 함유하고 있는 정도에 차이가 있으므로, 채취한 시료를 105℃에서 24시간 동안 건조

◆ 시료 보관

- 시료 건조 후, 분석 시작 전까지 대기 중에 존재하는 수분과 차단하기 위해 제습제가 존재하는 밀폐된 공간 내에 보관

◆ 챔버 내의 시료의 위치

- 시료는 챔버 중앙에 놓고 공기가 시료의 방출면 위에 균일하게 흐르도록 한다.

◆ 챔버 내부의 라돈농도 측정

- 시료로부터 방출되는 라돈농도를 연속 측정장비를 이용하여 매시간 측정하고, 총 측정기간은 24시간으로 한다.
- 단, 측정기의 특성 상, 측정시작 후 4시간 정도의 안정화가 필요한 경우에는 그만큼 연장하여 측정하도록 한다.

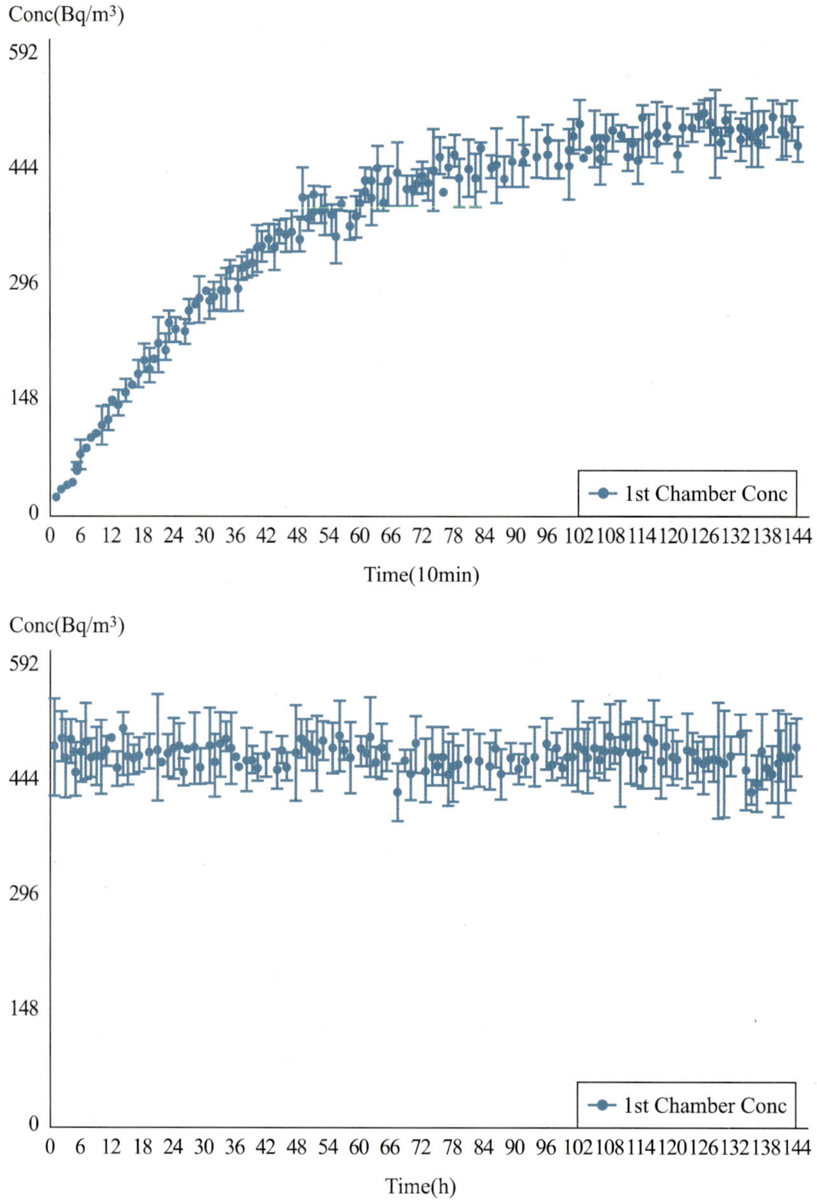

▲ 건축자재 라돈방출량 측정 데이터

라돈 방출량 분석을 위한 식은 다음과 같다.

$$E_{222} = (m + \lambda_{222} \cdot C_o) \cdot V$$

여기서 E_{222}는 라돈 방출량(Bq/h), m은 라돈 증가선의 기울기 $(Bq \cdot m^{-3} \cdot h^{-1})$, λ_{222}는 라돈 붕괴상수(h^{-1}), C_o는 초기 라돈 농도 $(Bq \cdot m^{-3})$, V는 챔버의 부피(m^3)이다.[4]

건축자재 라돈 방출에 영향을 미치는 라돈의 모핵종인 라듐의 함량 분석을 통해 방출 기여도 분석을 할 수 있는 동시에, 건축 전에 자재를 선택하는데 유용하다.

- 마리넬리 비커(Marinelli beaker)에 토양 샘플을 충진 후, 약 20일 이상 방치시켜 마리넬리 비커 내부에서 라듐과 라돈이 방사평형을 이루게 한 후, NaI 감마선 검출기를 이용하여 방출되는 감마선을 분석하여 측정.

▲ 마리넬리 비커와 NaI 감마선 검출기

4 출처 : Paola Tuccimei et al., 2009, Chapter 7 Radon exhalation rates of building materials : Experimental, analytical protocol and classification criteria, Nova Science Publishers, Inc.

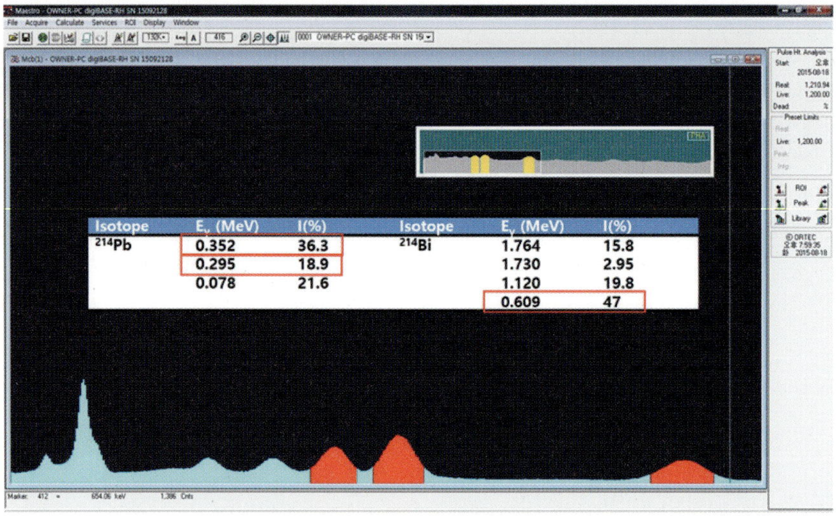

▲ 라듐 자손핵종의 감마선 peak

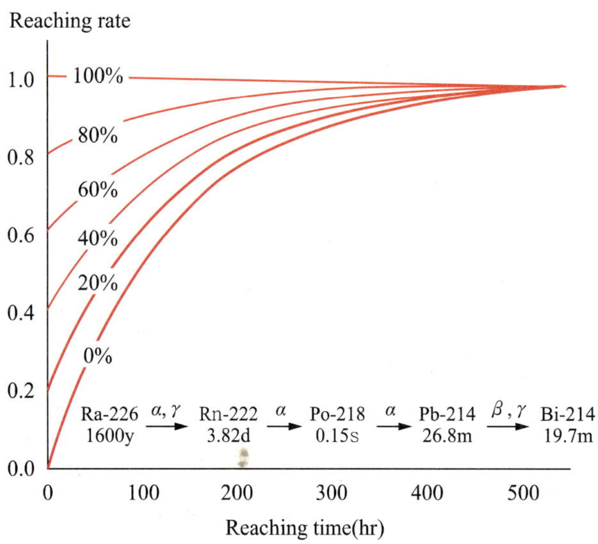

▲ 방사평형 그래프

▲ 라듐 표준선원

라듐 농도를 계산하기 위하여 다음의 비교 공식을 활용한다.

$$A = \frac{Sample\ Peak\ Area \cdot RGS\ Activity}{RGS\ Peak\ Area}$$

여기서 A는 시료의 방사능이며, 시료와 라듐선원의 방사능을 기준으로 샘플과 라듐선원의 피크 면적을 비교하여 확인할 수 있다.

② 국내/외 건축자재 라돈 및 타 종류 방사성 물질 포함 관리기준

- 건축자재에 대한 규정 유무

있 음		없 음
- 오스트리아	- 핀란드	- 에스토니아(계획 중)
- 독일	- 룩셈부르크	- 터키(계획 중)
- 벨라루스	- 체코	
- 라트비아	- 리투아니아	
- 노르웨이	- 폴란드	
- 루마니아	- 러시아	
- 슬로바키아	- 슬로베니아	
- 유고슬라비아		

- 건축자재에 대한 규정의 강제성

의무사항		권고사항
- 핀란드	- 독일	- 오스트리아
- 룩셈부르크	- 벨라루스	- 노르웨이
- 체코	- 라트비아	- (체코) 기존건물에 대해 권고
- 리투아니아	- 폴란드	
- 루마니아	- 러시아	
- 슬로바키아	- 슬로베니아	총 3개국

- 각 국가별 방사능지수(Activity Concentration Index)

다음에서 C_K, C_{Ra}, C_{Th}은 Bq/kg로 표시한 각 샘플 내의 ^{40}K, ^{226}Ra, ^{232}Th의 농도이다.

◆ 오스트리아(권고기준)

$$C_K/10{,}000 + C_{Ra}/1{,}000 \cdot (1 + 0.15 \cdot \sum \cdot \text{밀도} \cdot \text{두께}) + C_{Th}/600 \le 1$$

◆ 핀란드(의무조항)

$$C_K/3{,}000 + C_{Ra}/300 + C_{Th}/200 < 1$$

◆ 라트비아(의무조항)

거주빌딩 내부 건축자재에 대하여

- $(C_{Ra} + C_{Th})/170 \le 1$
- $C_K < 1500\ Bq/kg$

산업건물, 거주가옥, 도시 내 외부 자재에 대하여

- $(C_{Ra} + C_{Th})/250 \leq 1$
- $C_K < 2000\ Bq/kg$

인구밀집도가 낮은 산업건물, 거주가옥, 도시 내 외부 자재에 대하여

- $(C_{Ra} + C_{Th})/300 \leq 1$
- $C_K < 2500\ Bq/kg$

◆ 리투아니아(의무조항)

모든 건축자재

- $C_K/3{,}000 + C_{Ra}/300 + C_{Th}/200 \leq 1$

도로, 거리 등에 쓰이는 자재

- $C_K/8{,}000 + C_{Ra}/700 + C_{Th}/500 + A\,^{138}Cs/2000 \leq 1$

조경에 쓰이는 자재

- $C_K/20{,}000 + C_{Ra}/2000 + C_{Th}/1500 + A\,^{138}Cs/5000 \leq 1$

◆ 노르웨이(권고기준)

- $C_K/3{,}000 + C_{Ra}/300 + C_{Th}/200 < 1$
- $C_{Ra} < 200 Bq/kg$

◆ 폴란드(의무기준)

- $0.0027 C_K + 0.0027 C_{Ra} + 0.0043 C_{Th} < 1$
- $C_{Ra} < 185 Bq/kg$

◆ 독일(의무기준)

- $C_{Ra} < 200 Bq/kg$

◆ 룩셈부르크(의무조항)

- $C_K/5{,}000 + C_{Ra}/350 + C_{Th}/250 < 1$

◆ 체코(의무기준)

의무기준으로 사람들이 1년 동안 1000시간 이상 머무는 건물 내 자재에 대하여,

- $C_{Ra} < 150 \sim 200 Bq/kg$

그 외 건물에 대하여,

- $C_{Ra} < 1000 Bq/kg$

권고기준으로 사람들이 1년 동안 1000시간 이상 머무는 건물 내 자재에 대하여,

- $C_{Ra} < 80 \sim 120 Bq/kg$

그 외 건물에 대하여,

- $C_{Ra} < 300 \sim 500 Bq/kg$

◆ 러시아

- $C_{Ra} + 1.31 C_{Th} + C_K < 370\ Bq/kg$(신규 건물), 740 Bq/kg(산업시설 및 마을 도로), 2800 Bq/kg(주거 외 지역 도로)

◆ 슬로바키아

- $C_{Ra} + 1.25 C_{Th} + 0.086 C_K < 370\ Bq/kg$

◆ 이스라엘

- $C_K/500 + C_{Ra}/50 + C_{Th}/50 < 1$

국내에서도 국립환경과학원에서 방사능 지수(Activity concentration index)를 활용하여 건축자재 중 자연방사성물질인 라듐(^{226}Ra), 토륨(^{232}Th), 칼륨(^{40}K)의 방사능 농도를 확인하여 감마선에 대한 연간 초과유효노출선량을 가이드하고 있으나 강제 사항은 아니다.

국내 기준은 다음과 같다.

$$C_K/3,000 + C_{Ra}/300 + C_{Th}/200 < 1$$

European Commission에서 위 방사능 지수를 적용함에 있어 대상별 가중치를 두고 있으며, 해당 내용은 아래와 같다.

	< 0.3 mSv/yr	< 1 mSv/yr
Materials used in bulk amount(concrete)	I < 5	I < 1
Superficial and other materials with restricted use : tiles, boards, etc.	I < 2	I < 6

스웨덴에서는 라듐 함량이 많은 일부 건축재료(이판암)의 생산을 1975년부터 생산을 금지 하고 있지만, 일반적으로 라돈 방지만을 위하여 건축자재의 선택을 제한하고 있지는 않다. 다만, 건축자재로 부터의 라돈 방출 데이터 또는 라돈의 모핵종인 라듐의 함량과 이로 인한 위해도 데이터를 제공하고는 있다.

표 2.23 실내에 사용되는 건축자재에 의한 공간방사선 관리를 위한 여러 인자

실험용 챔버 용적	4 m×5 m×28 m		
챔버의 두께 및 밀도	20 cm, 2350 kg m^{-3}(콘크리트)		
연간 노출시간	7000 시간		
선량변환	0.7 Sv Gy^{-1}		
배경 농도	50 nGy h^{-1}		
	특정선량율, nGy h^{-1} per Bq kg^{-1}		
건물 내에서 방출되는 구조물	^{226}Ra	^{232}Th	^{40}K
바닥, 천장, 벽	0.92	1.1	0.080
바닥, 벽(목재로 된 천장)	0.67	0.78	0.057
바닥(바닥은 콘크리트 재질인 목재로 된 주택)	0.24	0.28	0.020
표면물질 : 모든 벽이 타일이나 돌로 구성됨 (두께 3 cm, 밀도 2600 kg m^{-3})	0.12	0.14	0.0096

국제원자력기구(International Atomic Energy Agency, IAEA)에서는 공산품 내의 방사능 양을 제한하기 위한 기준을 제시하기도 한다.

표 2.24 IAEA 등에서 공산품 내의 방사능 양을 제한하기 위한 기준(안)

	IAEA The scope-defining levels		인증기준(안)	
	원안	단위환산값	Exemption level	Dose criterion for controls
			0.3 mSv로 할 경우	1 mSv로 할 경우
Ra-226	0.5 Bq/g	500 Bq/kg	120 Bq/kg	300 Bq/kg
Th-232	0.5 Bq/g	500 Bq/kg	100 Bq/kg	200 Bq/kg
K-40	5 Bq/g	5000 Bq/kg	1400 Bq/kg	3000 Bq/kg

3.2.2 발생원의 차단과 흡착

발생원을 조절하는 방법에는 먼저 라돈의 유입 경로(배수구, 속이 빈 콘크리트 벽, 벽과 바닥의 교차 부분과 바닥재의 이음새, 열에 의한 팽창과 재료들의 수축에 의한 틈, 지하실 바닥의 틈, 건물의 갈라진 틈 등)를 차단하거나 또한 지하실에서 지상으로 라돈이 유입되는 것을 방지하기 위해 지하실 쪽으로 약 3～4 Pa정도의 약한 압력을 걸어주어 지상 실내의 라돈 농도를 4 pCi/L 이하로 감소시킬 수 있다.

또한 라돈 방출을 차단하는 일부 소재들이 개발되어 활용되고 있다.

① 나노 소재를 활용한 라돈 방출 저감 페인트((주)엠씨엠글로벌)

다음은 국내의 원룸과 밀폐된 보일러실에서 라돈 방출 저감을 목표로 휘발성유기화합물과 중금속이 거의 함유되지 않은 친환경 무기질 페인트에 나노탄소를 함유시켜 2회 시공하여 실내 라돈 농도의 변화를 평가한 내용이다.

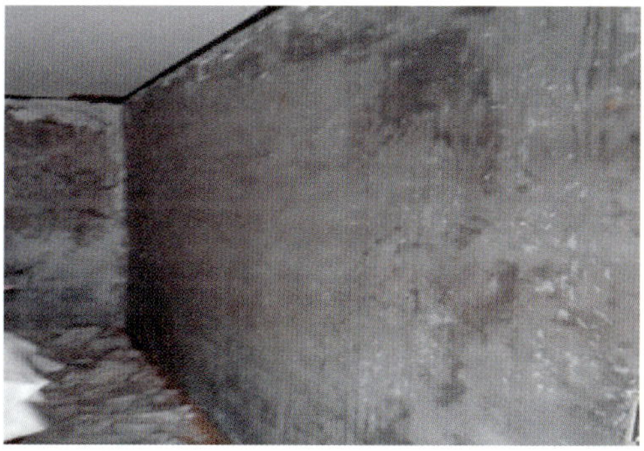

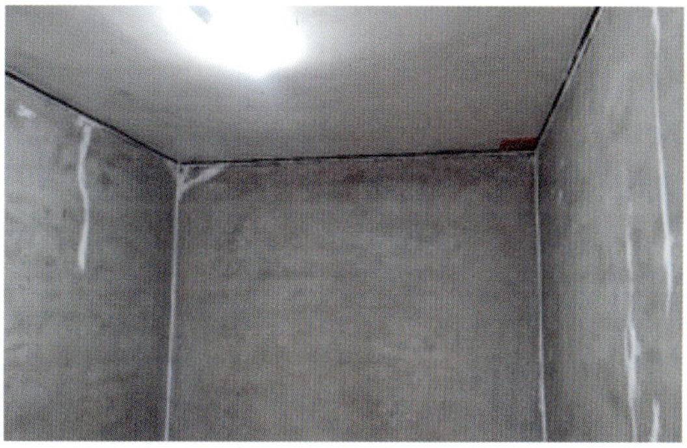

▲ 기존 벽지를 제거한 모습과 벽체 균열 및 틈새 처리 모습

▲ 벽체와 바닥 및 천장 모두를 시공한 후의 모습

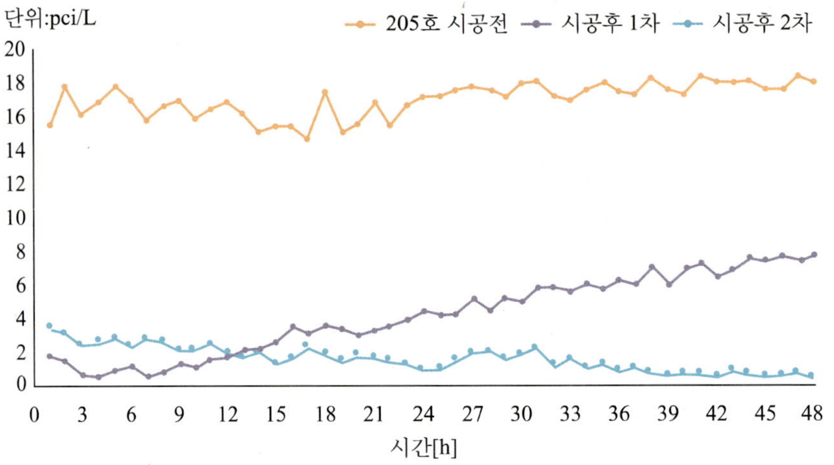

▲ 원룸 라돈 저감 페인트 시공 전·후 라돈 저감율 평가

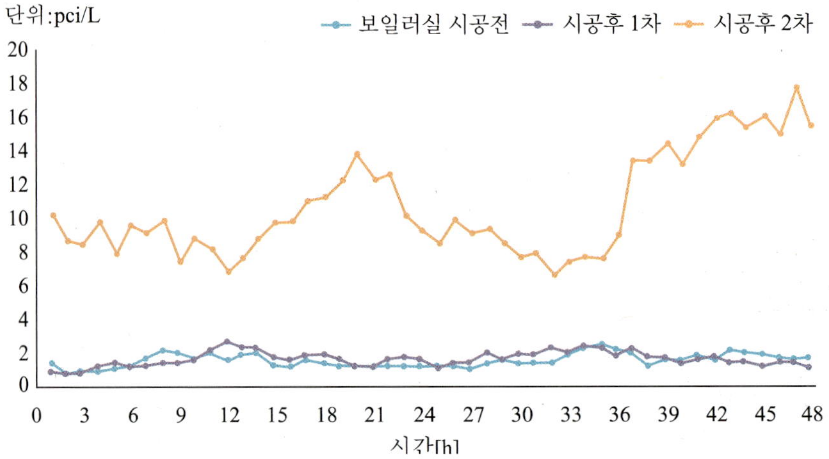

▲ 보일러실 라돈 저감 페인트 시공 전·후 라돈 저감율 평가

나노탄소를 첨가한 라돈 저감용 친환경 무기질 페인트를 시공하기 전의 실내 라돈 평균 농도는 원룸과 보일러실 각각 16.9, 10.8 pCi/liter로서 권고기준인 4 pCi/liter(148 Bq/m^3)의 2.7～4배 이상의 평균농도를 보였다. 시공한 페인트의 라돈 저감율은 최소 75% 최대 90%의 저감율을 보였으며, 이를 통해 친환경 무기질 페인트와 나노소재를 잘 활용하면 건축자재로부터의 라돈방출을 매우 효과적으로 차단할 수 있다는 것을 확인하였다.

② **라돈 방출 저감 코팅제**(http://radonpt.com, http://dychemical.kr)

다음은 라돈과 유해가스의 실내 유입을 방지하고 집안의 구석진 부분과 벽면의 결로를 방지할 수 있는 코팅제 시공 방법이다. 이 방법은 습식 라돈 저감 페인트 시공과는 다르게 시공 즉시 합성되며 따라서 건조한 상태에서 시공이 완료되며, 평균 90% 이상의 라돈 차단 효율을 가진 라돈 방호 시공이다.

다음 그림을 통해 볼 수 있는 것처럼 라돈의 유입 경로는 매우 다양하며, 라돈을 원천적으로 차단하기 위해서는 전문적인 진단 및 시공이 동시에 필요하다.

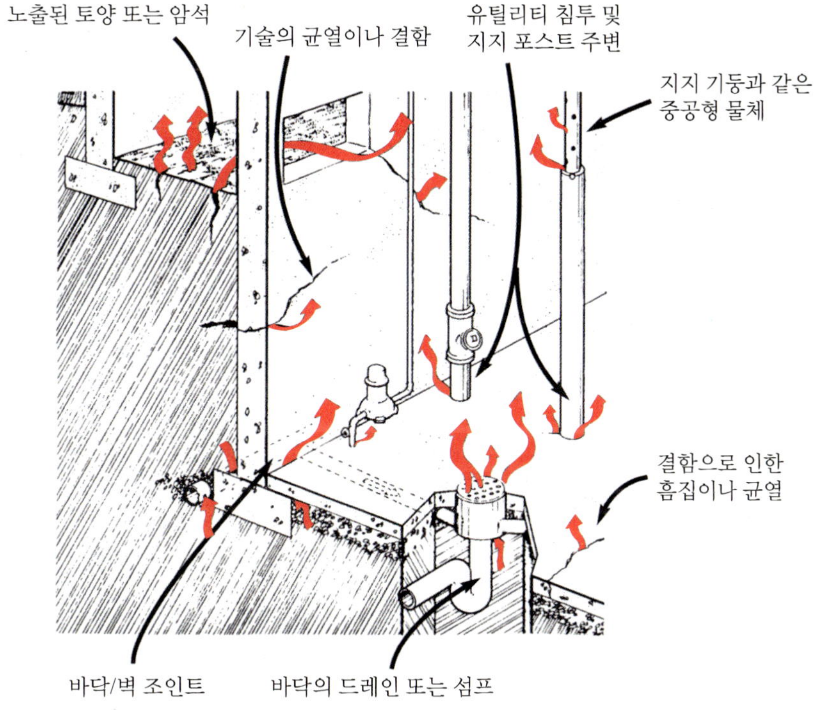

▲ 바닥과 접합 부분 및 벽면에서의 일반적인 라돈 실내 유입 경로

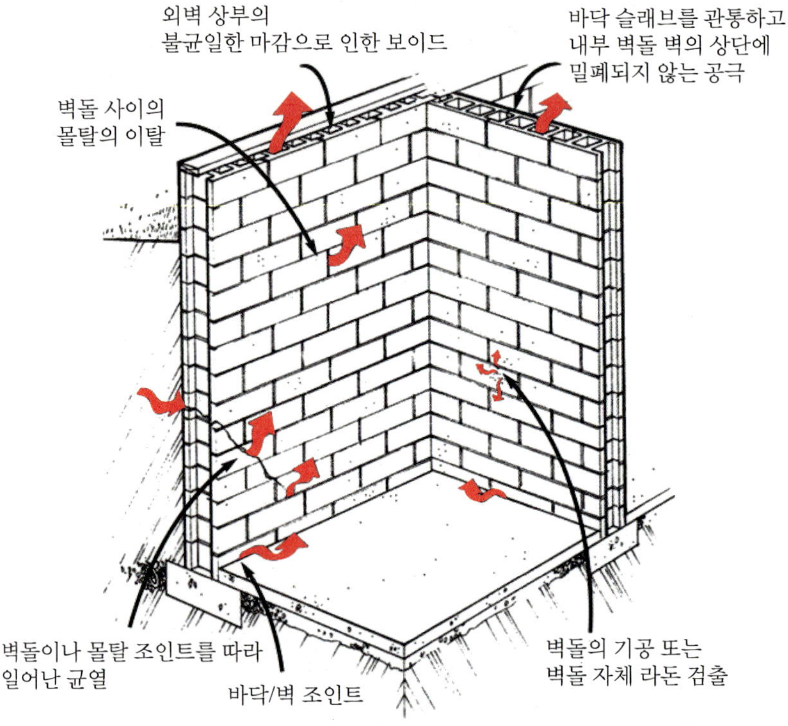

▲ 콘크리트 블록 기초 벽의 일반적인 라돈 유입 경로

다음 사진은 일반적인 시공의 예를 보여주고 있으며, 보이는 것처럼 건축물은 바닥에서부터 여러 겹의 흡음제 및 접착제와 한국의 경우 바닥 난방 시스템이 들어간다. 기존의 다양한 건축물을 리모델링할 경우 시공의 방식이 달라질 수 있다. 벽면은 결로 방지 및 라돈 유입 방지를 위하여 라돈 차단재(라돈 타이트)를 3 mm 시공 후 석고보드 처리한다.

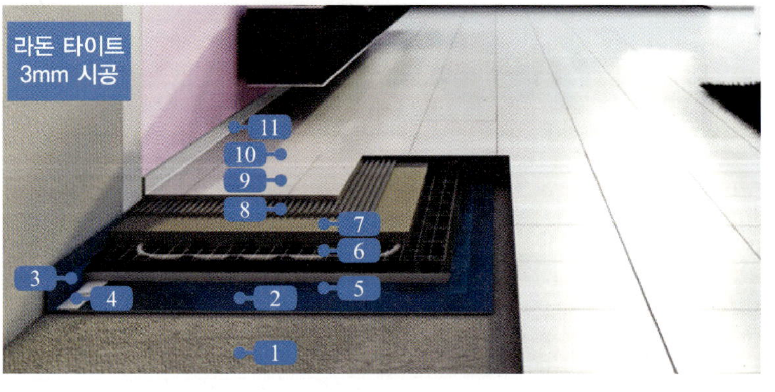

▲ 라돈 차단 시공 예시
1-콘크리트 면, 2, 3-라돈 실 시공(1mm), 5-습기방지 도막 시공, 6-난방 바닥 시스템, 7-스크리드, 8-바닥타일 부착, 9-자기질 타일, 10-바닥 줄눈 시공, 4, 11-순수 아세틱 실리콘 실란트로 코너 부분 실링

다음과 같은 평면도를 가진 서울의 한 빌라 2층을 대상으로 연세대학교 라돈안전센터에서 실제로 라돈 차단 시공 전과 후의 실내 라돈 농도 분포를 측정한 결과이다.

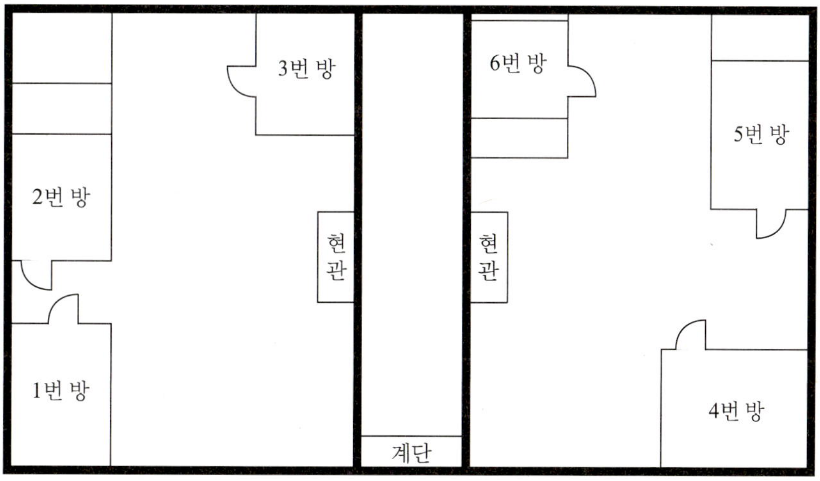

▲ 라돈 차단 시공을 한 건물 2층의 평면도

▲ 현장 라돈 측정 모습

표 2.25 시공 전 실내 라돈 농도

측정결과 신축공동주택 권고기준 : 200 Bq/m^3

	최댓값[Bq/m^3]	최솟값[Bq/m^3]	평균값[Bq/m^3]	비고
1번 방	365	107	255	기준치 초과
2번 방	431	121	281	기준치 초과
3번 방	158	55	91	-
4번 방	492	187	369	기준치 초과
5번 방	393	96	260	기준치 초과
6번 방	401	216	297	기준치 초과

표 2.26 시공 후 실내 라돈 농도

	최댓값[Bq/m^3]	최솟값[Bq/m^3]	평균값[Bq/m^3]	비고
1번 방	16	10	14	95% 저감
2번 방	28	19	23	92% 저감
3번 방	15	8	11	88% 저감
4번 방	25	8	17	95% 저감
5번 방	47	10	27	90% 저감
6번 방	14	10	12	96% 저감

시공 전에 라돈 농도가 다른 방 보다 낮았던 3번 방을 제외하고는 모두 90% 이상의 라돈 저감율을 보여서 실내 라돈 저감을 위한 저감 공법으로 활용될 수 있는 것으로 평가되었다.

이상의 결과에서 보듯이 실내 건축자재에서 방출되는 라돈은 다양한 방법으로 저감시킬 수 있으나, 저감 재료의 선택과 시공 방법이 전문적으로 이뤄져야 하며 시공 전·후의 실내 라돈 평가가 필수적이며, 시공 후라도 매년 주기적인 평가가 이루어져서 라돈 저감 물질의 손상과 내구성을 파악하여야 한다.

3.2.3 환기

토양과 인접한 주택의 경우 라돈 배출파이프를 건물 기초나 지하 슬래브(slab) 밑에 넣어 소위 슬래브 아래(sub-slab)를 환기시켜주는 방법이 있다. 이는 가장 효과적인 라돈 경감 대책 중의 하나이다. 또한 외부 공기를 투입하거나 교환할 수 있는 다양한 환기 시설을 활용하여 실내 라돈을 효과적으로 저감시킬 수 있다. 최근에는 이러한 환기 시설들의 에너지 소비를 줄이고자 국내에서 개발된 라돈 센서와 연동하는 장치들이 활발히 개발되어 이용되고 있다.

또한 이미 국내에는, 다음 표와 같이 실내 환경의 관리를 위하여, 다중이용시설과 100세대 이상의 공동주택에는 환기설비의 설치가 의무화되어 있으며, 이를 통해 실내 유해물질 또한 일부 관리하고 있다.

표 2.27 국내의 환기 설비에 관한 법규

법규명	법규전문
다중이용 시설 등의 실내공기질 관리법	- 환기설비 설치 적용대상(다중이용시설) : 연면적 2,000 m^2 이상의 지하도 상가 또는 3,000 m^2 이상의 도서관, 복지시설 등
건축물의 설비기준에 관한 규칙	제11조 제1항 제1호 규정 - 공동주택 환기설비 설치 의무화 : 주거부분이 100세대 이상인 건축물은 시간당 0.5회 이상 환기될 수 있도록 자연환기설비 또는 기계 환기설비를 설치해야 한다.
아파트 등급제	새집증후군을 비롯한 소음이나 유해물질 검출정도, 외부조경 등 각 항목 별로 등급을 표기하는 제도.

국내외에는 다양한 건축 형태와 건축 방법이 존재하므로 이에 따른 라돈 저감 가이드가 필요하다. 실내 건축자재에서 유발되는 라돈은 고도로 밀폐화되는 건축 환경 내에서 유의한 수준으로 상승할 수도 있다. 이에 국내에서 사용되는 기존의 주택 환기시스템이 효율적으로 라돈을 저감할 수 있는지를 평가하여, 불충분할 때는 효율적으로 저감할 수 있는 시스템으로 개선해줄 필요가 있다.

라돈 저감 기술은 건축물의 기초 토대나 지역적 특성에 따라 다양하지만 가장 기본적인 요소는 다음과 같다.

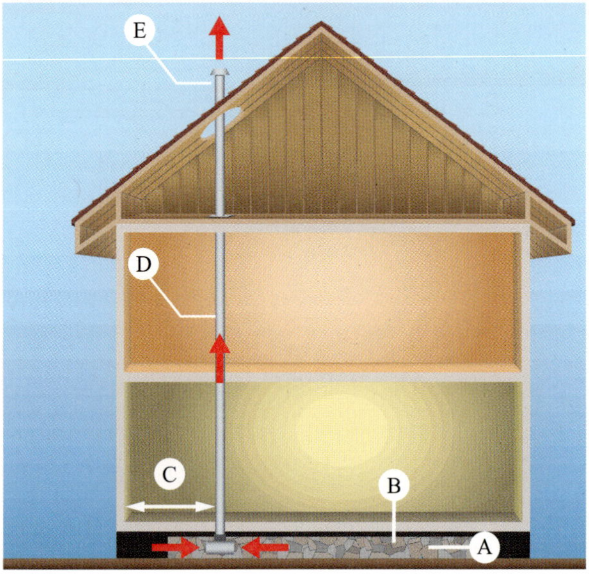

A. 가스 침투층－이 층은 건물의 슬래브 또는 마룻바닥 하부에 토양가스가 자유롭게 유동할 수 있도록 약 10 cm 두께로 깨끗한 자갈을 깔아놓는 층이다.

B. Plastic Sheeting－이는 가스침투층과 건물의 바닥 사이에 설치하며, 토양가스가 집 내부로 유입되지 않도록 플라스틱 시트로 막아주는 장치이다.

C. Sealing and Caulking－건물의 갈라진 틈새나 파이프 등의 이음매 부분을 확실히 밀봉하여 건물 내부로의 가스침투를 차단한다.

D. 배기관의 설치－흔히 사용하는 PVC 파이프를 가스 침투층에서 건물의 지붕까지 연결·설치하여 건물 하부의 라돈가스가 배기관을 통하여 지붕 위로 빠져나가도록 한다.

E. 전기시설의 설치－추후 라돈가스의 저감이 원활하지 않아 팬을 설치해야 할 경우를 대비하여 전기시설을 설치해놓는다.

라돈의 저감을 위한 사전예방에는 다음과 같은 설계 기준이 요구된다.

1) 라돈의 농도를 권고 기준 이하로 상당량 낮출 수 있어야 한다.
2) 안전해야 하며, 역류의 발생이 없어야 한다.
3) 건물의 내구성에 지장이 없어야 한다.
4) 모니터링이 쉬워야 한다.
5) 소음이 적어야 하고 미관상 눈에 잘 띄지 않는 것이 좋다.
6) 설치, 운영, 유지비용이 저렴해야 한다.
7) 추가 Fan의 설치가 용이해야 한다.

다음은 라돈 저감을 위한 전략수립 계통을 보여준다.

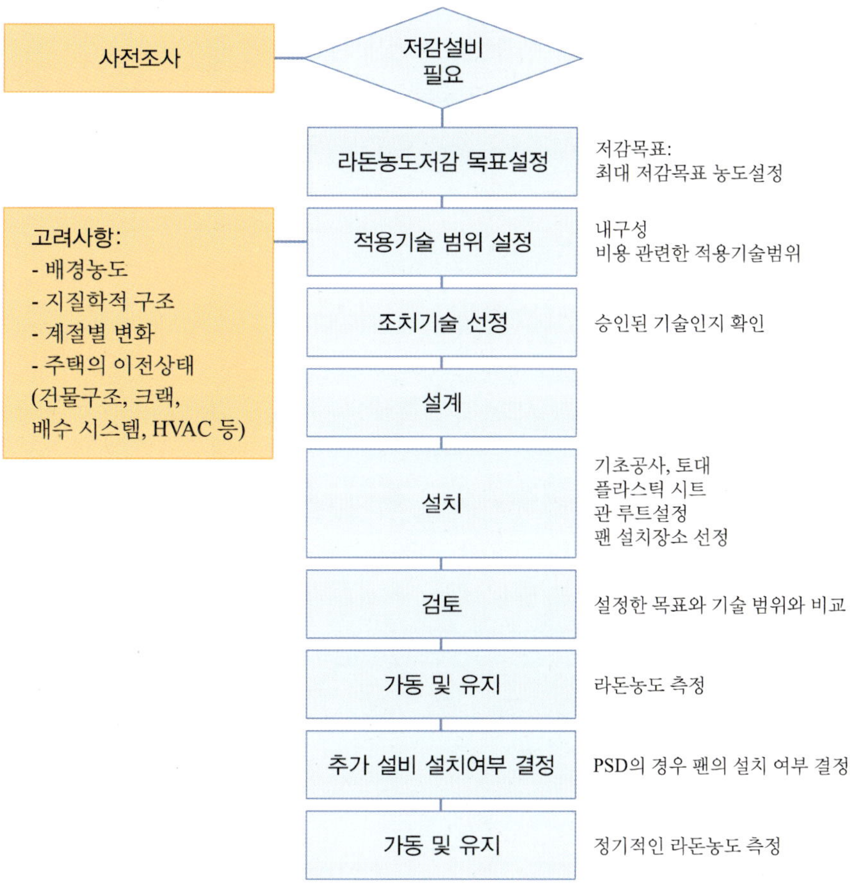

실내와 외부의 기압차에 의한 라돈유입은 라돈이 토양으로부터 실내로 유입되는 가장 일반적인 경로이다. 실내 기압이 낮아지면 상대적으로 기압이 높은 건물 밑바닥의 토양으로부터 라돈이 실내로 유입된다. 이러한

현상은 주로 학교나 대형 건물에서 발생하는데, 이러한 건물들은 대부분 실내 기압이 주위 토양보다 낮기 때문이다. 실내와 실외의 온도차, 바람, 건물 벽면의 틈새 등의 영향에 의해 실내에는 낮은 기압이 형성된다. 특히 대형 배기 장치의 작동은 실내의 기압을 감압시키는 대표적인 원인이다. 또한 외부로 연결된 주방 덕트, 욕실 덕트 등 배기 팬과 연소기구 등은 실내에 음압을 형성하여 토양가스의 실내유입 활성화로 라돈농도 상승의 원인이 될 수 있다. 따라서 라돈저감 시공 후 농도저감 효과가 미비할 경우 잠재적 실내 음압 발생원의 영향에 대해 검토가 필요하다.

라돈의 실내유입을 고려하지 않고 건설된 거의 모든 건물들은 실내 라돈 농도가 증가 한다. 대부분의 예방 방법은 토양과 실내 주거 공간 사이의 압력 차이로부터 발생하는 토양가스의 침투를 막는 것으로 이뤄져 있다. 라돈 예방 방법은 국가나 지역 별로 서로 다른 건설방법을 고려하여, 라돈 발생원 및 이동방법을 비용 효과적으로 제어하도록 결정되어야 한다. 복합적인 토대를 기반으로 지어진 건물과 같은 특정 조건에서는, 몇 가지 예방 방법을 함께 사용할 수 있다. 다양한 예방 방법이 다음에 요약되어 있다.

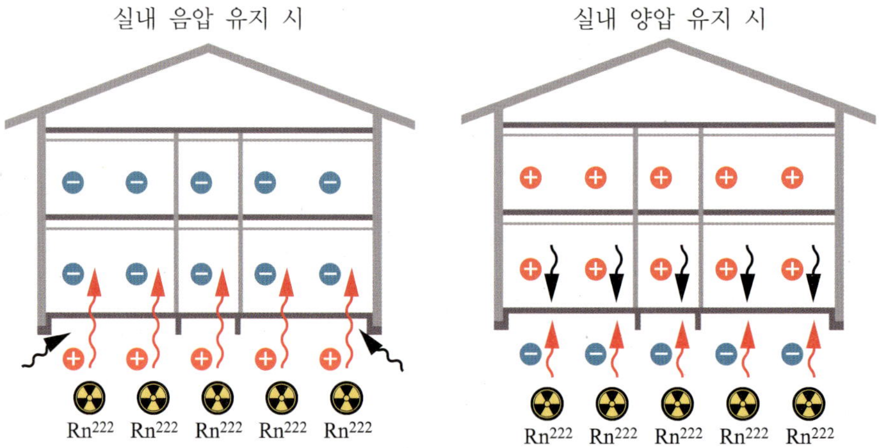

▲ 실내·외 압력차에 따른 실내 라돈 유입 모식도

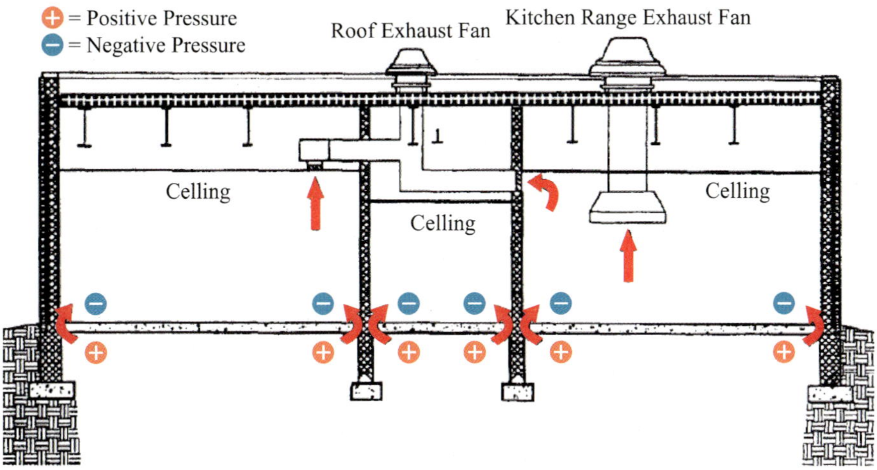

▲ 일반적으로 빌딩 내에서 기압차가 생기는 예

① 라돈 저감을 위한 건축 설계

보통 모든 슬라브 아래 공간은 콘크리트 벽에 의해 분리되기 때문에 라돈 흡입파이프가 필요하다. 다음 그림은 슬라브 아래 공간의 라돈 가스 수집층(aggregate)이 콘크리트 벽에 의해 차단되어 있는 것을 보여준다. 이러한 경우 라돈 가스 수집층에서의 기류가 원활하지 않기 때문에 라돈 흡입 파이프의 설치 수가 많아지게 된다.

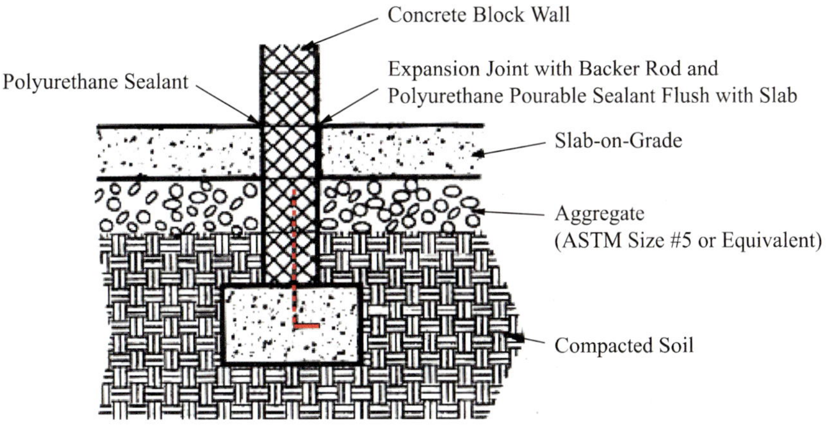

반면에 아래 그림의 경우 슬라브 층을 두껍게 하여 콘크리트 벽을 결합함으로써 라돈 가스 수집 층을 차단하지 않고 슬라브 아래 공간의 기류를 확보하여 라돈 흡입 파이프의 설치 개수를 줄일 수 있다.

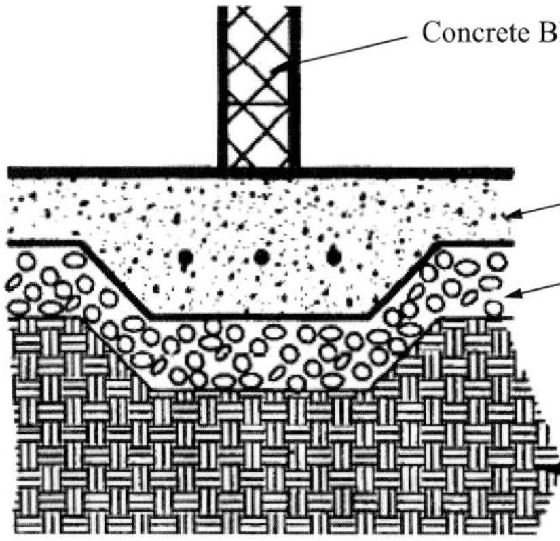

다음의 그림들은 학교나 대형건물 등의 예를 들어 라돈 흡입 파이프와 콘크리트 벽의 효율적인 설계를 설명하는 그림이다.

먼저 첫 번째 그림은 효율적으로 설치된 예를 보여주는 그림이다.

건물의 바깥 외부 벽체는 토양층까지 콘크리트를 삽입하였고 내부 벽체의 경우 슬라브 층까지만 벽을 세웠다. 이 경우 건물 외부로부터의 라돈 가스 유입은 최대한 막아주고 내부의 경우 슬라브 아래의 라돈 가스 수집 층이 차단되는 구역이 없이 모두 연결되어 있으므로 라돈 흡입 파이프는 하나만 필요하다. 때문에 통로의 크기, 시스템의 효율, 시공설비 측면 등에서 가장 효율적인 설계이다. 이러한 디자인은 건축 공법 중 하나인 기둥-보 건축물에 주로 쓰이며 현재 대부분의 대형 건축물에 적용된다.

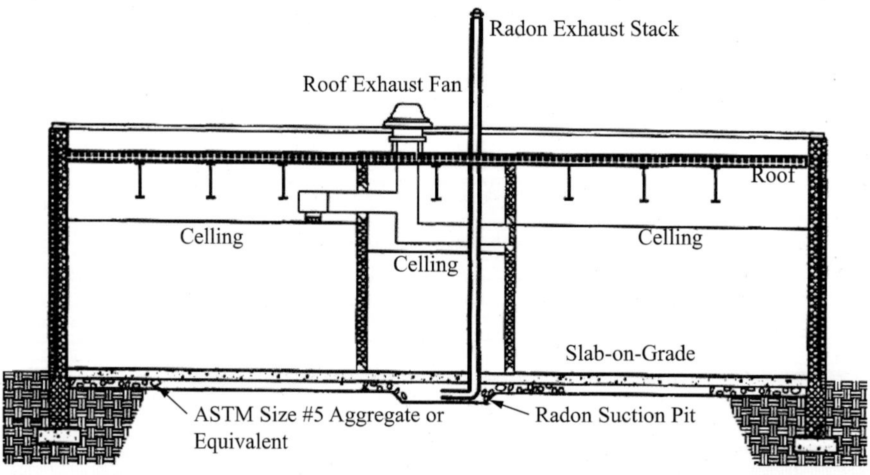

반면에, 아래 그림의 경우는 내부의 벽체가 모두 라돈 가스 수집 층을 차단하고 있어 나누어진 구역마다 라돈 흡입 파이프를 설치하기 때문에 그만큼 설치비용 및 운전비용이 늘어나게 된다.

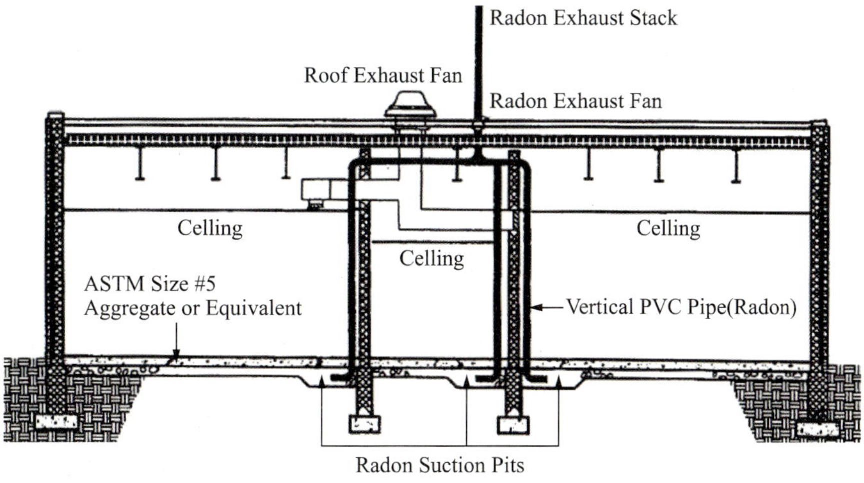

② **수동형 바닥하부 감압법**(Passive Sub-slab Depressurization, PSD)

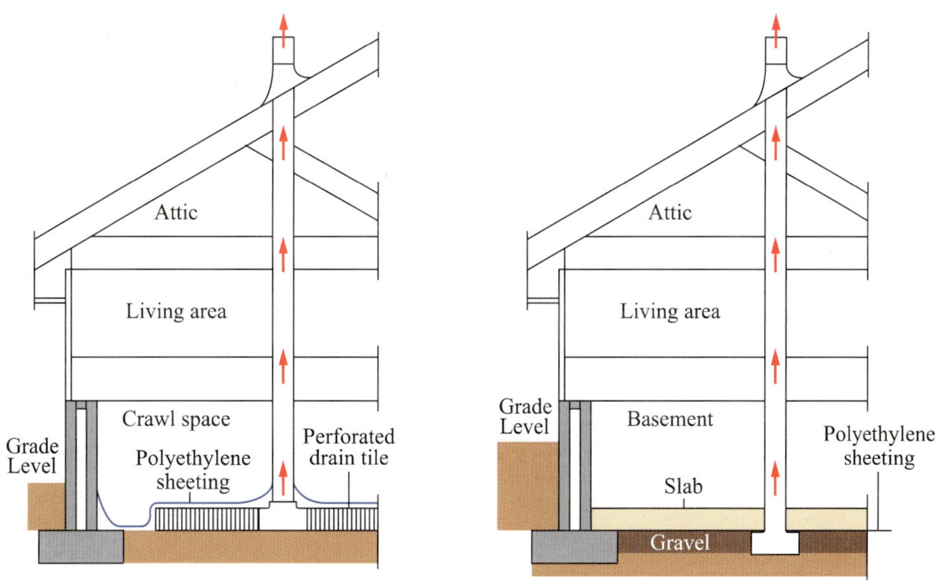

PSD의 효율은 환기관 내의 공기온도 차에 의한 부력과 주거건물 하부의 토양을 약하게 감압하는 효과에 의존한다. 효과적이기 위해서는 다음 사항이 고려되어야 한다.

- 지반과 직접적으로 닿는 부분의 하부에 침투성이 있는 층이 있어야 한다.
- 환기관은 주로 건물 내 난방이 되는 부분을 지나가도록 설계가 되어야 하고, 난방이 되지 않는 부분을 지날 시에는 단열처리를 해주어야 한다.
- 환기관의 경로는 PSD 시스템이 충분한 라돈 저감효과를 보이지 않을 시, 사용할 팬을 설치하기에 용이하도록 설계되어야 한다.
- 배출지점은 지붕의 가장 높은 곳에 위치하여야 한다.
- 시스템은 다른 배수설계와의 혼동을 피하기 위해 라벨링이 되어야 한다.
- 토양과 접촉하는 건물의 바닥 부분은 토양가스가 침투하지 않도록 모두 밀폐되어야 한다.
- 환기관과 주거 공간 간의 기압차가 매우 작기 때문에, 시스템 작동을 모니터하기 위해서는 주기적 혹은 연속적인 라돈 모니터링을 해야 한다.

신축건물에서는, PSD 시스템이 라돈을 약 50%까지 저감한다고 알려져 있다. PSD 시스템이 적절히 설계되고 설치되었다면, 시스템을 활성화하기 위해 작은 크기의 팬이 사용될 수 있다. 가능하면 더 작은 팬을 사용할수록 에너지와 관련하여 작동비용을 절약할 수 있다.

③ **능동형 바닥하부 감압법**(Active Sub-slab Depressurization, ASD)

더욱 효과적인 라돈의 저감을 위해서는 PSD 시스템에 추가적으로 In-line 팬(fan)을 설치할 수 있다. ASD 시스템은 팬(fan)을 사용하여 건물 바닥과 토양 사이에 저기압 공간을 형성한다. 토양에서 나오는 라돈 함유 가스는 건물 바닥의 저기압 공간 쪽으로 이동하게 되며, 건물 내부로 들어가지 못하고 건물 지붕까지 연결해놓은 흡입 파이프를 통해 밖으로 배출되게 된다. 또한 저기압 공간이 지반 전체에 형성되면, 실내 공기는 건물 틈새를 통해 토양 쪽으로 흐르게 되면서 매우 효과적으로 라돈의 틈새 유입을 막는다.

ASD는 설치가 간단하고 PSD 시스템과 비교하였을 때 라돈 저감 효과가 더 크다. 따라서 주택 건설업자는 ASD 시스템을 더 선호한다. 일반적으로 ASD 시스템은 기본적으로 다음과 같이 구성되어 있다.

- 건물의 바닥이나 슬래브 하부, 침투성이 있는 응집층, 지하수를 제어하는 곳에 흡입 지점을 위치
- 인체노출을 최소화할 수 있는 곳에 배출지점을 설정한다. 예를 들어, 지붕의 가장 높은 곳. ASD 시스템에서 흡입된 가스를 지표면 상으로 배출할 경우, 라돈이 집안으로 재유입될 가능성도 있다. 어떠한 작은 위험이라도 존재한다면, 그 위험성을 최소화 할 수 있는 방법으로 ASD 시스템이 설치되어야 한다.
- 연속적으로 작동하는 인라인 팬은, 주거공간의 위쪽 및 바깥쪽에 위치한다. 건물 신축 시에는 ASD 시스템의 효율을 높이기 위해, 밀폐도를 높이고 침투성이 있는 바닥 층에서 흡입하도록 설계한다.
- 시스템은 다른 배수설계와의 혼동을 피하기 위해 라벨링이 되어야 한다.

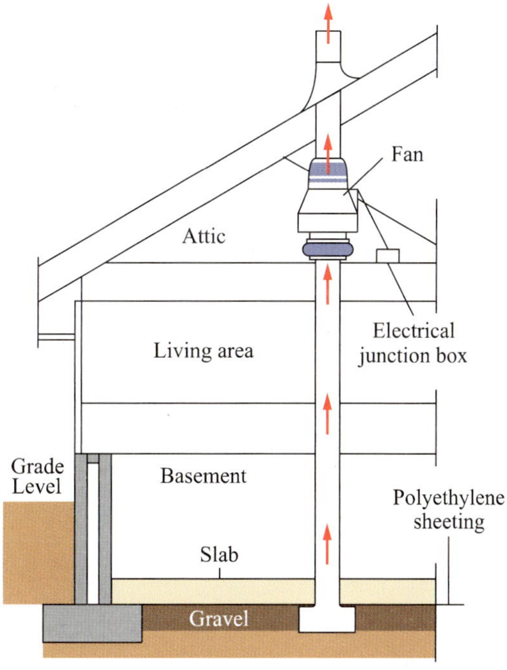

④ 배기관의 위치와 사이즈 결정

◆ 효율을 높이기 위한 배기관의 설치 경로 설계

새로운 집에서의 라돈 저감 시스템의 목적 중 하나는 팬의 사용 없이 토양으로부터 라돈을 자연적으로 배출시키는 관을 설치하는 것이다. 이를 위해서는, 집안의 따뜻한 부분을 통과하도록 관의 경로를 정하고, 지붕을 통해서 배출한다.

이상적으로, 배기관이 수직으로 작동되게 설치되어야 한다. 굽은 관은 수분을 머금고 있는 토양가스가 응집되어 바닥으로 다시 떨어질 수 있기 때문에, 최소한 공기의 흐름이 가능해야 한다. 라돈 배기관은, 또한 보일러와 송수관과 같은 위치에 설치될 수 있다. 이러한 관과 함께 묶지 말고 라돈 배기관이 적절히 배열이 되고, 지역의 빌딩/화재 규약을 준수하면서, 다른 송관과 지나갈 수 있도록 충분한 공간을 확보한다.

◆ 배출 위치

집안으로 다시 유입되는 것을 방지하고, 다른 인근 빌딩에 영향을 미치지 않도록 예방하기 위해서, 배기관은 반드시 일정한 위치에 설치해야 한다.

- 지붕 위 최소 30 cm 이상
- 창문 또는 건물 안의 다른 통로로부터 최소 3 m 이상
- 창문 또는 인접한 또는 근처의 건물들 안의 다른 통로로부터 최소 3 m 이상

⑤ 하부 슬래브 준비

슬래브 아래 축적된 라돈 가스를 저감시키기 위해서는 세 가지 기초 방법이 있다.

◆ 자갈층 설치

이 방법은 경제적이고, 자갈이 풍부한 지역에서 많이 선택되는 방법이다.

슬래브 하부에 1.2～2 cm 정도의 자갈을 10 cm 두께의 층으로 형성함으로써 자갈 사이의 공간이 토양 중 라돈 가스가 상층으로 쉽게 올라올 수 있도록 통로 역할을 해준다. 또한 이 사이즈의 자갈은 배수 층과 수분 제어를 위한 모세관을 형성하도록 한다.

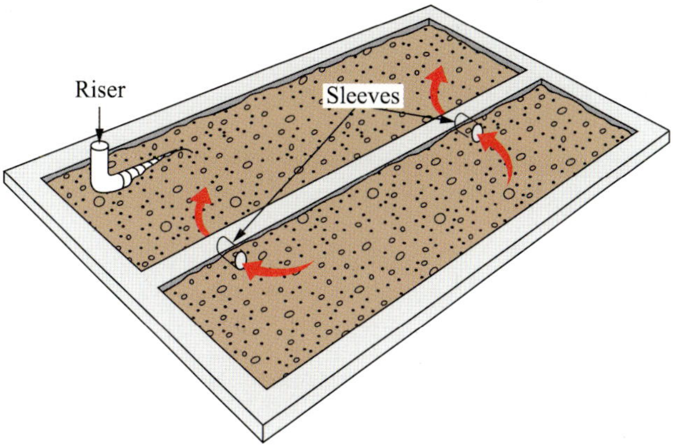

작고 미세한 자갈, 또한 균일하지 않은 자갈은 슬래브 아래 공기의 흐름을 제한하기 때문에 되도록 사용하지 않는다.

자갈 안에 배기관을 삽입하기 위해 슬래브를 통해 수직관을 확장할 알맞은 위치에 8～10 cm의 T자 관을 놓는다. T자 관 또는 굽은 관의 사이즈는 설치할 배기관의 직경에 따라 다르다. T자 관을 설치한 후 최소 20 cm 길이 이상 PVC 관을 T자 관에 수직으로 설치한다.

◆ 자갈 대신 다공성 관을 대체 사용

자갈층을 설치할 수 없는 일부 지역들은, 천연의 토양층이 충분히 투과력이 있다면, 물 배수를 위해 꼭 자갈을 필요로 하지는 않는다. 또한 지역마다 자갈의 공급 부족으로 인해 비용적 측면에서 비효율적일 수도 있다. 대안 중 하나는 슬래브 아래를 자연 그대로 놓아두고 토양 가스 이동을 위해 다공성 관을 놓는 것이다.

건물의 기초 홈 안에 8～10 cm 지름의 구멍이 난 배수관을 설치한다. 다공성이며 주름진 관은 잘 구부러지기 때문에 아래쪽으로 쉽게 설치가 가능하다. 구멍들은 또한 토양 가스를 잘 수집할 수 있다. 구멍들이 막히는 것을 방지하기 위해 공기만을 통과시키는 성질이 있는 Geotextile(차수막)로 덮여 있는 관을 추천한다.

▲ 연세대학교 라돈프리하우스 건설 시에 사용한 다공성 관

◆ 토양 가스 수집용 매트를 대체 사용

일부 지역들에서, 만약 관 루프 설치를 위해 바닥을 파는데 시간과 노동력이 많이 소요되거나 기초 토양들이 탄탄하거나 얼어 있다면 다공성 관을 사용하는 것이 어려울 수 있다. 세 번째 방법은 토양 가스 수집용 매트를 토양층과 슬래브 사이에 설치하는 것이다. 토양 가스 수집용 매트는 계란 상자와 비슷한 플라스틱 재질로 구성되어있다. 주위가 싸져있는 "달걀 상자"는 공기의 통과는 허용하나 젖은 콘크리트 침투는 방지하는 Geotextile구조이다. 매트는 최소 10 cm 두께인 균일한 층의 모래로 준비된 토양층 바로 위에 덮을 수 있다. 콘크리트는 토양가스가 수집된 매트 위에 직접 부을 수 있다.

첫 번째로, 최소 10 cm 두께의 균일한 모래층을 설치한 후, 모래 위에 배수 매트의 층을 설치하고 또한 바깥쪽 토대 벽 내부에 수집된 가스를 배출할 루프관을 설치한다.

매트 재료로는 30 cm 폭에 2.5 cm 높이의 최소 면적을 가져야 한다. 매트 재질은 통기성을 고려해야 하고 게다가 콘크리트 이상의 무게를 지탱할 수 있는 능력이 되어야 한다. 매트는 먼지나 젖은 콘크리트가 매트 내에 들어오는 것을 방지하기 위해 Geotextile로 사방을 모두 덮어야 한다. 슬래브에 콘크리트를 붓기 전에 모든 파손된 곳과 이음새를 수리한다.

⑥ 국내 주택 적용 예

외국의 난방시스템은 실내공기를 열교환기에 순환시켜 실내온도를 조절하지만 우리나라의 경우 주택 하부 바닥면에 배관을 포설하여 보일러에 난방수를 순환시켜 실내온도를 조절한다. 이에 따라 우리나라 주택에서는 실내 바닥면을 천공하기 곤란하므로 실외의 기초벽면을 천공하여 배관을 연결하여야 한다. 이는 주택의 한쪽 벽면을 이용하므로 반대쪽 먼 거리의 토양에 음압을 형성하기 위해서는 주택 중앙부를 천공하는 방법보다 더 큰 용량의 팬을 설치하여야 하는 것을 의미한다. 또한 실외에 덕트 배관을 시공함에 따라 배관 및 팬 등이 비, 바람 및 햇볕에 노출되어 노후화가 빨리 진행될 수 있으므로 주의를 요한다.

건물 기초 부분에 사전 음압 테스트를 실시하여 토양의 통기성을 확인하고, 정확한 흡입구 위치를 선정하며 적합한 라돈팬의 용량을 선정하는 작업은, 라돈 저감 시공의 효율을 최대화하기 위해 매우 중요하다.

음압 테스트란 10 cm 직경의 흡입구를 천공 후 라돈팬을 가동하여 일정 거리에 따른 정확한 토양의 통기성을 확인하는 작업이며, 시공 전 산업용 진공청소기를 이용하여 간접적으로 사전 음압 테스트를 실시함으로써 라돈 저감 시공의 효과를 높이기 위하여 실시한다.

흡입구 선정 위치에 드릴을 이용하여 구멍을 뚫은 후 진공청소기 흡입구를 넣고 진공청소기를 가동하면서 음압 테스트를 실시한다. 건축물 거리별 음압 테스트를 실시하여 건축물 바닥기초의 형태 및 구성을 확인할 수 있으며, 라돈 저감 시공에 필요한 라돈팬 용량 선정과 라돈 저감 범위를 판단할 수 있는 중요한 자료로 활용할 수 있다.*

▲ 음압 테스트 방법

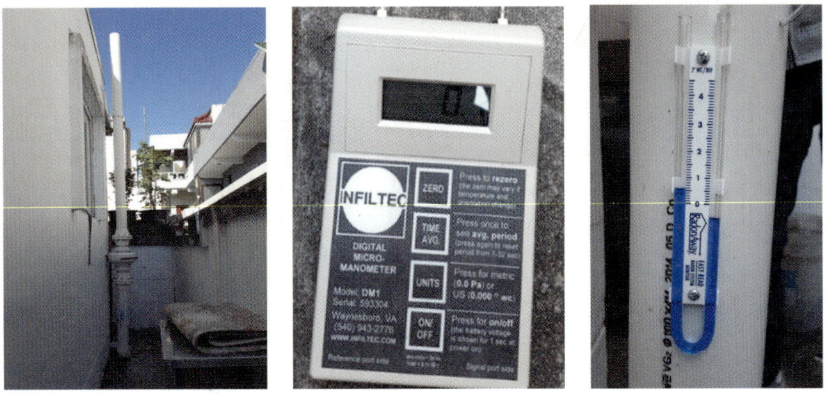

▲ 시공 사진

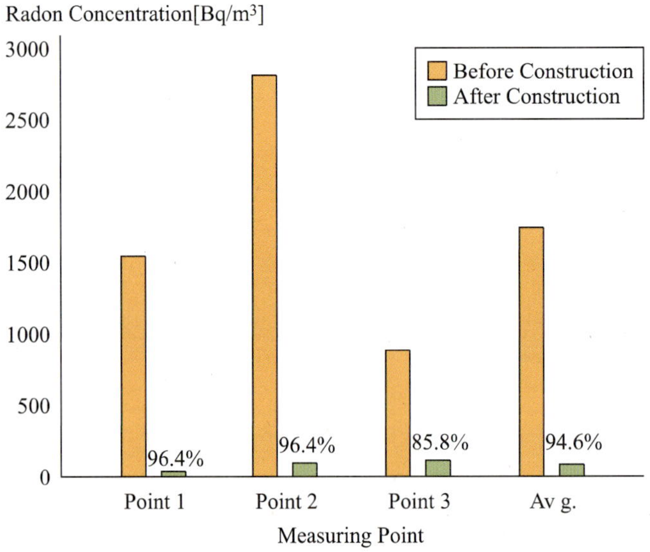

▲ 시공 전·후 실내 라돈농도 비교

⑦ 주거 공간의 환기

라돈 저감은 물론, 실내공기를 개선하기 위해서는 실내외 공기교환이 가장 중요하다.

다음 그림은 환기시스템을 통해 외부의 공기를 집안에서 밖으로 배출되는 공기의 양보다 많게 하여 집안 전체의 기압을 높이는 공법에 관한 그림이다. 집 내부의 기압이 높은 상태로 유지가 되므로 환기시스템을 작동 중 일시에는 라돈의 실내유입을 방지할 수 있다.

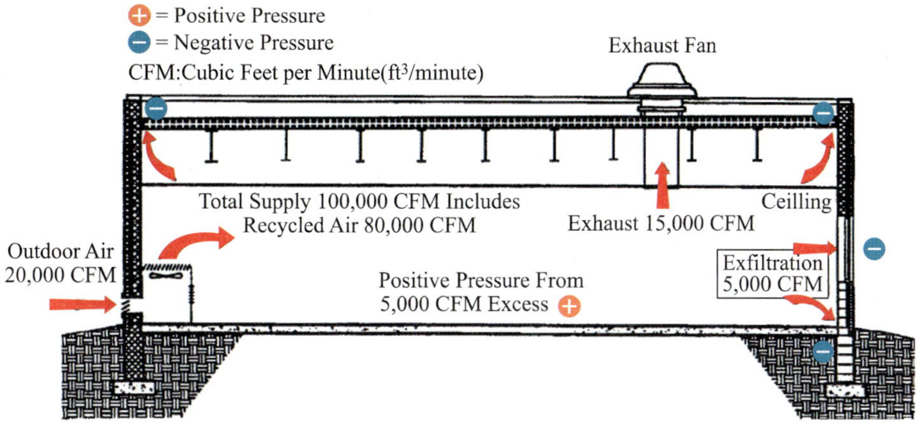

아래 그림은 이전 그림과는 역으로 외부에서 유입되는 공기가 소량일 시에는 반대로 집안 내부가 저기압 상태가 되어 오히려 라돈의 실내 유입을 야기시키는 원인이 될 수 있다는 것을 보여주는 그림이다.

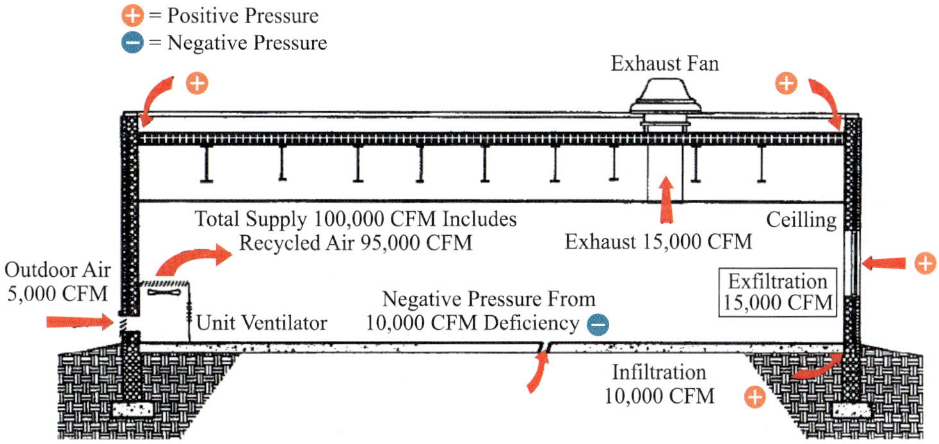

다음은 연세대학교 라돈안전센터에서 급배기, 급기, 실내공기 순환 등 다양한 작동 모드를 가지는 (주)대영공조시스템의 '에어캐슬'이라는 현열교환 환기장치를 라돈센서와 연동하였을 때 미세먼지와 실내라돈 농도의 변화를 파악해 본 것이다. 본 장치는 라돈 농도에 따라 작동하므로 스마트 라돈 DCV(Demand Controlled Ventilator)라 할 수 있다. 현열교환은 열교환 소자로서 종이소재가 아닌 폴리스티렌을 사용하여 겨울철 결로에 의한 바이러스, 곰팡이 성장 방지 및 물 세척 후 영구적으로 재사용 가능하다는 장점이 있다.

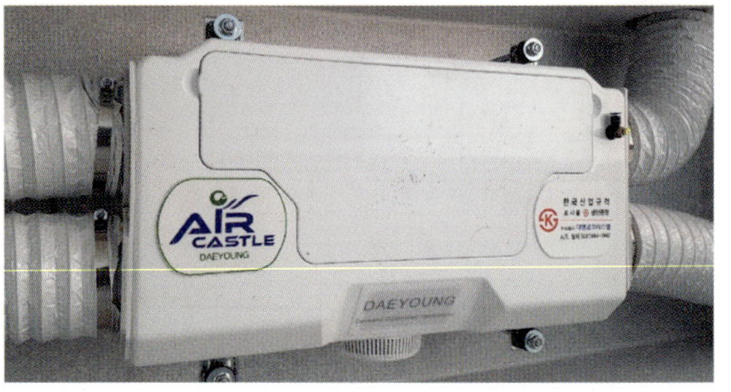

▲ 에어캐슬 설치 모습

다음 그림은 환기장치 작동 전 후의 실내 · 외 미세먼지와 라돈농도 변화를 보여주고 있다.

실외 미세먼지 농도

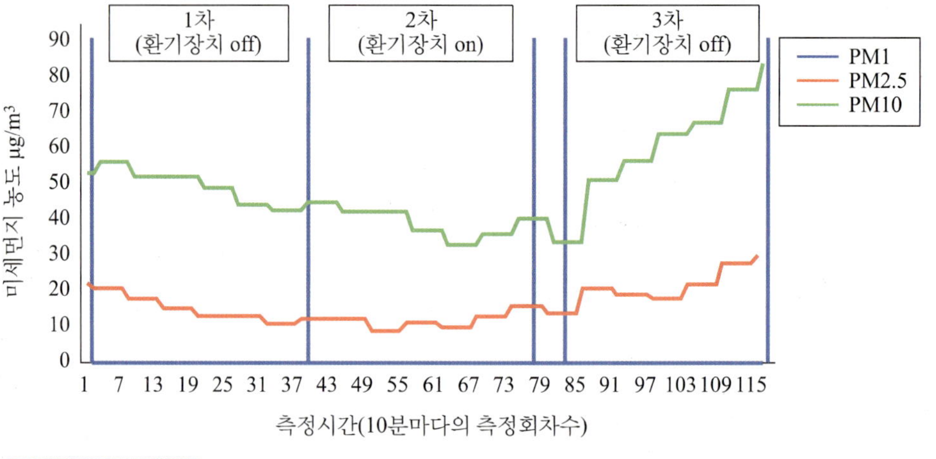

실내 미세먼지 농도

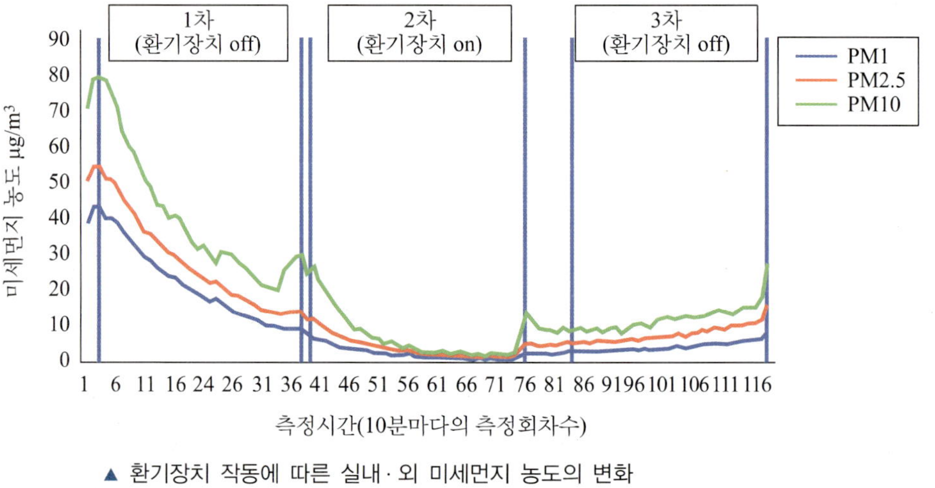

▲ 환기장치 작동에 따른 실내 · 외 미세먼지 농도의 변화

실내 라돈 농도

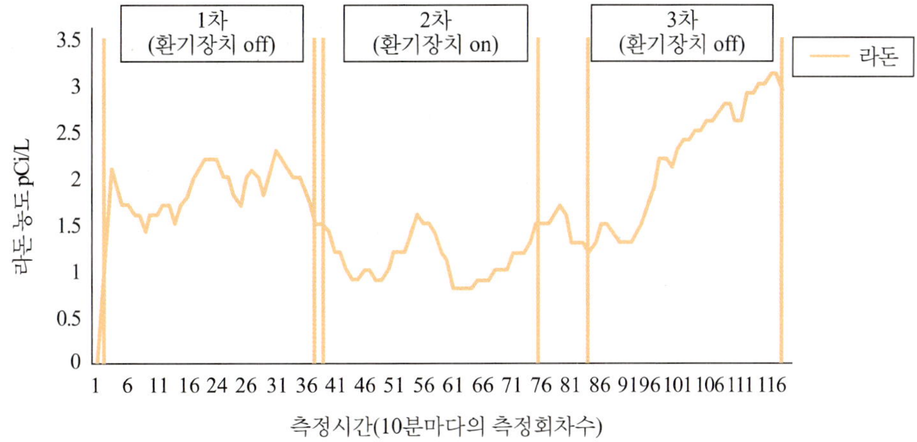

▲ 환기 장치 작동에 따른 실내 라돈 농도의 변화

실외 미세먼지는 오전 10시부터 6시간 동안, PM10은 평균 50 μg/m^3, PM2.5는 15 μg/m^{3}였으며, 이 때 실내 미세먼지는 여러 명의 출입으로 인해 실외 농도 이상 존재하다가, 출입을 제한한 후 지속적으로 미세먼지 농도가 떨어졌다. 오후 4시 이후 실외 미세먼지는 PM10은 평균 40 μg/m^3, PM2.5는 13 μg/m^{3}이었으며, '에어캐슬'을 작동한 후 실내 미세먼지 농도는 각각 평균 4 μg/m^3, PM2.5는 3 μg/m^{3}정도로 감소하였다.

즉, 미세먼지 필터를 장착한 환기시설, '에어캐슬'의 운영을 통해 실내 PM10은 평균 90%, PM2.5는 평균 77%의 저감 효과를 보였다. 환기장치를 멈춘 후에도 실내 미세먼지 농도는 각각 10 μg/m^3 내외로 외부 미세먼지 농도의 1/5 이하를 유지하였다.

실내 라돈은 환기시설 '에어캐슬'의 작동 전 평균 농도가 2.1 pCi/liter(77.7 Bq/m^3)였다. 현재 미국의 주택과 한국의 다중이용시설 실내 라돈 관리 기준치는 4.0 pCi/liter(148 Bq/m^3)이다. 미국에서는 4 pCi/liter를 넘을 경우 저감 조치를 유도하고 있으며, 2 pCi/liter가 넘어도 저감할 것을 권고하고 있다.

환기시설 '에어캐슬'을 가동한 후 실내 라돈 농도는 평균 1.2 pCi/liter로 43% 감소되었으며, 이후 환기장치의 작동을 멈추자 3 pCi/liter 이상 지속적으로 상승하였다.

실험을 진행한 날의 실외 미세먼지 농도가 위험 수준은 아니더라도, 헤파필터가 장착된 환기시설 '에어캐슬'의 작동을 통해 실내 미세먼지를 실외 농도의 80% 이하로 관리할 수 있음을 파악할 수 있으며, 실내 라돈 또한 가이드라인 이하이더라도, 추가로 40% 이상 저감이 가능하여, 미국의 관리 고려 수치인 2 pCi/liter 이하를 보였다.

환기시설의 작동을 멈추면, 실내 미세먼지는 창문을 열지 않는 한, 외부 유입이 없으므로 적절한 수준을 유지하지만, 실내 라돈은 계속 그 농도가 상승하는 경향을 보이므로, 환기시설은 실시간 라돈 센서를 활용하여 라돈농도와 연동하여 관리할 필요성이 높음을 알 수 있다.

참고로 고농도 라돈이 존재하는 군부대 생활관에서 실험했던 환기시설, '에어캐슬'의 라돈저감 효과는 다음과 같다.

저감 설비 설치 전 8개 군부대의 실내 평균 실내 라돈농도는 679.4 Bq/m^{3}을 나타내었고, 다중이용시설 실내라돈 권고기준인 148 Bq/m^{3}의 4.6배를 초과한 것으로 나타났다. 총 8개의 군부대 시설의 구조에 따라 변화가 있을 수 있지만, 각 실내의 저감율은 79.2~98.9%로서 평균 87.4%의 우수한 라돈 저감을 이루어 내었다.

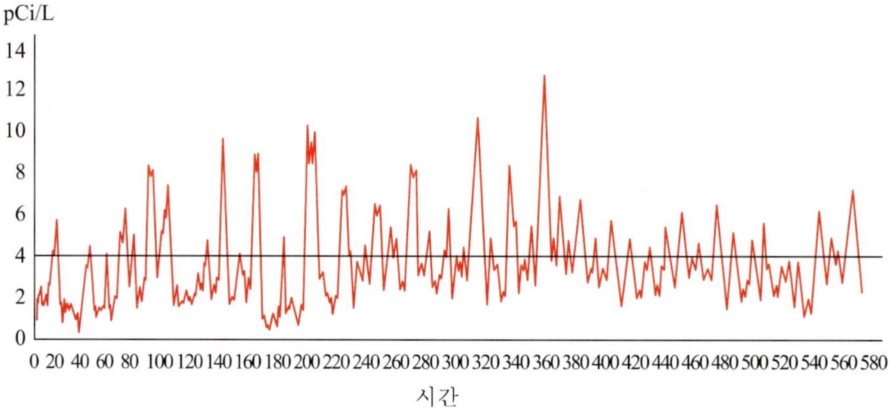

▲ 환기시설 작동에 따른 군부대 생활관의 라돈 농도 변화

라돈은 방사성 물질이며, 방사성물질 관리의 기본 원리는 ALARA(As Low As Reasonably Achievable, 합리적으로 가능한 수준으로 낮춤)로서, 경제적으로 가능하다면 방사능 피폭을 최소한으로 낮추는 것이 중요하다. 경제적 이유로 국내외 기준이 느슨한 측면은 있지만, 환경보건 의식과 기술이 선진화 되면서, 지속적으로 확대 설치되는 주변의 실내환경 관리 시설들을 라돈 관리 측면으로도 효율적으로 활용하여, 추가 비용 증가 없이 불필요한 방사선 피폭을 낮출 필요가 있다.

이상의 결과를 통해 환기시설을 활용하여, 실내 미세먼지의 저감은 물론, 라돈이 특별히 공간을 포함하여, 라돈을 적극적으로 관리하고자 하는 많은 일반 생활공간의 라돈 관리를 이뤄낼 수 있음을 알 수 있다.

특별히 라돈 농도와 연동하여 환기 장치를 운영한다면, 인식을 못하는 상태에서 라돈에 의한 방사능에 노출될 확률을 줄일 수 있고, 불필요한 에너지 소비를 억제할 수 있다는 장점이 있다.

다음 그림은 초미세먼지가 뇌에 영향을 미치는 경로를 표현한 것이며, 초미세먼지가 뇌를 공격해 여러 질환을 일으키고 있다는 연구 결과가 연이어 발표되고 있다. 그동안 초미세먼지가 기관지와 폐포에 도달해 염증을 일으키는 등 호흡기 계통에 좋지 않은 영향을 미친다는 연구는 많이 발표됐다. 그런데 최근에는 초미세먼지가 코에서 바로 뇌로 들어가거나 혈관을 타고 뇌로 들어가 영향을 미쳐 뇌졸중, 치매, 우울증 등 세 가지 질환을 다 유발한다는 연구 결과가 새로 나오고 있는 것이다. 라돈 또한 그 자손 핵종 자체가 수십 나노미터의 극초미세먼지로 공간에 존재하기도 하며, 스스로 초미세먼지에 부착을 하므로 초미세먼지의 영향은 물론 방사선에 의한 추가적인 피해를 일으킬 수도 있다. 세계적으로 저명한 과학학술지로 알려진 'Nature'에 발표된 내용을 보면, 스페인의 Galicia 지역의 뇌암 사망자와 지역 내 라돈 농도의 연관성을 연구한 결과 라돈 농도가 높은 지역에서 상대적으로 뇌암 사망률이 더 높았으며 남자와 여자 중 여성의 뇌암 사망 위험률이 더 높았다고 했다. 여성의 뇌암 위험률이 더 높은 이유는 당시 여성들이 주로 전업 주부로 활동하여 집안에 거주하는 시간이 많았기 때문으로 보인다고 했다(www.nature.com/scientificreports, 2017년 6월 15일).

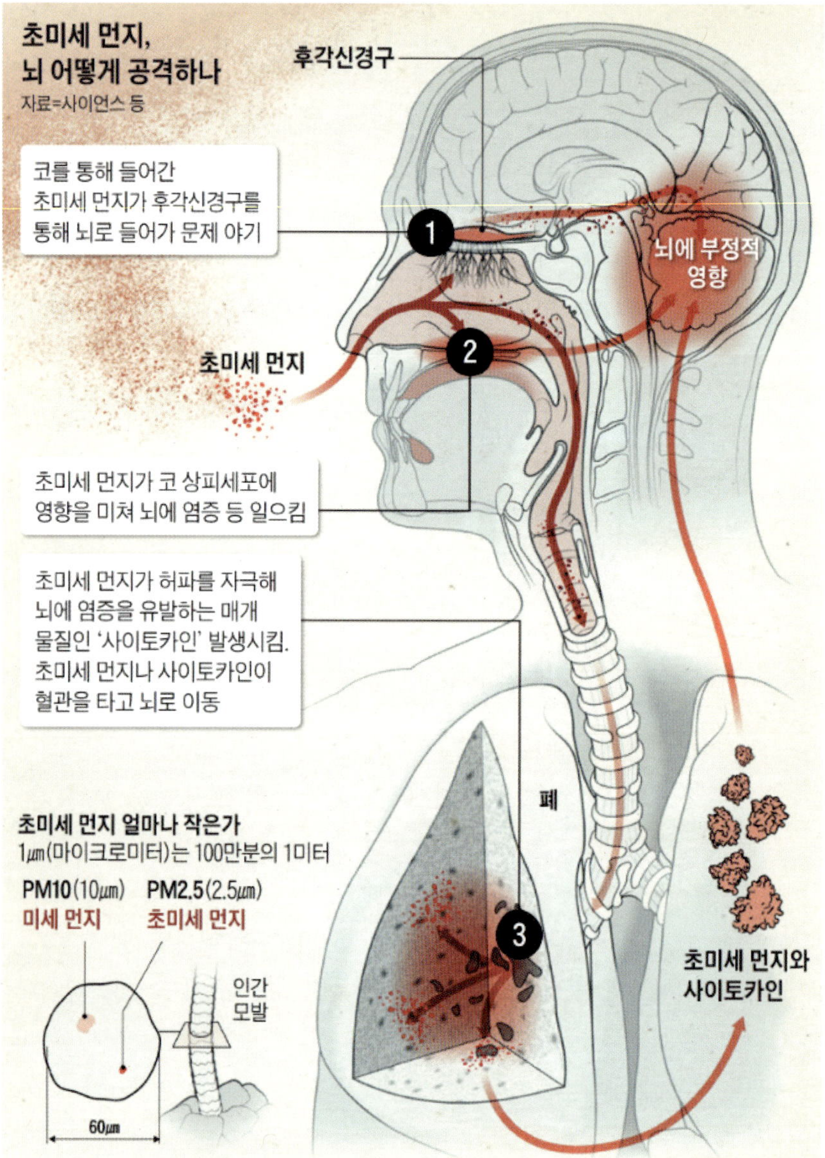

▲ 뇌에 부정적 영향을 미치는 초미세먼지 * 출처 : 조선일보(2019년 1월 15일)

▲ (주)세스코의 세계 최초로 라돈센서를 내장한 환기형 공기청정기 * 출처 : (주)세스코 홈페이지

일반적으로 공기청정기는 실내를 밀폐하고 사용하며 공기를 재순환 시키므로, 미세먼지를 제외한 실내 라돈이나 이산화탄소 농도를 낮출 수가 없다. 특히 이산화탄소 농도는 계속 증가하여 재실자의 집중력 등이 낮아질 우려가 많다. 이에 (주)세스코는 실내 공기 속의 보이지 않는 살인자로 지목되고 있는 라돈과 극초미세먼지를 효과적으로 진단하고 제어할 수 있는, 세계 최초로 라돈센서를 내장한 환기형 공기청정기를 개발하여 실내 라돈과 이산화탄소 및 미세먼지를 효과적으로 관리하는데 도움을 주고 있다.

라돈은 각종 암을 유발시키고, 여성 폐암 원인 1위인 1급 발암물질이다. 성장기 아이들에게 치명적이며, 하루 중 90% 이상의 시간을 실내에 머무르는 현대인들에게도 위협적이다. 공간 및 제품에 대한 인증을 통해 국민들이 라돈으로부터 안전한 환경에서 생활하며, 제품을 구매할 수 있도록 하게 하기 위하여, 2019년부터 한국표준협회와 연세대학교 라돈안전센터(www.radonkorea.com)는 공간과 생활 밀착형 제품에 대해 라돈안전인증 제도를 시행하고 있다(radonsafe.ksa.or.kr).

이제는 주변 라돈 발생 문제를 무조건 덮어두려는 우를 범하지 말고, 충분히 관리가 가능함을 인식하고, 자신과 가족의 건강을 위해, 거주 공간과 사용하는 제품에 존재하는 자연방사성 물질의 수준을 스스로 파악하려는 노력을 기울이고, 정부나 전문기관에서 제시한 관리지침을 통해 생활주변 방사선 관리에 앞장서 나가야 한다. 더불어 관련 기관은 우리 주변에 존재하는 방사성 물질에 대한 막연한 불안감을 불식시키고, 점차 선진화되는 국민의 보건환경 수준을 충족시켜 나가기 위해 실행 가능한 체계를 지속적으로 구축해야 할 것이다.

▲ 공간과 제품에 대한 라돈안전인증 마크

▲ 2019년 5월 8일 롯데월드 웰빙센터에서 열린 국내 최초의 라돈안전 공간인증 수여식에 롯데월드어드벤처 대표이사와 한국표준협회장, 필자 등 참석자들이 기념사진을 찍고 있다. * 출처 : 한국표준협회

04 국가 라돈 관리 프로그램의 구축

국가 라돈 관리 프로그램은 평균농도 이상의 라돈이 존재할 수 있는 실내 공간에서 거주하거나 활동하는 개개인에 대한 위해도 저감이 목표이며 조직을 구성한 후, 라돈 모니터링, 저감, 예방, 위험성 홍보 등에 실제 적용을 해야 한다.

라돈 프로그램을 만들기 전에 국가 라돈 조사를 통한 사전 조사와 평가가 필요하며 이를 통해 기준농도를 설정하여 라돈 저감 조치 실행을 강력히 권유하여야 한다.

지질학적으로 라돈 농도가 낮은 지역도 실내 라돈 농도가 높을 수 있으며, 지도는 측정이 필요하지 않는 지역을 나타내는 것 보다 고농도 라돈 지역의 자료 제공을 주목적으로 삼아야 한다.

라돈 조사와 지도 작성에 대한 정보수집이 선행된 미국과 유럽 국가 등은 자료를 열람할 수 있도록 개방해 놓은 상태이다. 하지만, 국가마다, 더 좁게는 각 주택마다 라돈 농도가 다르기 때문에, 이러한 자료들은, 경고의 개념으로 사용되어야 한다.

효과적인 라돈 프로그램은 건물 건설 단계에서부터 라돈 예방 조치를 유도하는 것이다.

4.1 국가 라돈 프로그램의 조직화

① 다른 관련 기관과의 협조와 정보 공유

- 공중 보건, 방사능 방호 기관과의 협조
- 지질조사 기관, 라돈 측정 연구소, 건축가, 건설사와의 전문 지식 공유
  → 빌딩 규정, 건축 규정의 제정과 실행

② 국가의 한 기관이나 부서에서 총괄

- 국가 라돈 데이터의 집중화
- 프로그램의 효율성 평가

③ 국가 라돈 초기 평가 후 국가 라돈 정책의 수립

- 실내 라돈 농도의 일반적 범위 파악
- 고농도 지역 등 노출의 패턴 파악
- 학교, 보육원, 공공건물 내의 라돈 평가

4.2 국가 라돈 정책의 핵심 요소

① 라돈 고농도 지역의 우선 관리

고농도 라돈 지역을 "기준 농도를 초과한 라돈 농도를 보이는 건물의 퍼센트가 일정 수치 이상일 경우"로 정할 수 있다. 일단 고농도 라돈 지역이 확인이 되었을 경우, 그 지역에 대한 지원을 아끼지 않아야 하고, 공청회 및 설명회 등을 통해 일반인들에게 심각성을 알리고, 또한 각 가정을 테스트하고 저감 조치를 취할 수 있도록 유도할 수 있다. 이는, 공중보건, 주택건설과 관련된 기관 및 전문가, 지방정부, 의료단체 등을 대상으로 이루어져야 한다.

② 실내 라돈 평가를 위한 라돈 측정 규정

구체적이고 정기적으로 갱신되는 라돈 측정법은 국가 라돈 측정법의 일관성을 유지하는데 있어서 중요한 의미를 갖으며, 국가 또는 지방 정부는 다음 예시와 같이 라돈 측정 규정을 구체적으로 기술해야 한다.

- 사용되는 라돈 측정 장치의 유형
- 적용된 측정법
- 권고되는 최소 측정기간(1년 이내의 측정기간인 경우에는, 측정이 특정 계절에 수행이 되어야 하는지, 계절별 교정인자가 적용되어야 하는지 고려)
- 라돈 측정 연구소에서 충족시켜야할 규격
- 주택 소유자/거주자와의 커뮤니케이션 방법
- 라돈 기준치를 초과하는 주택 소유자/거주자에게 권고되는 개선사항

양질의 라돈 측정결과를 얻기 위해서 라돈 숙련도 프로그램과 같은 제도가 필요하다. 이는, 라돈을 측정하는 회사나, 기관, 개인사업자로 하여금 증명서나 허가증을 통해, 정확한 라돈 측정 능력을 증명하기 위함이다.

③ 실내 라돈에 대한 국가적 기준농도에 관한 규정

기준농도는 주택에서의 연간평균 최대 라돈 농도를 말한다. 이 기준농도는 국가 라돈 프로그램에 있어서 매우 중요하며, 정부차원에서 국가적 농도로 제정되어야 한다. 기준농도를 초과하였을 때 라돈 저감 조치와 관련된 결정은 각 국가에 따라 달라진다. 스웨덴, 스위스, 체코와 같은 국가에서는, 기준농도 초과시, 라돈 저감을 의무적으로 실행하도록 되어 있다.

국가 라돈 농도의 설정은 일반적인 경제 및 사회 환경을 포함한 최적화 방법을 이용해야 한다(ICRP 2008). 추가로, 라돈의 분포, 라돈 농도가 높은 기존주택의 수, 실내 라돈 농도의 산술평균, 흡연량과 같이 다양한 요인들을 고려해야 한다. 대부분의 신축주택 및 저감된 주택은, 기존 주택과 비교하여, 더 낮은 비용으로 더 쉽게 낮은 실내 라돈 농도를 달성할 수 있다. 따라서, 이러한 건물 내 라돈 농도는 국가 기준농도보다 확실히 낮다.

국가 라돈 프로그램과 100∼300 Bq/m^3의 기준농도가 제정된 국가들은 먼저 라돈 측정을 위한 채용을 늘리고, 주택 소유주와 거주자에게 더 나은 개선책과 지원을 통하여 개선율을 향상 시키도록 해야 한다. 예를 들어, 영국의 경우, 기준농도를 바꾸지 않고, 채용율과 개선율만 2배로 늘림

으로써 연간 예상 폐암사망자 수를 5배나 줄일 수 있을 것이라 예측하였다. 반면, 기준농도를 200 Bq/m^{3}에서 100 Bq/m^{3}으로 줄이고, 동일한 채용율과 저감율을 유지하였을 경우에는, 연간 예상 폐암사망자수를 2배 밖에 줄일 수 없을 것이라 예측하였다.

적절한 건물규정 실행을 통해 평균 라돈 농도를 낮추는 것은 국가 라돈 프로그램에서 가장 중요한 해결방법이다.

④ 라돈 정책과 흡연억제 및 실내공기질 관련 다른 보건증진 프로그램과 연계

⑤ 라돈 농도를 가능한 한 낮게 유지하도록 하는 시스템의 개발과 보급

⑥ 지자체로 하여금 라돈을 관리하게 하는 규정의 제정

⑦ 일반 대중에 대한 라돈 교육과 홍보를 통한 인식 향상

집안 내 라돈 농도는 주택의 유형, 설계, 건설방법, 지역 내 지질학적 구조, 토양의 침투성 등의 많은 요인에 따라 다르고, 이웃 하고 있는 주택들 간에도 현저하게 다를 수 있다. 각 집안 내 라돈 농도는 측정을 통해서만 확인될 수 있다.

라돈 농도를 확인하는 데는 크게 두 가지 접근방법이 있다:

- 중앙정부나 지방정부 차원에서 일정 지역 내 모든 주택을 대상으로 하는 측정
- 일반인 교육을 통한 주택 소유주로 하여금 자신의 주택 내 라돈을 측정하게끔 유도하며, 일부 국가에서는 라돈 측정 비용의 일부를 재정지원하기도 한다.

⑧ 신축 주택의 라돈 방지 및 기존 주택의 라돈 저감을 위한 전문가 교육을 위한 규정

건설 중인 모든 주택에 라돈 저감 조치의 설치 규정을 실행하는 것은 라돈에 의한 위험성을 저감시키는 비용효과적인 방법이며, 중앙정부 및 지방정부는 주택을 건설할 때 라돈 저감 조치를 명하는 건물규정의 제정을 고려하고, 특히 라돈 고농도 지역에서는 더 엄격한 규제가 필요할 것이다.

라돈 저감 사업자들을 위한 교육은 주택들에 설치된 라돈 저감 시스템이 올바르게 설계 및 설치 되도록 하기 위해 중요하다. 일반적인 교육프로그램이 제정되어, 기준농도보다 높은 라돈 농도에 노출되는 집 소유주

나 땅 소유주로 하여금 라돈 저감 시설을 설치하여 즉각적인 조치를 취할 수 있도록 해야 한다.

일반인을 대상으로 하여 라돈 저감의 이점을 교육하는 것 또한 결과적으로, 추후에 라돈 저감 시설이 제대로 설치가 되었는지 확인할 수 있게 한다.

건물규정 만으로는 신축주택 내 라돈 농도를 기준농도 이하로 유지할 수는 없다. 따라서, 일반인들은 자신의 주택이 라돈으로부터 안전한지 확인하는 길은 라돈 측정 또는 진단 밖에 없음을 인지하여야 한다.

⑨ 건물의 신축 시에 라돈을 예방할 수 있는 프로그램

기준농도를 초과하는 주택의 경우, 개선조치가 항상 권고된다. 효과적인 라돈 저감 기술에 관한 정보가 주택소유주에게 명확히 제공되어야 한다.

대부분의 국가에서는 개선조치의 비용은 전적으로 주택소유주나 부지소유주가 부담해야 한다. 이 비용들은 일반적으로 크지는 않지만, 가끔씩 소유주로 하여금 부담을 주는 경우가 있다. 이에 국가차원에서, 집 소유주의 경제적 상황을 고려하거나, 라돈 농도가 매우 높을 경우에는 측정 및 개선비의 일부 또는 일체를 부담하는 등의 방법을 고려할 수 있다. 개선조치의 효과를 평가하기 위한 추후 측정이 이루어져야 하며, 국가에서 재정지원이 주어진다면, 추후측정을 위한 비용 또한 포함되어야 한다. 집을 수리하는 주택소유주에게 재정지원이나 세금 인센티브를 제공함으로써 라돈 저감 시스템을 설치할 수 있도록 도움을 줄 수 있을 것이다.

주택소유주나 부지소유주는 누가 라돈 저감 사업을 하는지에 대해서도 알아둘 필요가 있다. 따라서, 승인된 라돈 저감 사업자들의 리스트가 작성이 되어야 하고, 지방정부에 의해 관리되어야 한다. 이 리스트에 관한 정보는 일반인들로 하여금 쉽게 접할 수 있도록 되어야 한다. 라돈 저감 사업자들을 대상으로 하는 교육은 저감 시스템이 올바르게 설계 및 설치가 되었는지 확실하게 하기 위해서라도 꼭 필요하다. 따라서 국가 라돈 프로그램 내에서 적절한 정기적인 교육프로그램이 구성되어야 한다.

라돈 측정과 라돈 프로그램의 적절성 등의 관련된 정보를 수집하는 국가적인 데이터베이스를 구축해야 한다. 수집된 정보에는 가능한 한 라돈 저감 전후의 라돈 농도, 건물의 특징, 어떠한 방법의 저감 조치를 취했는지, 설치비용, 연간 유지비, 건물의 장단점 등과 같은 요인들이 포함되어야 한다.

국가적 차원에서 라돈 조사를 함에 있어, 주택을 매물로 내놓을 때 집 안 내 라돈을 측정하는 것은 라돈 농도 측정이 가능한 주택의 수가 증가함 뿐만 아니라, 기준농도를 초과하는 주택인 경우, 개선하도록 하는 등의 이점이 있다. 노르웨이, 스위스, 영국, 미국과 같은 국가에서는 주택을 팔 때, 라돈을 측정하도록 규정하고 있다. 특히, 주택 매물이 많은 국가에서는 주택 매매 시 라돈 측정과 라돈 저감을 권고하거나 규정하도록 해야 한다.

때에 따라서는 주택을 가능한 단시간에 팔아야 하는 경우가 생기는데, 이를 위해서는 주택매물과 관련된 특정한 측정법이 존재해야 한다. 이러한 경우에는 구매자가 단기간 측정을 요구할 수 있다. 장/단기간 측정 데이터의 상관관계가 뚜렷하다면, 단기간 측정을 하여도 무방할 것이다.

참고지식

2018년 생활밀착형 제품 라돈 이슈

2018년 3월 본 연구실에 한 침대 회사로부터 생산되는 침대의 부속품에 대한 라돈과 방사능 함유량 측정 의뢰가 접수되었다. 침대와 방사능이라? 일반 패브릭 침대와 라돈은 관련이 없다고 생각된지라 매우 의아하게 생각하고 실험을 진행하였다.

한 아주머니가 자식들의 건강을 우려하여 인터넷에서 라돈아이를 구매하여 본인의 실내 공기 중에 존재하는 라돈을 측정하다가, 우연찮게 라돈아이를 침대 위에 놓고 측정하였는데, 그 수치가 공기 1 m^3 당 수천 Bq을 초과한 것을 세계 최초로 발견하였으며, 이 사건을 통해 2018년부터 많은 국민들이 침대, 매트, 마스크, 생리대, 화분, 고양이 모래, 대리석 등등 생활밀착형 제품에 존재하는 자연방사능의 존재를 직접 파악하고 관리하기 시작하였으며, 국가가 관련법을 제정하고 관리 체계를 수립하게 한 동기가 되었다. 처음에는 측정기가 고장난 줄 알고, 교체를 요청하였고, 교체한 것도 마찬가지여서 더 정밀한 라돈 측정기로 전문가가 방문 측정하였는데도 수치가 매우 높이 나와서, 침대 제작회사에 본 상황을 문의하였고, 침대회사도 전혀 예측을 못한 상황이라 침대회사가 품질 관리를 위해 직접 본 실험실에 검사를 의뢰한 것이다. 본 저자는 방사능의 방출을 전혀 인식하지 못하고, 국민들의 비과학적인 음이온에 대한 맹신으로, 방사선의 위험을 인지하지 못하고 기능을 추가하기 위하여 음이온을 방출한다고 잘못 알려진 모나자이트를 침대에 넣어 심각하게 타격을 받은 침대 제조회사에 아직도 안타까움을 금치 못하며, 아주 높은 수준의 자연방사성 물질을 함유한 원료를 제대로 유통 관리하지 못했던 정부의 능력이 안타까울 뿐이다.

▲ 미디어에서의 침대 방사능 표현 * 출처 : 어린이 과학동아('18.6.15), 연합뉴스(최자윤 일러스트)

방사성 물질에서 나오는 방사선은 물질을 이온화시켜 전자가 나오는 것이지 음이온이 나오는 것이 아니다. 또한 대부분의 물질은 중성으로서, 음이온을 만들기 위해서는 코로나 방전과 같은 에너지가 필요하다. 코로나 방전 후 나오는 음이온은 주변 공기의 살균 등의 기능은 있으나 인체에 유익하다는 증거는 없다. 차라리 코로나 방전 시에 동반하여 방출될 수 있는 오존이 우리 인체에 나쁜 영향을 끼치지 않도록 조심하여야 한다. 또한 공기 1몰(22.4 리터)에 존재하는 분자

수는 6×10^{23}개이다. 따라서 수 천 또는 수 만 개의 음이온은 잠시 존재한다 해도 거의 의미 없는 숫자이며, 중성화될 때까지 그 존재하는 시간조차 매우 짧다. 그러나 숲 속이나 폭포수 주변에서 지속적으로 발생하는 자연의 음이온은 우리 인체에 긍정적인 효과를 줄 수는 있다고 믿는다.

보내준 침대 부속품을 실험용 챔버에 넣고 측정한 결과 놀라운 결과가 나왔다. 라돈이 평균 620 Bq/m^3 방출되었고, NaI 감마선 계측기로 부속품 내에 존재하는 방사성동위원소를 분석한 결과 토륨에서 유래하는 토론(^{220}Rn)의 자손 핵종인 ^{212}Pb이 검출된 것이다.

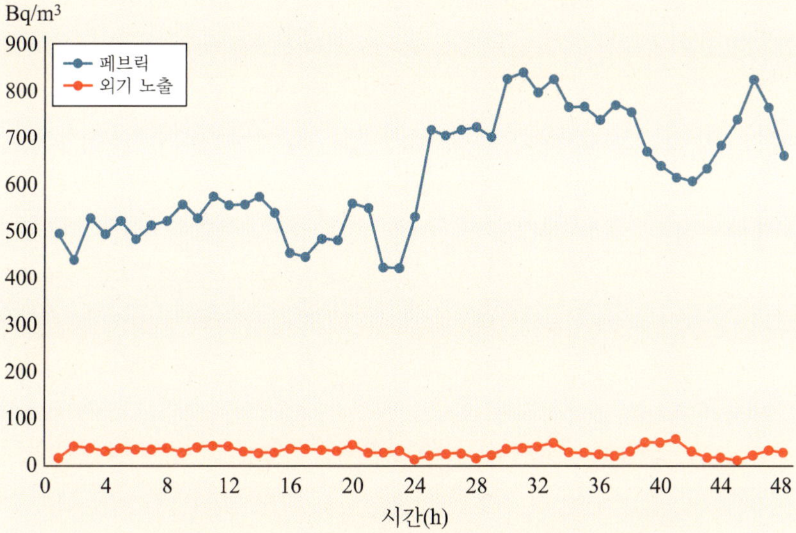

▲ 침대 부속 패브릭에서 고농도로 방출되는 라돈

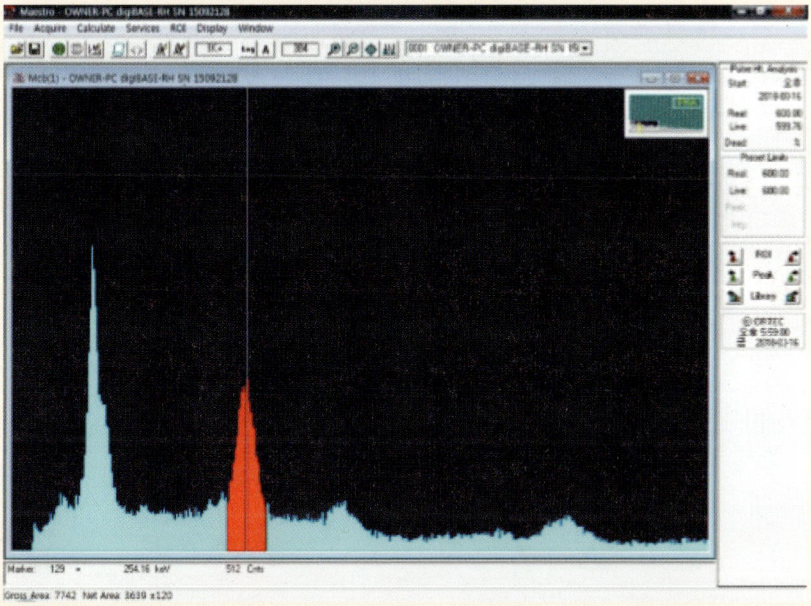

▲ 매트리스 부속품에서 검출된 토륨과 토론(^{220}Rn)의 자손핵종 ^{212}Pb의 감마선

이에 본 샘플을 한국표준과학연구원에 보내 더욱 정밀한 계측기로 분석한 결과, 매트리스의 솜이 덧대어진 천 조각 31 cm×31 cm의 시료에서 ^{232}Th과 그 자손핵종들인 ^{228}Ac, ^{224}Ra, ^{212}Pb, ^{212}Bi 등이 240 베크렐(Bq) 내외, ^{238}U과 그 자손핵종들인 ^{226}Ra, ^{214}Pb, ^{214}Bi가 25~60 베크렐(Bq)까지 검출되었다.

이후 모든 원인이 밝혀졌지만, 그 원인은 모나자이트 파우더로 밝혀졌다. 모나자이트란 희토류 원소를 포함하는 적갈색의 인산염 광물로서 화강암, 페크마타이트, 편암, 편마암과 같은 화성암과 변성암의 부성분 광물로 산출되는 것으로 알려져 있다.

대부분의 모나자이트 광상은 사광상(모래)으로 존재하며 비중이 높은 광물이다. 모나자이트 광체는 금, 백금, 자철석, 티탄철석, 금홍석, 저어콘 등 다양한 종류의 보석과 광물과 함께 산출되며 주로 하천 퇴적물과 해변모래 등에 존재한다. 현재 주요 생산 국가는 인도, 말레이시아, 베트남, 브라질, 스리랑카 등이고 호주는 주요 생산지였지만 현재 호주는 생산을 중지하였고 미국도 현재 생산하고 있지 않다.

외국에서는 원자력 발전 등의 에너지 생산에 일부 이용되고, 내화분야와 램프용 심지, 항공기 합금, 용접용 전극 등 특수 산업에 적용되고 있다.

일반적으로 모나자이트 내에는 Th 방사능이 100~400 Bq/g, U 방사능이 5~40 Bq/g정도 되는 것으로 알려져 있다. 모나자이트는 높은 방사능과 더불어 그 자체로도 호흡과 섭취를 통해 체내로 유입되면 매우 독성이 강해서 폐, 간, 콩팥, 뇌 등에 영향을 미치기 때문에 취급을 주의해야 하는 물질로 분류되어 있다.

▲ 모나자이트

화강암　페그마타이트　편암　편마암

▲ 모나자이트 산출 가능 암석

한국원자력안전기술원에 보고한 '2015년 생활주변상사선 안전관리 실태 조사 및 분석'에 의하면, 총 16개의 모나자이트 취급 사업장에 대하여 조사하였으며 추가 사업의 내용 및 범위는 모나자이트, 저어콘과 같은 원료물질을 사용한 것으로 추정되는 가공제품 95건을 선정 온/오프라인 매장 및 현장방문을 통해 시료 취득하여, 가공제품의 표면오염도 검사, 표면선량률 측정, 알파 · 감마 핵종 농도 분석, 연간유효선량평가를 통한 가공제품 안전기준 부적합 제품을 판별하는 것이다.

실태조사 대상 사업장에서 생산되어 일반인을 대상으로 판매되는 가공제품은 세라믹 칩이 부착된 매트, 관절 보호대, 발패치 등 음이온 발생제품으로 광고되는 신체 접촉형 건강 제품이었으며. 제품 형태상 정상적인 사용 환경에서 제품 내 함유된 천연방사성핵종이 흩날리거나 신체로 전이될 가능성이 거의 없는 것으로 조사되었다. 또한, 매우 소량의 모나자이트만이 생산 공정에서 첨가되며, 가공제품의 대부분은 단일제품에 대한 방사선량률 측정결과 배경준위 수준(0.3 μSv/h 이하)이라고 보고하고 있다.

또한 1단계 표면오염도 검사에서 표면선량률의 분석 결과는 95건의 가공제품 모두 안전기준 부적합 제품은 존재하지 않는 것으로 판단되었다. 2단계 감마 및 알파 핵종분석 결과 ^{40}K은 0.1 Bq/g 이하 20건, 0.1～1 Bq/g 34건, 1 Bq/g 이상은 30건으로 ^{40}K의 등록기준농도인 10 Bq/g을 초과하는 가공제품은 존재하지 않았으며, ^{232}Th, ^{235}U, ^{238}U은 0.1 Bq/g 이하 77건, 0.1～1 Bq/g 8건의 방사능 농도를 나타내었다.

3단계 연간유효선량평가 결과 조사된 가공제품 중 상대적으로 높은 방사능 농도와 천연방사성핵종 관련 물질의 사용량이 많은 제품의 연간유효선량이 1 mSv 미만의 결과를 나타냄으로써 95건 가공제품 모두 가공제품 안전기준인 연간유효선량 1 mSv를 초과하는 부적합 제품은 존재하지 않는 것으로 조사되었다.

즉, 근로자에게는 외부피폭, 모나자이트 분진 확산(모나자이트 분진의 흡입 독성)만 평가하고, 생활용품은 외부피폭과 비산여부만 평가하였고, 라돈과 토론의 흡입에 의한 내부피폭 위험을 고려하지 못하였다. 이는 선진국에 유사 사례가 없고 노출 예측을 경험하지 못하였기 때문으로 생각된다.

소비자의 제보로 취재를 시작한 한 방송사의 2018년 5월 3일 TV 보도 이후, 침대 제조 회사는 바로 다음날 사과문을 게재하고 자체 리콜 조치를 취하였다. 원자력안전위원회에서는 이후 현장 조사 팀을 파견하고 동일 모델 매트리스 시료를 취득하고 분석에 착수하였으며, 국민들은 청와대 국민청원 게시판에 진상규명에 대한 청원을 시작하였고, 불안해진 소비자들은 라돈 측정기에 대한 관심이 증가하였다.

이후 원자력안전위원회는 5월 10일 라돈 검출 침대 조사 중간결과를 발표하였는데, 해당 매트리스는 겉 커버(원단-솜-부직포) 안에 있는 속 커버 원단 안쪽에 음이온파우더가 도포된 것으로 그 원료가 천연방사성핵종인 토륨이 높게 함유된 모나자이트임을 확인하였다. 또한 매트리스 속 커버를 신체에 밀착시킨 상태로 매일 10시간 동안 생활할 경우, 연간 피폭선량은 0.06 mSv이며, 최대 24시간을 침대에서 생활할 경우, 최대 연간 피폭선량은 0.15 mSv로 평가하였다. 이는 '생활주변방사선 안전관리법' 제15조에 따른 가공제품 안전기준(연간 1 mSv 초과 금지) 범위 내인 것으로 발표하였다. 더불어 침대가 얼굴을 포함하여 우리 신체와 많은 시간 접촉하는 내구성 제품임을 고려할 때, 모나자이트로 인한 라돈 및 토론의 내부피폭 위험성이 존재할 수도 있어, 매트리스 완제품의 라돈 농도를 측정하고 내부피폭선량을 평가하였으며, 매트리스 상단 2 cm

지점에서 측정한 값은, 라돈(0.16 mSv)과 토론(0.34 mSv)에 의한 내부피폭선량은 연간 총 0.5 mSv로 평가되었다.

원자력안전위원회는 모호했던 1차 조사 결과를 번복하고, 1차 조사에서는 확인하지 못했던 매트리스의 스펀지도 측정하여, 5월 15일 2차 조사 결과를 발표, 연간 피폭선량이 최고 9.35 mSv를 초과하는 매트리스를 확인하고, 1 mSv를 초과하는 것으로 알려진 제품 7종(총 생산량 61,406개)에 대해 수거 명령 등 행정조치를 실시한다고 밝혔다.

▲ 당진항 야적장에 수거되어 쌓인 라돈 침대 매트리스

언론과 시민단체들은 이는 세월호나 가습기 살균제 이슈에 버금가는 사회적 참사 이슈라 규정하였으며, 사회적 참사 특별조사위원회에서는 5월 17일 긴급현안점검회의를 개최하여, 라돈 침대는 국가적 위기이자 준 재난이며 정부의 초기 대응을 질타하는 목소리가 컸다.

이후 국민들은 시중에 유통되고 있는 라돈아이를 스스로 구매하여, 그 외 생활 속 자연방사능의 존재를 자발적으로 조사하여 라돈은 지속적으로 이슈가 되었다. 집안의 화분, 모래 등과 수입 라텍스 침대, 의료용 매트, 온열매트와 베개, 속옷, 생리대, 마스크 등 신체 밀착형 제품에서도 다량의 방사능이 검출되어 국민들의 불안감은 가중되었으며, 2019년 1월 현재, 수입 라텍스를 전수 조사하고 있으며 일부 온열매트를 수거하도록 명령을 내렸다.

결국 원자력안전위원회는 지금까지는 방사성 원료물질을 사용했다고 해도 피폭량이 연간 1 mSv 이하면 수입과 제조, 판매를 허용했던 것을 2019년 하반기부터 방사성 원료물질이 들어간 침대나 베게, 속옷, 생리대, 마스크, 팔찌, 목걸이 등의 장신구와 같은 피부 밀착형 제품의 수입과 제조를 전면 금지하도록 하는 '생활 방사선 제품 안전 강화대책'을 보고했다. 더불어 음이온이 건강에 유익한 것으로 소개하거나 설명, 홍보하는 행위 자체를 불법으로 간주하는 '음이온 마케팅'도 금지하여, 자연방사성 물질의 수요를 원천적으로 차단하도록 하였다.

이후 라돈 이슈는 원래의 목적이었던 주택, 아파트, 학교, 군병영 등 실내 라돈의 관리로 옮겨지며, 다수의 국민들이 실내에 존재하는 대리석과 인조대리석에서 다량 방출되는 라돈을 확인하여 이에 대한 불안감을 감추지 못하였고, 일부 건설사에서는 수입대리석에서 다량 방출되는 방사선을 확인하고 교체 요청을 수락하기도 하였다.

▲ 욕실 석재 위에서 방출되는 라돈을 측정하는 모습(3,696 Bq/m^3 검출)

물론 석재 표면에서 라돈이 다량 검출된다고 해도, 공간에 퍼지면 희석되므로 그 농도는 실내 공기 중의 라돈 기준치인 148 Bq/m^{3}보다 낮을 가능성이 크다. 하지만 좁고 밀폐된 욕실 등에서의 공기 중 라돈 농도는 무시 못 할 수준으로 상승할 가능성이 크며, 더불어 신체 외부가 석재에서 방출되는 다량의 감마선에 의도치 않게 피폭될 우려가 있으므로, 가능하면 교체하는 것이 좋다. 물론 현재 아무 가이드라인이나 관리 지침이 없는 상태에서 모든 것을 건설회사에 책임을 전가하는 것도 무리스럽기는 하다.

라돈 등 방사성 물질이 포함된 가공 제품을 제조하거나 수출입하는 업자의 안전규제를 강화하는 내용의 '라돈침대방지법(실내주변방사선 안전관리법 일부개정안)'이 국회 본회의를 통과하여, 원료물질이나 공정부산물을 사용한 가공제품 제조, 수출입하는 자의 원자력안전위원회 등록을 의무화 하였으며, 가공제품 제조업자 등으로 하여금 종사자에 대한 건강을 보호하기 위한 조치를 실행하도록 한 것이 그 핵심 내용이다.

향후 국가나 관련 기관에서 지속적인 관리 지침을 만들어 실내에 사용되는 건축자재가 원인이 되어 의도치 않게 또는 쓸데없이 방사선에 노출되는 일이 없도록 하고(방사선이 국제적인 기준치 이하인 석재가 대부분이며 손쉽게 구할 수 있음), 각 건설사나 제조사, 유통사들도 자체 관리 체계를 만들어 운영하여 국민들의 방사선 안전에 만전을 기하여야 할 것이다.

생활 밀착형 제품의 라돈 문제로 인해, 라돈에 대한 국민적 인식이 5% 이하에서 90% 이상으로 상승하였다는 긍정적 효과가 있었다. 이는 앞에 소개한 라돈아이라는 보급형 라돈 측정 제품을 통해 국민들이 손쉽게 스스로 생활 방사능을 감지하고 감시할 수 있는 능력이 생겼기 때문이다. 또한 이러한 사건을 통해 그 동안 소홀했던 정부와 관련 기업의 생활밀착형 제품에 대한 자연방사능 관리가 강화되었으며, 국민들의 의도치 않은 생활방사선 피폭이 감소되어 국민보건이 향상되는 긍정적인 결과를 얻었다. 이와 더불어 라돈 이슈는 다시 자연스럽게 우리가 숨 쉬는 공간의 문제로 집중되었다.

만화로 보는
라돈 이야기

안녕하세요
제 이름은 이강산.
9살이고
이 만화의
주인공이랍니다
공부는 좀 못하지만 착하고 건강하답니다~
우리 가족을 소개하겠습니다
먼저 우리 아빠, 아빠는 소설가에요. 매일 2층방에 틀어박혀 글을 쓰시는데 스트레스 때문인지 항상 담배를 물고 살아요.
아빠~ 엄마가 밥먹으래~
알았다. 바로 간다고 해
그래서 전 아빠를 증기기관차라고 불러요.
칙칙
폭폭

엄마는 지하수퍼에서 일하는데 되게 예뻐요
3만원 입니다~
그런데 밤만 되면 눈썹없는 마귀할멈으로 변신해요
우리 엄마 내놔 이 마귀할멈아!!
얘가 뭐래~
그리고 우리 삼촌
마지막으로 우리 할아버지에요
내 소개는 왜 없냐?!!
띵~
할아버지는 무도가세요
강산아 할애비랑 놀자~
싫어! 컴퓨터 게임 할거야!!
컥!
사내새끼가 거칠게 놀아야지~
우리 집안은 옛날부터 대대로 무도가 집안이었데요
다녀왔습니다~

빈틈!!
퍽
컥!
아부지 또 왜 그래요
무도가 집안의 사람이라면 언제나 기습에 대비해야 하는 법!
퍽
이 자식! 감히 애비를 쳐?!!
부와
??
아주 어릴 때부터 수련을 해 오신 할아버지는 60이 넘으셨지만 우리집에서 제일 건강하세요
과체중
멸치

건강을 위해 할아버지는 술, 담배도 안하시고 음식도 좋은 것만 골라드세요
이런 걸 많이 먹어야 나중에 훌륭한 무도가가 되는게야. 니 애비처럼 시시한 글쟁이가 되면 안돼
아부지!!
웅!
그러던 어느 날
콜록
콜록
어라? 아버님 기침 하시네요
별거 아냐. 어제 춥게 잤더니, 푹 자고 나면 나을게야
하지만 몇 달이 지나도록 할아버지의 감기는 낫지 않으셨어요
켈록 켈록
아부지, 그러지 말고 병원 한번 다녀 오세요
병원은 무슨 놈의 병원. 이깐거 조금 지나면 알아서 나아.

벌써 몇달째 기침 달고 사시잖아요. 이제 나이 생각도 하셔야죠.
어디서 늙은이 취급이야! 너보다 훨씬 건강하거든 이 꼴초야!!
쿨럭!!
어라 피나네
헉!
폐암이십니다.
옛?!!!

에이~ 선생님 설마요. 우리 아부지 담배도 안태우시는데, 게다가 저희 집 도시외곽이라 공기도 좋은 편이라구요.
그렇다면 원인은 역시 그것일 가능성이 크군요.
그 집에 뭔가가 있는 것 같습니다.
뭔 소리야!!
낡고 오래된 양옥 집
평소에도 이렇게 문을 꽉꽉 닫아 놓으십니까?
예, 겨울엔 추워서 잘 안 열고 여름엔 에어컨 켜느라......

?
스윽
삐빅
450 Bq/m³
역시 그렇군요
할아버님 폐암의
원인은 방사선 노출일
가능성이 큽니다.
옛?!!
바...
방사선 노출요?!!
우와! 그럼
할아버지 초능력
생기는거야?!

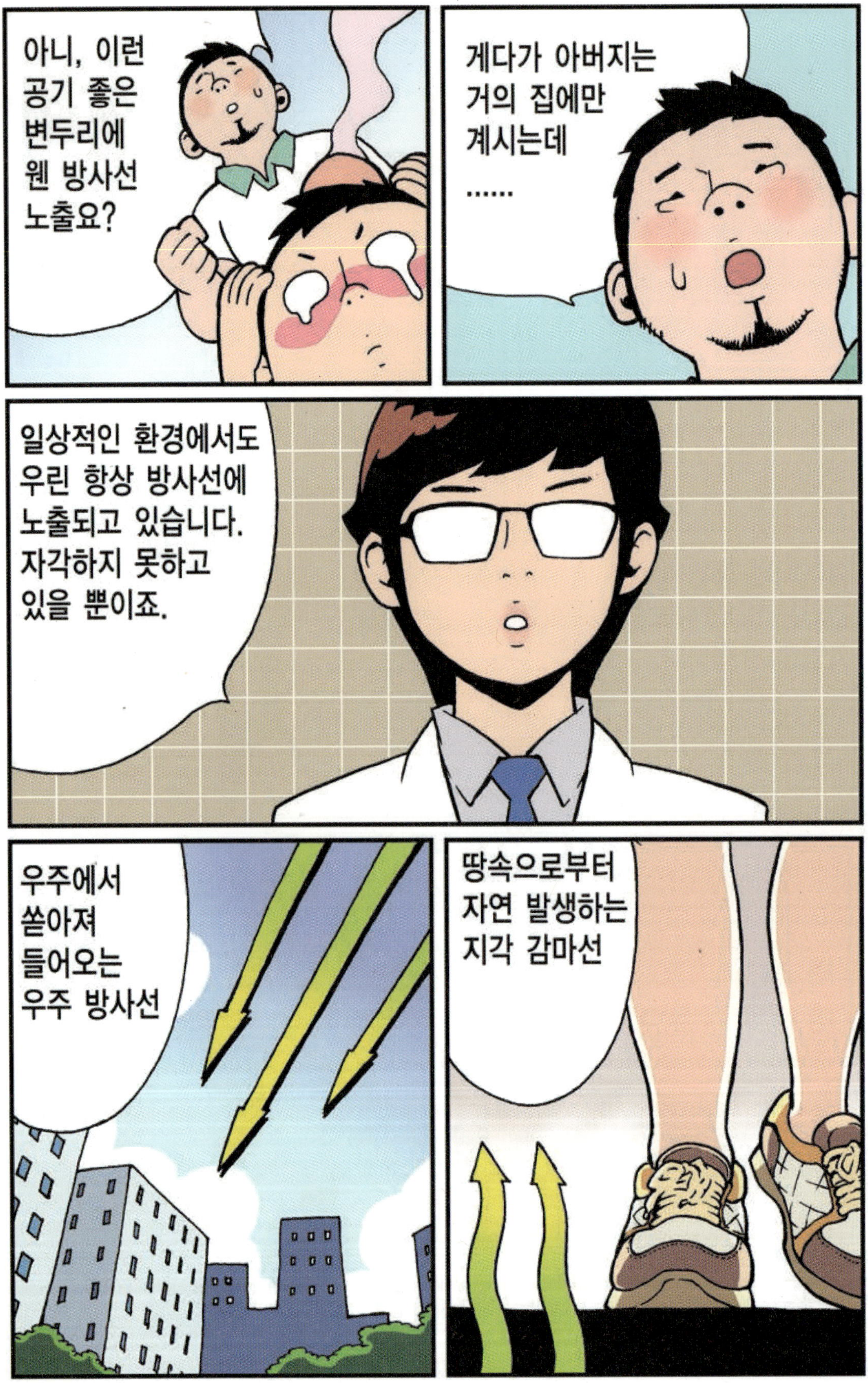
아니, 이런 공기 좋은 변두리에 웬 방사선 노출요?
게다가 아버지는 거의 집에만 계시는데 ……
일상적인 환경에서도 우린 항상 방사선에 노출되고 있습니다. 자각하지 못하고 있을 뿐이죠.
우주에서 쏟아져 들어오는 우주 방사선
땅속으로부터 자연 발생하는 지각 감마선

심지어 우리가
먹는 음식물과
물은 물론 우리
몸에서 조차
방사선은
발생됩니다.
캬릉~
자연방사선이라
불리우는 이런
종류의 방사선은
산업화 같은
것과는 상관없이
태고적부터 항상
우리 주변에 존재해
왔습니다.
일상적 환경에서의
방사선 노출선량의
85%가 이런 자연
방사선에 의한 것이고
그 중 50% 정도가
이제 설명 드릴
라돈이라는
방사성 기체에
의한 것인데
이 라돈과 라돈
자손핵종들을
장기간 기준치
이상 들이마실
경우 할아버님처럼
폐암에 걸릴
위험이 있습니다.
라돈과 라돈이 붕괴되면서 생성되는 자손핵종들
폴로늄
비스무스
납
라돈 222Rn
실제로 라돈은
석면같은 1급 발암
물질로 분류하며
세계 보건기구에선
폐암발생의 3~14%
정도를 라돈에 의한
것으로 규정하고
있습니다.
흡연에 이어 두번째며
이것은 대기오염에
의한 사망 위험보다
10배 높은
수치입니다.

문제는 라돈으로부터 가장 취약한 곳이 바로 우리가 살고 있는 집, 학교, 회사등의 일상적인 공간이라는 것입니다.
라돈은 토양이나 암반에 천연적으로 존재하는 우라늄으로부터 자연 발생되는 방사성 기체로
지구상 어디에나 존재합니다
특히 국내의 경우 세계 평균 라돈 농도 보다 높고, 국토 면적이 좁아 모든 지역이 라돈에 위험하다 볼 수 있죠.
그 중에서도 강원, 충북, 충남권이 타지역에 비해 높게 측정되며, 그 외 수도권과 전라권 역시 자주 높은 라돈 수치가 나타납니다

실내로 유입되는 라돈가스의 85~97%는 토양으로부터 발생하여
틈이다! 나가자~
건물의 균열을 통해 집안으로 유입됩니다
실외의 경우 대기와 희석되어 별 문제를 일으키지 않지만
일단 실내로 유입되면 기체 중 가장 무거운 성질을 띄고 있기 때문에 잘 빠져나가지 않고 누적되며

호흡을 통해
폐속으로
들어가
슝
슝
빨려
들어간다
~~!!
펑
펑
펑
붕괴하면서
방사선을
방출하며
폐조직을
손상시킵니다
하지만 라돈은
무색 무미 무취
라서 건물 내
라돈 농도가
높아도 자각
할 수 없죠.
아, 요즘 왜 이리 기침이
나지? 감기 걸렸나?
유자차
많이 마셔
콜록
콜록
그래서
폐질환이 생겨도
다른 곳에서
원인을 찾게되고
근본적인 원인을
제거하지 못해
지속적으로 폐조직
손상을 받다보면
폐암에 이를 수도
있게 되는
것입니다
그러니 집에서 가장
오랜 시간 머무르고
가장 오래 사신
할아버님이 가장
먼저 증상이
나타난 것이죠.
이 정도 수치라면
다른 가족들의 건강도
안심 할 수 없습니다
휴~ 저도 거의 모든 시간
집에서 보내는데... 그래도
이층에서 지내다시피 하니
다행이군요...

이층이라도
안심 할 수
없습니다
물론 가장
위험한 곳은
토양과 맞닿아
있는 지하,
반지하, 1층
입니다
헉! 난
지하슈퍼에서
일하는데!!
고층일수록
토양에서 생성된
라돈으로부터는
안전하다
할 수 있죠.
하지만 라돈농도가
높은 지역의 토양이나
암석을 사용한 건축자재
들을 통해 실내 라돈
농도가 증가하는 경우도
있고, 최근 에너지 효율
등을 위해 건물 실내를
밀폐시키는 경우도 있기
때문에, 고층이라 해도
완벽한 안전지대라고는
할 수 없습니다.
석고보드, 시멘트, 모래, 자갈 등

또 담배를 많이 태우시는 것 같던데 흡연과 라돈이 만나면 폐암 확률은 10배로 증가합니다
10배?!!
띵~
헉!
그럼 어쩌면 좋나요
가장 확실한 방법은 안전한 곳으로 이사를 가시거나 집을 새로 짓는 것이죠.
우린 그렇게 넉넉하지가 않은데 ...
하지만 그보다 좀 더 저렴하고 쉽게 라돈으로 부터의 피해를 예방하는 방법도 있습니다.

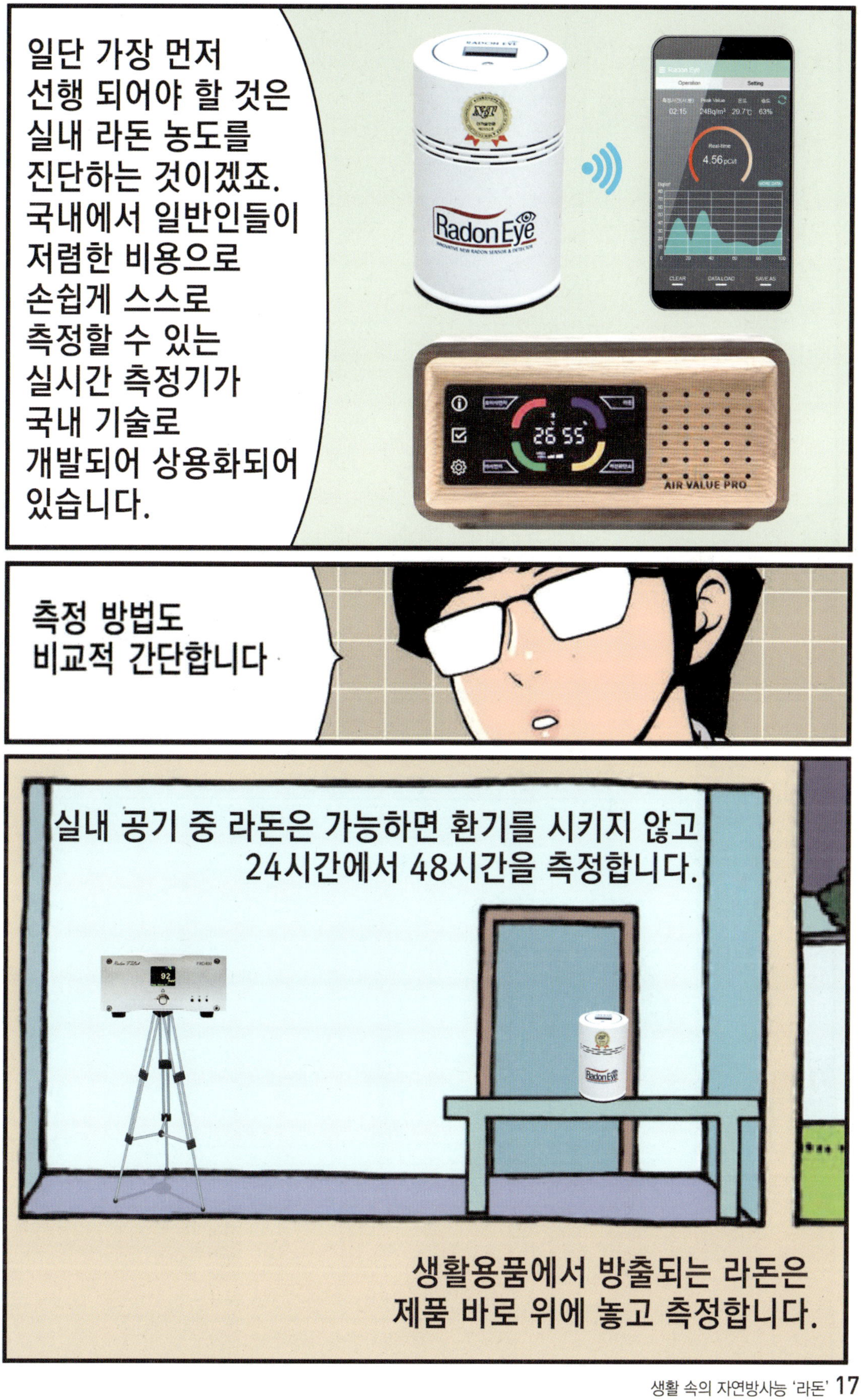

일단 가장 먼저 선행 되어야 할 것은 실내 라돈 농도를 진단하는 것이겠죠. 국내에서 일반인들이 저렴한 비용으로 손쉽게 스스로 측정할 수 있는 실시간 측정기가 국내 기술로 개발되어 상용화되어 있습니다.
Radon Eye
AIR VALUE PRO
측정 방법도 비교적 간단합니다
실내 공기 중 라돈은 가능하면 환기를 시키지 않고 24시간에서 48시간을 측정합니다.
생활용품에서 방출되는 라돈은 제품 바로 위에 놓고 측정합니다.

진단 후 농도가 높을 경우 보강재 같은 것으로 건물의 균열 등 라돈이 유입 될 수 있는 모든 경로를 최대한 막아 주십시오
건물의 균열, 벽돌 사이 접합이 느슨한 관
막지마!!
외부공기 유입장치를 설치 하시거나
외부공기 유입으로 실내 공기의 압력을 인위적으로 높여 라돈 가스의 유입을 막는다

건물 밑 토양의 라돈을 모아 실내를 거치지 않고 배출관을 통해 건물 외부로 배출 시킬 수 있는 토양라돈 배출 장치를 설치 하시는 것도 좋은 방법 입니다
환기팬을 설치하면 더욱 효과적
하지만 보다 쉽고 효과적인 저감법도 있습니다
드륵

환기는 라돈 농도 저감에 가장 효율적인 방법입니다. 하루 몇차례 환기 하는 것만으로도 라돈에 의한 피해를 충분히 예방할 수 있습니다
이렇게 쉬운 방법이 있는데 그걸 몰라서 어떤 사람들은 폐암으로 사망하기까지 한답니다. 참 어이없는 일이죠.
아……
그럼 설마 아버님도…
으앙~ 안돼 할아버지~ 컴퓨터게임 안하고 같이 놀아 줄테니까 얼른 다시 살아나~!!
아직 안돌아가셨어!!

할아버님은
걱정하지
마십시오.
나이는 있으셔도
암의 진행 정도가
심각한 수준도 아니고
일단 그런걸로
돌아가시기엔
너무 씩씩하셔서
...
우당탕
입원을 왜 해!
집에 가게
당장 비켜!!
......

얼마 후 할아버지는 암제거
수술을 받으셨습니다.
할아버지, 수술 잘 받고
얼른 나아야 해,
알았지?
오냐 내 새끼~
그리고 한동안 항암치료를 받느라
집에 돌아오지 않으셨습니다.
1년 후......
강산아
나와봐라
할아버지 오셨다~
강산아~
할아버지~!!

1년간 항암치료를 받고 완치 판정을 받으신 할아버지는
할아버지
...
조금 야위셨지만 건강한 모습으로 집으로 돌아오셨습니다
강산아
...
암바
컥!

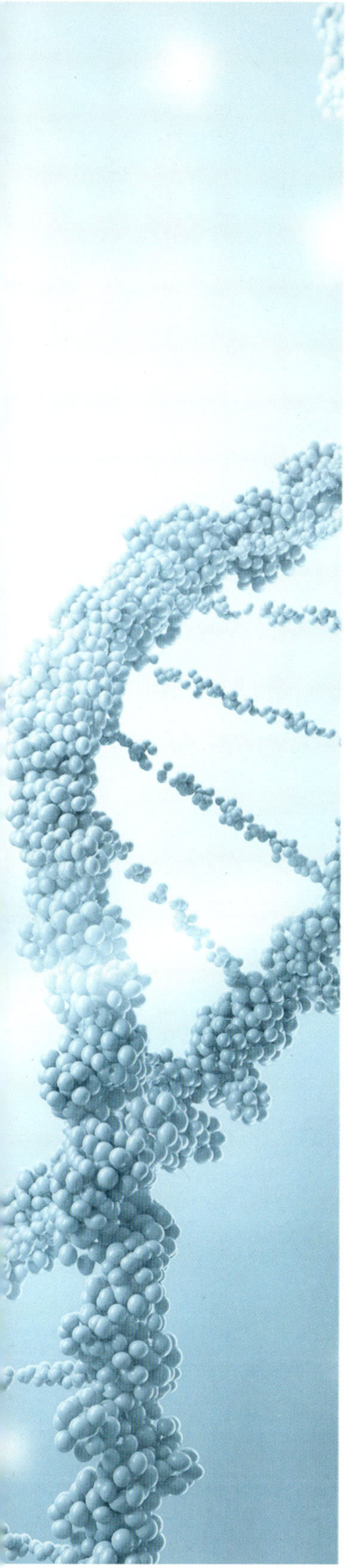

CHAPTER 3

기초 핵 과학

핵 또는 방사선을 활용하여 우리는 일반적인 방법으로 파악하기 힘든 아주 미세한 현상을 확인하거나, 막대한 에너지를 얻을 수 있다. 이에 핵을 공부하고 이해하고 응용하기 위해서는 아주 작은 미세한 단위와 아주 큰 막대한 단위를 자주 사용하게 된다. 이에 참고로 미터법에서 사용하는 접두사의 의미를 정리해보고자 한다.

exa	E	18	deci	d	− 1
peta	P	15	centi	c	− 2
tera	T	12	milli	m	− 3
giga	G	9	micro	μ	− 6
mega	M	6	nano	n	− 9
kilo	K	3	pico	p	−12
hecto	h	2	femto	f	−15
deka	da	1	atto	a	−18

자연에는 크게 네 가지의 힘이 존재한다고 알려져 있다.

첫 번째 힘은 우리가 잘 이해한다고 느껴지는 중력(gravity)이 있으며, 이는 가장 작고 모든 물체를 끌어당기는 힘이며, 태양계의 모든 혹성이 태양으로 끌리는 힘이기도 하면, 지구상의 물체를 지구로 끌어당기는 힘이기도 하다.

두 번째 힘은 전자기력(electromagnetic force)이며, 중력의 10^{37}배나 된다. 주로 쿨롱의 법칙(Coulomb's law)으로 표현되고, 양이나 음으로 하전된 물질들의 인력과 척력을 나타내며, 원자 내의 전자, 분자 내의 원자, 결정체 내의 이온들 사이에 작용한다. 상기한 두 힘은 그나마 우리가 생활하면서 경험하거나 이해할 수 있다고 여겨진다.

▲ 뉴턴과 사과나무

▲ 전자기력

세 번째와 네 번째 힘은 핵과 방사능 붕괴 과정 중에 작용하므로 이해가 쉽지 않다. 세 번째 힘은 소위 핵력(nuclear force)으로 알려져 있으며, 자연에 존재하는 가장 큰 힘(중력의 10^{39}배, 전자기력의 100배)이지만, 그 작용 범위는 아주 작은 10^{-14} m 정도이다. 이 힘 때문에 원자핵 내의 핵자(nucleon)라고 불리는 양성자(proton)와 중성자(neutron)가 결합되어 있을 수 있는 것이다. 원자핵 내에는 전기적으로 양성인 양성자와 전기적으로 중성인 중성자가 있어서, 양성자 사이의 쿨롱의 반발력이 크게 존재하지만, 핵력이 전자기력의 100배나 되므로, 핵 내에서 양성자와 중성자가 아주 밀접하게 붙어 있을 수 있는 것이다.

마지막으로 소립자의 세계에서만 존재하며, 입자를 변화시키는 약력 또는 약한 상호작용(weak interaction force)은 핵력의 10^{-5}배 정도로 알려져 있다. 이는 입자를 변화시키는 독특한 작용을 하며, 무거운 입자나 원자핵이 가벼운 물질로 변화하는 붕괴 과정에 특히 유용하다. 또한 약력은 가벼운 원자핵이 모든 항성의 중심에서 일어나는 융합과정과 같이 적절한 조건에서 무거운 물질이 될 때 유용하다.

▲ 전자기적으로 반발하는 양성자와 양성자를 끌어당기는 핵력

▲ 약력의 이미지

01 핵(nucleus)과 방사능(radioactivity)

물질을 구성하는 가장 작은 입자 단위를 '원자'라고 하는데, 이러한 원자는 '양성자'와 '중성자'로 이루어진 '핵', 그리고 핵 주변을 돌고 있는 '전자'로 구성된다. 대부분의 원자는 안정된 상태를 유지하고 있지만, 일부 원자는 안정된 상태일 때보다 많은 에너지를 가지고 있어 불안정한 상태로 있기도 한다.

이렇게 불안정한 원자는 양성자, 중성자, 전자 중 일부와 에너지를 밖으로 내보내 안정한 상태가 되려고 하는데, 이러한 과정을 '방사성 붕괴'라고 한다. 방사성 붕괴를 하는 불안정한 원자군을 '방사성 동위원소' 또는 '방사성 핵종'이라 하고, 이 방사성 핵종을 일정 비율 이상 갖고 있는 물질을 '방사성 물질'이라 한다. 즉, 흙 또는 토양에는 방사성 붕괴를 하는

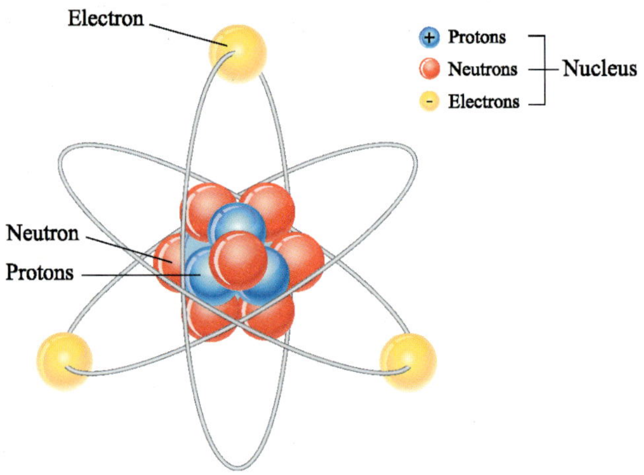

▲ 원자의 구조

원자가 일부라도 포함되어 있지만 우린 흙을 방사성 물질이라 하지 않는다. 최소한 우라늄이 그램 당 10 Bq은 있어야 방사성 물질이라 한다.

1.1 핵

원자핵은 무엇이고, 방사성동위원소가 가지는 능력인 방사능은 무엇일까?

물질 고유의 특성을 가지고 하나의 단위로 작용할 수 있는 원자들의 결합체를, 우리는 분자(molecule)라고 부른다. 즉, 수소(H_2)라는 물질은 수소 원자 두 개로 이루어져 있으며, 물(H_2O)은 수소 원자 두 개와 산소 원자 하나로 이루어져 있다.

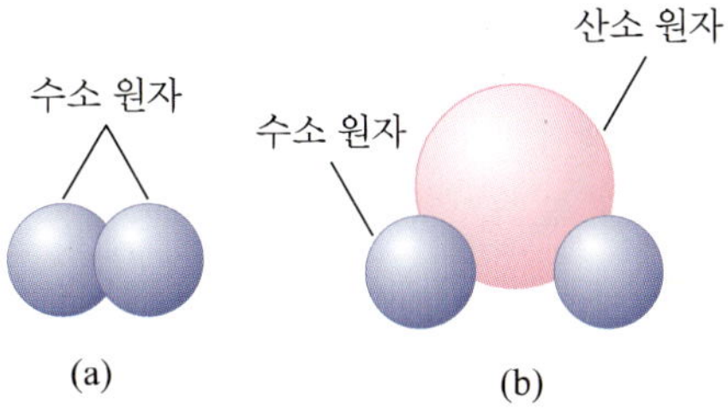

▲ (a) 수소 분자, (b) 물 분자

원자(atom)는 화학 반응을 통해 더 쪼갤 수 없는 단위이며 원자는 원자핵(atomic nuclei)과 전자(electron)로 이루어진다. 또한 원자는 규칙에 의해 $_{Z}M^{A}$로 표기하며, 이 때 M은 원소기호, Z는 원자번호(양성자(proton) 수), A는 원자량(양성자 수+중성자(neutron) 수)을 나타낸다. 예를 들면, $_{6}C^{12}$, $_{86}Rn^{222}$, $_{92}U^{238}$ 등으로 여러 원소를 표시할 수 있다.

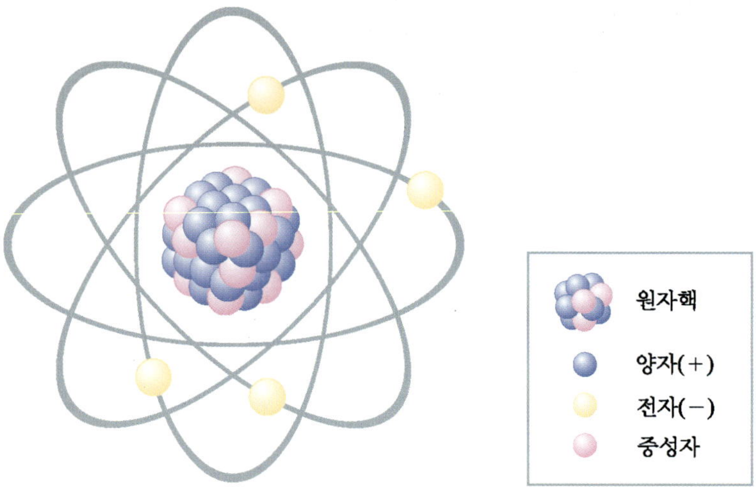

▲ 원자의 구조

원자핵은 양성자와 중성자로 구성되어 있으며, 양성자와 중성자를 통틀어서 핵자(nucleon)라고 부른다. 즉, 핵은 핵자로 구성되어 있다. 다음 그림은 원자와 원자핵과 핵자의 대략적인 크기를 나타내고 있다.

원자의 크기는 1 옹스트롬(angstrom, Å) 정도로, 1 Å은 10^{-10} m(=10^{-8} cm)이고, 원자핵의 크기는 이의 1만 분의 1이고, 전자의 크기는 원자핵 크기의 1만 분의 1이다.

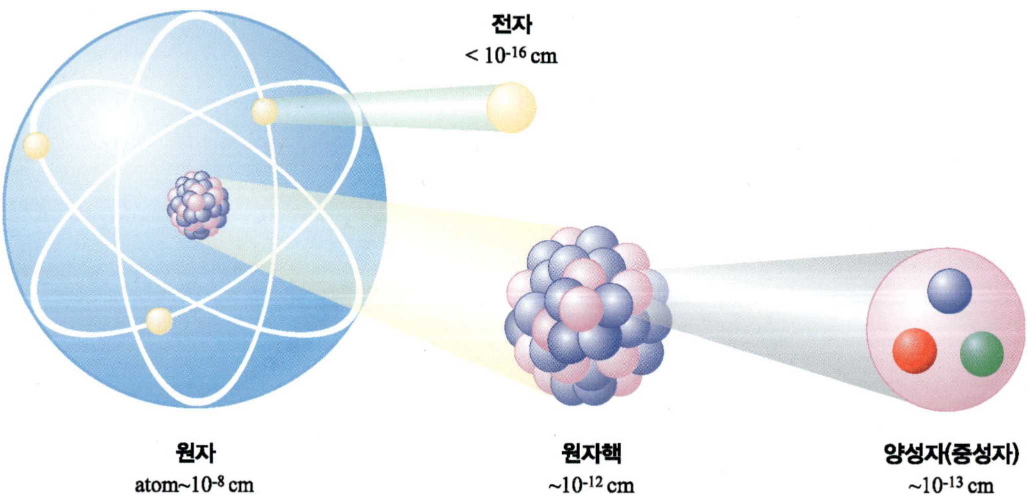

핵의 안정성은 짧은 범위에서 발생하는 서로 끌어당기는 힘(핵력)이 양성자들 사이에 발생하는 좀 더 긴 범위의 반발력(쿨롱 반발력)보다 크기 때문에 유지될 수 있다. 일반적으로 양성자가 많을수록, 즉 원자번호가 클수록 양성자와 양성자 간의 반발력이 크므로, 끌어당기는 힘에 더 큰 기여를 할 수 있는 중성자가 더 필요하게 된다. 이런 이유로 원자번호가 낮은 원소보다 원자번호가 높은 원소의 원자핵이 중성자가 상대적으로 많다. 예를 들면 $_{6}C^{12}$은 양성자가 6개, 중성자가 6개인 반면에 $_{92}U^{238}$은 양성자가 92개 중성자가 146개나 된다.

우리는 양성자 수가 같고 중성자 수가 서로 다른 원소를 동위원소(isotope)라고 부른다. 즉 수소는 수소(hydrogen), 중수소(deuterium), 삼중수소(tritium)이라는 3개의 동위원소(isotope)가 존재하며, 이들의 원자핵 내에는 모두 양성자가 하나가 있으며, 수소는 중성자가 없고(H^1), 중수소(H^2 또는 D로 적음)는 중성자가 1개, 삼중수소(H^3 또는 T로 적음)는 중성자가 2개 존재한다. 이중에서 삼중수소는 동위원소의 핵이 불안정하여, 더 안정한 핵으로 자발적으로 변환하게 되며, 이러한 과정을 방사성 붕괴(radioactive decay)라고 한다. 이때 방사성 붕괴를 하는 핵을 총칭하여 우리는 방사성 핵(radionuclide) 또는 방사성동위원소(radioisotope)라고 부른다. 여기서 삼중수소는 반감기가 12.5년으로 길지 않은데도 불구하고 자연에 존재하는 이유는, 우주에서 날라 오는 1차 우주선(주로 양성자) 및 이들과 지구의 대기와의 반응을 통해 생성된 2차 우주선 중 고속중성자와 공기 중의 질소가 반응하여 생겨나기 때문이다.

$$^{14}_{7}N + {}^{1}n \rightarrow {}^{12}_{6}C + {}^{3}_{1}H$$

불안정한 핵이 안정한 핵으로 변환하는 것을 방사성 붕괴라고 하는데 이러한 방사성 붕괴의 종류에는 무엇이 있을까?

1.2 베타 붕괴(β decay)

핵 내부의 핵자(양성자 또는 중성자) 한 개가 다른 형태의 핵자로 바뀌는 것을 베타 붕괴라고 하며, 세 가지 종류의 베타 붕괴가 있다.

1.2.1 베타 마이너스 붕괴(β^- decay) 또는 전자 방출(electron emission)

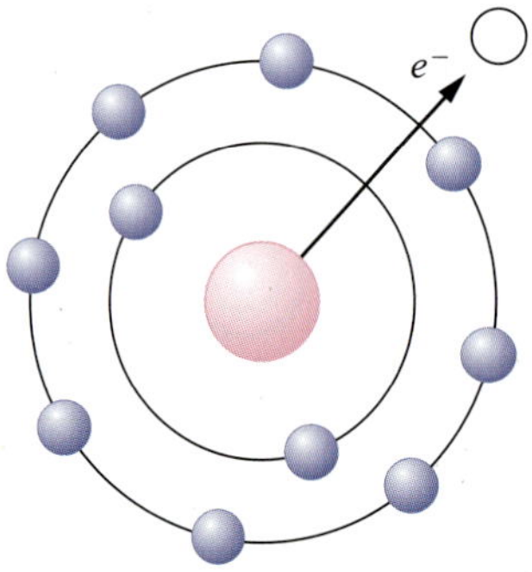

$$n \rightarrow p^+ + e^- \text{(또는 } \beta^- \text{)}$$

일반적으로 안정한 동위원소보다 중성자가 많은 동위원소에서 일어나며, 양성자 하나가 증가하고 중성자 하나가 감소한다.

ex) $\quad {}^{14}_{6}C \rightarrow {}^{14}_{7}N + \beta^- + \bar{\nu} + Q$

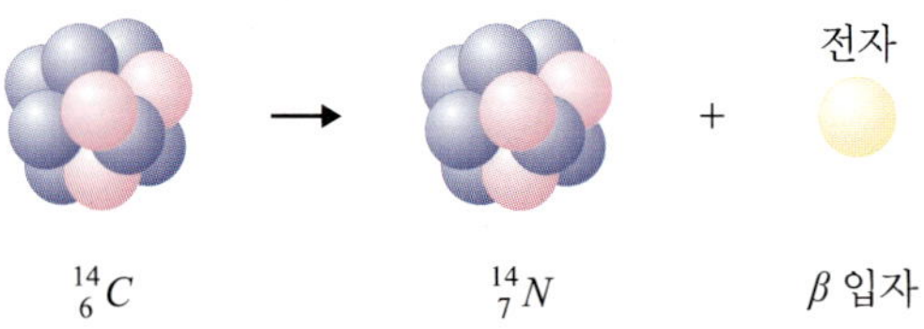

탄소는 안정한 동위원소가 ^{12}C이며, 그 핵은 양성자가 6개 중성자가 6개로 구성되어 있으며, ^{14}C의 핵은 양성자가 6개 중성자가 8개로서 중성자가 ^{12}C보다 상대적으로 많아 중성자가 없어지는 방향으로 방사성 붕괴가 일어난다. 따라서 중성자가 양성자로 변하면서 탄소의 핵은 원자번호가 하나 더 높은 질소의 핵으로 바뀌게 된다.

^{14}C은 반감기가 5600년으로서 우리 주변에 자연적으로 존재하는 자연 방사성동위원소이다. 앞에서 설명한 우주선과 지구의 대기 중의 질소가 반응하여 ^{14}C이 생성되어 $^{14}CO_2$ 화합물 형태로 다양한 생명체의 호흡작용에 관여하게 된다.

$$^{14}_{7}N + {}^{1}n \rightarrow {}^{14}_{6}C + {}^{1}_{1}H$$

생명체가 호흡을 멈추어 사망하게 되면, 체내의 ^{14}C은 metabolism을 끝내고 5600년의 반감기를 가지고 방사성 붕괴하게 되며, 우리는 이러한 원리에 기초하여 연대측정을 하게 된다. 탄소는 모든 유기화합물의 기본원소로서 최근에는 가속기질량분석(Accelerator Mass Spectrometry)이라는 새로운 눈, 즉 측정 기술을 이용하여, ^{14}C을 10^{-18}에서 10^{-21} 몰까지 분석할 수가 있어, 모든 유기화합물의 기본 원소인 탄소에 ^{14}C을 표지하여 바이오와 신약 개발에 큰 도움을 주고 있으며, 지질, 환경, 고고학 등의 연구에 큰 기여를 하고 있으며, AMS 기술을 활용하여 탄소 이외에도 수소부터 우라늄까지 거의 모든 원소의 핵을 초미량으로 검출할 수 있는 것으로 알려져 있다.

1.2.2 베타 플러스 붕괴(β^+ decay) 또는 양전자 방출 (positron emission)

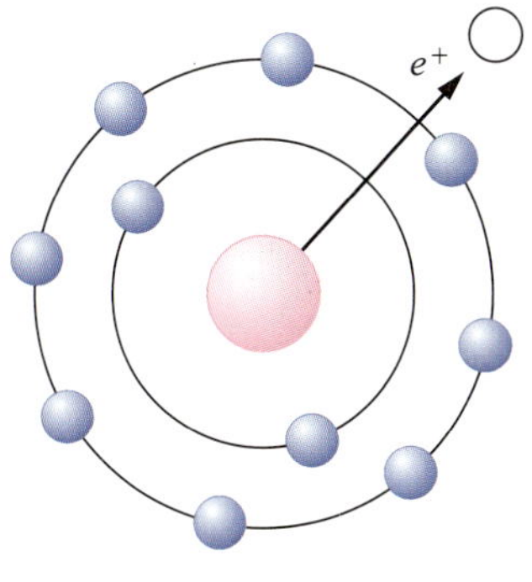

$$p \rightarrow n^+ + e^+ (\text{또는 } \beta^+)$$

일반적으로 안정한 동위원소보다 양성자가 많은 동위원소에서 일어나며, 양성자 하나가 감소하고 중성자 하나가 증가한다.

ex) $^{22}_{11}Na \rightarrow {}^{22}_{10}Ne + \beta^+ + \nu + Q$

나트륨은 안정한 동위원소가 ^{23}Na이며, 그 핵은 양성자가 11개 중성자가 12개로 구성되어 있으며, ^{22}Na의 핵은 양성자가 11개 중성자가 11개로서 양성자가 ^{23}Na보다 상대적으로 많아 양성자가 없어지는 방향으로 방사성 붕괴가 일어난다. 따라서 양성자가 중성자로 변하면서 나트륨의 핵은 원자번호가 하나 더 낮은 네온의 핵으로 바뀌게 된다.

1.2.3 전자포획(Electron Capture) 또는 X선 방출(X ray emission)

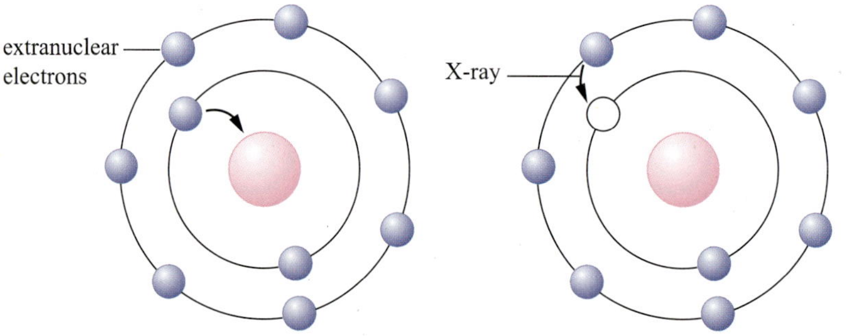

베타 플러스 붕괴와 같이 일반적으로 안정한 동위원소보다 양성자가 많은 동위원소에서 일어나며, 원자번호는 β^+emission과 같이 하나 감소하지만, 원자궤도의 전자(atomic electrons) 중에서 가장 핵에 가까운 전자가 핵에 붙잡히며, 그 외각의 전자가 내부 궤도로 채워지면서 그 차이에 해당하는 만큼의 에너지가 X선 형태로 방출된다.

$$p^+ + e^- \rightarrow n$$

양전자 방출과 전자포획이라는 과정은 다르지만 생성되는 동위원소는 같으며 두 과정은 서로 확률적으로 발생한다.

ex) $$^{18}F \xleftrightarrow[(97\%)]{\beta^+ decay} {}^{18}O$$

$$^{18}F \xleftrightarrow[(3\%)]{EC} {}^{18}O$$

양전자는 우리에게 생소할 수도 있지만, 우리 주변에 전자와 동일한 질량을 가지고, 전하 값만 +의 형태로 실제 존재한다. 다만 양전자는 생성되자마자, 주변의 수 없이 많은 전자를 만나서 바로 소멸(annihilation)하게 된다. 그러나 존재했던 모든 것이 없어질 수는 없다. 아인슈타인의 에너지-질량 등가 식($E=mC^2$)에 의해서, 모든 전자와 양전자 하나의 질량은 소멸 시에, 전자 또는 양전자 한 개의 무게에 해당하는 511 keV의 에너지로 변환이 된다. 따라서 양전자와 전자가 만나면 그 운동에너지를 잃고 나서, 벡터(방향)를 포함하는 운동량 보존 법칙에 의해, 서로 반대 방향으로 511 keV의 감마선(소멸 방사선)을 각각 방출하게 된다. 정확하게 180도 반대 방향으로 방출되는 511 keV의 감마선은 입체영상화가 가능하여 진단방사선에 큰 발전을 가져왔다. 초기 암 진단의 첨단 의학기술로 알려진 양전자방출단층(PET, Positron Emission Tomography) 촬영 기술이 바로 이러한 원리를 이용한 것이다. 다만, 암세포에 잘 도달하여 양전자를 방출해주는 화합물 내의 방사성동위원소는 양성자가 더 많이 존재하여야 하고, 체내에서 방사능을 오랜 기간 동안 방출하면, 필요 이상의 방사능 피폭의 우려가 있으므로 그 반감기가 짧아야 한다. 따라서 금방 붕괴하여 없어지는 방사성동위원소를 멀리에서 구매할 수가 없으므로 병원 자체 내에서 공급해야하기 때문에, 주로 소형 가속기를 병원 내에 설치하여 PET를 위해 생산하고 있다.

더 불안정한 핵은 여러 번의 붕괴 과정을 거쳐서 안정한 핵으로 변하기도 한다.

$$^{140}_{54}Xe \xrightarrow{\beta^-} {}^{140}_{55}Cs \xrightarrow{\beta^-} {}^{140}_{56}Ba \xrightarrow{\beta^-} {}^{140}_{57}La \xrightarrow{\beta^-} {}^{140}_{58}Ce$$

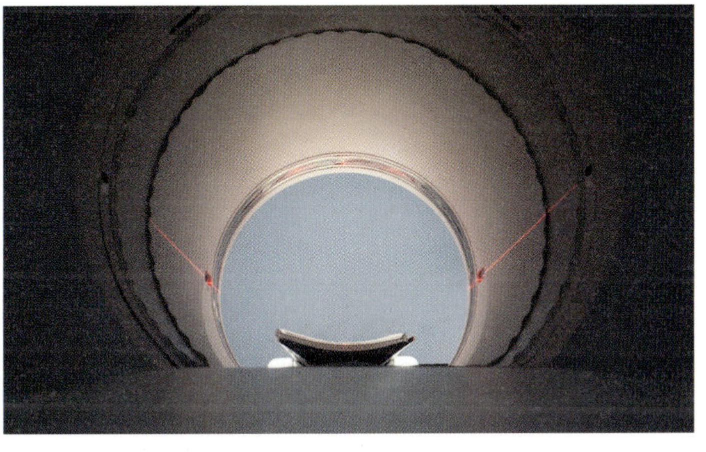

▲ PET-CT(Computed Tomography) 내부 사진

1.3 α 붕괴(α decay)

높은 질량수를 갖는 방사성동위원소(주로 ^{209}Bi보다 무거운)는 α입자(He의 원자핵 $^{4}_{2}He^{2+}$)를 방출함으로써 안정화 된다.

ex) $^{226}_{88}Ra \rightarrow {}^{222}_{86}Rn + \alpha + Q$

$^{235}_{92}U + \alpha \rightarrow {}^{239}_{94}Pu$

1.4 자발적 핵분열(spontaneous fission)

무거운 핵이 두 개의 중간 정도 질량을 갖는 핵종으로 깨지면서 몇 개의 중성자를 방출하며 안정한 동위원소로 변하는 과정을 말한다.

ex) $^{252}_{98}C_f \rightarrow {}^{140}_{54}Xe + {}^{108}_{44}Ru + 4n + Q$

$\rightarrow {}^{120}_{48}Cd + {}^{130}_{50}Sn + 2n + Q$

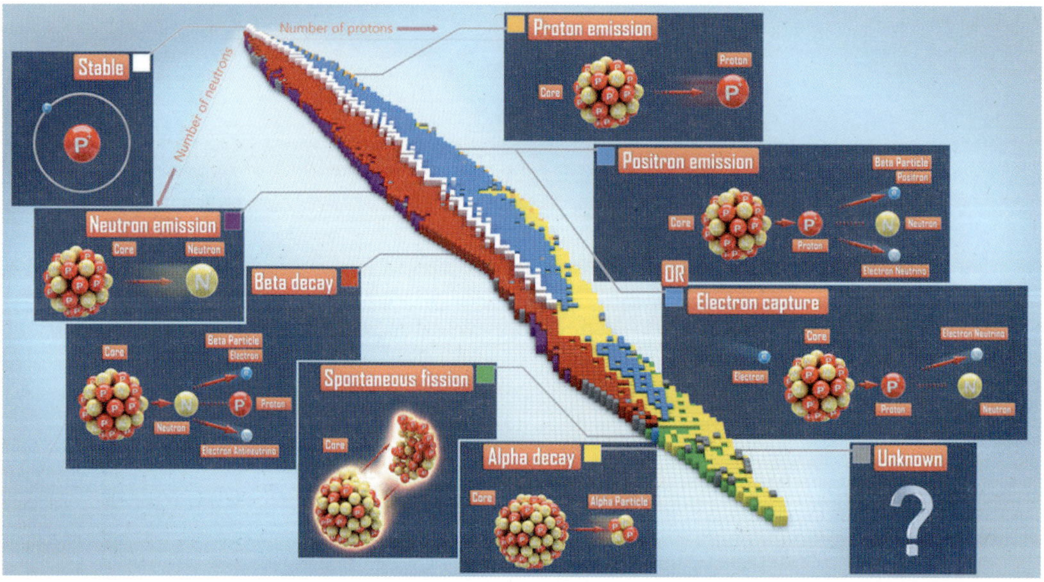

▲ 핵종 차트(Nuclide Chart)로 살펴보는 방사성 붕괴의 종류

1.5 감마선 방출(γ - emission)

α 붕괴, β 붕괴와 자발적 핵분열이 일어난 후에 핵은, 주로 흥분된 상태 또는 여기상태(excited state)로 남아 있으며, 감마선(γ-ray)을 방출함으로써 안정화 된다. 즉, 감마선 붕괴라고 표현하는 것보다, 다른 붕괴 과정에 동반하여 방출되므로 감마선 방출이 맞는 표현이다.

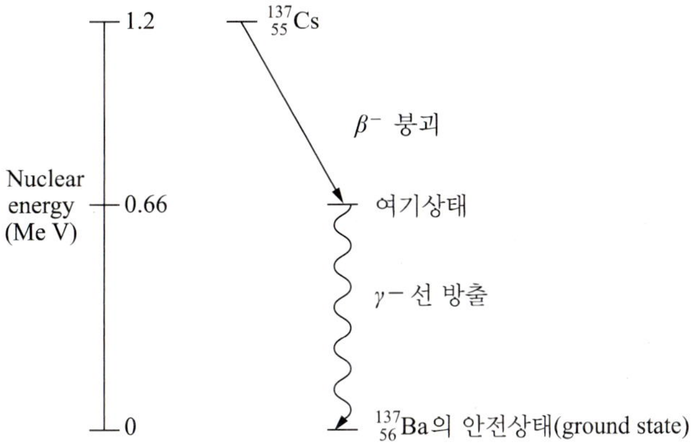

대부분 감마선 방출은 상기 예보다 더욱 복잡하게 발생한다.

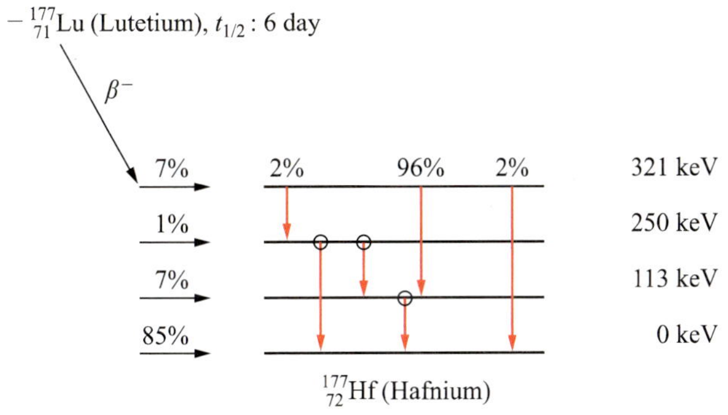

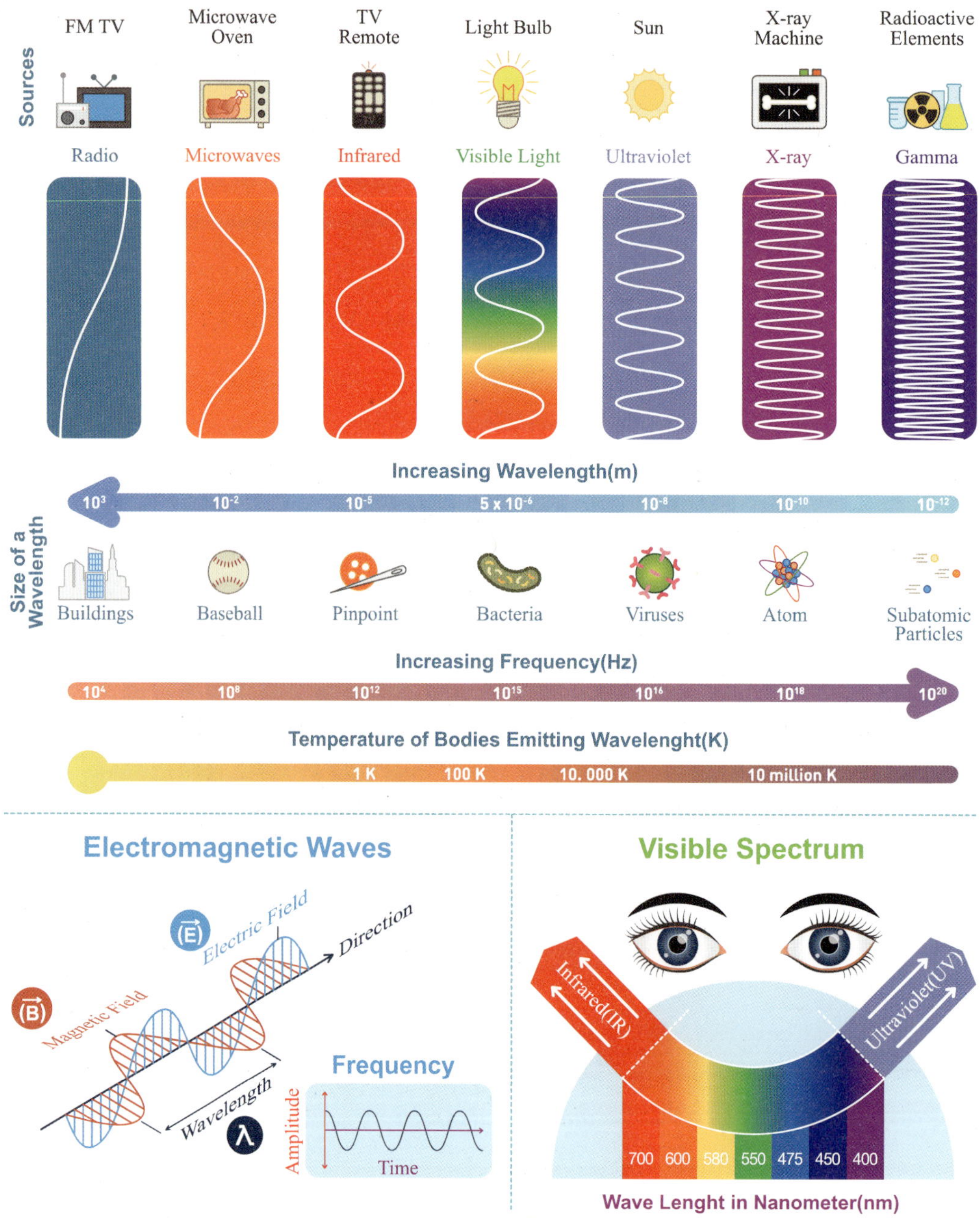

▲ 전자기스펙트럼과 종합 정보

대부분의 방사성동위원소는 하나의 특징적인 반감기를 갖지만, 무거운 원소 중에서 일부는 α 붕괴와 자발적 핵분열을 함께하여 붕괴 과정에 따라 다른 반감기를 갖기도 한다.

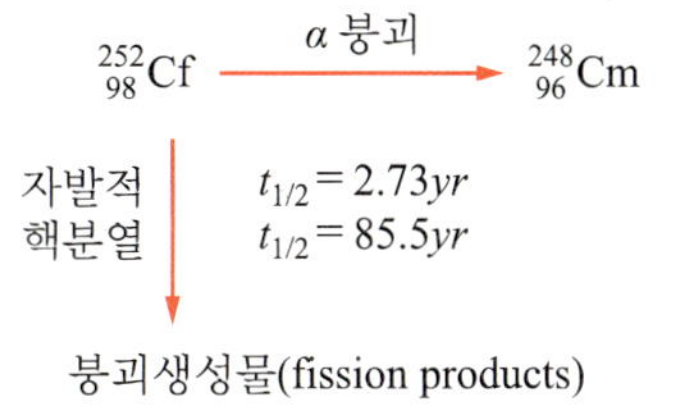

^{252}Cf의 양은 2.73년보다 약간 더 짧은 2.65년의 유효 반감기(effective half-life)로 줄어들게 된다.

여기상태에 존재하는 시간은 보통 무척 짧아 ($< 10^{-9}$s) α, β 붕괴 후, 바로 γ 선을 방출하는 것처럼 보인다. 예를 들면 ^{24}Na이 β 붕괴해서 γ 선을 방출할 때 이 두 과정은 거의 동시에 일어난다. 따라서 보통 ^{24}Na을 β^- 입자와 γ 선을 동시에 방출하는 방사성동위원소라고 한다.

우리가 인지할 만한 정도의 반감기를 갖는 여기상태도 존재하는데, 우리는 이를 준안정상태(metastable state)라고 이러한 동위원소를 나타낼 때는 질량수 옆에 m을 써줌으로써 안정한 상태의 방사성동위원소와 구별해준다.

ex) $$^{69m}Zn \xrightarrow[t_{1/2} = 13.9h]{\gamma} {}^{69}Zn \xrightarrow[t_{1/2} = 55m]{\beta^-} {}^{69}Ga$$

$$^{99m}Tc \xrightarrow[t_{1/2} = 6h]{\gamma} {}^{99}Tc \xrightarrow[t_{1/2} = 2.1 \times 10^5 yr]{\beta^-} {}^{99}_{44}Ru$$

이때 준안정상태의 방사성동위원소가 안정한 상태로 떨어지는 것을 핵이성질체전이(isomeric transition)라고 부른다.

참고지식

방사성 붕괴를 할 때 방출되는 방사선에 대한 요약

에너지가 높은 상태에 있는 입자들은 불안정하기 때문에 에너지를 내보내 안정된 상태가 되려고 하는데, 이 때 나오는 에너지를 방사선이라 한다. 우리가 흔히 말하는 빛(가시광선), 적외선, 자외선도 넓은 의미에서는 방사선이라고 할 수 있다. 그러나 일반적으로는 파장이 짧아서 X선 이상의 에너지를 갖는 것을 말한다. 알파선, 베타선, 감마선 등이 여기에 해당한다.

방사선은 크게 입자형 방사선과 파동형 방사선으로 구분할 수 있다.

■ 입자형 방사선

대표적인 입자형 방사선에는 알파선, 베타선, 중성자선이 있다.

알파선 양성자 2개와 중성자 2개로 이루어진 알파입자를 방출하는 방사선을 말한다. 상대적으로 질량이 크고, +2의 전하량을 가지고 있다. 에너지와 다른 물질을 이온화시키는 능력(전리작용)이 크다. 멀리 나가지 못하고, 물질을 뚫고 지나가는 힘(투과력)이 약해 얇은 종이나 인체의 피부조직으로도 막을 수 있다.

베타선 −1의 전하를 띠는 전자 흐름을 말한다. 알파선에 비해 매우 가볍고 빛과 비슷한 속도로 움직인다. 전리작용은 알파선보다 약하다. 투과력이 크지 않아 얇은 플라스틱이나 금속판으로 차단할 수 있다.

중성자선 방사능 붕괴를 할 때 중성자가 방출되는 방사선이다. 속도는 빠르지 않지만 전기적으로 중성을 띠어 전리작용이 작고 물질 속에서 멀리까지 나아간다. 즉, 투과력이 강하기 때문에 중성자선을 효과적으로 막기 위해서 두꺼운 콘크리트, 합성수지 등을 사용해야 한다.

■ 파장형 방사선

파장형 방사선은 파장이 짧은 감마선부터 장파에 이르기까지 다양하며, 파장이 짧을수록 에너지가 크다.

감마선 감마선은 파장이 매우 짧은 전자기파이다. 전리작용은 가장 약하지만 투과력은 가장 세기 때문에 인체 외부에 존재할 때도 인체 내부 장기에 손상을 줄 수 있다. 이러한 감마선을 효과적으로 막기 위해 두꺼운 납이나 콘크리트를 사용한다.

X선 X선은 일반적으로 감마선보다는 파장이 길고, 빛보다는 파장이 짧은 전자기파이다. 물질을 뚫고 지나가는 성질이 있어 의료 분야에서 많이 사용된다. X선의 성질은 감마선과 거의 같다. 다만, 감마선은 원자핵이 에너지가 높은 상태(들뜸 현상)에 있을 때 방출되는 반면, X선은 전자가 들뜸 현상에 있을 때 방출되는 에너지라는 점에서 차이가 있다.

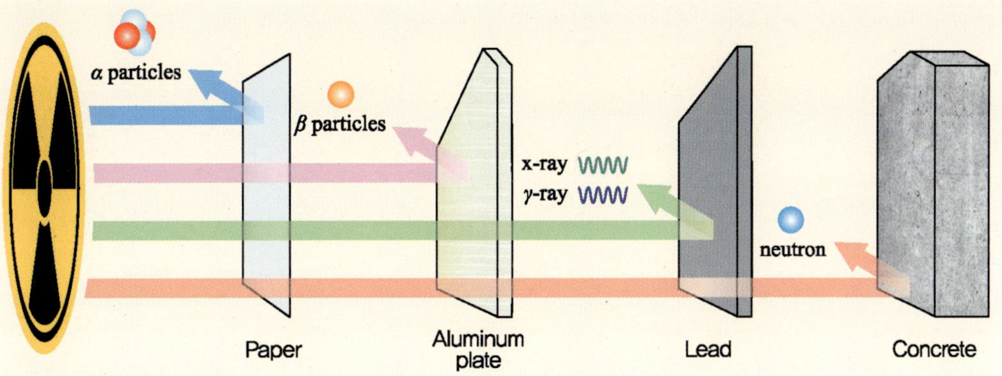

▲ 방사선의 종류와 투과력 * 콘텐츠 ID : 52192874, 저작권 : designua, https://kr.123rf.com/

1.6 핵의 크기와 밀도

핵 과학의 아버지라 일컬어지는 러더포드의 α 입자 산란 실험으로부터 핵 모델을 결정할 수 있으며, 이를 통해 핵의 전하와 밀도에 관한 정보도 얻을 수 있다.

얻어진 정보에 의하면 핵의 크기는 10^{-12} cm의 차원을 가지며 이는 원자크기의 약 만분의 1에 해당하며, 핵은 원자질량의 대부분을 차지하므로 핵의 밀도는 약 10^8 톤/cm^3로서, 일반 물질의 밀도와는 비교할 수 없을 만큼 막대하게 크다.

다음은 여러 가지 원소에 대한 분류이다.

– 동중원소(isobar) : 원자번호는 다르지만 질량수가 같은 원소들

ex) $^{76}_{32}Ge$, $^{76}_{34}Se$, $^{130}_{52}Te$, $^{130}_{54}Xe$, $^{130}_{56}Ba$

– 동중성자원소(isotone) : 중성자 수는 같지만 질량수가 다른 원소들

ex) $^{30}_{14}Si$, $^{31}_{15}P$, $^{32}_{16}S$(모두 16개의 중성자 포함)

– 이성질체(isomer) : 같은 원소이지만 핵의 에너지 상태가 다른 원소들 (약 500쌍의 isomer 존재) ⇐ 반감기를 10^{-6}s까지 확인 가능할 때,

ex) $^{124}Sb^{g}$, $^{124}Sb^{m1}$, $^{124}Sb^{m2}$

→ 한 원소에 두 개 이상의 여기상태 존재 가능

1.7 핵의 질량과 에너지

원자핵의 무게는 10^{-23} g 이하로서 너무 작으므로 다른 기준을 사용한다. 즉 ^{12}C 원자(양성자와 중성자로 이루어진 원자핵과 전자 모두를 포함)의 질량을 단위가 없는 12.000000으로 정의한 것을 기초로 한다. 이후 다른 원자의 질량은 질량분석기(mass spectrometer)를 이용하여 상대적으로 구하게 된다. 질량분석기는 원자의 양이온을 전하와 질량비(charge-to-mass ratio of positive ions)에 따라 전자기장에서 휘는 정도로 측정하게 된다.

아인슈타인의 에너지와 질량 등가식, $E = mC^2$ ($C = 2.9979246 \times 10^{10}$ cm s^{-1})을 통해 핵의 질량은 곧 에너지 함량의 척도임을 알 수 있다. 또한 원자핵의 질량은 항상 그것을 구성하는 핵자의 질량을 합한 것보다 더 작다. 즉, 헬륨(He) 원자핵의 질량은 그것을 구성하고 있는 양성자 두 개와 중성자 두 개의 무게를 더한 것보다 작다. 이들 사이의 차이를 원자핵의 결합에너지(binding energy)라고 한다. 질량 단위(mass unit) 하나에 해당하는 energy를 계산해보면 다음과 같다.

아보가드로 수(Avogadro's Number)는 6.02×10^{23}이다. 즉, 단위가 없는 질량 단위에 우리가 사용하는 g을 부치려면 아보가드로 수 만큼이 모여야 한다. 따라서 원자 질량 단위 한 개의 무게(atomic mass unit, amu)는,

$$1\ \text{amu} = \left(\frac{1g}{6.02 \times 10^{23}}\right) = 1.660566 \times 10^{-24}\text{g}$$

$$\Rightarrow E = mC^2 = 1.492442 \times 10^{-3}\text{erg}$$

원자핵을 다룰 때는 erg보다 electron volt(eV), keV 또는 MeV를 사용한다. 여기서 electron volt는 전자 하나를 1V의 전위차(potential difference)가 있는 곳을 통해 올리는데 필요한 energy를 말한다. 단위 환산을 하면, 1 eV는 1.602189×10^{-12} erg가 되며, 따라서 1 amu는 931.502 MeV이고, 전자의 무게를 에너지로 환산하면, 1 electron mass(m_e)는 0.5110034 MeV가 된다.

이상을 이용하여 ^{4}He의 결합에너지를 구해보자.

^{4}He 원자의 정지질량은 4.0026033 amu이고 전자, 양성자, 중성자의 정지질량은 각각 0.0005486, 1.0072765, 1.0086650이다. ^{4}He의 구성 입자는 전자 두 개, 양성자 두 개, 중성자 두 개이므로 이들 구성입자의 무게를 전부 더하면 4.0329802 amu이다. ^{4}He의 구성 입자와 ^{4}He 원자 무게의 차이를 결합에너지라고 하며, ^{4}He의 결합에너지는, $0.0303769(\text{amu}) \times 931.502 = 28.2961$ MeV이고, ^{4}He의 원자핵에는 양성자 두 개, 중성자 두 개 등 모두 4개의 핵자가 존재하므로 핵자 당 결합에너지는 약 7.1 MeV이다(7.1 MeV/nucleon).

결합에너지를 이용하여 핵융합과 핵분열을 설명할 수가 있다. 핵융합이란 수소와 같이 가벼운 원자가 결합하여 He 원자를 형성하면서 태양의 에너지와 같이 막대한 에너지를 발생하는 것을 말하며, 이는 ^{4}He의 핵자 당 결합에너지가 주변의 가벼운 원자에 비해 크기 때문에 설명이 가능하다.

또한 핵분열이란 우라늄과 같이 무거운 핵인 분열하는 것을 말하며, 원자력발전이나 원자폭탄과 같이 그 과정서 엄청난 에너지를 내놓는다. 이것이 가능한 이유는 분열된 중간 질량의 원자핵의 결합에너지가 상대적으로 크기 때문이다. 철과 니켈의 핵자 당 결합에너지가 가장 큰 것은 이들 원소가 자연계에서 많이 존재한다는 것을 설명해준다.

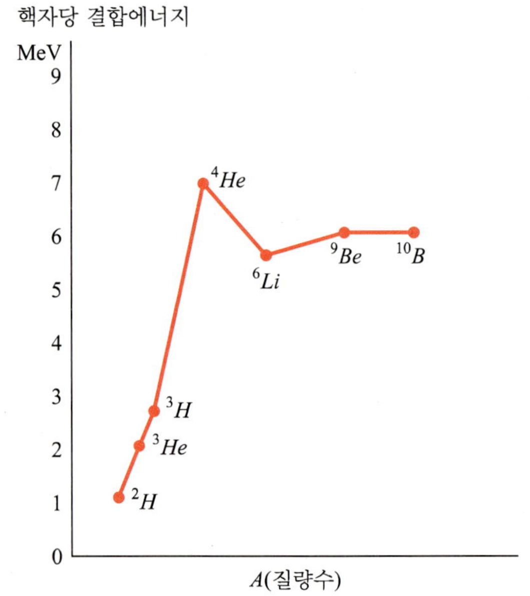
핵자당 결합에너지
MeV
9
8
7
6
5
4
3
2
1
0
⁴He
⁶Li
⁹Be
¹⁰B
³H
³He
²H
A(질량수)

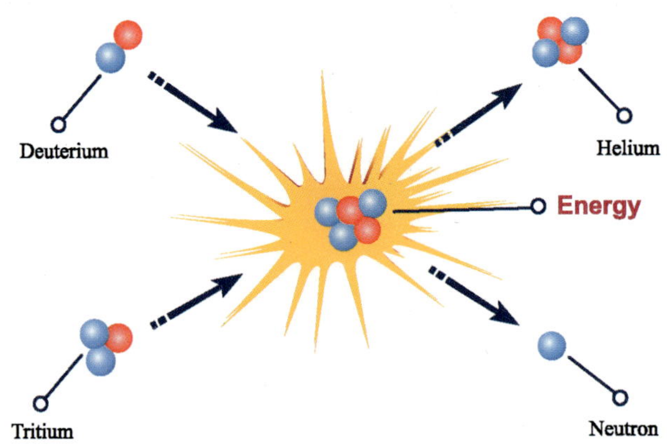
Deuterium
Helium
Energy
Tritium
Neutron

▲ 핵융합

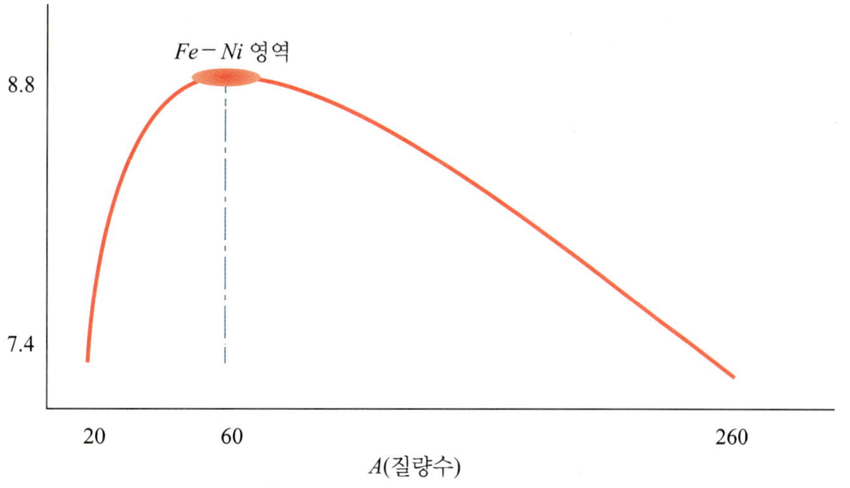
Fe − Ni 영역
8.8
7.4
20
60
260
A(질량수)

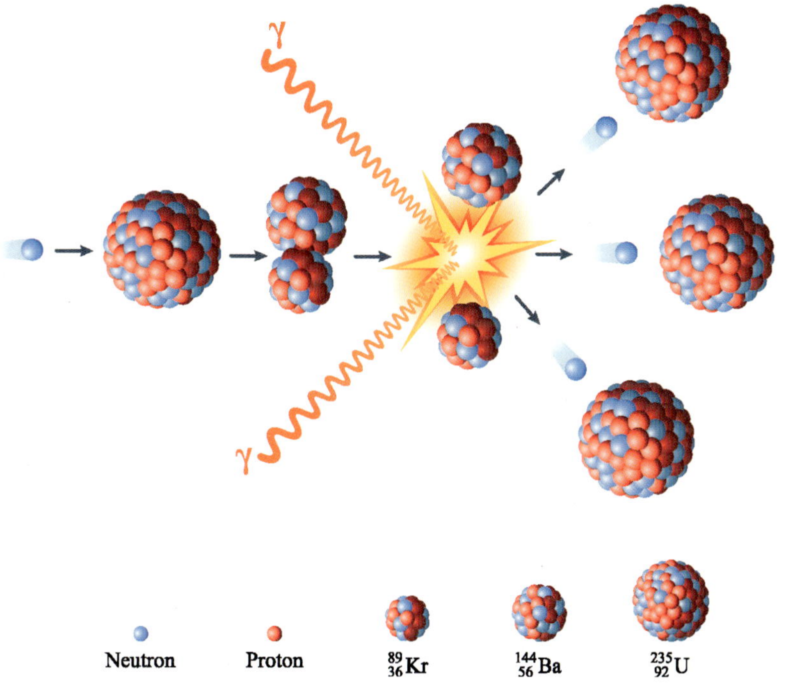
γ
γ
Neutron
Proton
$^{89}_{36}$Kr
$^{144}_{56}$Ba
$^{235}_{92}$U

▲ 우라늄의 핵분열

1.8 핵의 반경

핵의 반경은 10^{-12} cm 수준의 차원을 갖고 있다. 이 단위가 너무 작으므로 실제로 핵의 반경을 논할 때 쓰는 단위는 fermi 또는 femtometer를 사용하며, 이들의 약자는 모두 fm을 사용하며 1 fm은 10^{-15} m이다.

핵의 반경을 반 실험식(semi-empirical formular)으로 나타내면, $R = r_0 A^{1/3}$이고, 여기서 r_0는 질량수에 무관한 상수이며 대략 1.1에서 1.6 fm 정도이다.

상기 식에서 핵의 반경은 핵의 질량수의 1/3승에 비례함을 알 수 있으며, 핵을 구 형태로 생각한다면, 구의 부피는 $4/3\pi R^3$으로 표현된다. 이에 원자핵의 부피는 R^3의 차원을 가지며, 따라서 $V \propto R^3 \propto (A^{1/3})^3 = A$이며, 핵의 부피는 핵의 질량과 거의 비례한다. 따라서 모든 핵은 거의 같은 밀도를 갖는다.

1.9 방사성 붕괴법칙(radioactive decay law)

방사성동위원소는 자연계에서 통계적으로 일정한 법칙을 따라 붕괴하게 되면 이를 방사성 붕괴 법칙이라 한다. 방사성 붕괴는 화학반응속도론 관점에서 본다면 A라는 물질이 일정 시간 뒤에 B라는 물질로 생성되거나 바뀌는 일차반응과 같다.

$$A \rightarrow B$$

일차반응에서 반응 속도 $v = -\frac{d[A]}{dt} = k[A]$이고, $-kdt = \frac{d[A]}{[A]}$, $-kt = \ln\frac{[A]}{[A]_0}$이고, $[A] = [A]_0 e^{-kt}$ 인 일차반응의 적분된 속도 법칙이 된다.

만일 N_o개의 방사성동위원소가 t라는 시간이 지난 뒤에 남아 있는 개수를 N 이라고 한다면, 일차반응인 **방사성붕괴의 법칙에 의해 $N = N_o e^{-\lambda t}$이며, 이 때 λ를 붕괴상수(decay constant)라고 한다.**

만일 방사성동위원소의 반이 붕괴했다면, $N = \frac{1}{2}N_o$이고, 이때의 시간 t를 $t_{1/2}$(반감기)라고 한다. 이를 상기 식에 적용해보면, $\frac{1}{2}N_o = N_o e^{-\lambda t 1/2}$ 이며, 이 식을 정리하면, $\frac{1}{2} = e^{-\lambda t_{1/2}}$이고 따라서 $-\ln 2 = -\lambda t_{1/2}$이고, 결국 $\lambda = \frac{\ln 2}{t_{1/2}}$이다. 즉, 붕괴상수가 크다는 것은 반감기가 짧은 것을 의미하며, 그 방사성동위원소는 더 빨리 붕괴하게 된다. 방사성동위원소의 반감기는 보통 핵의 불안정도와 관련이 있어, 핵이 불안정할수록 반감기가 짧다.

1.10 방사능(Radioactivity)

방사능은 방사성동위원소의 양과 관련된, 방사성 물질의 중요한 성질이며 방사능을 내는 능력을 나타낸다. 방사능의 기본 단위로는 베크렐(Becquerels, Bq)을 사용하며 이는 1초 동안에 붕괴하는(없어지는) 핵의 개수를 나타내는 방사성동위원소의 양과 관련된 단위이다. 즉, 1 Bq는 1 disintegration/second이며, 간단히 1 dis/s로 표시하기도 한다.

방사성 붕괴법칙의 식, $N = N_o e^{-\lambda t}$을 미분하면, $\frac{dN}{dt} = -\lambda \cdot N_0 e^{-\lambda t}$ 이고, 여기서 $N_o e^{-\lambda t}$는 N과 동일하므로 $\frac{dN}{dt} = -\lambda N$이 된다. 이 식은 시간에 따른 원자의 변화율 또는 붕괴율을 나타낸다. 여기서 (−)는 시간에 따라 원자핵의 숫자가 줄어듦을 의미한다.

이 식을 아주 간단히 표현하면, $D(\text{Bq}) = \lambda N$이 되며, 여기서 D는 disintegration(붕괴율)을 의미하며 붕괴상수를 구하기 위해서 사용하는 방사성동위원소의 반감기는 반드시 초 단위를 사용해야 하며, N은 방사성동위원소의 개수이다. 즉, 방사성동위원소의 반감기와 개수를 알면 Bq을 구할 수 있으며, 반대로 Bq을 알고 방사성동위원소의 종류 또는 반감기를 알면 그 방사성동위원소의 개수 또는 무게를 구할 수 있는 것이다.

이를 이용하여 반감기가 약 5730년인 순수한 방사성동위원소 ^{14}C 1 mg의 양을 계산해 보면 다음과 같다.

$D=\lambda N$에서 먼저 붕괴상수 λ를 구해보면,

$$\lambda_{14_C}=\frac{\ln 2(=0.693)}{5730\text{년}\times 365\text{일/년}\times 24\text{시간/일}\times 3600s/\text{시간}}\times L$$

$$=3.835\times 10^{-12}s^{-1}$$

이 된다.

이제 N을 구해보자. ^{14}C이 아보가드로 수 만큼 있을 때 그 무게는 14 g이므로, 1 mg의 ^{14}C의 개수를 N이라 하면, 간단한 비례식을 통해 N을 얻을 수 있다.

14g : L = 10^{-3}g : N(L : Avogadro's Number)이고,

따라서

$$N=\frac{10^{-3}}{14}\times L=4.302\times 10^{19}\text{ 개}$$

따라서

$$\text{붕괴율 } D(Bq)=(3.835\times 10^{-12}s^{-1})\times(4.302\times 10^{19}\text{개})$$
$$=2.151\times 10^{8}\text{개}/s$$

즉, 방사성동위원소 ^{14}C 1 mg의 방사능은 2.151×10^{8} Bq이다.

우리는 라듐을 발견하고 분리한 역사적인 과학자 마담 퀴리를 기념하여, 퀴리(Curie, Ci)라는 단위를 아직도 많이 사용하고 있으며, 1 Ci는 라듐 1 g의 방사능을 나타내며, 3.7×10^{10} Bq과 그 양이 같다. 따라서 위에서 계산한 방사성동위원소 ^{14}C 1 mg의 방사능을 Ci로 나타내면,

$$\frac{2.151\times 10^{8}Bq}{3.7\times 10^{10}(Bq/Ci)}=5.81\times 10^{-3}Ci \text{ or } 5.81\ mCi\text{가 된다.}$$

실험실에서 많이 이용하는 양, 1 kBq에 해당하는 방사성동위원소의 무게(m)를 g 단위로 구해보자.

$\frac{dN}{dt} = -\lambda N$에서 $1kBq = 10^3 dis/\sec = \frac{0.693}{t_{1/2}} \cdot N$이며, $N = 10^3 \times \frac{t_{1/2}}{0.693}$개가 1 kBq에 해당한다. 이를 g으로 고치면, M(원자량) : $L = m : N$

따라서 $m = \frac{MN}{L} = \frac{M}{L} \times 10^3 \times \frac{t_{1/2}}{0.693} g$이고, 이는 보통 μg 이하의 매우 작은 양이다.

예제

Ra 1 g의 방사능 양은 몇 Bq 인가?

1.11 운반자(Carrier)

실험실에서 매우 적은 양의 방사성동위원소를 다루는 데는 문제가 많으므로 운반자와 함께 혼합하여 사용하는 것이 보통이다. 여기서 운반자란 화학적으로 완전히 동일한 방사능을 띠지 않는 화합물이나 원소를 말한다. 또한 운반자가 없는 순수한 운반자가 첨가되었을 때, 전체 물질의 단위 질량당 방사능을 비방사능(specific activity)라고 한다. 비방사능의 단위로는 Bq/g 또는 Bq/mol이 있다.

방사성동위원소로 표지된 화합물(Radio-isotopically labelled compound)은 특정한 원소로 표지(label)된 화합물에 대해 가장 높은 specific activity를 나타낸다.

동일한 화합물에 서로 다른 원소를 표지했을 때 비방사능의 변화를 살펴보자. ^{14}C, ^{3}H, ^{125}I의 반감기는 각각 5730년, 12.5년, 620일이므로, 각각의 비방사능은 $^{14}CH_3I$는 2.3×10^{12} Bq/mol, $CH_2{}^3HI$는 1.08×10^{15} Bq/mol, $CH_3{}^{125}I$는 8.06×10^{16} Bq/mol이며, 반감기가 짧은 원소로 표지했을 때 비방사능이 커짐을 알 수 있다. 따라서 분석 방법의 종류와 민감도 및 방사선 안전 범위에 따라 동일한 화합물을 다양하게 표지하여 추적할 수가 있다.

02 자연 방사성동위원소의 기원

2.1 긴 반감기와 방사성붕괴에 의해 존재하는 방사성동위원소

우주의 나이는 130억 년 이상으로 알려져 있으며, 따라서 반감기가 수억 년 이상의 방사성동위원소들은 아직도 우리 주변에 존재하고 있다. 이런 방사성동위원소에는 $^{40}K(1.27\times10^{9}$ 년), $^{147}Sm(1.2\times10^{11}$ 년), $^{176}Lu(2.2\times10^{10}$ 년), $^{232}Th(1.39\times10^{10}$ 년), $^{235}U(7.1\times10^{8}$ 년), $^{238}U(4.5\times10^{9}$ 년) 등이 있다. 특히 원자번호가 83인 Bi보다 큰 방사성동위원소는 여러 단계를 거쳐 방사성붕괴하며, 이들의 붕괴계열(decay series)은 크게 3가지로 분류한다.

① **우라늄계열**(Uranium series, $4n+2$ series)

$$^{238}_{92}U(1.39\times10^{9}\text{년}) \rightarrow \ ^{206}_{82}Pb$$

^{238}U에서 방사성붕괴가 시작되어 ^{206}Pb에서 안정한 동위원소로 바뀌어 그 방사성붕괴가 끝난다. 앞에서 설명되었듯이 방사성붕괴 후 방출되는 방사선에는 주로 α 입자, β^- 입자가 있으며, 동반하여 감마선이 방출된다. 방사성붕괴하면서 알파입자가 방출되면 원자핵에서 헬륨의 원자핵이 빠져 나가는 것이므로 방사성동위원소는 원자량은 4가 줄고, 원자번호는 2가 줄게 된다. 또한 β^- 입자가 방출되면, 원자량은 변화가 없고 원자번호만 1이 증가하게 된다. 즉, 방사성붕괴 과정 중에서 질량을 변화시키는 것은 α 붕괴 밖에 없으므로, 위 우라늄계열 안의 방사성동위원소는 ^{238}U

의 질량과 마찬가지로, 모두 4로 나누면 2가 남기 때문에, $4n+2$ 계열이라고도 한다.

^{238}U과 ^{206}Pb의 질량수 차이가 32이므로, 본 붕괴계열에서 α 붕괴는 8번이 일어난다. α 붕괴만 발생했다면, 원자번호는 16이 줄어 76이 되어야 하나, ^{206}Pb은 그 원자번호가 82이므로 붕괴과정 중에 β^- 붕괴가 6번 일어났음을 알 수 있다. 이러한 과정을 도식화하면 다음 그림과 같다.

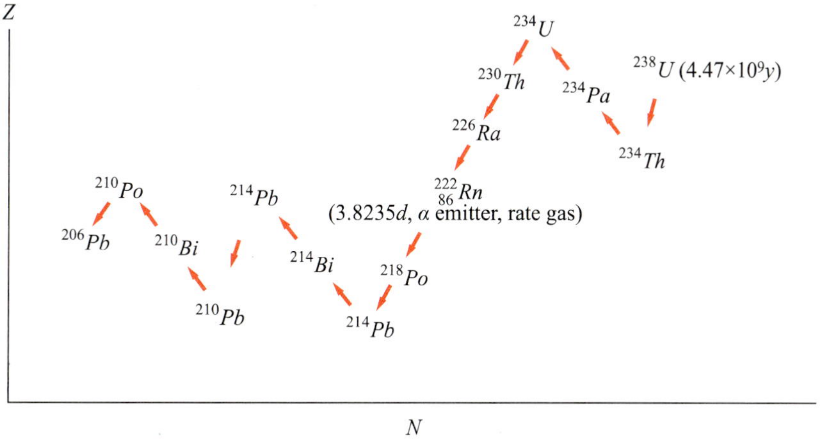

② **토륨계열**(Thorium series, $4n$ series)

$$^{232}_{90}Th(1.41\times10^{10}\text{년}) \rightarrow {}^{208}_{82}Pb$$

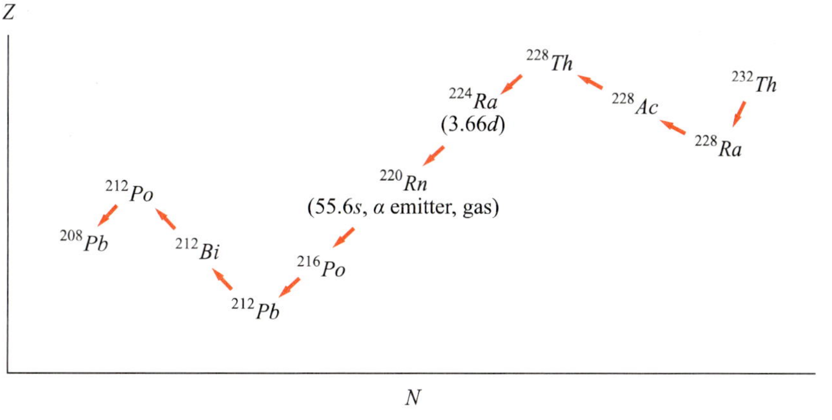

③ **악티늄계열**(Actinium series, $4n+3$ series)

$$^{235}_{92}U(7.04\times10^{8}\text{년}) \rightarrow {}^{207}_{82}Pb$$

예전에는 ^{235}U이 actino-uranium으로 불리어서 악티늄계열이라고 이름 지워졌다.

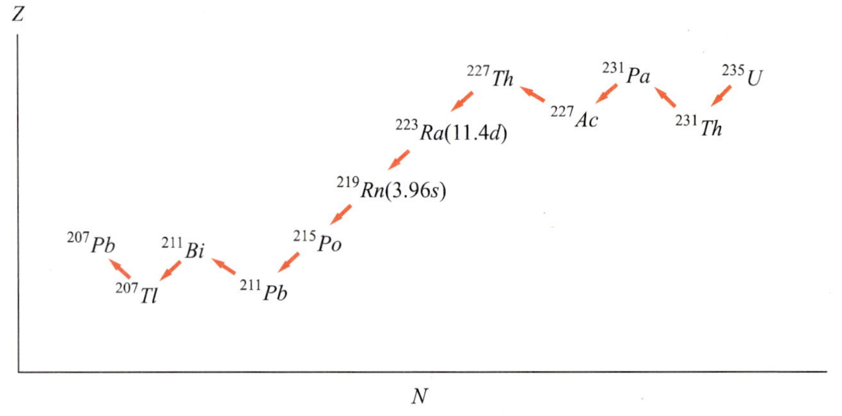

2.2 자손핵종 양론

N을 시간 t에 존재하는 원래 모핵종의 원자수라고 할 때, 초기 개수는 N_0이며, 시간 t에 생성된 붕괴생성물(자손핵종)의 원자수를 N_2라고 하면 $t=0$일 때 $N_2=0$이다. 시간 dt동안 생성되는 자손핵종의 원자수는 동시에 붕괴되는 모핵종의 원자수와 같으며, 붕괴하는 자손핵종의 원자개수는 $\lambda_2 N_2$이다. 그러므로 자손핵종의 순 변화량은,

$$\frac{dN_2}{dt}=\lambda_1 N_1-\lambda_2 N_2 \tag{2.2.1}$$

$N_1=N_{01}e^{-\lambda_1 t}$를 대입하고 $e^{\lambda_2 t}dt$를 곱하면 다음과 같다.

$$e^{\lambda_2 t}dN_2+\lambda_2 N_2 e^{\lambda_2 t}dt=\lambda_1 N_{01}e^{(\lambda_2-\lambda_1)t}dt \tag{2.2.2}$$

이를 적분하면,

$$N_2 e^{\lambda_2 t} = \frac{\lambda_1}{\lambda_2 - \lambda_1} - N_{01} e^{(\lambda_2 - \lambda_1)t} + C \qquad (2.2.3)$$

이며, $t = 0$일 때 $N_2 = 0$이면,

$$0 = \frac{\lambda_1 N_{01}}{\lambda_2 - \lambda_1} + C \qquad (2.2.4)$$

식 (2.2.4)를 C에 대하여 풀고, 식 (2.2.3)에 대입하면,

$$N_2 e^{\lambda_2 t} = \frac{N_0 \lambda_1}{\lambda_2 - \lambda_1}(e^{(\lambda_2 - \lambda_1)t} - 1) \qquad (2.2.5)$$

이를 자손핵종의 원자개수, N_2에 대해 풀면 다음과 같은 시간 t의 함수로 표현된다.

$$N_2 = \frac{N_{01} \lambda_1}{\lambda_2 - \lambda_1}(e^{-\lambda_1 t} - e^{-\lambda_2 t}) \qquad (2.2.6)$$

반감기가 1시간인 모핵종과 5시간의 반감기를 가진 자손핵종에 대한 이러한 관계를 다음 그림에 나타내었다.

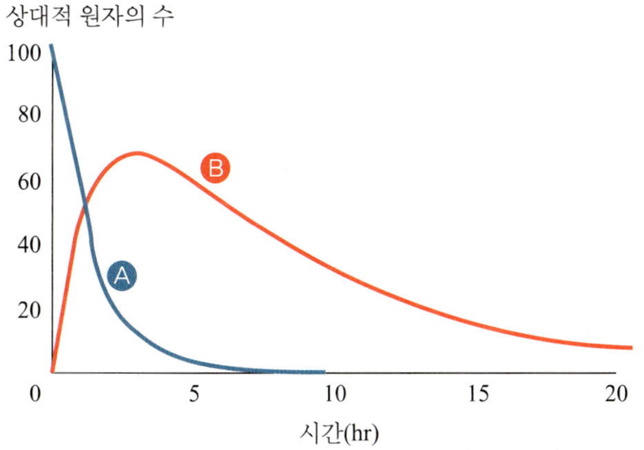

▲ 방사성 동위원소 A의 붕괴($t_{1/2}$=1시간)와 B의 생성 및 붕괴($t_{1/2}$=5시간)

2.3 동적 평형(Dynamic equilibrium)

방사성붕괴의 시작 방사성동위원소와 최종 방사성동위원소를 제외한 짧은 반감기의 핵종들은 서로 동적 평형 상태에 있다. 동적 평형이란 A라는 물질이 B로 편하고, B가 C로 변할 때, B를 중심으로 생각하면, A로부터 만들어지고 C로 변해 없어진다. 즉, B는 끊임없이 생성되고 없어지며, 어떤 시점에서는 생성되는 속도와 없어지는 속도가 일정하며, 이 때 B는 동적 평형에 있다고 한다.

아래 구체적인 예가 있다.

$$^{238}U \xrightarrow[t_{1/2}=4.5\times10^{9}\text{년}]{\alpha} {}^{234}Th \xrightarrow[t_{1/2}=24.1\text{ 일}]{\beta} {}^{234m}Pa$$

위의 붕괴 과정에서 ^{234}Th의 동적 평형에 대해 알아보자. 이 때, N_o를 ^{238}U 원자의 수, N_{Th}^{+}를 t라는 시간 뒤에 생겨난 ^{234}Th 원자의 수라고 한다면, 생겨난 ^{234}Th 원자의 수는 원래 있었던 ^{238}U 원자의 수에서 t라는 시간 후에 존재하는 ^{238}U 원자의 수를 뺀 만큼이므로, 붕괴법칙에 의해서 다음 식이 성립된다.

$$N_{Th}^{+} = N_o(1-e^{-\lambda_U t})$$

여기서, λ_U는 ^{238}U의 붕괴상수이다.

따라서 ^{234}Th의 생성율은,

$$\frac{dN_{Th}^{+}}{dt} = N_o \lambda_U e^{-\lambda_U t}$$

또한 N_{Th}^{-}를 t시간 뒤 남아있는 ^{234}Th 원자의 수라고 하면,

$$N_{Th}^{-} = N_{Th}^{eq}(1-e^{-\lambda_{Th} t})$$

여기서 N_{Th}^{eq}는 ^{234}Th 원자의 동적 평형 상태에서 존재하는 원자의 수이며, λ_{Th}는 ^{234}Th의 붕괴상수이다.

따라서 ^{234}Th의 붕괴율은,

$$\frac{dN_{Th}^{-}}{dt} = N_{Th}^{eq}\lambda_{Th}e^{-\lambda_{Th}t}$$

동적 평형에서는, ^{234}Th의 생성율과 붕괴율이 같으므로 다음 식이 성립된다.

$$N_{Th}^{eq}\lambda_{Th}e^{-\lambda_{Th}t} = N_o\lambda_U e^{-\lambda_U t}$$

시간 $t=0$이라 하면, 이때의 ^{238}U의 개수는 N_o이고, $N_{Th}^{eq} = N_o\dfrac{\lambda_U}{\lambda_{Th}}$이며, $\lambda = 0.693/t_{1/2}$이므로,

$$N_{Th}^{eq} = N_o\frac{t_{1/2}(Th)}{t_{1/2}(U)} = N_o\frac{24.1\text{ 일}}{4.5\times 10^9\times 365\text{ 일}} = 1.47\times 10^{-11}\times N_o$$

즉, 붕괴하기 전의 원래 방사성동위원소의 양을 알면, 반감기가 짧은 자손핵종(progeny)의 현재 존재하는 양을 계산할 수가 있다.

2.4 방사평형

2.4.1 영구평형(secular equilibrium)

자연 방사 붕괴계열에서 원소들의 반감기의 넓은 범위를 감안하여, 계열상 주어진 원소의 원자개수를 계산하는 것은 몇몇 경우에 대하여 단순화할 수 있다. 예를 들어 ^{226}Ra의 반감기는 1620년인 반면 자손핵종인 ^{222}Rn의 반감기는 3.8일에 불과하다. 이 경우 $T_1 \gg T_2$이고, 이는 식 $T=\dfrac{\ln 2}{\lambda}$에 의해 $\lambda_1 \ll \lambda_2$로 바꿀 수 있다. 자손핵종의 반감기인 T_2보다 훨씬 긴 시간 t 이후 $e^{-\lambda_2 t}$는 0에 가까워지며 $\lambda_2 - \lambda_1 \cong \lambda_2$가 된다. 이를 식 (2.2.6)에 적용하고, $N = N_{01}e^{-\lambda_1 t}$이므로 대입하면

$$\lambda_1 N_1 = \lambda_2 N_2 \tag{2.4.1}$$

2.4.2 일시평형(transient equilibrium)

모핵종의 반감기가 자손핵종의 반감기보다 다소 긴 경우(10배 정도), $T_1 > T_2(\lambda_1 < \lambda_2)$이고, 식 (2.2.6)은 다음과 같이 쓸 수 있다.

$$\lambda_1 N_1 = (\lambda_2 - \lambda_1) N_2$$

여기서 다신, $t=0$일 때, N_{02}는 0이고 $t \gg T_2$이다. 이러한 조건은 과도평형이라고 불리는 것에 적용된다. 영연평형에서와 같이 모핵종과 자손핵종의 방사능은 같은 속도로 감소하며, 방사능의 감소율은 모핵종의 반감기에 좌우된다. 그러나 모핵종의 반감기가 영연평형의 경우보다 훨씬 작기 때문에, 시간에 따라 방사능의 세기의 확연한 감소가 있다. 과도평형의 예는 ^{222}Rn과 그 자손핵종의 경우가 있다.

2.4.3 비평형(no equilibrium)

비평형은 모핵종의 반감기가 자손핵종의 반감기보다 짧은 경우에 존재한다. 순수 모핵종으로 시작하여, 자손핵종의 방사능이 증가해서 최댓값은 지나면서 $N_{02}=0$일 때의 식 (2.2.6)에 따라 삼소하게 된다. 방사능이 가장 큰 시간인 t_m은 식 (2.2.6)에서 $\dfrac{dN_2}{dt}=0$이라는 조건으로부터 얻어진다. 결과는 다음과 같다.

$$t_m = \frac{\ln \lambda_2 - \ln \lambda_1}{\lambda_2 - \lambda_1}$$

예를 들어, ^{222}Rn(3.8일)의 첫 자손핵종인 ^{218}Po(3.05분)과 두 번째 자손핵종인 ^{214}Pb(26.8분) 사이에는 평형이 존재하지 않는다. 최초의 순수한 ^{218}Po 샘플로부터 최대활동도(t_m)는 10.8분에 나타난다.

영구평형

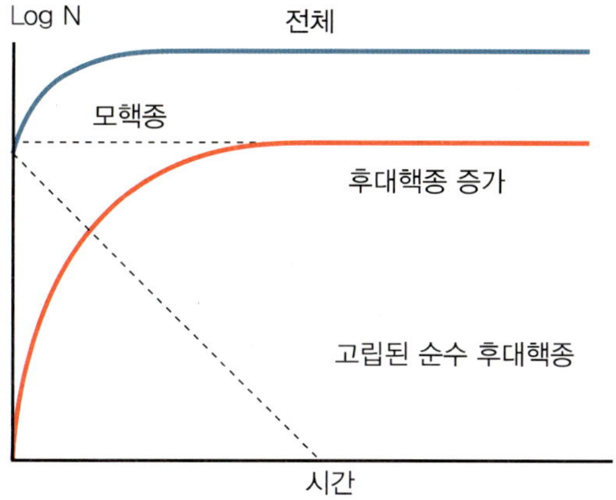

일시평형

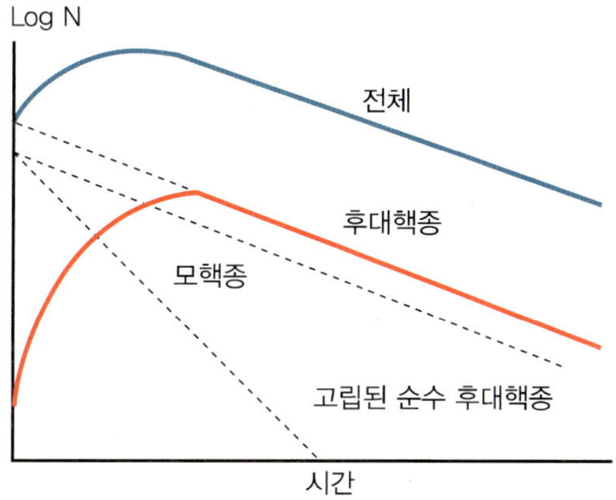

비평형

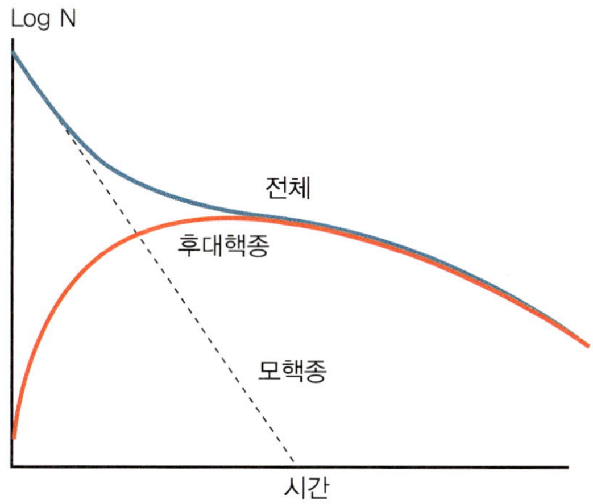

▲ 영구평형, 일시평형, 비평형의 예

예제

반감기 1590년의 라듐(Ra)이 방사성붕괴를 하면 불활성기체인 라돈(Rn)이 생기는데, 이 라돈은 반감기 3.82일이며 다시금 붕괴한다. 라듐시료를 마개로 막은 가스병에 가두면 라돈 기체가 모여진다.

(a) 1g의 Ra 시료를 생각할 때 존재하는 라돈 원자수를 시간의 함수로서 표시하는 식을 유도하여라.

(b) 라돈 원자수를 0에서 1주간의 간격으로 시간의 함수로서 도시하여라.

풀이

(a)

	Ra	$\overset{k}{\rightarrow}$	Rn	$\overset{k'}{\rightarrow}$	x
시간 t에서 존재양	x		y		z

$$k = \frac{0.693}{t_{1/2}} = \frac{0.693}{1590 \times 365} << k' = \frac{0.693}{3.82}$$

Ra에 대한 속도식 ⇒ $-\dfrac{dx}{dt} = kx$ (i)

Rn에 대한 속도식 ⇒ $-\dfrac{dy}{dt} = kx + k'y$ (ii)

식 (i)을 적분하면, $x = ae^{-kt}$ (iii)

a는 Ra의 초기값, 즉 $1/226 = 4.42 \times 10^{-3} mol$

식 (iii)을 식 (ii)에 대입해서 적분하여 $t=0$일 때, $y=0$

$$y = \frac{ka}{k' - k}(e^{-kt} - e^{-k't}) \quad \text{(iv)}$$

(b) 식 (iv)를 7일 단위로 계산해보면 다음과 같고, 도시하면

t/day	7	14	21	35
$y/10^{16}$	1.26	1.61	1.71	1.75

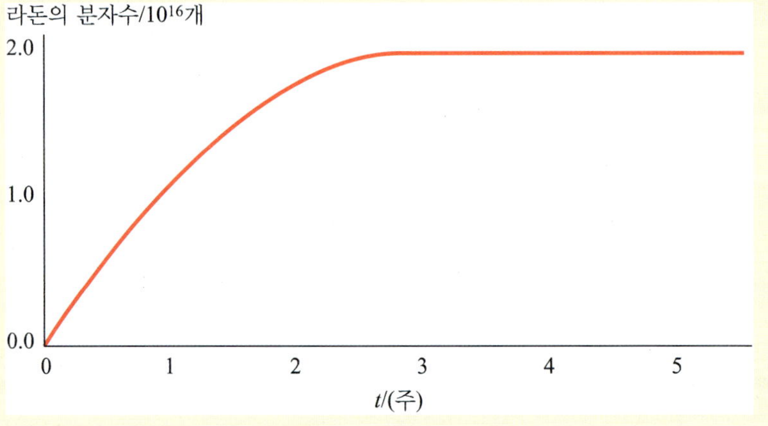

2.5 핵반응(nuclear reaction)에 의해 발생하는 방사성동위원소

지금까지는 반감기가 매우 긴 동위원소들과 이들이 자연계에서 자발적으로 붕괴하여 생긴 방사성동위원소만 살펴보았다. 하지만 자연적으로 만들어진 방사성동위원소 중에는 자연에서 일어나는 핵반응에 의해 생겨난 것도 있다. 즉 자연계에 존재하는 방사성동위원소는, 긴 반감기를 갖는 방사성동위원소들과 이들의 방사성붕괴에 의해 존재하는 원소들과 핵반응에 의해 생겨난 것들로 구별할 수 있다.

여기서 핵반응이란 새로운 핵을 형성하기 위한 핵과 핵 또는 중성자와 양성자라는 핵자 사이의 상호 반응 또는 핵자와 핵과의 상호 반응이다. 자연계에서 핵반응을 시킬 수 있는 높은 에너지의 핵이나 핵자는 우주선(cosmic rays, 주로 양성자와 알파입자)이라는 형태로 지구로 날라 온다.

이러한 우주선은 지구 대기 중의 원소들과 핵반응을 하여 3H(12.3년), 7Be, 14C(5730년), 24Na 등의 방사성동위원소를 만들어내게 된다. ^{3}H과 ^{14}C의 생성 반응은 84, 85 페이지에 나타내었다.

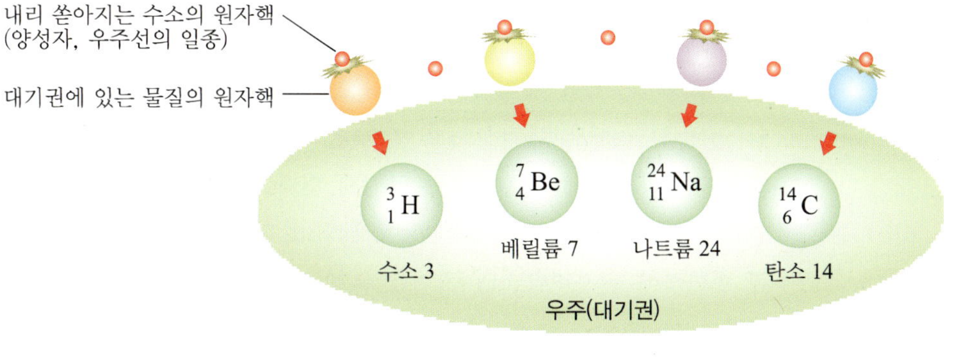

또한 극히 미미하지만 ^{238}U의 자발적 핵분열에 의해 2 내지 3개의 중성자도 발생할 수 있다. 이러한 핵자들은 다른 핵종과 반응하여 새로운 핵종을 만든다.

$n + {}^{239}U \longrightarrow {}^{239}U$(여기상태)

↓ γ 선 방출

${}^{239}U$(23.5 분)

↘ β^- 붕괴

${}^{239}Np$(2.35 일)

↘ β^- 붕괴

${}^{239}Pu$(2.4×10^4 년)

^{238}U가 중성자를 흡수한 후에 매우 반감기가 짧은 ^{239}U가 생성되며, ^{239}U는 여기상태에 있다가 γ 선을 방출함으로써 안정한 상태가 된다. 그 뒤 계속 β^- 붕괴를 하여 비교적 반감기가 긴 ^{239}Pu를 생성하게 된다.

이러한 중성자 흡수와 γ 선 방출을 핵반응을 표시하는 규칙에 따라 짧게 쓰면, ${}^{238}U(n, \gamma){}^{239}U$이 된다. 보통 핵반응은 발사체를 표적에 발사하는 것으로 묘사하여, 핵반응은 '표적(발사체, 방사체)생성물'로 표시한다. 영어로 표시하면 'target(projectile, emitter)product', 이런 형태가 되며, 표적과 발사체는 상대적인 개념으로 상대적으로 큰 핵이 표적이 된다. 또한 여기서 방사체(emitter)는 생성물보다는 가벼운 핵이며, 주로 튀어 나오는 핵자 또는 감마선과 같은 광자(photon)이다.

지금 인간은 천연우라늄(99.3%가 ^{238}U)을 핵분열 효율이 좋은 ^{235}U으로 농축(enrich, ^{235}U을 분리하여 ^{235}U의 상대적 존재비를 높이는 것)을 시켜 원자력발전의 연료로 사용하고 있으나, ^{235}U 역시 화석연료와 같이 길지 않은 시간 내에 고갈될 것으로 알려져 있다. 이에 반감기가 길지만 핵분열 효율이 그리 좋지 않은 ^{238}U을 핵분열 효율이 좋은 ^{239}Pu로 인공적으로 핵 변환하여 원자력발전의 핵연료 문제를 해결하고자 노력하고 있다. 그러나 ^{239}Pu 또한 고농축 ^{235}U와 같이 원자폭탄에 사용될 수가 있으며, 특히 ^{239}Pu은 미사일에 실을 수 있을 정도로 소형화가 가능하여 국제원자력기구(International Atomic Energy Agency, IAEA)와 같은 국제기구에서 다양한 감시 프로그램을 운영하고 있다.

03 핵반응

3.1 표시방법

핵반응은 화학반응과 유사하여, 반응물을 왼쪽에 생성물을 오른쪽에 표시한다.

예를 들면 Rutherford에 의해 발견된 최초의 핵반응을 표시하면,

$$^{14}_{7}N + \, ^{4}_{2}He \rightarrow \, ^{17}_{8}O + \, ^{1}_{1}H \text{ (1919년)}$$

여기서 α 입자는 ^{214}Po에서 방출된다. 상기 반응을 핵반응 표시 규칙에 따라 다시 쓰면, 간단히, $^{14}N(\alpha,\ p)^{17}O$이 된다. 즉 핵반응은 Target (Projectile, Emitter)Product로 표시하며, 반응 핵 중에서 큰 것이 Target, 생성 핵 중에서 큰 것이 Product가 된다.

여기서 모든 반응의 전후에 전체 핵자의 수, 전하, 에너지와 모멘텀 등은 보존되며, 반응의 생성물이 불안정할 때 반응의 결과를 쉽게 인지가 가능하다. 즉, 반응 과정에서 특성방사선이 방출되어야 한다.

큐리의 딸 부부인 Joliot과 Irene Curie에 의한 세계 최초의 인공 방사성의 발견은 핵반응 연구에 큰 영향을 미치게 된다. 러더포드는 위에서 설명한 것과 같이, 세계 최초로 인공적으로 핵반응을 일으켜, 세계 최초로 인공적인 핵변환을 일으켰지만, 생성물은 방사성동위원소가 아닌 산소의 동위원소 ^{17}O이었다.

$$^{27}_{13}Al\ +\ ^{4}_{2}He\ \rightarrow\ ^{30}_{15}P+\ ^{1}_{0}n \qquad ^{27}Al(\alpha,n)^{30}P\ \ (1934년)$$

상기 핵반응에서 생성된 ^{30}P는 2.5분의 반감기를 가지는 방사성동위원소이다.

3.2 핵반응과 화학반응의 비교

핵반응은 화학반응과 마찬가지로 Q로 표현되는 에너지를 항상 방출하거나 흡수한다.

$$^{14}_{7}N\ +\ ^{4}_{2}He\ \rightarrow\ ^{17}_{8}O\ +\ ^{1}_{1}H\ +\ Q$$

여기서, Q : 반응 에너지
+Q : 에너지 방출(발열반응)
−Q : 에너지 흡수(흡열반응)

화학반응에서는 반응에 참여한 비교적 큰 양을 고려하며, 따라서 반응열은 주로 반응물 몰 당 또는 g 당으로 표시한다. 핵반응에서는 단일 과정을 중시하며, 따라서 Q 값은 변환된 핵자 당 얼마로 주어진다.

만일 두 값이 같은 방식으로 계산된다면 핵반응에서 나타나는 에너지는 화학반응의 에너지보다 훨씬 크다.

ex) $^{14}N(\alpha,\ p)^{17}O$의 Q 값은 ^{14}N 원자 당 −1.193 MeV 또는 -1.912×10^{-6} erg 또는 -4.57×10^{-14} cal이고, 이 값을 14 g의 질소 원자(질소 원자 1몰=질소 원자 6×10^{23}개)를 산소 원자로 바꾸는데 필요한 에너지로 바꾸면, $6.02\times10^{23}\times4.57\times10^{-14}$ cal$=2.57\times10^{10}$ cal이고, 이는 물 257억 톤을 1℃ 높일 수 있는 막대한 에너지이며, 화학반응에서 관찰되는 가장 큰 반응열 값의 10만 배에 달한다. 즉, 원자 하나가 핵반응에서 발생하는 에너지는 미미하지만, 우리가 느끼는 g 당 발생하는 핵반응 에너지는 막대한 것이다. 따라서 우라늄 등을 이용한 원자력에너지와 원자폭탄에서 발생하는 에너지는 일반 화학반응에서 얻을 수 있는 것보다, g 당 에너지가 비교할 수 없을 만큼 크다.

3.3 Q 값과 문턱반응(reaction threshold)

$^{14}N(\alpha,\ p)^{17}O$ 반응에서 ^{14}N과 ^{4}He의 질량수의 합은 18.0056777 mass unit이고 ^{17}O과 ^{1}H 질량수의 합은 18.0069585 mass unit이다. 따라서 0.0012808에 해당하는 에너지를 공급해야 만이 이 반응은 에너지적으로 가능하다. 즉, Q = −0.0012808 × 931.5 MeV = −1.193 MeV이다. 반대로 Q 값을 실험적으로 결정할 수 있다면(충돌입자의 운동에너지와 반응생성물로부터), 질량을 모르는 반응 핵 하나의 질량을 알아낼 수 있다. 이러한 방법으로 많은 방사성 핵의 질량을 결정하고 있다.

$^{14}N(\alpha,\ p)^{17}O$ 반응의 Q 값이 −1.19 MeV라는 것은 α 입자의 운동에너지가 1.19 MeV 이상이면 이 반응은 진행된다는 것을 의미하는가?

이에 대한 답은 다음 두 가지 이유로 아니다.

① α 입자와 질소 원자핵사이의 충돌에서, momentum 보존의 법칙에 의해 최소한 α 입자 운동에너지의 $\frac{18}{14}$가 생성물의 운동에너지로써 보유되어야 한다. 따라서 오로지 α 입자 운동에너지의 $\frac{18}{14}$만이 반응에 참여한다. $^{14}N(\alpha,\ p)^{17}O$ 반응에 대한 α 입자의 문턱에너지(threshold energy), 즉 반응을 에너지적으로만 가능하게 하는 α 입자의 운동에너지는 $\frac{18}{14} \times 1.19$ MeV = 1.53 MeV이다.

$$E_{th} = \frac{M_T + M_P}{M_T}\, x(-Q)$$

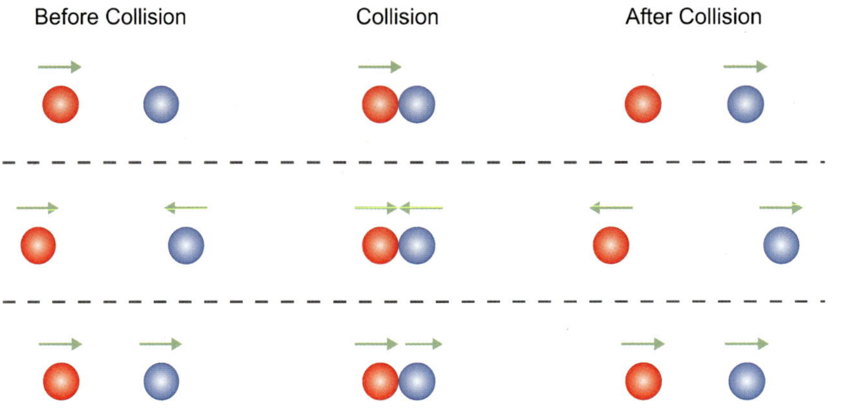

▲ 충돌 전후의 운동량 변화

② 전하를 갖고 있는 입자들 사이에는 쿨롱의 반발력이 작용한다. 알파 입자와 질소 원자핵이 접촉하게 되면, V_c라는 반발에너지가 생긴다.

$$V_c = \frac{Z_1 Z_2 e^2}{(R_1 + R_2)}$$

만일 R_1과 R_2를 fermi로 표현하면 $V_c = 1.44\frac{Z_1 Z_2}{(R_1 + R_2)}$ MeV이다. $R = 1.5\ A^{1/3}$fm으로 놓으면, ^{14}N과 ^{4}He 사이의 barrier는 약 3.4 MeV이다. 비록 반응에 대한 energetic threshold는 1.53 MeV이지만 α 입자가 N 핵을 뚫고 α, p 반응을 하려면 최소한 $\frac{18}{14} \times 3.4 = 4.4$ MeV의 운동에너지를 가져야 한다.

3.4 중성자

중성자가 핵과 반응할 때는 Coulomb barrier의 영향을 받지 않는다. 따라서 아주 낮은 에너지를 갖는 중성자조차 핵과 쉽게 반응한다. 즉, thermal neutron(열중성자 : 보통 온도에서 열적 평형 상태에 있는 기체 분자의 에너지 분포와 비슷한 것, 20℃에서 most probable energy가 0.025 eV)은 target 핵과 높은 반응 확률을 갖고 있다.

약간 높은 에너지를 갖는 중성자(약 1 keV까지)를 epithermal(열외) 또는 resonance neutron이라 한다. 수 천 eV 이상의 에너지를 갖는 중성자를 fast neutron이라 부른다.

3.5 반응단면적(Cross Section)

핵반응 과정의 확률은 면적의 차원을 가진 cross section, σ로 나타내어진다. 이는 핵과 충돌하는 입자 사이의 반응 확률은 핵에 의해 나타나는 cross-sectional target area와 비례한다는 단순한 원리에서 비롯되었다. 무거운 핵종의 반경이 약 10^{-12} cm정도이므로 10^{-24} cm^2에 해당하는 cross section을 barn이라고 따로 표시한다. 즉, 1 barn = 1 b = 10^{-24} cm^2이다.

▲ 오렌지의 cross section

04 방사선의 검출과 측정

방사선을 검출하거나 측정하기 위해서는 방사선과 계측 물질과의 상호 반응을 이용한다. 방사선은 기체, 액체, 고체 등의 물질과의 반응을 통해서 가지고 있는 에너지를 잃게 된다. 방사선을 크게 네 가지로 분류하여 보면, 알파입자와 같이 무겁고, 빠른 전자와 같이 가볍지만 전하를 갖고 있는 하전 입자 방사선(charged particulate radiations)과 중성자와 엑스선, 감마선과 같은 비하전 방사선(uncharged radiations)이 있다. 아래 표에 방사선의 종류와 각각의 고체 내에서의 진행거리를 나타내었다.

무겁고 큰 입자들은 물질을 통과하면서 주변의 원자들과 다양한 반응을 할 가능성이 커지기 때문에 그 진행거리가 짧다. 그 다음으로 베타입자 등 빠른 전자의 진행거리가 짧다.

하전 입자 방사선은 입자에 의해 전하가 운반되며, 통과되는 물질 내의 전자와의 쿨롱의 힘(Coulomb force, 전하로 인한 인력이나 반발력)을 통해 연속적으로 반응하게 된다.

▼ 방사선의 종류와 각각의 고체 내에서의 진행거리

하전 입자 방사선	비하전 방사선
알파입자 이상의 무거운 하전 입자 $\cong 10^{-5}$ m	중성자 $\cong 10^{-1}$ m
빠른 전자 $\cong 10^{-3}$ m	엑스선과 감마선 $\cong 10^{-1}$ m

비하전 방사선은 당연히 쿨롱의 힘과는 관련이 없다. 비하전입자는 통과 물질과 반응 후 전자나 핵으로 방사선의 전체 또는 일부 에너지가 전달된다. 또는 핵반응 후에 생성되는 하전 입자 생성물로도 에너지가 전파되기도 한다. 이로 인해 생겨나는 2차 전자는 빠른 전자와 매우 유사하게 거동한다. 감마선을 검출하는 장치는 보통 모든 에너지가 출력신호로 나올 수 있도록 2차 전자를 완전히 반응하는 물질 내에서 정지시킬 수 있도록 하여 그 검출 효율을 높이고 있다. 중성자는 보통 2차로 중하전 입자를 생성하고 이것이 검출기의 신호로 나타나게 된다.

알파입자가 방출될 때의 특징적인 운동에너지는 보통 1.8 MeV에서 11.7 MeV의 범위를 갖고 있다. 그러나 베타입자는 방출하는 방사성동위원소의 종류에 따라 0 근처에서 최고 얼마까지의 분포를 가지고 있으며, 보통 최고 베타입자 에너지로 표시한다. ^{3}H에서 나오는 β^- 입자는 18 KeV의 최고 에너지를 가지고 있으며, ^{12}N은 최고 16.4 MeV의 β^+ 에너지를 가지고 있는 등 방사성동위원소의 종류에 따라 그 차이가 매우 크다. 감마선은 방사성동위원소의 여기상태에서 방출된다고 알려져 있으며, 그 범위는 0 근처에서 8.9 MeV까지 특징적인 에너지를 갖는다. 마지막으로 엑스선은 전자포획 과정 후에 방출되면 0 근처에서 0.15 MeV까지의 비교적 낮은 에너지를 갖는다.

알파입자는 그 질량이 크고, 전하가 +2로서 물질을 통과하며 빨리 에너지를 잃기는 하지만, 통과 물질을 이온화시키는 효과는 다른 방사선에 비해 높다. 베타입자는 충돌에 의해 쉽게 방향을 바꾸고 이온화 효과는 알파입자보다 작다. 감마선은 통과하는 물질의 원자와의 충돌이 적어 진행경로가 가장 길고, 물질의 이온화 효과가 약하지만, 그 에너지에 따라 광범위하게 일어난다.

4.1 방사선과 물질의 상호작용

① 알파입자와 물질의 상호작용

α 입자가 가진 양전하와 통과하는 물질의 궤도 전자가 갖고 있는 음전하와의 교환에 기초를 둔 작용이다. 대표적으로 두 가지 작용이 있으며, 첫째로 여기 작용(excitation)을 통해서는 알파입자의 에너지 일부가 전자에 전달되어 전자 궤도에 변화가 생긴다. 알파입자는 약간의 에너지만 손실되고 그대로 진행한다. 이것을 여기 작용이라고 한다. 둘째로 전리 작용(ionization)은 알파입자의 에너지가 비교적 클 때 발생되며, 이 때 알파입자의 영향을 받은 전자는 궤도를 바꾸는 것에 그치지 않고, 원자궤도 바깥으로 완전히 쫓겨나게 되어 중성원자는 이온으로 변하게 된다.

알파입자의 1회 충돌에 의해 손실되는 에너지는 매우 적지만, 충돌 횟수가 많으므로 정지할 때까지의 진행 거리는 공기 중에서 3.3 cm 정도 밖에 안 된다.

알파입자는 여기 및 전리 작동이 있으므로 사람 및 동물의 세포를 파괴하는 등의 피해가 있으므로 호흡이나 섭취를 통해 체내로 들어오면 그 위험이 베타나 감마선 방출 방사성동위원소보다 20배 가까이 더 크다. 그러나 알파입자 그 자체는 투과력이 약하므로, 종이 한 장 정도로 막을 수 있을 만큼 차폐는 매우 간단하며, 공기 중의 이동 거리도 짧아 알파입자에 의한 방사선 피해는 크지 않다.

② β입자와 물질과의 상호작용

알파입자와 마찬가지로 물질을 통과하면서 여기 및 전리 작용을 일으킨다. 베타입자는 속도가 크고, 크기가 작고 가벼우므로 원자 또는 원자핵과 충돌하는 확률이 적으며, 전리 작용을 일으키는 확률도 적다. 또한 진행하면서 잃는 에너지도 알파입자만큼 크지 않으므로, 물질을 투과하는 거리는 공기 중에서 수 m에 이른다.

③ 감마선과 물질과의 상호작용

알파입자, 베타입자 등의 하전 입자들은 진행하는 과정에서 여러 번 원자와 충돌하면서 그 에너지를 조금씩 잃게 된다. 그러나 감마선은 한 번 충돌하면 그 에너지의 대부분을 잃어버린다. 감마선과 상호작용을 일으키는 대상은 대부분 전자들이며 감마선의 에너지에 따라 낮은 에너지에서는 주로 광전흡수(photoelectric absorption), 중간 에너지에서는 콤프톤 산란(compton scattering), 1 MeV 이상의 에너지를 갖는 감마선은 전자쌍 생성(pair production) 등의 메카니즘을 보여준다.

④ 중성자와 물질과의 상호작용

중성자의 물질을 통과하는 능력은 하전 입자인 α, β 입자보다 매우 커서 γ 선과 비슷하다. 고속 및 중간 속도의 중성자는 직접적인 전리 작용 대신에, 새로이 2차적으로 생성된 무거운 하전 입자를 통해 간접적인 전리 작용을 일으키면서 중성자 자신은 점차적으로 에너지를 잃어 간다.

즉, 중성자는 전기적으로 중성이기 때문에 여기, 전리 작용에 의해 에너지를 잃는 법은 없다. 속도가 큰 중성자는 원자핵과 작용하여 무거운 하전 입자를 생성하면서 스스로 감속된다. 또한 중성자가 원자핵과 작용할 때에는 에너지를 잃음과 동시에 진행 방향이 바뀌게 된다. 이를 우리는 산란(scattering)이라고 한다.

중성자와 물질과의 상호작용에는 크게 네 가지가 있다.

- **탄성 산란**(elastic scattering, **운동에너지만 전파**)

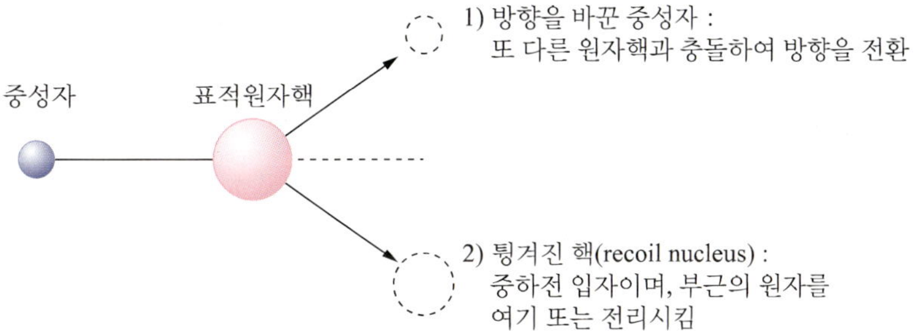

- **비탄성 산란**(inelastic scattering, **운동에너지의 일부가 다른 곳에 사용**)

중성자가 상대방 원자에 운동에너지를 줄 뿐만 아니라, 그 원자핵을 흥분상태(여기 작용)로 만드는 것을 일컫는다. 이 때 흥분된 핵은 감마선을 내어 놓으면서 안정화된다.

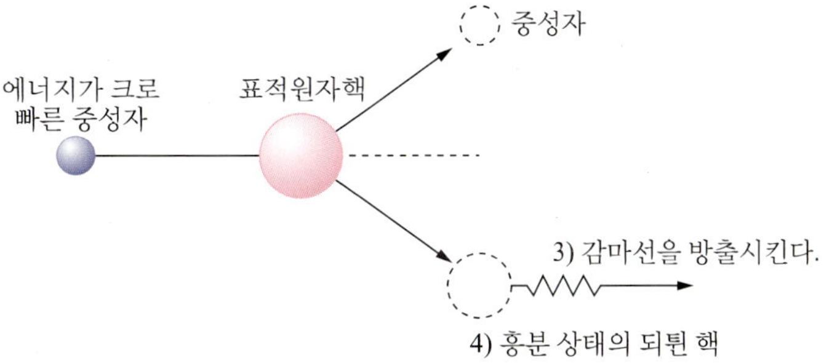

• **중성자 포획**(neutron capture)

중성자의 에너지가 적게 되면, 중성자는 산란하기보다 원자핵 속으로 흡수되며, 원자핵은 여기상태로 되고 감마선을 내놓고 안정화된다. 중성자 많아진 원자핵은, 이후 양성자로 바뀌는 β^- 붕괴를 하게 된다.

• **핵반응**(nuclear reaction)

중성자는 ^{235}U과 핵반응을 하여 핵분열을 일으킬 수도 있으며, 중성자가 다른 원자핵과 반응하여 양성자나 알파입자를 방출하기도 한다. 중성자는 전기적으로 중성이므로 검출, 측정이 어려우나, 핵반응을 이용하여 2차 하전 입자를 측정하면 원래의 중성자를 검출할 수 있다.

4.2 기체를 이용한 방사선의 측정

방사선이 기체를 통과할 때 기체를 이온화시켜 양이온과 자유전자가 형성된다. 즉, 이온쌍이 생성되며, 보통 한 이온쌍을 생성하는데 필요한 에너지는 약 35 eV이므로, 1 MeV의 β^- 입자는 $10^6/35 = 2.86 \times 10^4$개의 이온쌍을 생성한다.

다음은 전형적인 가스 이온화 검출기의 개략도이다.

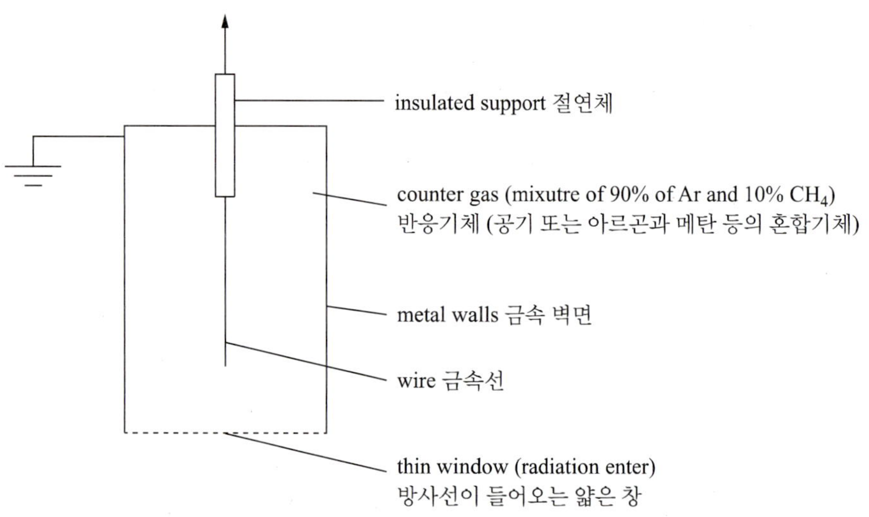

▲ 가스 이온화 검출기의 개략도

중앙의 금속선이 금속 벽면보다 높은 양의 전위를 갖는다면, 방사선의 이온화효과에 의해 생겨난 전자는 금속선 쪽으로 이동하고, 이온화된 기체의 양이온은 금속 벽면으로 이동하게 된다.

금속선과 금속 벽면 사이에는 항상 정전기용량(capacity)이 존재하므로, 금속선에 도착하는 전자는 에너지를 사용하게 되어 금속선의 전압을 떨어뜨리게 된다. 떨어지는 전압은 다음 식으로 나타낼 수 있다.

$$\Delta V = \frac{n \cdot e}{C} V$$

여기서 n은 금속선에 도착한 전자의 총 개수, e는 쿨롱(Coulomb)으로 표시되는 전자 하나의 전하량, C는 Farads(F)로 표시되는 가스 이온화 검출기의 정전기용량이다.

금속선의 전압이 떨어지게 되면 전력공급 장치에서 전류가 흘러서 금속선의 전압을 원래 공급하던 수준까지 끌어 올리게 되며, 이 과정에 걸리는 시간(초)은 RC로 표현된다. 이때 R은 옴(ohm, Ω)으로 표시되는 금속선에 연결된 전력공급 장치 회선의 저항이다.

만일 펄스의 폭이 연속적으로 계측기로 들어오는 β^- 입자의 시간보다 짧다면 이 펄스를 계수함으로써 기체와 반응한 β^- 입자의 개수를 알아낼 수 있다. 이런 방식으로 작동되는 계측기를 이온화 챔버라고 부른다. 이 때 생겨나는 펄스의 크기와 양이 너무 작으므로(μV 정도), 펄스를 증폭시키기 위한 전자 장치가 복잡하고 비싸다는 단점이 있다. 그러나 최근에 이러한 단점을 극복하고 저렴한 가격(< USD 100)에 우수한 감도를 갖는

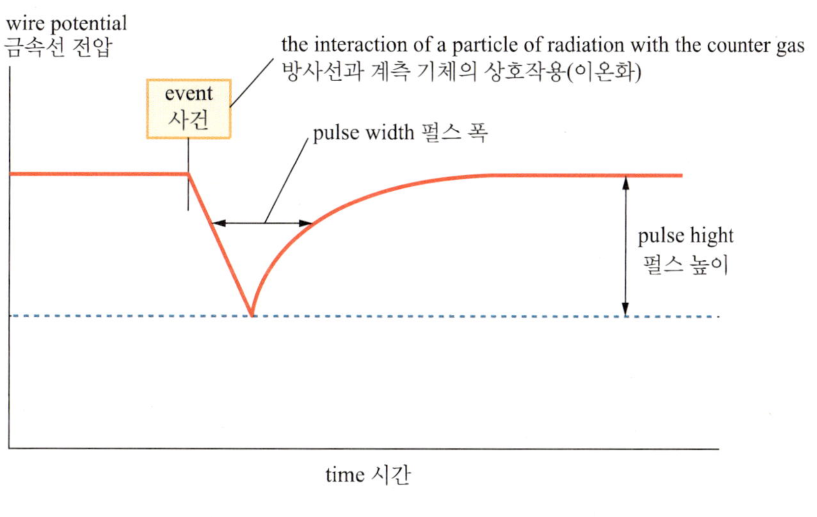

이온화 챔버 방식의 계측기가 개발되어, 실내공기 중의 라돈에서 발생하는 알파입자를 거의 실시간으로 측정할 수 있어, 공기청정기, 환기 시설 등의 중요한 작동 센서로 활용되는 등 다양한 관련 분야에 적용되고 있다.

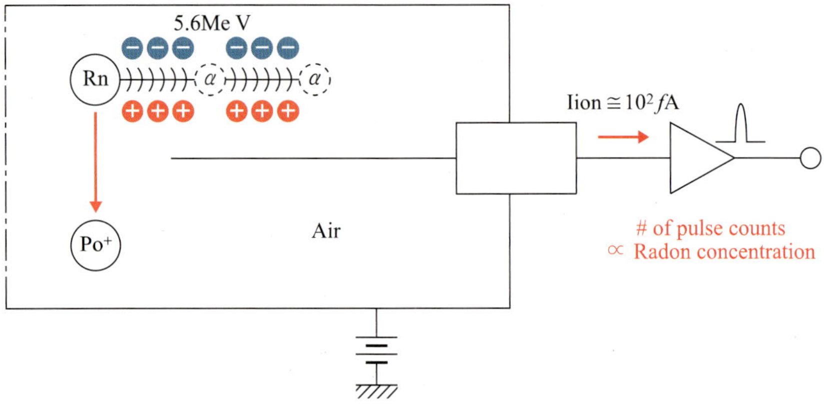

▲ 이온화 챔버 내에서 라돈에 의해 발생하는 알파 붕괴 이벤트 * 출처 : 라돈측정기술 및 전망((주)에프티랩. 고재준박사)

▲ (주)에프티랩의 이온화 챔버 방식 라돈 측정 모듈 * 출처 : 라돈측정기술 및 전망((주)에프티랩. 고재준박사)

예제

공기 중에서 한 개의 이온쌍을 발생시키기 위해 약 30 eV의 에너지가 필요하다. 5.00 MeV의 α 입자(1 μCi)를 계측하려면, μA부터 계측이 가능하다고 가정할 때, 발생한 신호의 몇 배를 증폭해야 하는가?

풀이

5.00×10^{6} eV/30 eV$\simeq$17만개의 ion pair 생성되며, 전자의 전하는 1.6×10^{-19} Coulomb이므로 α 입자 하나에 의해 약 2.7×10^{-14} Coulomb의 전하가 흐른다. α 입자의 개수는 1 μC이고, 이는 매초 3.7×10^{-4}개의 α 입자가 발생한다는 것을 의미한다. 이때 유도되는 전류는 1×10^{-9} 암페어이며, 따라서 1,000배를 증폭해야 한다.

금속선과 금속 벽면 사이의 전위차가 증가되면 전자들이 충분한 에너지를 가지고 기체 분자와 충돌하여 금속선에 도착하기 전에 더 많은 기체를 이온화시킨다. 이에 금속선에 모여지는 전자의 개수는 계측기 기체를 통과하면서 방사선이 만들어 내는 개수보다 훨씬 더 많아진다. 이 현상은 금속선에 걸어준 전압과 비례적으로 증가하며, 이를 가스 증폭(gas amplification)이라 한다.

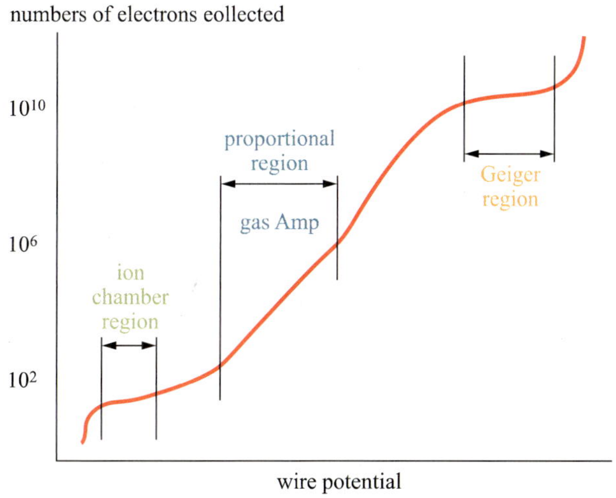

이런 현상은 걸어 준 전압에 따라 계속 증가하다가, 어느 부분에 가면 수집되는 전자의 개수가 급격히 증가하다가 한계치에 도달하며 포화된다. 이는 전자가 생겨남에 따라 양이온도 많이 생성되어 금속선과 금속 표면 사이의 전기장의 힘이 감소됨에 따라, 전자는 금속선 쪽으로 더 이상 이동하기 않기 때문이다.

비례영역(proportional region)에서 작용하는 계측기를 비례계측기(proportional counter)라 하며, 계측 기체에 따라 가스 증폭은 10^7까지 되며 이온화 챔버로서 작동될 때보다 훨씬 더 큰 펄스가 금속선에 생겨난다. 따라서 펄스를 증폭시키는 장치가 비교적 간단하며 비용이 많이 들지 않는다.

계측기가 포화된 가이거 영역(geiger region)에서는 최대한의 전자가 수집되었으므로 더 이상의 방사선에 대해 둔감하게 된다. 계측기는 양이온이 금속 벽면 쪽으로 이동하여서 중성화가 될 때까지 포화되어 있으며 계측기는 이 시간 동안 방사선에 둔감하므로 이 기간을 계측기의 불감시간

(dead-time)이라 부른다. 이때 금속선에 수집되는 전자의 개수, 즉 펄스의 크기는 계측기를 통과하는 방사선에 의해 생성되는 전자의 수와는 관련이 없다. 이런 식으로 작동하는 계측기를 가이거-뮬러 관(Geiger-Muller 또는 G-M tube)이라 부른다.

즉 이온화 챔버와 비례계측기는 계측기로 들어오는 방사선의 에너지와 직접 비례하는 전압 펄스를 생성하지만 GM 계측기는 초기 이온화를 방사선의 종류나 에너지에 무관하다. 둔감 시간은 약 200～500 μs이며 계측율은 초당 약 100개 정도로 제한적이지만 G-M관에 의해 생기는 높은 전압(1～10 V)이 유용할 때도 많다. 즉, 전압을 증폭할 필요가 없어 단순하게 이용할 수 있다.

▲ 클래식 가이거 계수기

가스 이온화 챔버 측정 방법의 단점은 방사선이 들어오는 창(window)에서 에너지가 낮은 α 또는 β 입자가 흡수되어 계측영역으로 들어오지를 못해 측정 효율을 떨어뜨린다는 것이다. 즉, ^{3}H(최대 β^- 에너지는 18 KeV)은 효과적으로 검출하기 힘들다. ^{14}C, ^{35}S도 역시 창이 있는 이온화 챔버로 수 %의 계측효율 밖에 얻지를 못한다. 이를 극복하기 위해 창이 없는 계측기(window-less counter), 계측 기체를 실린더로 흘려주는 한 쪽이 열린 계측기(open-ended counter)를 써서 고체 방사성동위원소 샘플을 계측 기체 내에 위치시킴으로써 효율을 높을 수는 있지만 기체 흐름을 제어하는 문제, 계측 기체의 순도 문제로 역시 대안이 필요하다.

또한 이 방법은 기체가 표적으로 작동하므로 100 KeV 이상의 γ 선을 detect 하기가 어렵다. 즉, G-M 계측기로 ^{137m}Ba의 662 KeV γ 선을 검출할 때 검출 효율이 0.1% 이하로서, 감마선의 99.9%가 이온화를 일으키지 않고 계측 기체를 통과해 버린다.

이런 이유로 기체 이온화 챔버 계측기는 주로 ^{32}P(최대 β^- 에너지는 약 1.3 MeV) 같은 α, β 입자를 방출하는 방사성동위원소와 저에너지(25 KeV 이하) γ 선이나 X 선을 방출하는 방사성동위원소를 측정하는데 주로 쓰인다.

4.3 액체를 이용한 방사선의 측정

에너지가 낮은 방사선이 방출되는 ^{3}H이나 ^{14}C은 앞에서 설명했듯이 샘플 자체 내에서 흡수되거나 방사선이 들어오는 창에 그 에너지가 흡수되어 창이 있는 계측기로 검출하기가 어렵다. 이러한 방사성동위원소는 창이 없는 G-M 계측기(window-less counter)나 비례계수기를 사용해서 ^{3}H은 2.5%, ^{14}C은 15%의 검출 효율을 얻을 수는 있다. 또한 샘플 자체 내에서 흡수되는 문제는 샘플과 검출체를 균일하게 혼합함으로서 해결할 수 있다. 예를 들면, 샘플을 가스 상태로 바꾸어 기체 이온화 계측기에 채워진 기체와 혼합하여 계측하는 것이다. 즉, ^{3}H을 $^{3}H_2$ 또는 $^{3}H_2O$ 수증기로, ^{14}C을 $^{14}CO_2$로 바꾸어 측정하는 것이다. 그러나 이러한 방법들은 여러 번거로운 단계를 포함하고 있어서 최근에는 잘 사용되고 있지 않다.

최근에 흔히 사용되는 액체섬광계수법(Liquid Scintillation Counting, LSC)은 1960년 대에 개발된 것으로서 방사성물질과 섬광물질(scintillation material)을 적당한 용매에 녹여서 이 때 나타나는 섬광(scintillation)을 계측하는 것이다.

액체섬광계수법을 간단히 설명하면 α나 β 입자를 방출하는 방사성동위원소가 포함된 샘플을 톨루엔(toluene)과 같은 용매 녹이면 방출되는 방사선으로 인해 전기적으로 여기된 용매 분자가 생기게 되며. 용액 내에 적당한 섬광체(scintillator)가 들어있으면 여기된 용매분자는 자신이 가지고 있는 여분의 에너지를 섬광체로 옮겨 전기적으로 여기된 섬광체 분자를 형성하고, 이 섬광체는 광자(photon)를 방출함으로써 안정화된다. 이 광자를 측정함으로써 방출되는 방사선의 종류와 양을 측정하게 된다.

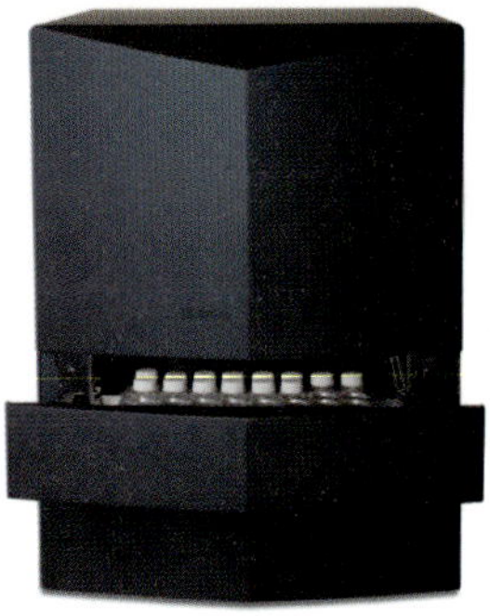

▲ 액체섬광계수기 HIDEX 300SL * 출처 : https://blog.naver.com/quiz159

액체 섬광 계수법에서의 가시광선이 방출되는 메카니즘은 다음 그림과 같다.

섬광체에서 방출되는 빛은 광전자 증배관(Photomultiplier Tube, PMT)을 통해 빛을 전자로 변환 후 증폭시켜 검출할 수 있으며 이를 통해 원래 방사성물질에 존재했던 방사선의 양을 파악할 수 있으며, 라돈이 함유된 물 또한 이러한 방법으로 라돈에서 방출되는 알파입자의 양을 정확하게 분석할 수가 있다.

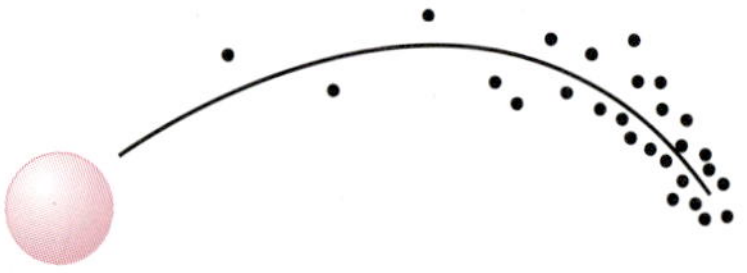

- 방사선이 용액을 통과하면서 이온화되고 전기적으로 흥분 또는 여기된 용매 분자를 형성

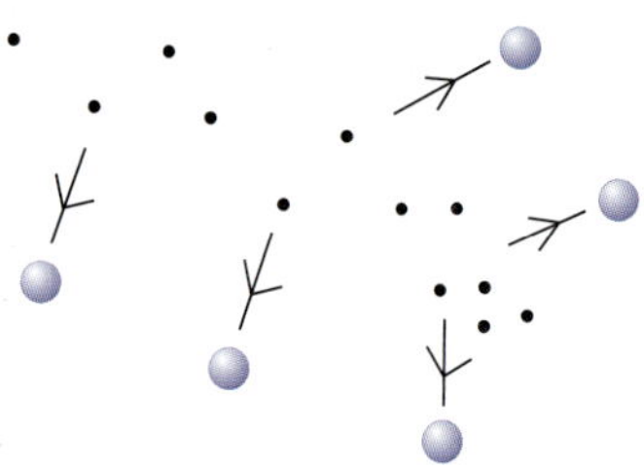

- 여기된 용매분자는 그 에너지를 용질 분자(섬광체)로 그 에너지를 옮겨서 전기적으로 여기된 용질 분자들을 형성

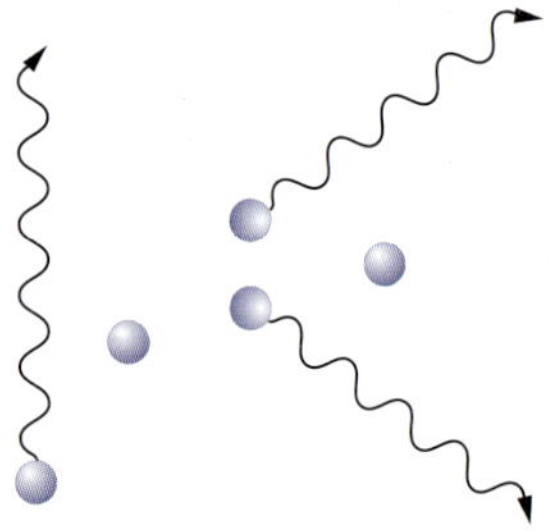

- 전기적으로 여기된 용질 분자(섬과체)들은 서로 충돌하여 여분의 에너지를 소비하거나 광자를 방출함으로서 여기 에너지를 잃음

4.4 고체를 이용한 방사선의 측정

① 섬광계측기(scintillation detector)의 원리

어떤 인광물질(Phosphors)들은 방사선과 반응하면, 그 원자와 분자들은 여기된 상태로 올라간다. 물질에 따라 이 원자와 분자들은 빛의 형태(fluorescence effect)로 여분의 에너지를 즉각적으로 방출하면서 안정된 상태로 돌아오게 되며, 이러한 반응의 빈도는 각 인광물질에 따라 서로 특징적이다. 또한 방출되는 빛의 양은 방사선의 양에 비례한다. 다시 설명하면 이온화 과정에 의해 인광물질로 축적된 입사 방사선의 에너지는 전자 전달 과정에 의해 빛을 방출하게 된다. 이는 나중에 그 여분의 에너지를 짧고 유한한 시간 내에 광양자의 형태로 재방출하게 된다. 광전자 증배관으로 모인 광양자는 일부분의 에너지가 광전자로 전환되어서 측정 가능한 전류로 증폭된다. 극히 짧은 시간 존재하는 여기 상태에서 안정한 상태로 전이하는 즉, fluorescent site에 의한 에너지의 방출은 약 10^{-8}에서 10^{-9}초 정도이다.

이들 인광물질들을 섬광계측기라 부르며 이들은 광전자 증배관과 연결되어 있다. 좋은 섬광계측기는 높은 검출 효율을 갖기 위해, 검출하고자 하는 방사선의 빛으로의 높은 전환효율, 빛으로부터 신속한 광양자의 방출, 방출되는 광양자의 파장에 대한 좋은 검출성, 방출되는 빛과 광전자 증배관의 분광학적 조화 등의 조건을 충족시켜야 한다. 아래의 표에 흔히 사용되는 고체 섬광 검출기의 특징을 나열하였다. 라돈을 활성탄 등에 흡착하여 그 붕괴 생성물로부터 방출되는 감마선을 검출하여, 역으로 공기 중의 라돈의 농도를 파악하기 위해서는 주로 NaI(Tl) 섬광체 감마선 검출기를 사용하지만, 원자번호가 더 높은 CsI 섬광체 검출기를 사용하면 검출 효율을 더 높일 수 있다.

Material	검출 방사선	물리적 상태	방출되는 빛(Å)	붕괴 시간(nsec)
Antracene	β	solid(crystal)	4,400	30
ZnS(Ag)	α	solid(powder)	4,500	70
NaI(TI)	γ	crystal	4,200	250
LiI(Eu)	γ	crystal	4,700	1,200
CsI(TI)	γ	crystal	4,800	750
Plastic scintillator	α, β, γ	solid	4,000	7

② 반도체 검출기의 원리

일반적인 방사선 계측 장비는 기체 내에 생성된 이온쌍에 기인하는 기체의 전기 전도를 이용한다. 방사선에 의한 기체 전도에서 이온 전류는 걸어준 전압에 따라 처음에는 증가하다가 결국은 일정한 값에 도달하며 이 일정 값이 기체 내의 하전 이온의 생성률을 측정하는 척도이다. 이 때 기체가 아닌 좀 더 밀도가 높은 물질을 사용하면 고에너지 입자를 정지시킬 수 있고, 거리에 따른 에너지 손실이 적은 감마선과 같은 방사선을 검출할 수가 있다. 이런 형태 중 가장 많이 쓰이는 것이 반도체 검출기이다.

감마선이 반도체 등과 반응할 때의 핵심적인 세 가지 메카니즘은 광전효과(photoelectric effect), 콤프톤 산란(Compton scattering)과 쌍생성(pair production)이다. 전자와 양전자의 무게는 동일하며, $E = mC^2$ 공식에 넣어, 그 각각의 질량을 에너지로 환산하면 511 keV가 된다. 이에 전자와 양전자 각각의 질량의 합인 1,102 keV(1.02 MeV) 이상의 에너지를 가진 감마선은, 반도체에 입사하게 되면 양전자와 전자를 생성할 수 있으며, 이때 양전자는 전자를 만나서 511 keV 이상의 감마선을 180도의 각도로 방출하게 되며 이를 소멸방사선(annihilation radiation)이라 한다.

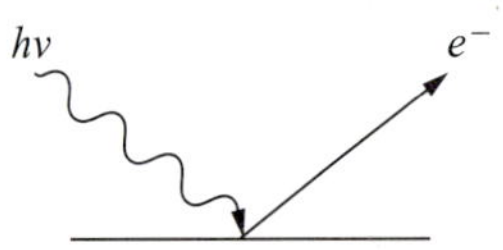

튀어나온 전자의 운동에너지 = (γ photon의 에너지) − (전자의 결합에너지)

▲ 광전효과(photoelectric effect)

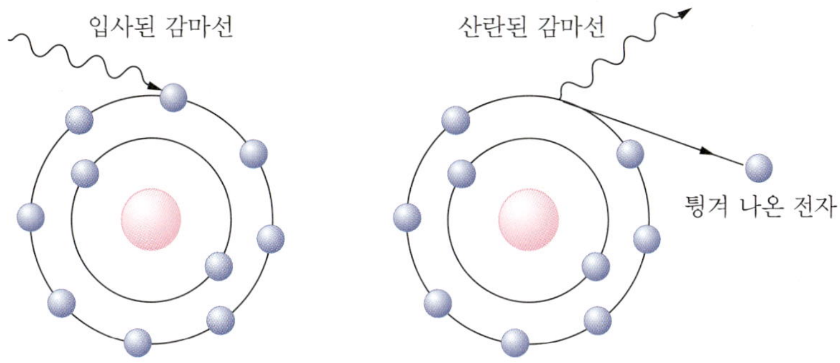

▲ 콤프톤 산란(Compton scattering)

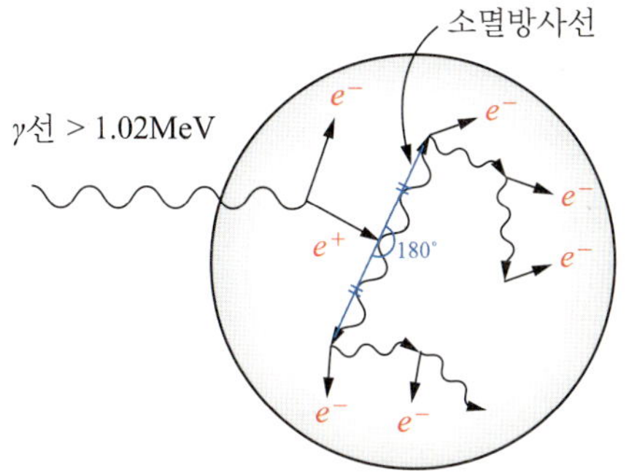

▲ 쌍생성(pair production)

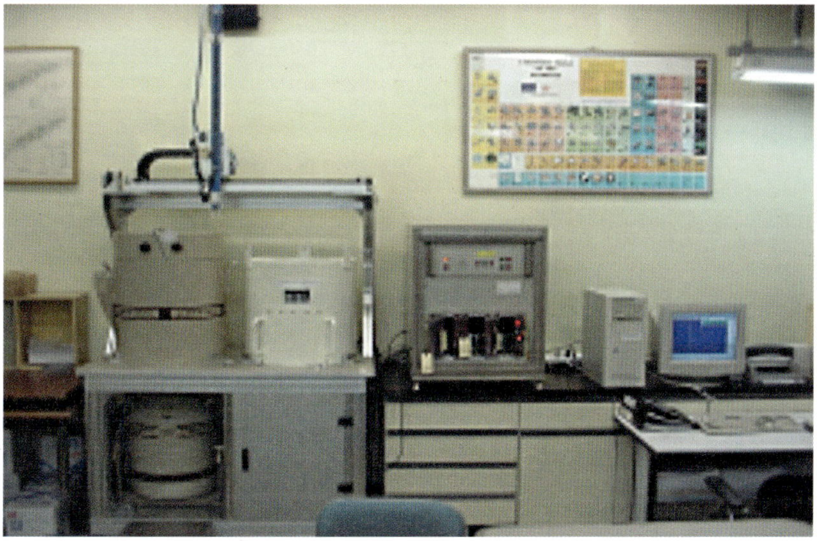

▲ Ge 감마선 검출 시스템

기체 내의 이온화와 유사한 점은, 반도체가 방사선에 노출되면, 전자를 가전자대(valence band)에서 전도대(conduction band)로 올리게 되며, 기체의 이온화는 반도체에서 전자 정공 쌍(electron-hole pair, EHP)의 생성으로 이해하면 된다. 전자가 차있는 에너지 준위와 비어 있는 에너지 준위 사이에 간격이 존재하며, 둘 사이의 가장 작은 간격을 밴드갭(band gab, Eg)이라고 하며 반도체에서 밴드갭은 수 eV 정도이고 이는 열들뜨기(thermal excitation)만으로도 전자를 전도대(conduction band)로 이동시킬 수 있는 정도이다. 또한 광전효과는 원자번호의 5승에 비례하므로 Si보다 Ge의 감마선 분해능이 더 높아, Ge 반도체 검출기가 감마선 분석에 흔히 사용된다. 액체 질소의 온도인 77°K에서 Ge 반도체는 과도한 열잡음(thermal noise)을 피할 수 있으므로, Ge 반도체 검출기를 사용할 때는, 검출기를 액체질소의 온도로 냉각시키면서 사용하여, 노이즈를 줄이는 동시에 방사선 신호의 감도를 높여, 여러 방사성동위원소에서 다양하게 방출되는 감마선의 에너지를 더 잘 구별할 수 있다.

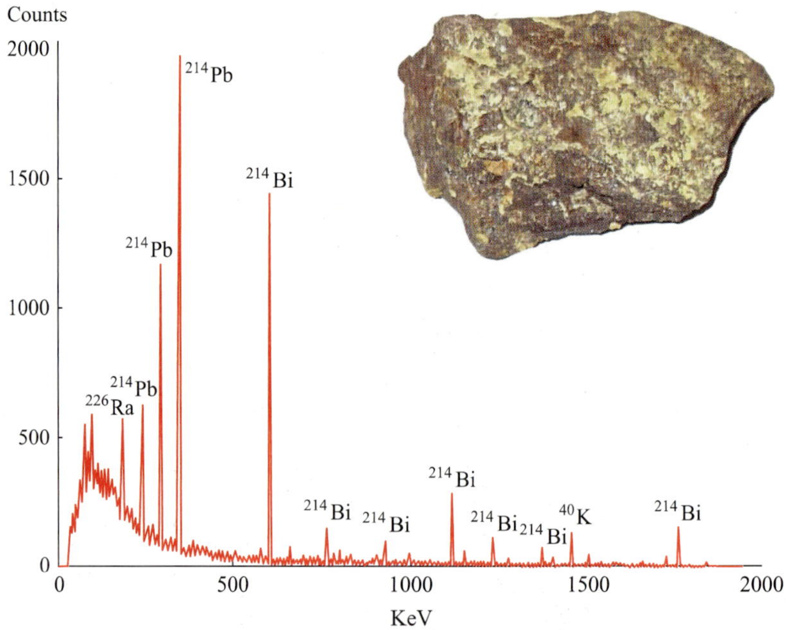

▲ 우라늄의 감마선 스펙트럼 * 출처 : 위키백과

05 방사선량과 관련된 단위

5.1 조사선량(Exposure dose : X)

$$X = \frac{dQ}{dm}, \left[\frac{C}{ks}\right]$$

사람이 피폭당한 방사선의 양을 의미하는 것이 아니라, dm의 질량을 지닌 부피의 공기 중에서 광자에 의해 생성된 모든 전자들이 그 공기 중에서 완전히 흡수되었을 때 + 또는 − 전하 중 생성된 전하량의 총량을 말하며, 엑스선과 감마선과 같은 광자에만 적용된다. 중간 매질은 공기이며, 기본단위는 뢴트겐(Röntgen, R)으로서, 1R은 엑스선 또는 감마선에 의해 공기 1 kg 당 2.58×10^{-4} 쿨롱의 전하를 생성하는 방사선의 양이다($1R = 2.58 \times 10^{-4}\ C$/kg).

5.2 흡수선량(Absorbed dose : D)

방사선과 물질과의 상호작용의 정량적 평가수단이며, 방사선에 노출된 물질의 단위 질량당 흡수된 에너지를 말한다.

$$D = \frac{dE}{dm}\,(J/\text{kg})$$

국제표준단위로는 그레이(Gray, Gy)를 사용하며 1 Gy는 1 J/Kg이다. 관습적 단위로는 라드(radiation absorbed dose, rad)를 사용하며, 1 rad는 100 erg/g이며, 1 Gy는 100 rad에 해당된다.

흡수선량은 모든 매질에 적용되며, 직접 또는 간접 전리 방사선이 모두 포함되고 조사선량보다 단위의 사용범위가 넓다.

5.3 선량당량 또는 등가선량 (Dose Equivalent or Equivalent Dose : H)

방사선 방어 목적의 단위로서, 피폭대상물이 인체일 경우, 동일한 양의 흡수선량에 노출되더라도 노출된 방사선의 종류와 에너지에 따라 인체에 대한 방사선의 영향이 다름의 정도를 나타낸다.

$H = D \cdot Q$, 여기서 H는 선량당량 또는 등가선량이며 국제표준단위인 시버트(Sievert, Sv)로 표현하며, D는 앞에서 설명한 흡수선량(Gy), Q는 선질계수(Quality factor)이다. 1 Sv는 1 J/kg에 해당되며, 관습적인 단위로는 렘(Röntgen equivalent men, rem)을 사용하며, 1 Sv는 100 rem이다.

선질계수인 Q는 방사선이 체내에 흡수되었을 때 상대적인 위험도를 나타내어 주며 다음 표에 개략적인 값들이 나타나 있다. 다음 표에 의하면, 같은 에너지의 엑스선이나 감마선, 베타입자 또는 알파입자가 체내로 들어왔을 때, 알파입자가 20배 더 위험하다는 것이다. 즉, 알파입자가 체내에 흡수되면 흡수선량인 그레이(Gy)는 같아도, 선량당량인 시버트(Sv)가 20배 더 커진다는 것이다. 이는 호흡을 통해 체내에 유입되어 머무른다면, 알파입자를 방출하게 되는 라돈의 위험성을 보여준다.

방사선	Q
X, γ, β 입자	1
에너지를 모르는 중성자, 양성자	10
에너지를 모르는 α 입자 또는 다중하전 입자	20

다음 표는 인체 내 여러 조직의 방사선에 대한 상대적인 위험도를 나타낸다.

ICRP 60(1990)

조직	상대위험도
생 식 선(후세에 유전적 영향)	0.20
적색골수(백혈병의 발생)	0.12
결 장	0.12
폐 (폐암의 발생)	0.12
위 (위암의 발생)	0.12
방 광	0.05
유 방(유방암의 발생)	0.05
간 장	0.05
식 도	0.05
갑 상 선	0.05
피 부	0.01
골 표 면(골암의 발생)	0.01
기타조직(악성종양의 발생)	0.05

ICRP 103(2007)

조직	w_T	$\sum w_T$
적색골수, 결장, 폐, 위, 잔여조직[5]	0.12	0.72
생식선	0.08	0.08
방광, 식도, 간, 갑상선	0.04	0.16
뼈 표면, 뇌, 침샘, 피부	0.01	0.04
	합계	1.00

5 잔여조직 : 부신, 흉외기도, 쓸개, 심장, 신장, 림프절, 근육, 구강점막, 췌장, 전립선(♂), 소장, 비장, 흉선, 자궁/자궁경부(♀)

다시 한 번 방사선의 중요 단위를 정리해 보고, 알려진 실효 선량계수를 이용한 등가선량을 계산하는 과정은 다음과 같다.

Bq : 베크렐은 1초 동안 붕괴하는(방사선을 내보내는) 원자의 수를 나타내는 방사능의 단위.

Gy : 그레이는 많은 양의 방사선을 쬐었을 때, 몇 시간~몇 주일 이내에 발생하는 급성 증상인 '확정적 영향'(백혈구의 감소와 장기의 괴사 등)의 추정에 쓰인다. 확정적 영향은 어떤 방사선량 이상에서만 일어난다.

Sv : 시버트는 몇 년 이상 지나서 일어날 가능성이 있는 '확률적 영향'(암·백혈병이나 유전성 영향)을 추정하는데 쓰인다. 명확한 확률적 영향은 약 100 mSv보다 큰 피폭에서 일어난다고 한다.

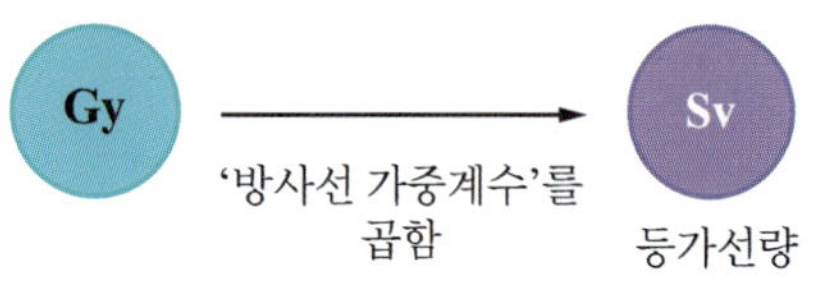

방사선의 종류	방사선 가중계수
알파선	20
중성자선	2.5~20 (에너지의 크기에 따름)
베타선	1
X선, 감마선	1

* ICRP 2007년 권고에서

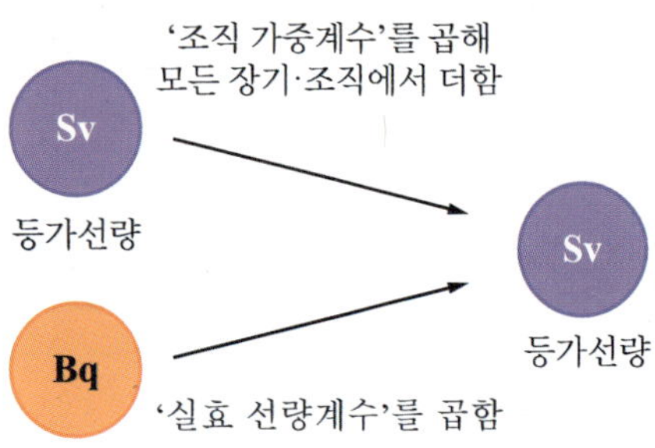

조직·장기	조직 가중계수
생식샘	0.08
골수, 결장, 폐, 위, 유방	각 0.12
방광, 간, 식도, 갑상선	각 0.04
뼈 표면, 뇌, 침샘, 피부	각 0.01
나머지 조직	0.12

* ICRP 2007년 권고에서

물질명	실효 선량계수(유아)	실효 선량계수(성인)
요오드 131	0.00014	0.000016
세슘 137	0.000021	0.000013
플루토늄 239	0.0042	0.00025

* '긴급시의 식품 방사능 측정 매뉴얼'에서(마신 경우, 단위는 mSv/Bq)

실효 선량계수를 사용한 계산이 예

10,000 Bq/kg의 요오드 131이 검출된 시금치를 성인이 1년 동안 매일 20 g(0.02 kg)을 먹는다.
⇒ 10,000 Bq/kg × 0.02 kg × 365일 × 0.000016 mSv/Bq ≒ 1.2 Sv

06 계측통계와 오차

6.1 계수치의 통계적 변동

방사성 동위원소로부터 방출되는 γ선을 계수할 때, 1분간씩 여러 번 반복하여 n_1, n_2, n_3 ... n_i라는 계수치를 얻었을 때, 계수치는 조금씩 차이가 있으며, 측정 결과는 평균값으로 표시한다.

$$n = \frac{\Sigma n_i}{i}$$

방사성 동위원소 원자핵의 수가 N이고, 선원과 검출기의 기하학적 배치에 의해 결정되는 인자를 f라 하며, γ선에 대한 검출기의 효율은 η, 방사성동위원소의 반감기가 τ일 때, t라는 시간동안 계측한다면, 단위 시간당 평균 계수치는 다음과 같이 표현이 된다.

단위시간당 평균 계수치

$$n(t) \propto f,\ \eta,\ N,\ \exp(-t/\tau)$$

반감기가 짧으면 측정을 되풀이할수록, 즉 t가 커질수록 계수치는 작아진다.

방사성붕괴 현상은 반드시 통계적 변동(statistical fluctuation)을 수반하기 때문에 되풀이한 계수치는 동일하지 않다. 그 이유는 다음과 같다.

- 방사성 동위원소 원자핵 붕괴의 인위적 제어는 불가능하다.
- 한 개의 방사성 핵의 붕괴가 다른 원자핵의 붕괴를 촉진시키거나 방해할 수 없이 완전히 개개의 핵이 독립적으로 붕괴한다.
- 한 개의 핵이 어떤 특정 시간에 붕괴하느냐 않느냐의 여부는 오직 확률적으로만 예언이 가능하다.
- 붕괴법칙에 의해 계산되는 어떤 일정한 시간 내에서의 붕괴 원자의 수는 무한히 되풀이한 측정의 평균치를 말함이며 실제로 유한개수의 원자핵에 대해서 측정하여 얻은 결과와는 반드시 일치하지 않는다.

이와 같이 방사성 핵의 붕괴 및 검출에서의 근본적인 통계적 변동은 길이를 측정한다든가 하는 일반적인 물리량 측정 문제와는 판이하게 성격이 틀리다. 따라서 측정 결과의 대표치로서 평균치를 구하고, 그 오차를 추정하여 실험 결과를 평가하거나 측정을 바르게 능률적으로 하기 위해서 통계에 대한 기초적인 지식이 필요하다.

6.2 산술평균

N번 계측하여 x_1, x_2, x_3, ... x_N의 값들을 얻었다면 이때의 산술평균은,

$$\overline{x} = \frac{1}{N}\sum_{i=1}^{N} x_i$$

진정한 산술평균 값은 계측을 무한대 측정해야 가능하므로, 우리들은 실제로 참 산술평균 값을 예측할 뿐이다.

충분히 많은 실험을 하였다면, 참 산술평균은 $\overline{x_t}$ 이고, 특정한 계측치 x_i 의 오차(error)는, $\Delta_i = x_i - \overline{x_t}$ 이다. 즉, x_i는 $\overline{x_t}$ 와 Δ_i만큼 차이가 난다. 평균값에서 분산된 N개의 데이터의 정밀도는 다음과 같이 표시한다.

$$\sigma_t^2 = \frac{1}{N}\sum_{i=1}^{N}\Delta_i^2 = \frac{1}{N}\sum_{i=1}^{N}(x_i - \overline{x_t})^2$$

여기서 σ_t^2을 데이터의 분산(variance)이라 하고 각 data의 오차를 제곱한 것의 평균값이다. 이 분산의 제곱근, σ_t는 계측값 x_i의 평균오차를 나타낸다.

실제로는 $\overline{x_t}$를 구할 수 없으므로 데이터의 분산값을 예측할 수만 있다.

$$\sigma^2 = \frac{1}{N-1}\sum_{i=1}^{N}(x_1 - \overline{x})^2$$

다음 그림은 (주)에프티랩에서 실험한 것으로, 실제로 실내 공간의 라돈을 측정할 때의 통계적 변동을 보여주고 있다.

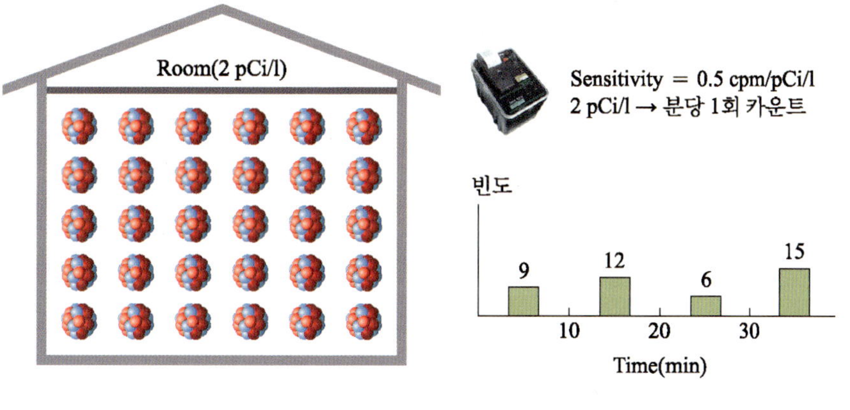

실내 라돈의 농도가 2 pCi/liter로서 일천만원 이상의 고가형 측정기(감도 0.5 cpm/pCi/liter)로도, 10분에 항상 10 카운트가 안된다는 것에 주목하라.

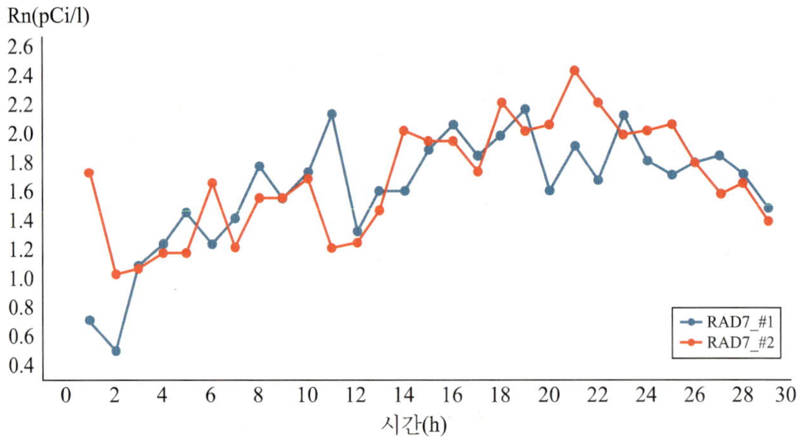

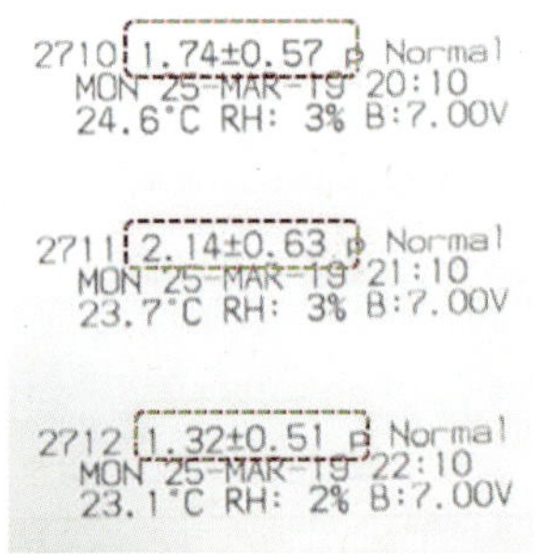

▲ 190325 RAD7 2set 실내 공기 중 30시간 측정

고가형 측정기를 가지고도 두 측정기의 각 시간별 수치에는 의미 있는 차이가 존재한다. 그 이유는 방사성 붕괴의 통계적 변동 때문이다.

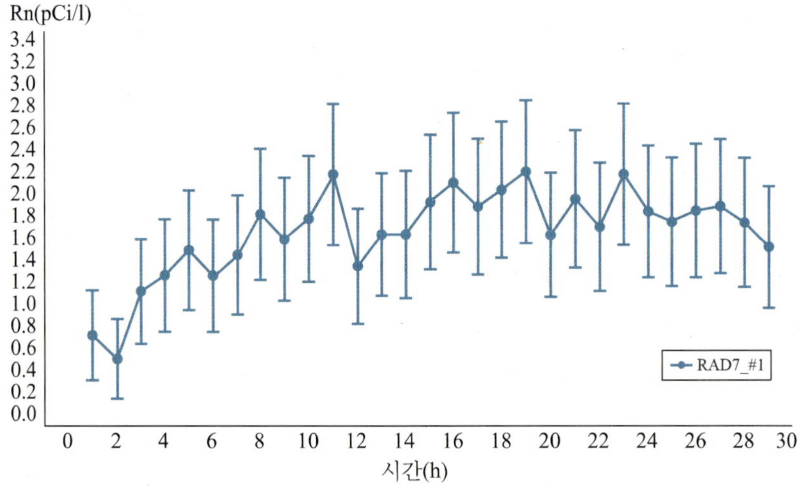

이전 그림의 오차막대(error bar)는 측정오차를 의미하는 것이 아니라, 각 측정 시점에 붕괴하는 방사성 핵의 내재적 또는 통계적 불확실성을 표현하는 것이다.

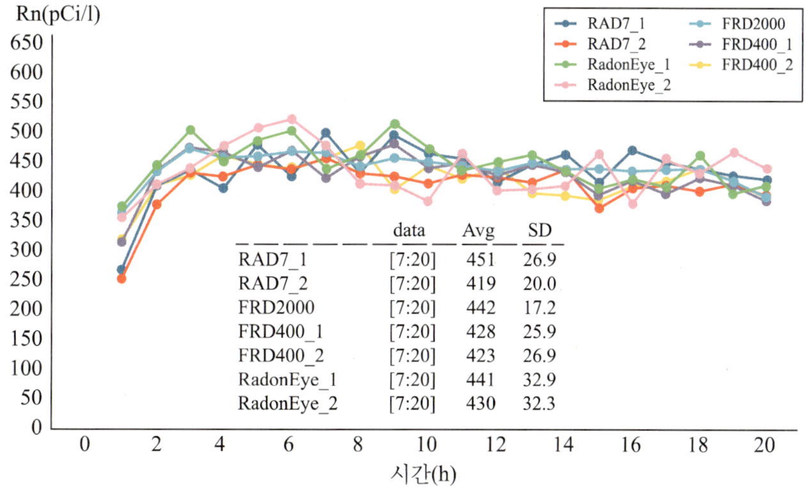

동일한 공간에서 여러 개의 라돈측정기를 사용하여 얻은 데이터를 평가하여 보면, 특정 시간에는 측정기 마다 계측수의 변동은 존재한다. 그러나 많은 회수의 측정을 했을 때, 그 값은 서로 일정한 범위에서 일치하는 것을 볼 수 있으며, 국내에서 개발된 저가형 라돈측정기인 라돈아이의 데이터도 그 수치가 정확하다는 것을 알 수 있다.

6.3 평균의 분산과 측정된 평균의 신뢰도

계산된 평균값, $\overline{x}$가 참 평균값 $\overline{x_t}$에 얼마나 가까운지를 고려할 필요가 있다. 전체 데이터의 개수가 N이라면, 계산된 평균값의 분산, $\sigma_{\overline{x}}^2$은

$$\sigma_{\overline{x}}^2 = \frac{\sigma^2}{N} = \frac{1}{N(N-1)} \sum_{i=1}^{N} (x_i - \overline{x})^2.$$

계측 실험의 결과는 보통 다음과 같이 기록된다.

$$\bar{x} \pm k\sigma_{\bar{x}}$$

여기서 k는 계산된 평균값의 오차의 크기를 결정하는 상수이다. 참 평균이 분포 $\bar{x} - k\ \sigma_{\bar{x}}$와 $\bar{x} + k\ \sigma_{\bar{x}}$에 놓일 확률을 P라고 하면,

k	P	Error Range Called
0.6745	0.5	probable error
1.0	0.6827	standard error
1.6449	0.9	reliable error
1.96	0.95	95 % limits
2.0	0.9545	2σ limits
2.5758	0.99	99 % limits

따라서 만일 여러 번 측정한 것들의 평균이 200 min^{-1}이고 $\sigma_{\bar{x}} = 10$ min^{-1}이라면,

- Probable error는 ± 6.7 min^{-1}이고 50%의 확률로 true mean은 193.3과 206.7 min^{-1} 사이에 놓여진다.
- 2σ limits는 ±20 min^{-1}이고 95.5%의 확률로 true mean은 180과 220 min^{-1} 사이에 놓여진다.

6.4 단일 계측의 오차 한계와 누적오차

오직 하나의 data 값만 있을 경우 각각의 근사치는 다음과 같다.

$$\bar{x} \cong x \text{ and } \sigma_{\bar{x}}^2 \cong x \text{ so that } \sigma_{\bar{x}} \cong x^{1/2}$$

따라서 단일 계측 실험의 결과는 보통 다음과 같이 기록 된다.

$$\bar{x} = x \pm kx^{1/2}$$

대부분의 자동 계측기는 방사성 시료를 한번 계측한 후에 그 결과를 2 σ limits의 error range, 또는 percentage error로 프린트 해낸다.

$$x \pm 2x^{1/2} \text{ or } E = \frac{2x^{1/2}}{x} \times 100\%$$

방사성 물질을 계측하면 일반적으로 배경 방사선(우주선, 지상으로부터의 자연 방사선 등)에 의한 계측수를 빼 주어야 한다. 이때 최종 결과의 오차 한계도 변한다.

$$(A \pm a) + (B \pm b) = (A + B) \pm (a^2 + b^2)^{1/2}$$

$$(A \pm a) - (B \pm b) = (A - B) \pm (a^2 + b^2)^{1/2}$$

$$(A \pm a) \times (B \pm b) = (A \times B) \pm (a^2B^2 + A^2b^2)^{1/2}$$

$$\frac{(A \pm a)}{(B \pm b)} = \frac{A}{B} \pm \left(\frac{a^2B^2 + A^2b^2}{B^4}\right)^{1/2}$$

6.5 계측에의 응용

① E%의 standard error limit(**표준 오차 한계**)**을 얻기 위한 필요 계측시간**

낮은 방사능의 시료를 계측할 때 특정한 error limit를 얻으려면 얼마나 오래 방사능을 계측하여야 하는지 알고 싶은 경우가 많다. 만일 충분한 시간 t동안 시료를 계측하여 N이라는 계측수를 얻고 이때의 표준 오차 한계가 E%($k=1$)이기를 바란다면(배경 방사선은 무시), 먼저 1분 또는 약간 더 길게 계측하여 계측율 R min^{-1}을 얻는다.

이때 $N = Rt$이고 계측수 N에 대한 표준 오차 한계는 $\pm N^{1/2}$이고 이를 퍼센트로 바꾸면, $\pm \frac{N^{1/2}}{N} \times 100\%$이고, 따라서 $E = \frac{100}{N^{1/2}} = \frac{10^2}{(R\ t)^{1/2}}$

이고 이때 $t = \frac{10^4}{RE^2}$ min이다.

② 시료만 계측했을 때 최소한의 오차를 얻기 위한 시료와 백그라운드 계측 시간의 배분

시료에 의해 방출되는 방사능을 계측하는 표준 방법은 시료와 background에 의한 방사능을 계측하고 두 번째로 background만을 계측한 뒤, 두 값을 빼주는 것이다. 시료만 계측했을 때의 오차 한계는 따라서 background에 대한 오차 한계와 시료와 background를 합한 것의 오차 한계에 모두 의존한다. 이는 두 계측 시간을 조절함으로써 최소화 시킬 수 있다.

만일 백그라운드와 (백그라운드+시료)에 대한 대략적인 계측율을 각각 R_b, R_{S+b} min^{-1}라고 하고, 필요한 계측 시간을 각각 t_b, t_{S+b} min라면, 시료를 계측한 것에 대한 분산값은, $\sigma_{\overline{S}}^2 = \frac{R_{S+b}}{t_{S+b}} + \frac{R_b}{t_b}$이고 표준 오차 한계

는 $\pm \sigma_{\overline{S}}$이고 다음과 같은 조건을 갖은 최소 $\sigma_{\overline{S}}$ 값을 찾아야 한다.

$t_b + t_{S+b} = t_{total}$, 여기서 t_{total}은 일정한 전체 계측 시간이다.

$$R_S \pm \sigma_{\overline{S}} = \left(\frac{N_{S+b}}{t_{S+b}} - \frac{N_b}{t_b}\right) \pm \left[\left(\frac{(N_{S+b})^{1/2}}{t_{S+b}}\right)^2 + \left(\frac{(N_b)^{1/2}}{t_b}\right)^2\right]^{1/2}$$

여기서, $\left(\frac{(N_{S+b})^{1/2}}{t_{S+b}}\right)^2 = \left(\left(\frac{N_{S+b}}{t_{S+b}}\right)^{1/2} \times \frac{1}{t_{S+b}^{1/2}}\right)^2 = \left(R_{S+b}^{1/2} \times \frac{1}{t_{S+b}^{1/2}}\right)^2$

$$= \left(\left(\frac{R_{S+b}}{t_{S+b}}\right)^{1/2}\right)^2 = \frac{R_{S+b}}{t_{S+b}}$$

처음 식을 미분하면, $2\sigma_{\overline{S}}\, d\sigma_{\overline{S}} = \frac{-R_{S+b}}{t_{S+b}^2} dt_{S+b} - \frac{R_b}{t_b^2} dt_b$

여기에 오차가 최소로 되는 조건 $d\sigma_{\overline{S}}=0$과 측정 시간이 일정한 조건 $d(t_b+t_{S+b})=0$ 또는 $dt_b=-dt_{S+b}$을 대입하면, $\frac{R_{S+b}}{t_{S+b}^2}dt_b-\frac{R_b}{t_b^2}dt_b=0$

이고 따라서 $\frac{t_b}{t_{S+b}}=(\frac{R_b}{R_{S+b}})^{1/2}$이다.

예제

백그라운드의 측정 시간을 합하여 측정에 사용되는 시간이 90분 밖에 없을 경우, 그 시간에서 오차를 최소로 하기 위해서는 시료 및 백그라운드의 측정 시간을 어떻게 배분하는 것이 좋은가? 다음의 (a) 및 (b)에 대해 구하고 또 양쪽에 대한 상대오차(%)를 구하라.

(a) 백그라운드를 포함한 계수율, $R_{S+b}=1500$ cpm(counts per minute) 및 백그라운드의 계수율 $R_b=35$ cpm.

(b) $R_{S+b}=150$, $R_b=20$ cpm일 때

풀이

(a) $\frac{t_b}{t_{S+b}}=(\frac{R_b}{R_{S+b}})^{1/2}=(\frac{35}{1500})^{1/2}=0.15$

$t_{S+b}+=90$분이므로 $t_b=12$분, $t_{S+b}=78$분

상대오차(%)는 시료에 대한 계수율 $R_S=R_{S+b}-R_b$이므로,

$$\frac{\sigma_S}{R_S}\times 100=\frac{(\frac{1500}{78}+\frac{35}{12})^{1/2}}{1500-35}\times 100$$

$$=\frac{4.7}{1465}\times 100=0.31\,\%$$

(b)에서는 (a)과 같이 계산하여

$\frac{t_b}{t_{S+b}}=0.36$, $t_{S+b}+t_b=90$분이므로, $t_b=24$분, $t_{S+b}=66$이 된다.

상대오차는, $\frac{\sigma_S}{R_S}\times 100=\frac{(\frac{150}{66}+\frac{20}{24})^{1/2}}{150-20}\times 100=1.35\,\%$

즉, 일반적으로 계수율이 높으면 오차가 줄어든다.

연세대학교 실내환경연구실(IAQC Lab. : Indoor Air Quality Control Laboratory)의 라돈관련 연구개발과 교육 및 홍보 이야기

필자는 연세대학교 화학과를 졸업한 후, 미국 Purdue 대학에서, 국내에서 2021년을 목표로 열정적으로 구축 중인, 중이온가속기(Heavy Ion Accelerator)를 이용한 핵반응 메카니즘의 연구로 석사와 박사학위를 취득한 후에 1990년 한국원자력연구원에 유치과학자로서 2년 여간 태릉에 있는 연구용원자로 TRIGA(Training, Research, Isotopes, General Atomics) Mark-III를 이용한 중성자 활용 연구를 수행하였습니다.

▲ 미국 브룩헤븐(Brookhaven) 국립연구소의 중이온 가속기, RHIC(Relativistic Heavy Ion Collider)의 빔라인 사진
* 출처 : https://www.bnl.gov/rhic/rhic.asp)

▲ 연구용원자로 내부 사진 * 출처 : 한국원자력연구원

이 후 1993년 3월에 큰 포부와 기쁨을 안고 나의 자랑스럽고 아름다운 연세대학교 원주캠퍼스에 교수로 부임하였습니다. 이후 실내 환경 연구에 많은 관심을 갖게 되었습니다. 여러 이슈 중에서 특히 미국이나 유럽 등 선진국에서 적극적으로 관리하고 있으나, 국내에서는 아직 생소한 라돈연구에 많은 관심을 갖게 되며, 1995년 지금은 안타깝게도 없어진 (주)정일건설과 공기청정기 관련 공동연구를 진행하던 중에, 미국에서 공기질 관리 분야의 전문가로 활동하시다가 갓 귀국하셔서 (주)정일건설에서 근무하고 계셨던 이방원실장님과 라돈 관련 연구개발에 공동의 관심을 갖게 됩니다. 이후 상기 회사의 큰 도움으로 미국의 라돈 연구소를 방문하여 미국 최초의 라돈 챔버 설계도를 가져와 1996년 연세대학교 원주캠퍼스에 국내 최초의 라돈 챔버를 구축하였습니다. 모든 연구가 마찬가지지만, 라돈 연구 역시, 라돈의 정확한 측정이 일차적으로 제일 중요합니다. 이에 라돈 측정 데이터를 스스로 보증하고 교정할 수 있는 라돈 챔버의 구축은 매우 중요하고, 이것이 라돈 연구의 시작인 것이라고 할 수 있습니다.

▲ 국내에 최초로 구축된 연세대학교 라돈 연구용 챔버

국내의 부족한 평화적 목적의 핵관련 기술을 해소하고자 지속적으로 국제원자력기구(IAEA : International Atomic Energy Agency)와의 공동연구를 추진하고, 세계적인 핵과학자들을 국내 유치하여 다양한 연구를 수행하였으며, 특히 구소련 시절, 평화적 목적의 핵연구를 핵심적으로 수행해오며, 최고 3,000 여명의 인원을 가졌던, 우즈베키스탄의 핵물리연구소(INP : Institute of Nuclear Physics)와의 인연을 1996년부터 현재 까지 이어오고 있습니다. 1995년 충청남도 대덕에서 있었던 아시아연구용원자로 국제 심포지엄에서 우연하게 우즈베키스탄 핵물리연구소장이었던 Yuldashev 박사(후에 우리나라의 과학기술부 장관 격인 우즈베키스탄 과학기술아카데미 위원장이 됨)와 공동좌장을 맡은 계기로, 수시로 상호 방문 교류하여, 해당 연구소의 많은 과학자들을 한국으로 유치하여 다양한 라돈과 핵기술 관련 연구를 수행하였습니다.

▲ 우즈베키스탄 핵물리연구소장 집무실에서의 사진. 좌측에서 두 번째가 Yuldashev 소장, 좌측 첫 번째는 Khaydarov 박사, 맨 우측은 대외 교류 담당 부소장

특히 Rashid Khaydarov 박사와의 인연은 각별하여, 2014년 안타깝게 사망하실 때까지 18년간 서로 상대 국가를 오가며 다양한 연구를 진행하였고, 요즈음 국내외에서 많이 사용되는 라돈아이 개발의 기초를 제공해 주셨던 그 분을 추모하기 위해, 가끔 우즈베키스탄을 방문하여, 같은 연구소에서 근무하고 있는 그 분의 아들 Renat Khaydarov 박사와 묘소를 찾아가, 하이다로프 박사의 그 온화하면서도 연구개발에 열정적인 모습을 추억하기도 합니다.

▲ Khaydarov 박사와 함께 찍은 사진 - 이슬람 문명의 중심지인 사마르칸(Samarkan)과 우즈베키스탄의 수도 타슈켄트에 있는 Timur Amir 동상 앞에서 찍은 사진(우측 끝에 하이다로프 박사 아들인 Renat Khaydarov 박사)

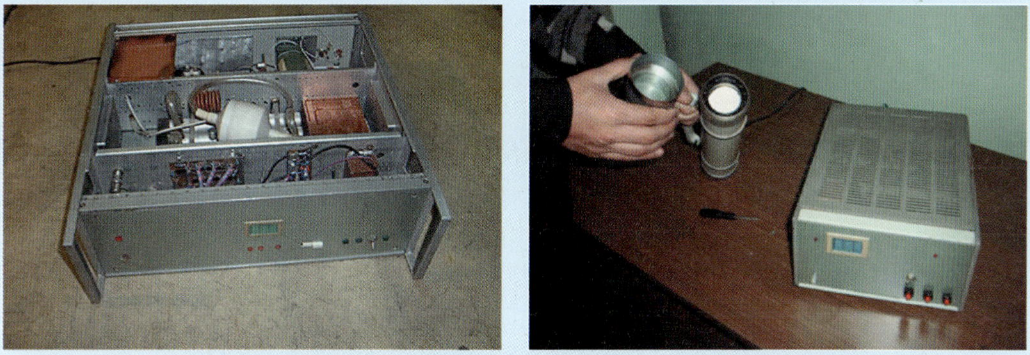

▲ Khaydarov 박사와 공동 개발한 건축자재 방출 라돈 측정기와 Flow Proportional 라돈 측정기 초기 모델

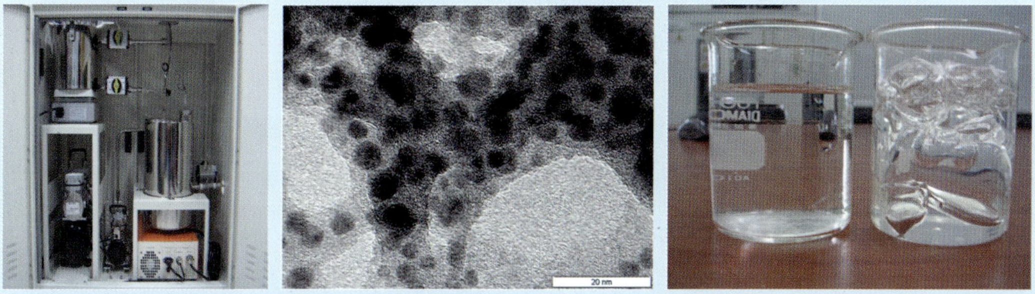

▲ Khaydarov 박사와 공동 개발한 라돈 저감용 나노탄소 제조기와 제조된 나노탄소의 전자현미경 사진. 가장 우측 사진은 침투형 라돈차단제

라돈 챔버를 설치, 운용한 뒤에 다양한 라돈 연구 용역을 수행하였습니다. 특히 1998년부터 2년간 한국전력의 요청으로 '원자력 발전소 내 라돈농도 분포 및 피폭선량 평가' 과제를 수행하여, 라돈 자손 핵종을 실시간 감시하여 피폭선량인 mSv로 바로 환산이 가능한 라돈 자손 핵종 실시간 측정 시스템과 소프트웨어를 LabVIEW라는 graphical 컴퓨터 언어로 직접 개발 완료하여 라돈 연구 능력이 크게 향상되었습니다.

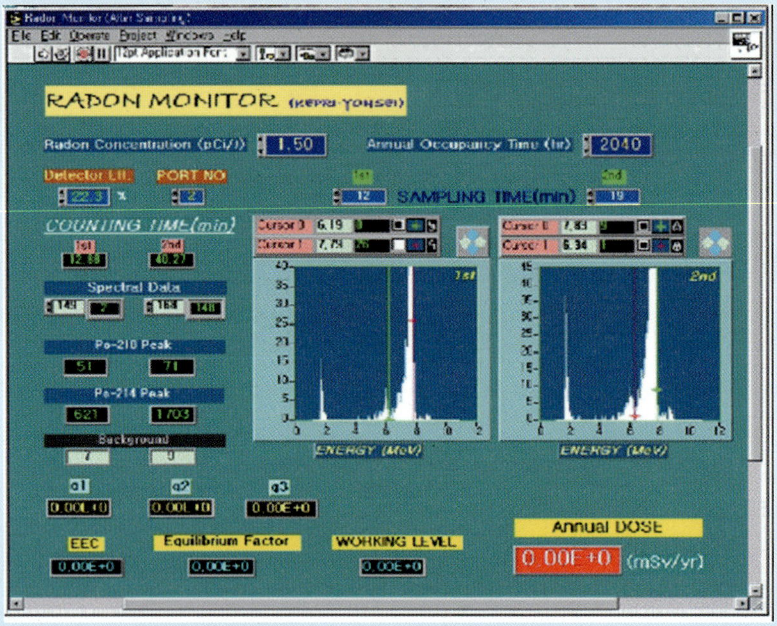

▲ 필자가 직접 프로그래밍하여 인터페이스한 라돈 실시간 감시 및 선량계산 소프트웨어

이전에는 LabVIEW라는 패키지를 이용하여 한국원자력연구원에서 사용하고 있는 중성자방사화 분석을 위한 소프트웨어도 개발하여 제공하기도 하였습니다.

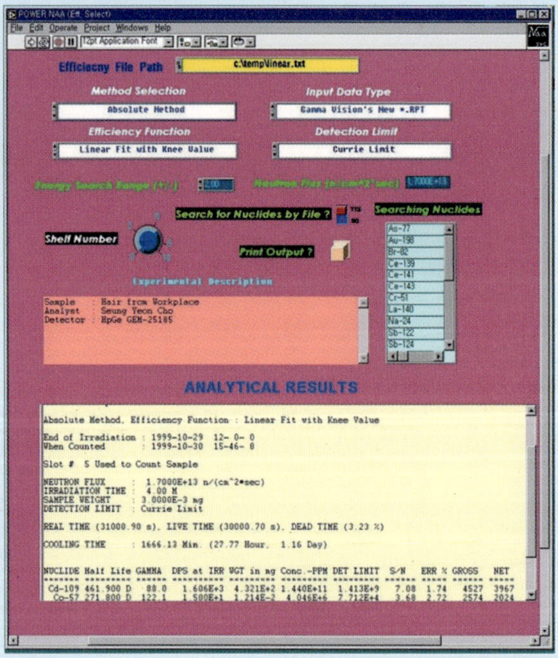

▲ 중성자방사화 분석용 프로그램 Power NAA(Neutron Activation Analysis)

이후 간헐적으로 라돈과 관련된 TV, 라디오 방송에 출연하고 자문하였으며, 라돈과 원자력에 관하여 다양한 신문과 잡지에 기고를 하였습니다. 그러다가 2006년 가을에 그 당시 시청률이 꽤 높았던, 엄기영 앵커가 진행하는 MBC 뉴스데스크에서 라돈 뉴스를 기획하여, 2달여간 촬영 협조를 하고, 9시 뉴스에서 7분여간 라돈 특별방송을 하였습니다. 이 뉴스가 당시 큰 관심을 끌어 환경부에서는 라돈 관련 대책 회의를 착수하였고, 필자는 2007년부터의 국가라돈관리 종합대책 수립에 중심적 역할을 수행하였습니다. 이후 정부는 예산 문제로, 계획대로 대책이 수립되진 않았지만, 그래도 차근차근 라돈 관리 대책을 완성하고자 노력하고 있습니다.

▲ 2006년 가을에 방송된 MBC 뉴스데스크의 라돈 관련 기획방송

이후 다양한 언론에 라돈 관련 기고를 하고, 여러 방송국의 라돈 관련 뉴스와 라돈 관련 기획프로그램(KBS의 추석60분, 생로병사의 비밀, 위기탈출 넘버원, MBC의 스트레이트, 미라클, 불만제로, JTBC의 이규연의 스포트라이트와 탐사코드 등)의 제작을 전문가로서 지속적으로 자문하고, 가능하면 국민들의 입장에서 인터뷰 해오고 있습니다.

자연방사성 물질의 불안감

주택 '라돈 오염' 막는다

아파트 75가구 새집증후군 조사

일본 기준 통과한 곳 '0'

라돈, 기준치의 최대 48배 나온 교실
조사 전까지 농도 높은 사실도 몰라

RADON

안방-교실-일터까지… 기준 초과 검출 요주의

중앙일보

"라돈 폐암 한 해 2000명인데 대책은 부처별로 제각각"

▲ 다양한 신문과 잡지에의 라돈 관련 기고

▲ 라돈과 관련된 여러 방송사의 제작 자문과 인터뷰

그동안 환경부, 원자력안전위원회, 교육부, 고용노동부, 식품의약품 안전처, 국토교통부, 국방부, 산업자원부 등 다양한 부처에 라돈과 원자력 관련 자문요청에 기꺼이 최선을 다하고 있으나, 이제는 국민들이 가장 두려워하는 것 중의 하나인 방사능 중에서, 자연방사능이자 생활방사능인 라돈만큼은 한 부처에서 집중적으로 관리할 수 있기를 간절히 소망하고 있습니다. 정부 정책 관련 보고서로는, 2008년 '라돈 측정 장비 검·교정 규격 수립', 2009년 '라돈 고노출 경로 관리 체계 구축', 2010년 '국가 라돈 저감 시범 사업', 2011년 '실내 라돈 저감 매뉴얼', 2012년 '자연방사성 물질 국가배경농도 조사를 위한 사전 연구'와 2010년부터 2018년 까지 자연방사능 환경보건센터로 지정되어 운영한 보고서 등이 있으며, 라돈 측정 기술과 관리 관련 여러 학술 논문과 십여 개의 관련 특허도 출원하였습니다.

대국민 라돈 교육과 홍보 및 여러 민간 기업의 연구 개발 자문 등, 1995년부터 매우 다양한 활동을 하고 있으며. 2010년 환경부에서 자연방사능 환경보건센터로 지정된 이후 더욱 활발하게 활동을 하였습니다. 그 중 중요한 활동을 요약하면 다음과 같습니다.

- 라돈 포스터 콘테스트
- 다수의 청소년 일일 라돈 캠프
- 다수의 연세대학교 라돈 환경 봉사단 창단
- 어린이 과학동아와 '우리 집 라돈 프로젝트' 진행
- 전국 고교생 환경(라돈) 학술 대회
- 환경보건교실 중 라돈 부문 다수 운영
- 다수의 지역 사회와 함께하는 라돈 강좌
- 다수의 라돈 측정·관리 전문가 양성 교육
- 다수의 공무원 대상 라돈 강좌
- 다수의 보육원 교사 대상 실내 환경 교육
- 대국민 라돈 가이드북 제작
- 만화로 보는 생활 속의 라돈 제작

▲ 라돈 포스터 콘테스트와 수상작

▲ 청소년 일일 라돈 캠프 행사 사진들

▲ 연세대학교 라돈 환경 봉사단 창단식 사진들

출동! 기자단

우리집 라돈 프로젝트

실내 공기를 지켜라!

연세대학교 환경보건센터와 〈어린이과학동아〉가 함께한 '라돈 프로젝트'가 지난 4월 라돈캠프를 끝으로 한 달 간의 활동을 마무리했어요. 라돈 프로젝트 참가자로 선발된 30가정의 라돈 농도는 어떻게 나왔을까요? 폐암을 일으키는 조용한 살인자, 라돈으로부터 〈어린이과학동아〉 독자들의 집은 과연 안전했을까요?

라돈 프로젝트, 어떻게 진행됐을까?

우리집 라돈 농도를 측정하는 라돈 프로젝트는 지난 3월부터 진행됐어요. 30가정을 선발하는데 100가정이 지원할 만큼 관심이 뜨거웠지요.

자연방사성 물질 라돈은 토양으로부터 실내로 들어와요. 공기 중을 떠돌다 숨을 쉴 때 폐로 들어가 폐암을 일으키지요. 라돈은 세계보건기구에서 흡연 다음으로 폐암을 일으키는 1급 발암물질로 정할 만큼 위험한 물질이에요. 그래서 미국 등 선진국에서는 집을 사고 팔 때 우리집 라돈 농도를 반드시 밝히도록 하고 있지요. 하지만 아직 우리나라에서는 라돈의 위험성이 많이 알려지지 않았답니다.

먼저, 지난 3월 18일 프로젝트 참가자들을 대상으로 오리엔테이션이 열렸어요. 오리엔테이션에서는 연세대학교 조승연 교수님의 강의와 함께 눈에 보이지 않는 방사선을 확인할 수 있는 '안개상자 실험', 그리고 라돈 농도 측정 방법에 대한 안내가 있었지요. 라돈 농도가 높은 실내 공기를 호흡하면 폐암에 걸릴 가능성이 높아진다는 교수님의 말씀에 부모님들도 큰 관심을 보였어요.

라돈 농도는 실시간 측정기 '라돈아이'로 측정할 수 있어요. 연구진은 참가자들에게 라돈아이 기기 및 앱 사용법과 1주부터 4주까지 주차별로 조건을 달리해 실험하는 방법, 실험일지 쓰는 방법 등을 설명해 주었어요.

오리엔테이션에 참가한 신지민 학생은 "우리 눈에 보이지 않는 방사선이 안개상자 안에서 톡톡 튀어오르는 모습을 보니 정말 신기했다"며, "앞으로 우리집 라돈 농도가 어떻게 나올지 정말 궁금하다"고 말했답니다.

라돈 프로젝트 실험 방법

1주차	평소와 다름없이 생활하며 라돈 농도를 측정한다.
2주차	1주차와 동일한 장소에서 환기를 하지 않은 상태로 라돈 농도를 측정한다.
3주차	역시 동일한 장소에서 하루 3번, 10분씩 환기를 하여 라돈 농도를 측정한다.
4주차	자유 주제를 선택해 실험 진행 ① 라돈 농도를 떨어뜨리는 방법 찾기 ex) 식물, 숯, 공기청정기 등을 활용 ② 다양한 장소의 라돈 농도 알아보기 ex) 교실, 사무실 등

▲ 어린이 과학동아에 실린, 과학동아와 함께 진행했던 라돈 프로젝트 내용

▲ 전국 고교생 환경(라돈) 학술대회 모습

▲ 대국민 라돈 가이드북과 만화로 보는 생활 속의 라돈

2016년부터는 '연세 라돈 이야기'를 비정기적으로 발행하기도 하였죠.

▲ 라돈 관련 새로운 국내외 소식과 연구 개발 등 다양한 내용의 연세 라돈 이야기

2015년부터는 연세대학교에 라돈안전센터를 설립하여, 지금까지 라돈 관련 교육과 인증 및 라돈 관리 플랫폼을 운영하고 있기도 합니다. 향후 더 잘 확대 운영되어 국내외 라돈 관리의 중심이 되고자 노력하려 합니다.

▲ 연세대학교 라돈안전센터 로고와 카탈로그

라돈은 그 질량수가 222이므로 2017년부터는 매년 2월 22일을 라돈의 날로 지정하여 다채로운 행사를 통해 주변에 라돈의 위험성과 관리의 편이성을 널리 알리고 있습니다.

▲ 연세대학교 라돈안전센터의 2019년 2월 22일 '제3회 라돈의 날' 행사. 한국여성유권자 서울연맹과 공동 주최하고 (주)세스코와 한국표준협회 등이 후원함.

그동안 연구를 통해 가장 먼저 확보하고 싶었던 것은 측정 또는 진단 장비였습니다. 이에 다양한 정부 지원으로 국내 최초로 반도체 라돈 측정기를 개발 완료하였으며, NaI 및 CsI 감마선섬광 검출기와 활성탄 캐니스터 등의 측정 방법을 개발하여 연구실에 설치 운영하였습니다. 그러나 상기 방법들은 선진국의 방법 등과 별 차별화가 이루어지지 않았으며, 번거롭고 시간이 걸리는 방법들이었습니다. 이에 앞에서 여러 번 언급한 이온화 챔버 형태의 실시간 라돈검출기 개발에 집중하였으며, 여러 개발자들과의 공동의 노력을 바탕으로 성공하여, 현재 세계 최고의 가격대비 성능이 우수한 라돈 진단 장비로 국내외적으로 인정받고 있습니다.

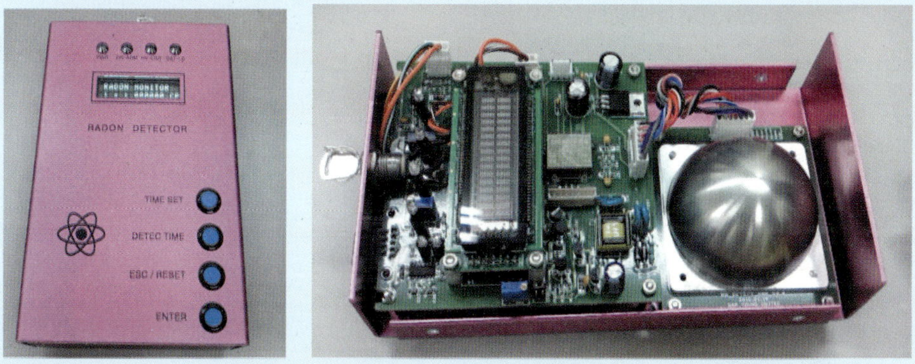

▲ 국내 최초 개발된 반도체형 라돈 검출기

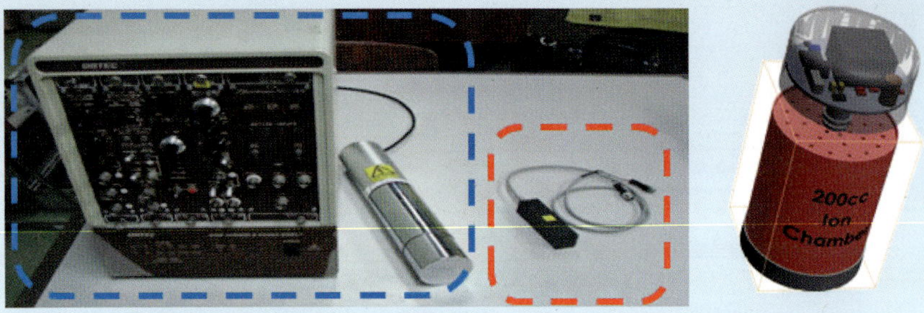

▲ CsI 섬광체를 이용하는 라돈 자손 핵종 방출 감마선 검출기와 이온화 챔버 방식 라돈 측정기의 초기 모델 디자인

더불어 라돈의 저감 또는 관리를 위해 다양한 기술 개발을 시도하였으며, 현재 일부는 상용화가 되어 현장에서 적용되고 있습니다.

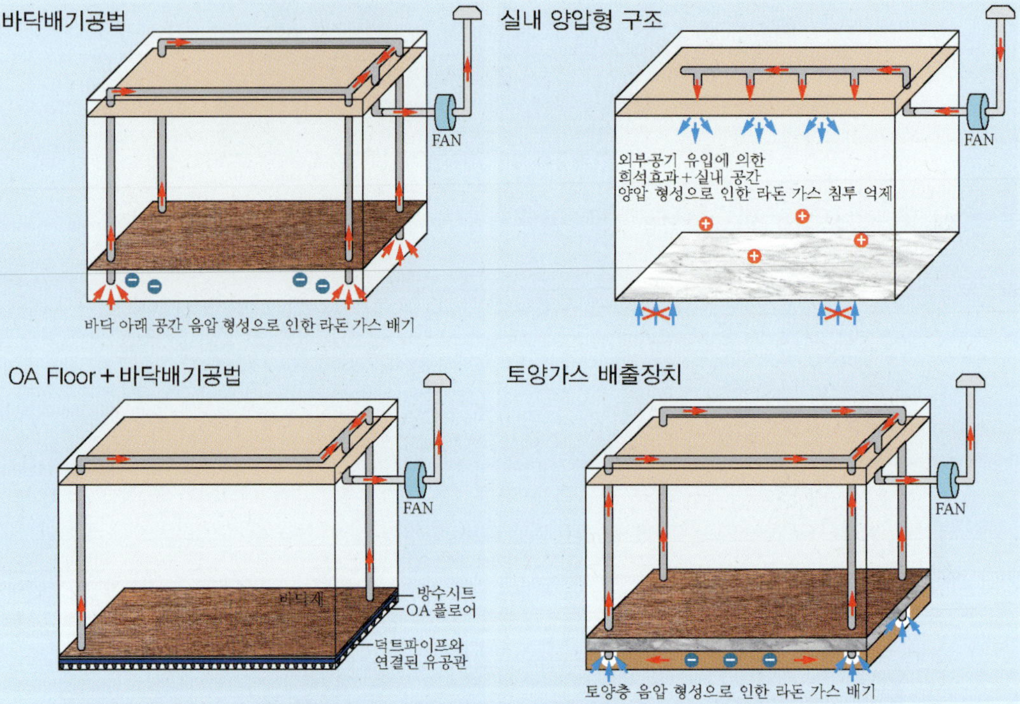

▲ 라돈 관리를 위해 연구 개발된 다양한 환기 방법

열교환(현열교환)이 가능하면서 라돈센서가 내장되어, 실내 라돈 농도에 따라 효율적으로 작동되는 스마트 라돈 환기시스템(DCV : Demand Controlled Ventilator)을 개발하여 현장에 설치, 그 효용성을 입증하기도 하였으며, 향후 스마트홈과 IoT 기술의 발전과 더불어 그 활용도가 더 커지리라고 예상합니다.

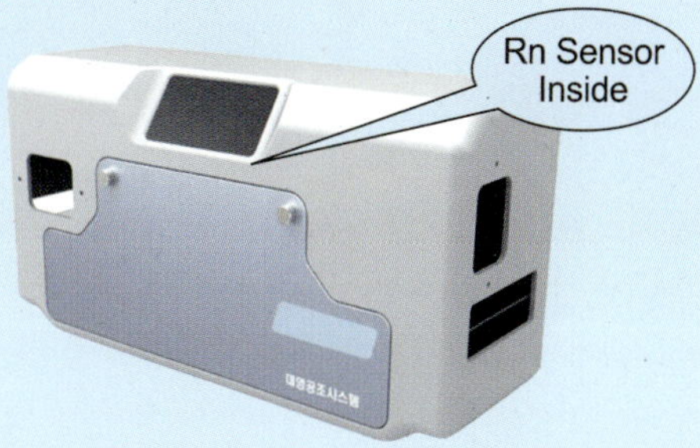

▲ 스마트 라돈 환기시스템 에어캐슬

라돈은 우리 눈으로는 전혀 볼 수 없으므로 라돈의 거동을 시각적으로 표현하기 위해서 전산유체역학(CFD : Computerized Fluid Mechanics)을 이용하는 전산모델링 기법을 개발하기도 하였습니다.

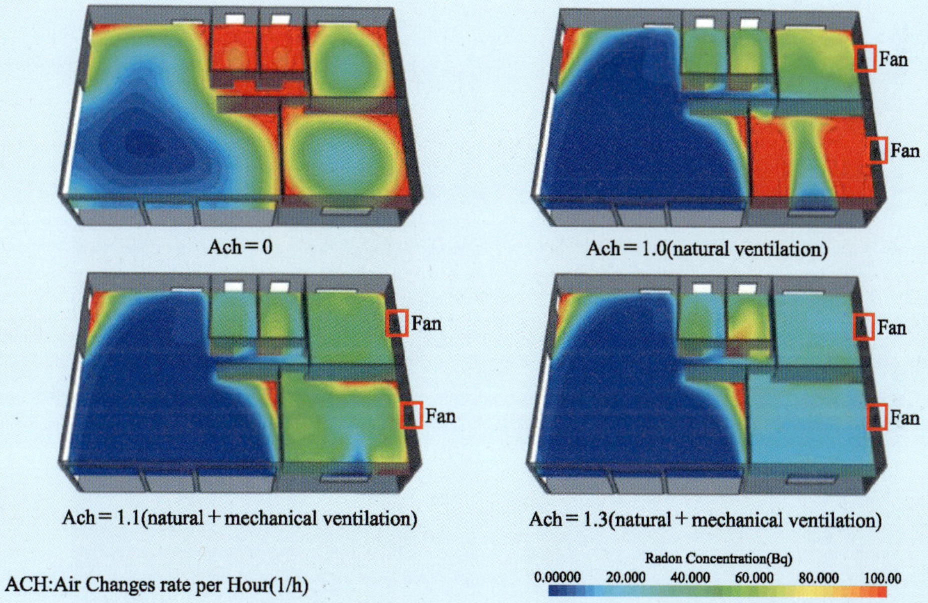

▲ 라돈의 실내 방출에 대한 전산모델링 실시 예

건축자재 또는 콘크리트 벽에서 방출되는 라돈을 차단, 흡수 또는 흡착하기 위한 재료 연구를 다양하게 진행하였습니다. 연구를 위해 직접 우라늄이 많은 토양을 확보하였으며, 라돈이 다량 방출되는 벽돌을 실험실에서 직접 제조하여 라돈 저감 연구를 폭 넓게 수행하였습니다. 또한 라돈 저감재의 현장 평가를 위하여 필자 아파트의 작은 방에 다량의 우라늄이 함유된 토양을 매우 가는 가루로 만든 후, 벽에 칠하여 실내 라돈 농도를 의도적으로 높여 다양한 현장 평가를 진행하였습니다. 이를 통해 매우 유용한 재료들이 선택되었고, 현재 상용화되어 실내 라돈 저감에 유용하게 사용되고 있습니다.

▲ 우라늄 셰일 벽돌의 제조와 라돈 저감재 실험 모습

▲ 라돈 저감 현장 실험을 위한 우라늄 셰일의 벽면 도포 모습

다양한 라돈 관리 방법이 적용되어, 항상 기준치 1/2 이하의 라돈 농도를 유지하고 있는 국내 최초의 라돈 프리 하우스를, 당시 연세대학교 원주캠퍼스 부총장이셨던 이인성교수님의 관심과 도움으로 연세대학교 원주캠퍼스 내에 건축되어, 개인적으로도 큰 기쁨이었으며 많은 분들의 관심을 받기도 하였습니다. 다양한 분들이 견학하여 라돈 관리가 결코 어렵지 않음을 경험하고 있습니다.

▲ 전나무 숲에 둘러싸인 연세대학교 원주캠퍼스 내의 라돈 프리 하우스와 내부 전경

본 라돈 연구실에서는 2014년 4월 대한민국 라돈 지도의 완성을 위해, 여러 관계 부처의 도움으로 우리 땅 독도를 직접 방문하여 머물면서, 독도 수비대의 숙소 내부와 독도 등대 내부의 실내 라돈 모니터링을 수행하고, 일부 암석과 토양을 수집하여 우라늄, 라듐 등 자연방사성 동위원소의 농도를 파악하여 일부 논문에 기여를 하였습니다.

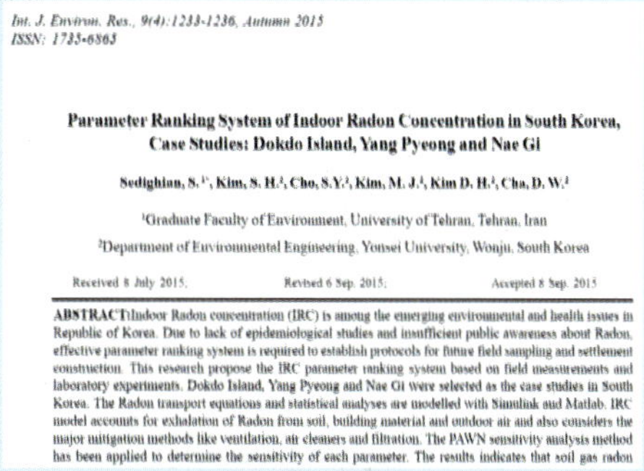

Int. J. Environ. Res., 9(4):1233-1236, Autumn 2015
ISSN: 1735-6865

Parameter Ranking System of Indoor Radon Concentration in South Korea, Case Studies: Dokdo Island, Yang Pyeong and Nae Gi

Sedighian, S.[1*], Kim, S. H.[2], Cho, S.Y.[2], Kim, M. J.[2], Kim D. H.[2], Cha, D. W.[2]

[1]Graduate Faculty of Environment, University of Tehran, Tehran, Iran

[2]Department of Environmental Engineering, Yonsei University, Wonju, South Korea

Received 8 July 2015; Revised 6 Sep. 2015; Accepted 8 Sep. 2015

ABSTRACT: Indoor Radon concentration (IRC) is among the emerging environmental and health issues in Republic of Korea. Due to lack of epidemiological studies and insufficient public awareness about Radon, effective parameter ranking system is required to establish protocols for future field sampling and settlement construction. This research propose the IRC parameter ranking system based on field measurements and laboratory experiments. Dokdo Island, Yang Pyeong and Nae Gi were selected as the case studies in South Korea. The Radon transport equations and statistical analyses are modelled with Simulink and Matlab. IRC model accounts for exhalation of Radon from soil, building material and outdoor air and also considers the major mitigation methods like ventilation, air cleaners and filtration. The PAWN sensitivity analysis method has been applied to determine the sensitivity of each parameter. The results indicates that soil gas radon

▲ 독도에서 수행한 자연방사능 농도 조사와 그 결과를 일부 활용한 관련 논문

그동안 본 연구실은, 대한민국이 라돈 측정에 대한 세계적 기술을 확보하는데 크게 기여했다는데 자부심을 갖으며, 현장 적용이 가능한 다양한 라돈 저감 기술을 보급하는데 핵심적 역할을 해왔다고 믿습니다. 이러한 기술을 활용하여, 더 이상 많은 국민들이 라돈 문제를 집값과 땅값이 떨어질까 봐 쉬쉬하며, 라돈에 의한 건강 피해를 우연에 맡기는 우를 범하지 않도록, 라돈인증 제도를 통해, 라돈을 잘 관리하고 있는 공간이나 제품에 대해 시상을 하여, 서로의 라돈 관리를 장려하고 자랑하도록 하고 싶었으며, 드디어 라돈안전 공간과 제품에 대한 인증제도를 공동개발하여, 한국표준협회와 우리 연세대 라돈안전센터가 2019년 5월부터 시행하고 있습니다. 즉 25년 동안 라돈과 인연을 맺으며, [라돈 측정]-[라돈 관리]-[라돈 인증] 이라는 핵심 과정을, 대단하고 충분하지는 않지만 단계적으로 완성해온 것에 대해, 언제나 함께 노력하고 있는 제자들과 관련된 주변 모든 분들에게 진심으로 감사드리고 또 감사드립니다.

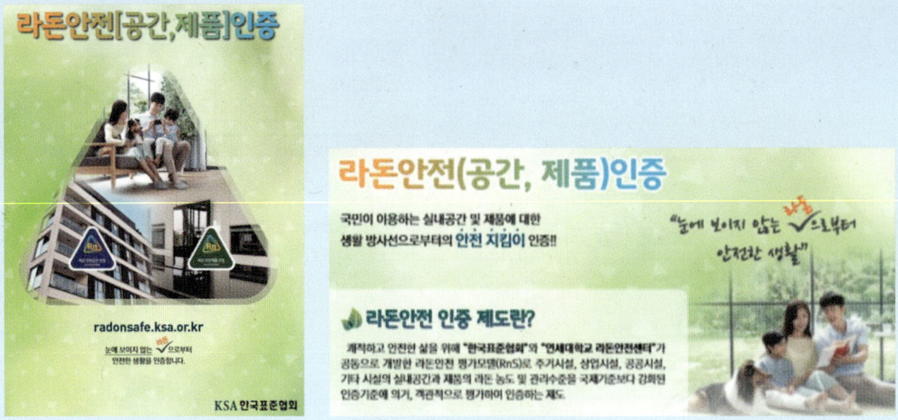

▲ 라돈안전 인증 카탈로그와 인증 제도에 대한 간단한 설명

향후 본 연구실은 선행 기술에 기반을 두어, 4차 산업 혁명의 중심에 라돈 관리 기술이 있을 수 있도록 모든 노력을 더 하고자 합니다. 일상용어가 되어가는 사물인터넷(IoT) 기술, 스마트 홈의 핵심 기술로 라돈 관리 기술이 편하게 쓰이도록 노력하여 세계인의 건강과 대한민국의 발전을 도모하고자 합니다.

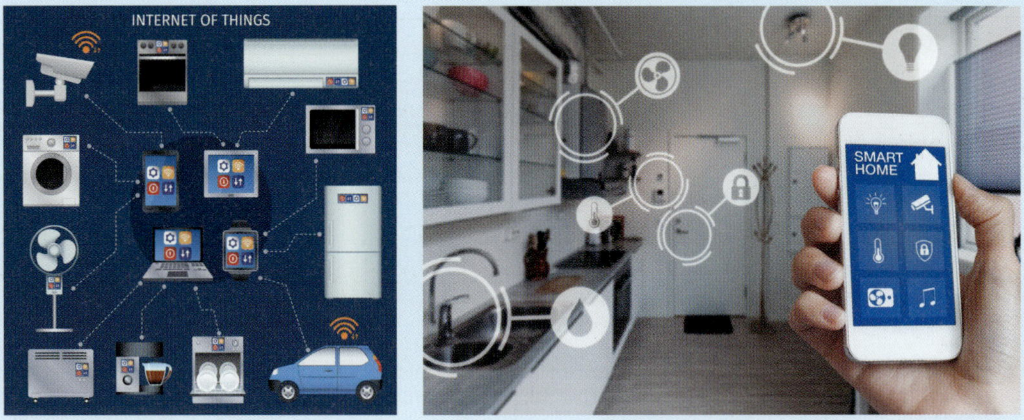

▲ IoT 기술과 스마트 홈 예시

찾아보기

참고문헌

지식의 책(National Geographic, Answer Book), 지식갤러리

과학사의 새로운 관점, 샤 세이키(謝 世輝, 前 日本 東海大 교수) 지음, 오진곤·손영수 옮김, 전파과학사

http://blog.naver.com/kbs4547/ 황진명 명예교수 블로그

실내라돈관리, 한국환경공단(2016)

Introduction to Radiochemistry, David J. Malcolme-Lawes, A Halsted Press Book

Nuclear and Radiochemistry, Gerhart Friedlander 등.

라돈 측정 장비 검·교정 규격 마련을 위한 연구, 조승연 등(2008, 환경부)

라돈 고노출 경로 관리체계 구축, 조승연 등(2010, 환경부)

실내 라돈 저감 매뉴얼, 조승연 등(2011, 환경부)

라돈, 불편한 진실 정가 29,000원

발 행 2019년 6월 10일 초판 1쇄
저 자 조승연
발행인 정우용
발행처 도서출판 동화기술
경기도 파주시 광인사길 201(문발동, 파주출판도시)
Tel (031)955-4211~6 donghwapub@nate.com
Fax (031)955-4217 www.donghwapub.co.kr
(등록) 1977년 12월 19일/9-16호

Printed in Korea
ISBN 978-89-425-9237-1